人工智能专业教材丛书
国家新闻出版改革发展项目库入库项目
高等院校信息类新专业规划教材

概率图模型和深度神经网络

刘瑞芳　高　升　编著

北京邮电大学出版社
www.buptpress.com

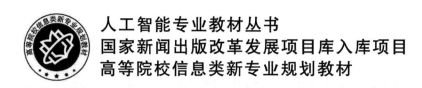

内容简介

本书讲解概率图模型的基本原理及其在机器学习、大数据建模、深度神经网络模型中的应用，并且从概率图模型的角度讲解机器学习算法、深度神经网络模型的概率原理，培养学生“知其然，并知其所以然”的思维方式，解决学生应用建模时仅局限于模型选型和调参的问题。

本书内容丰富，将原理与实例相结合，数学与代码相结合，可作为高等院校的人工智能相关专业本科生和研究生课程的教材，也可供相关领域的科研人员和工程技术人员参阅。

图书在版编目（CIP）数据

概率图模型和深度神经网络 / 刘瑞芳，高升编著．-- 北京：北京邮电大学出版社，2023.1

ISBN 978-7-5635-6806-2

Ⅰ．①概… Ⅱ．①刘… ②高… Ⅲ．①概率－数学模型－高等学校－教材②人工神经网络－高等学校－教材 Ⅳ．①O211②TP183

中国版本图书馆 CIP 数据核字(2022)第 219870 号

策划编辑：姚 顺 刘纳新 **责任编辑**：王小莹 **责任校对**：张会良 **封面设计**：七星博纳

出版发行：北京邮电大学出版社

社　　址：北京市海淀区西土城路 10 号

邮政编码：100876

发 行 部：电话：010-62282185 传真：010-62283578

E-mail：publish@bupt.edu.cn

经　　销：各地新华书店

印　　刷：保定市中画美凯印刷有限公司

开　　本：787 mm×1 092 mm 1/16

印　　张：18.75

字　　数：486 千字

版　　次：2023 年 1 月第 1 版

印　　次：2023 年 1 月第 1 次印刷

ISBN 978-7-5635-6806-2 定价：58.00 元

人工智能专业教材丛书

编委会

前　言

机器学习的核心问题是如何使用数据和标注样本生成知识以及如何进行预测，所以机器学习需要解决两个基础问题：①从大量数据中抽取高层级知识的算法设计问题，即学习问题；②使用上述知识的算法设计问题，即推断问题。对于不确定性问题，人们一般使用概率来表示。概率图模型针对上述两个问题，使用概率方法处理关于世界的不完整知识，所以是大部分机器学习算法和模型的理论基础。深度学习是机器学习中一类利用人工神经网络的方法，是目前人工智能的主流技术。本书讲解机器学习算法的概率图模型，同时讲解深度神经网络模型的概率解释。

本书讲解了概率图模型的原理，同时将理论联系实践，讲解了各种应用场景和问题的解决方法，包括机器学习算法、大数据处理、深度神经网络的概率方法。本书内容分为 3 个部分：第 1 部分是基础篇，讲解概率图模型、机器学习、人工神经网络、大数据等；第 2 部分是概率图模型应用篇，讲解高斯混合模型、隐变量模型等；第 3 部分是深度神经网络应用篇，讲解卷积神经网络、玻尔兹曼机网络等。

本书的编写初衷和特色有以下 3 点。

第一，机器学习中的算法大多可以用概率图模型来解释，这些是人们定义好的模型，在各种应用场景下已经经过验证了。但是在很多应用场景下，需要思考问题本身的需求并为它建模，套用现有的模型不能达到满意的效果。概率图模型正是人工智能应用建模的强有力工具，针对概率问题，可建立概率模型，这样的模型有数学基础，可验证性、可解释性强。所以在学习机器学习算法和技术时，应学习建模的方法和原理。

第二，本书在第 2 部分和第 3 部分中的每一章都会给出应用场景，目的是更好地理解模型，并不是这个应用只能这样建模，也并不是这种模型只能用在这个应用场景中。讲解各种模型的目的是希望帮助读者更好地理解概率图模型的使用方法，也希望读者能够举一反三，能为自己的应用建立适合的模型。

第三，本书强调数学语言、代码语言相结合的教学方法，在讲解算法和模型的数学原理的基础上，都有讲解对应的程序实现代码，达到理论与实践相融合的目标，让读者真正掌握概率图模型及其应用。

经常有人问作者，数据挖掘、模式识别、机器学习、人工智能、大数据科学有什么区别？如果你也有同样的疑问，那么就请读一读本书吧！本书的主旨是讲述它们的基础知识以及它们之间的联系与区别。如果你对大数据分析、数据挖掘、模式识别、机器学习有一定的认识，需要更深层次地理解问题的本质，创造新的模型、方法，有志成为数据科学家、人工智能的研究人员，那么也请读一读本书吧！

本书主要讲解目前主流的人工智能原理和应用，所以本书面向的读者是研究生或本科高年级的学生。对于现有工具软件的应用，作者认为有助于达成目标的方法和手段读者都可以使用，但是对于现成工具软件无法做到的事情，需要读者自己建模、评估，并且需要理解所采用方法和手段的原理。本书也适合作为科研人员的参考书。

本书学习路径建议如图1所示。

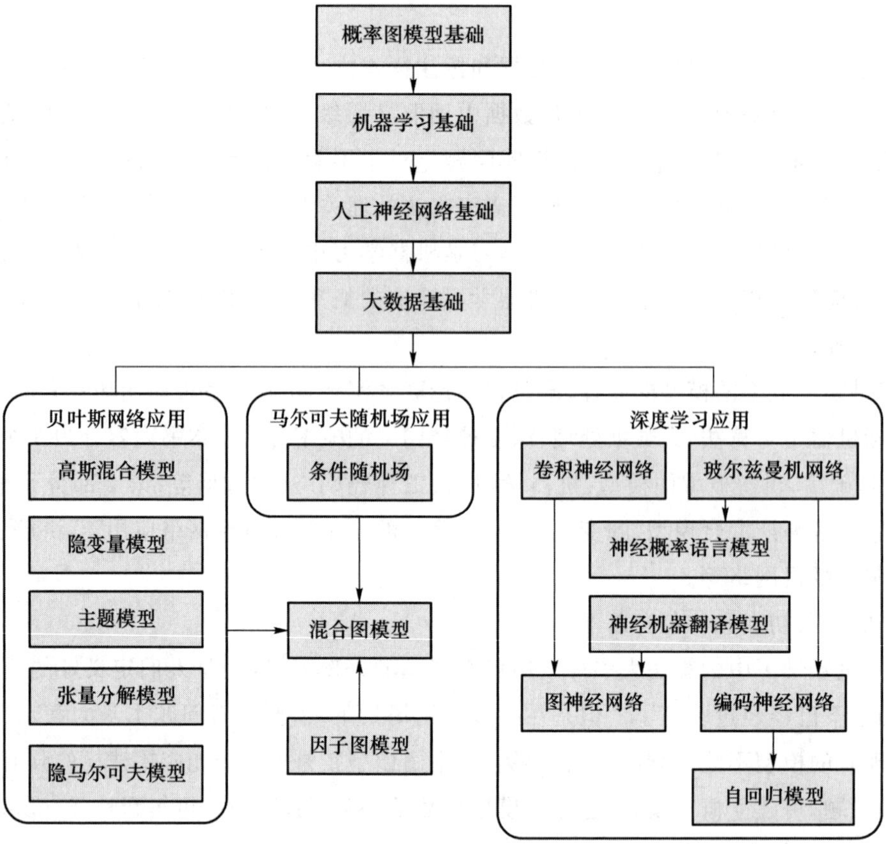

图1　本书学习路径建议

本书注重基础性，无论是机器学习还是深度学习，都用概率图模型来解释；本书由浅入深，重应用，提供了各种应用场景、解决方案、实现代码，因为应用建模才是人工智能的本质。

书中不足之处在所难免，欢迎广大读者批评指正，可直接将意见发送至 lrf@bupt. edu. cn，作者不胜感激。

作　者

目　录

第1部分　基础篇

第 3 部分 深度神经网络应用篇

第 1 部分

基础篇

第1章 概率图模型基础

概率图模型
基础课件

在大数据和人工智能时代，机器学习、深度学习是主流技术。大部分的机器学习方法都使用概率模型，在概率模型的基础上加入图结构化表示，概率图模型(Probabilistic Graphical Model, PGM)能够更清晰地表达模型的组成。概率图模型从概率的视角来看待问题，可以更好地为大数据应用建模，洞察深度神经网络在实际应用中有效的原因。通过本章内容，我们先来了解概率图模型的基本概念和表示形式。

1.1 基本概念

概率图模型是一种用图形方式表达基于概率相关关系的模型的总称。概率图模型结合概率论与图论的知识，以随机变量为节点，以随机变量之间的关系为边，通过图使得概率模型可视化，利用图来表示与模型有关的随机变量的联合概率分布。

1.1节讲解视频

很多经典的多元概率系统，如高斯混合模型、因子分析、隐马尔可夫模型、条件随机场、多层感知机等，都可以表示为概率图模型。这意味着，一旦在某个系统上有什么特别的方法被发现，就很容易推广到一系列的应用中。除此之外，概率图模型还非常自然地提供了设计新系统的方法。近十年来，概率图模型已成为不确定性推理的研究热点，在机器学习、人工智能、数据挖掘等领域有广阔的应用前景。

随机事件 A 属于事件空间 Ω，它发生的概率表示为 $P(A)$。随机变量 x 是一个单实值函数映射，$x:\Omega\to\mathbb{R}$。对于事件 A，它在实数 $\mathbb{R}$ 空间可表示为 $x\in[a,b]$，则 $P(A)=P(a<x<b)$。

在概率图模型中，节点代表随机变量 x，定义它的概率密度函数(Probability Density Function, PDF)为 p:{所有可能的 x 值}$\to[0,1]$，记作 $p(x)$。由概率密度函数计算概率 $P(a<x<b)=\int_a^b p(x)\mathrm{d}x$。对于离散型随机变量，则使用概率质量函数(Probability Mass Function, PMF)求和计算概率。如无特别说明，本书后续章节均以 $p(x)$ 代表随机变量 x 的概率分布。

概率图模型中涉及的概率计算主要有概率的乘法准则和边缘概率分布计算。

概率的乘法准则展示了两个随机变量的联合概率与条件概率的关系，如式(1-1)所示。

$$p(x,y)=p(y|x)p(x) \tag{1-1}$$

当 x,y 相互独立时，式(1-1)表示为式(1-2)。

$$p(x,y)=p(y)p(x) \tag{1-2}$$

随机变量 x 条件下 y 的概率 $p(y|x)$ 和随机变量 y 条件下 x 的概率 $p(x|y)$ 是不同的，二者的关系如式(1-3)所示，该式称为贝叶斯公式。

$$p(x|y)=\frac{p(y|x)p(x)}{p(y)} \tag{1-3}$$

贝叶斯公式可以理解为后验概率 $p(x|y)$ 与似然度 $p(y|x)$ 和先验概率 $p(x)$ 的乘积成正比。贝叶斯公式的一般形式为，如果 $x_1,x_2,x_3,\cdots,x_n$ 为完备事件组，则对于任意事件 y，在事件 y 发生的条件下事件 x_i 发生的条件概率为式(1-4)。

$$p(x_i|y)=\frac{p(y|x_i)p(x_i)}{\sum_{i=1}^{n}p(y|x_i)p(x_i)} \tag{1-4}$$

边缘概率分布计算是指，在已知多个变量的联合概率分布的前提下计算单个变量的概率分布，如式(1-5)所示。

$$p(x)=\int_y p(x,y)\mathrm{d}y \tag{1-5}$$

对于离散型随机变量，边缘概率分布计算如下：

$$p(x)=\sum_y p(x,y)$$

这样可以从联合概率分布出发，对感兴趣变量的边缘概率分布进行计算。

在实际应用中，概率模型即由概率计算准则生成的模型，而概率图模型即在概率模型的基础上引入可视化的图结构，将应用中对象之间概率的计算表示为图上不同节点之间的信息传递，以此形成完整的模型表示(representation)，以及模型对应的推断(inference)和学习(learning)方法。

1. 表示

概率图模型大致可以分为两种：一种是有向图模型，其又称贝叶斯网络(Bayesian Network，BN)；另一种是无向图模型，其又称马尔可夫随机场(Markov Random Fields，MRF)。它们的主要区别在于，采用不同类型的图来表达随机变量之间的关系。贝叶斯网络采用有向无环图(Directed Acyclic Graph，DAG)来表达随机变量之间的因果关系或条件依赖关系。马尔可夫随机场则采用无向图(Undirected Graph，UDG)来表达随机变量间的相互关联关系。

贝叶斯网络由朱迪亚·珀尔(Judea Pearl)教授发明于 20 世纪 80 年代，这项工作获得了 2011 年图灵奖。

例 1-1：贝叶斯网络实例

如果我们看到草地是“湿的”，那么可能有两个原因：“下雨”和/或“喷水”。在某个干旱地区，下雨天气很少，“下雨”的概率为 0.3，为了给草地浇水常常需要打开喷水器，“喷水”的概率为 0.6。这里有 3 个随机变量，如图 1-1(a)中的 3 个节点，S 表示“喷水”(sprinkler)，R 表示“下雨”(rain)，W 表示“草地湿”(wetgrass)。$S=1$ 表示喷水了，$S=0$ 表示没有喷水，另外两个变量同理。它们之间的条件依赖关系在图中用有向边表示。图 1-1(b)是根据观测数据统计得到的条件概率。

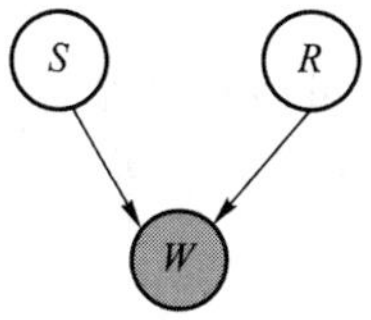

(a)

S	R	P(W=0)	P(W=1)
0	0	1.0	0.0
0	1	0.1	0.9
1	0	0.1	0.9
1	1	0.01	0.99

(b)

图 1-1　有向图模型举例

马尔可夫随机场最早被物理学家用于对原子进行建模，其中著名的 Ising 模型曾获得诺贝尔奖，如图 1-2 所示。

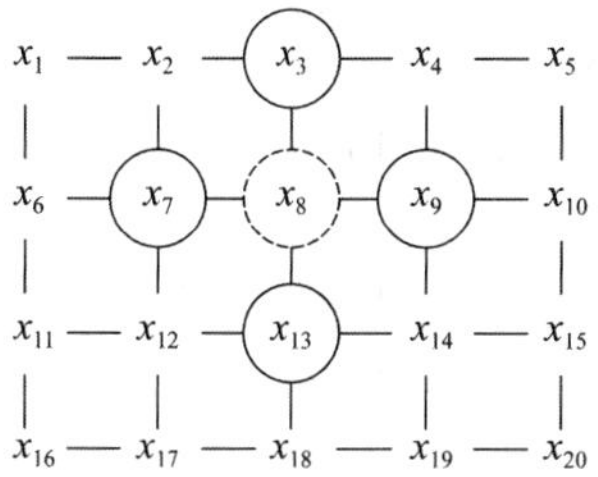

图 1-2　Ising 模型

例 1-2：马尔可夫随机场实例

Ising 模型的提出是为了解释铁磁物质的相变，即磁铁在加热到一定临界温度以上时，会出现磁性消失的现象，而在降温到临界温度以下时又会表现出磁性。Ising 模型假设铁磁物质是由一堆规则排列的小磁针构成的，图 1-2 中的每个节点都是一个小磁针，每个节点所代表的随机变量 x_i 是一个二值随机变量，只能取值{－1，＋1}，代表每个磁针只有上、下两个方向。

相邻的小磁针之间通过能量约束发生相互作用，同时又会由于环境热噪声的干扰而发生磁性的随机转变(上变为下或反之)。随机涨落的大小由关键的温度参数决定，温度越高，随机涨落越大，每个小磁针的方向变得越不确定，所有小磁针整体显得越无序——最终小磁针方向完全随机，各个角度均匀分布，则宏观铁磁性消失。模型中的边用来表示相邻随机变量的联合概率，$p(x_i,x_j)=\lambda e^{-\mathrm{Eng}(x_i,x_j)}$，其中 $\mathrm{Eng}(x_i,x_j)$ 的物理意义是“无单位的能量”，λ 的作用是“归一化”。在这里，温度越高，能量越高，场的稳定性越差，小磁针取相同方向的联合概率越低。

无论是有向图模型还是无向图模型，图中的节点都表示“随机变量”，用圆圈表示，一般使用带阴影的节点表示可观测变量。图中的边都表示“随机变量”的关系。在复杂的概率图模型中，如果随机变量比较多，而一些随机变量的含义相同，则可以把它们看作一组随机变量，并画在一个盘子(plate)中，用矩形表示。

把现实生活中的问题建模为概率图模型，这个过程称为概率图模型的表示。

2. 推断

在建立概率图模型的基础上，具体问题常常是在知道观测变量取值的情况下，估计隐藏变量的概率分布，这个过程称为概率图模型的推断。

在贝叶斯网络中，如果观测到模型“叶子”节点的状态，如看到“草地是湿的”，那么可以尝试推断隐藏的原因(模型的“根”)，使用的方法就是贝叶斯公式。反之，如果观测到模型的“根”，就可以尝试预测它“叶子”节点的状态。

例 1-3：例 1-1 中的推断

在例 1-1 中，当观察到草地是湿的（$W=1$）时，有可能有 2 个原因："下雨"（$R=1$）或者"喷水"（$S=1$）。假设某市的气候比较干旱，下雨的概率为 0.3，于是工人开启喷水器的概率为 0.6，根据贝叶斯公式，可以求得它们各自的后验概率：

$$\begin{aligned}
P(S=1|W=1) &= \frac{P(S=1,W=1)}{P(W=1)} \\
&= \frac{P(S=1,W=1,R=0)+P(S=1,W=1,R=1)}{\sum_{s,r}P(S=s,R=r,W=1)} \\
&= \frac{0.9\times0.6\times0.7+0.99\times0.6\times0.3}{0+0.9\times0.6\times0.7+0.9\times0.4\times0.3+0.99\times0.6\times0.3} \\
&\approx 0.8374
\end{aligned}$$

$$\begin{aligned}
P(R=1|W=1) &= \frac{P(R=1,W=1)}{P(W=1)} \\
&= \frac{P(R=1,W=1,S=0)+P(R=1,W=1,S=1)}{\sum_{s,r}P(S=s,R=r,W=1)} \\
&= \frac{0.9\times0.4\times0.3+0.99\times0.6\times0.3}{0+0.9\times0.6\times0.7+0.9\times0.4\times0.3+0.99\times0.6\times0.3} \\
&\approx 0.4309
\end{aligned}$$

可以推断出，草地是湿的由"喷水"造成的概率比由"下雨"造成的概率高。

一般来讲，实际应用中的概率图比较复杂，计算后验概率时不会像例 1-3 中这么容易。例如，计算式的分母部分有可能是指数级别的加和，而且在连续型隐藏变量中，很有可能是求一个无解析解的积分。

因为推断的问题一般都比较复杂，有时候优化它是个 NP 难（NP-hard）问题，所以一些近似推断算法常常用来加速推断的过程，求得近似解。

常用的近似推断方法主要有两种。

① 采样推断法（sampling methods），详见附录 4。该方法通过抽取大量的样本来逼近真实的概率分布。最简单的是拒绝采样。加重采样（importance sampling）根据出现的结果的比例进行采样。在高维空间中更有效的方法是马尔可夫链蒙特卡洛（Markov Chain Monte Carlo，MCMC）采样法，其利用马尔可夫链的性质来生成符合某个分布的样本，包括 Metropolis-Hastings 算法和吉布斯采样（Gibbs sampling）算法等。

② 变分推断（variational infernece）法，详见附录 5。变分推断法采取的做法是，通过限制近似分布的类型，得到一种局部最优，但具有确定解的近似后验分布。最常用的方法是平均场近似（mean-field approximation），通过把概率图里的节点全部解耦，将其看作相互独立的随机变量，然后对每个节点引进一个变分参数，通过循环地迭代参数来最小化近似分布和真实分布的 KL 距离。

3. 学习

模型学习的目的是根据模型表示和观测数据，估计模型中随机变量的概率分布（参数），或估计图模型的（部分）结构，以得到最大的模型联合概率。

最常见的是学习模型的概率分布（参数）。在例 1-1 中，概率分布是已知的，不需要学习了。在实际应用中，很多时候是观测到一些样本数据，从样本数据集来学习模型中随机变量的概率分布〔如图 1-1(b)所示的表格〕或概率分布参数。

根据结构是否已知,以及随机变量是否全部被观测到,模型学习大致可以分为以下几种情况。

① 结构已知,随机变量都是可观测量,可以采用最大似然估计(Maximum Likelihood Estimation,MLE)算法计算模型的概率分布,如朴素贝叶斯分类模型的训练。

② 结构已知,只有部分随机变量可观测,带有隐变量的概率图模型的学习,可以通过期望最大化(Expectation Maximization,EM)算法等方法来寻找一个局部最优的 MLE,如第 5 章的高斯混合模型。

③ 结构未知,随机变量都是可观测量,可以采用 MCMC 采样法,寻找一个最有可能的模型。在实际应用中,这种情况并不常见。

④ 结构未知,只有部分随机变量可观测,那么需要在所有可能的模型上进行贝叶斯后验估计。该模型结构学习的时间开销会比较大,在实际应用中很少使用。

虽然模型结构学习是概率图模型学习的一个方面,但是在实际应用中,常常希望在模型的表示阶段就能够确定模型的结构,模型学习时估计得到随机变量的概率分布(参数)。

在模型学习的过程中,如果把模型参数看作随机变量,并且是隐藏变量,则需要采用近似推断方法进行模型参数的学习,如 EM 算法、采样推断法或变分推断法。

在机器学习、深度学习的概念中常常把"模型学习"称为"模型训练";而把"推断"称为"模型测试"。所以常见的应用是,在模型结构已知的情况下学习模型的概率分布(参数)。

总之,使用概率图模型解决现实生活中的实际问题,有以下 3 方面的优势。

① 概率图模型提供了一种简单的方式,可以将概率模型的结构可视化,有利于设计模型。

② 通过观察图中节点的关系,可以很容易地认识模型的性质,如随机变量之间的条件独立性。

③ 对于复杂的概率图模型,它的推断和学习过程可以根据图进行计算,图隐式地承载了背后的数学公式,如可以简化从模型中采样的过程。

1.2 贝叶斯网络

1.2 节讲解视频

贝叶斯网络(Bayesian Networks,BN)的图结构为有向图,所以称其为有向图模型。作为概率模型,图中每个节点代表一个随机变量,节点之间的边代表随机变量间的条件依赖关系。

1.2.1 概率基础

1. 概率的链式规则(chain rule)

$$p(\boldsymbol{x}_{1:v})=p(x_1)p(x_2|x_1)p(x_3|x_1,x_2)\cdots p(x_v|\boldsymbol{x}_{1:v-1}) \tag{1-6}$$

链式规则如式(1-6)所示,可以由乘法准则式(1-1)推广得到,用来分解多个随机变量的联合概率。式(1-6)中 v 个随机变量的联合概率可以表示为 v 个因子 $p(x_v|\boldsymbol{x}_{1:v-1})$ 的乘积,可以看出,随着 v 的增大条件概率越来越复杂。

2. 概率的条件独立性(conditional independence)

$$x \perp y \mid z \Leftrightarrow p(x,y \mid z) = p(x \mid z)p(y \mid z) \tag{1-7}$$

式(1-7)表示，如果随机变量 x 和 y 在 z 的条件下是独立的，那么在 z 的条件下，x 和 y 的联合概率可以分解为 $p(x \mid z)$和 $p(y \mid z)$的乘积。这可以由式(1-2)推广得到。

例 1-4：一阶马尔可夫链(Markov chain)

一阶马尔可夫链的含义是，在 t 时刻系统的状态 x_t 只与 $t-1$ 时刻的状态有关，与之前的状态都无关。或者说：在给定“当前”时刻的条件下，“未来”与“过去”是独立的。它的概率图如图 1-3 所示。

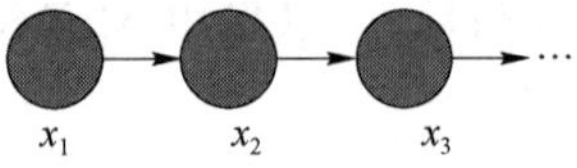

图 1-3 一阶马尔可夫链

这是一个简单的概率图模型。应用链式规则和条件独立性假设，随机变量的联合概率分布可以表示为式(1-8)。

$$p(\boldsymbol{x}_{1:T}) = p(x_1)\prod_{t=2}^{T} p(x_t \mid x_{t-1}) \tag{1-8}$$

1.2.2 图论基础

1. 图(graph)

人们常用点表示事物，用点与点之间是否有连线表示事物之间是否有某种关系，这样构成的图形就是图论中的图。在概率图模型的图表示中，通常用小圆圈表示节点(node)，节点之间的连线称为边(edge)。在这些图中，只关心节点之间是否有连线，而不关心节点的位置，以及连线的曲直。

2. 无向图(undirected graph)

一个无向图 G 是一个有序的二元组 $<V,E>$，其中：V 是由节点构成的集合，$V=\{1,2,\cdots,n\}$，是一个非空有穷集；E 是由边(不带箭头的连线)构成的集合，是一个有穷集$\{(i,j):i,j\in V\}$，i 和 j 的顺序可交换。

3. 有向图(directed graph)

一个有向图 D 是一个有序的二元组 $<V,E>$，其中：V 是由节点构成的集合，$V=\{1,2,\cdots,n\}$，是一个非空有穷集；E 是由有向边(带箭头的连线)构成的集合，是一个有穷集$\{<i,j>:i,j\in V\}$，i 和 j 的顺序不可交换。

4. 有向图的邻接矩阵(adjacency matrix)

图可以用图形来表示，可以用集合来表示，还可以用矩阵来表示。

设有向图 $D=<V,E>$，有 n 个节点，若节点 i 到节点 j 有边连接，则 $a_{ij}=1$，否则 $a_{ij}=0$，称$(a_{ij})_{n\times n}$为 D 的邻接矩阵，记作 $\boldsymbol{A}$。例如，图 1-1 的邻接矩阵为

$$\boldsymbol{A}=\begin{pmatrix} 0 & 0 & 1 \\ 0 & 0 & 1 \\ 0 & 0 & 0 \end{pmatrix}$$

5. 节点的度(degree)

设有向图 $D=<V,E>$,对于任意节点 i,i 作为有向边始点的次数称为 i 的出度,i 作为有向边终点的次数称为 i 的入度。入度和出度之和称为节点的度。

6. 父节点(parent)

设有向图 $D=<V,E>$,对于任意节点 j,如果存在有向边从节点 i 到 j,则这样的节点 i 称为节点 j 的父节点。

7. 子节点(child)

设有向图 $D=<V,E>$,对于任意节点 i,如果存在有向边从节点 i 到 j,这样的节点 j 称为节点 i 的子节点。

8. 根节点(root)

在有向图中,没有父节点的节点称为根节点。

9. 叶子节点(leaf)

在有向图中,没有子节点的节点称为叶子节点。

10. 环(cycle 或 loop)

在有向图中,若从一个节点 i 出发,不断地沿着有向边前进到下一个节点,最终能回到节点 i,这条路径称为有向图中的一个环。

11. 有向无环图(directed acyclic graph, DAG)

在一个有向图中,若不存在环,则称其为有向无环图。

例 1-5: 有向无环图举例

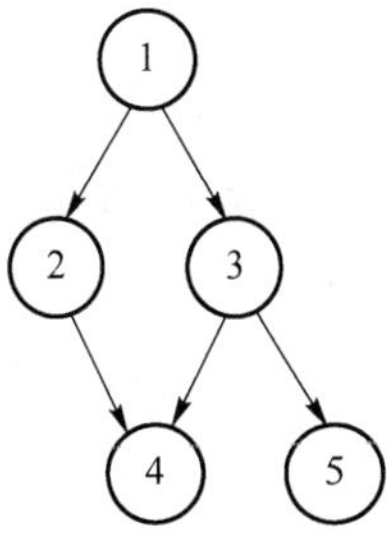

图 1-4　一个贝叶斯网络的图结构

图 1-4 是一个有向无环图,作为某应用场景下的概率图模型,其联合概率分布可以依据图中的条件独立性进行化简,如式(1-9)所示。

$$\begin{aligned} p(\boldsymbol{x}_{1:5}) &= p(x_1)p(x_2\mid x_1)p(x_3\mid x_1,\cancel{x_2})p(x_4\mid \cancel{x_1},x_2,x_3)p(x_5\mid \cancel{x_1},\cancel{x_2},x_3,\cancel{x_4}) \\ &= p(x_1)p(x_2\mid x_1)p(x_3\mid x_1)p(x_4\mid x_2,x_3)p(x_5\mid x_3) \end{aligned} \tag{1-9}$$

式(1-9)的通用形式为式(1-10),其中 $\mathrm{pa}(t)$ 表示节点 x_t 的父节点。

$$p(\boldsymbol{x}_{1:V}\mid G) = \prod_{t=1}^{V} p(x_t\mid \boldsymbol{x}_{\mathrm{pa}(t)}) \tag{1-10}$$

有向图模型的图是有向无环图。如果图中有环,则意味着一个结果可能是原因的原因,从哲学角度来讲这是矛盾的。

1.2.3 有向图模型的条件独立性

在贝叶斯网络中,从式(1-10)可看出:每一个节点在其父节点的值确定后,这个节点条件独立于其所有祖先节点。这个性质类似于马尔可夫链的无记忆性,所以可以把贝叶斯网络看作马尔可夫链的非线性扩展(树状扩展)。

具体来讲,有向图模型的条件独立性定义如下。

1. 有序马尔可夫性

节点 x 在其父节点已知的条件下,独立于其他祖先节点,$x\perp \mathrm{ans}(x)\backslash\mathrm{pa}(x)\mid\mathrm{pa}(x)$,其中 $\mathrm{ans}(x)\backslash\mathrm{pa}(x)$ 表示 x 的祖先节点、去掉父节点构成的集合。

2. 有向局部马尔可夫性

节点 x 在其父节点已知的条件下，独立于其兄弟节点，$x \perp \mathrm{copa}(x) \mid \mathrm{pa}(x)$，其中 $\mathrm{copa}(x)$ 表示与 x 有共同父节点的节点。

3. 全局马尔可夫性

全局马尔可夫性基于贝叶斯网络的 3 种典型结构如图 1-5 所示。

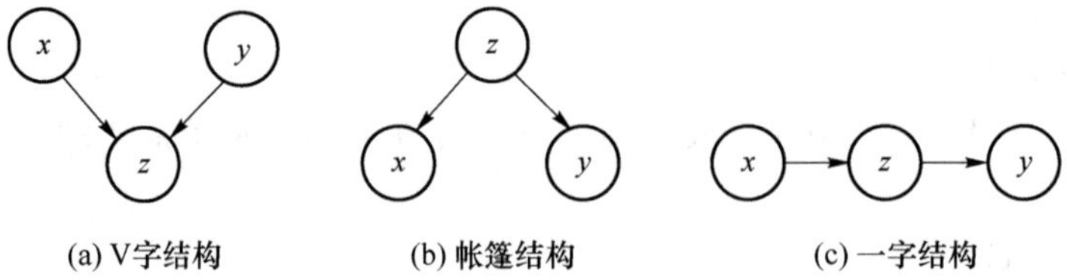

图 1-5　3 种典型结构

① 图 1-5(a)所示的结构直观地称为 V 字结构，其联合概率为 $p(x,y,z)=p(x)p(y)p(z|x,y)$，如果 z 是未知的，则

$$\sum_z p(x,y,z) = \sum_z p(x)p(y)p(z|x,y) \Rightarrow p(x,y) = p(x)p(y) \tag{1-11}$$

式(1-11)表示，在 z 未知的条件下，x、y 是独立的，我们称之为 head-to-head 条件独立或"边缘独立性"(marginal independence)

② 图 1-5(b)所示的结构直观地称为帐篷结构，其联合概率为 $p(x,y,z)=p(z)p(x|z)p(y|z)$，将它代入公式 $p(x,y|z)=\dfrac{p(x,y,z)}{p(z)}$，可得 $p(x,y|z)=p(x|z)p(y|z)$，即在 z 给定的条件下，x 和 y 是独立的，我们称之为 tail-to-tail 条件独立。

③ 图 1-5(c)所示的结构直观地称为一字结构，其联合概率为 $p(x,y,z)=p(x)p(z|x)p(y|z)$，在 z 给定的条件下，有式(1-12)：

$$\begin{aligned} p(x,y|z) &= \frac{p(x,y,z)}{p(z)} \\ &= \frac{p(x)p(z|x)p(y|z)}{p(z)} \\ &= \frac{p(x)p(z|x)}{p(z)}p(y|z) \\ &= \frac{p(x,z)}{p(z)}p(y|z) \\ &= p(x|z)p(y|z) \end{aligned} \tag{1-12}$$

所以，在 z 给定的条件下，x 和 y 被阻断(blocked)，是独立的，我们称之为 head-to-tail 条件独立。

总结有向图模型的全局马尔可夫性，在图 1-6 所示的 3 种情况下，$x \perp y | z$。

再来看几个反例.

① 在图 1-7(a)中，z 是可观测变量，则 $x \not\perp y | z$。例如，第 5 章的高斯混合模型中，$\boldsymbol{x}$ 是观测量，z 与 $\boldsymbol{\mu}$ 不独立。

② 在图 1-7(b)中，z 是不可观测变量，则 $x \not\perp y | z$。例如，第 8 章隐马尔可夫模型中，观测量 $\boldsymbol{x}=(x_1, x_2, \cdots, x_T)$ 是一个时序数据，其中的观测变量 x_i 与 x_j 是不独立的。

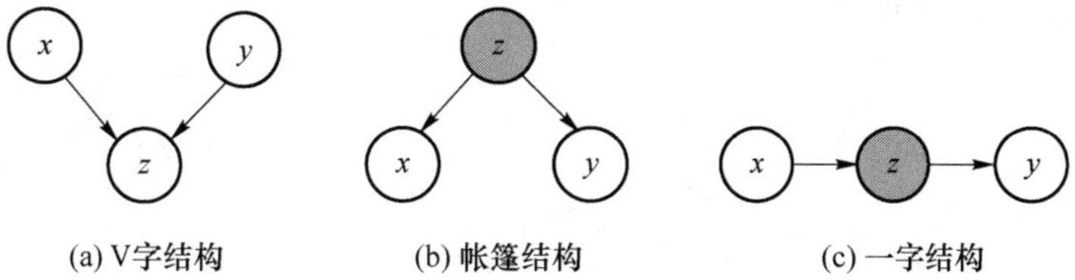

图 1-6　有向图的全局马尔可夫性

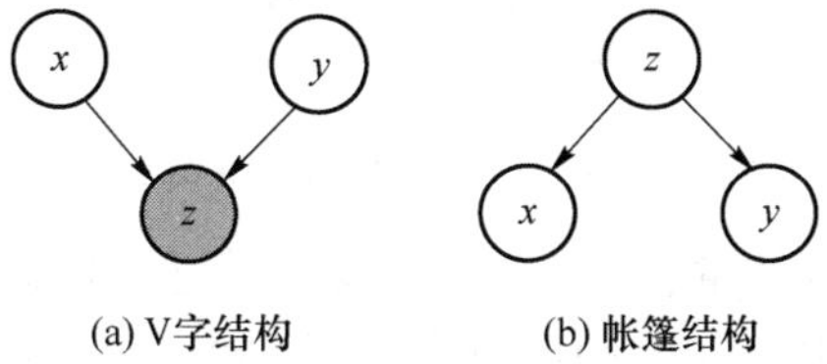

图 1-7　不符合全局马尔可夫性的情况

4. 马尔可夫毯(Markov blanket)

节点 x 的马尔可夫毯定义为 $\mathrm{mb}(x)\overset{\Delta}{=}\mathrm{ch}(x)\cup\mathrm{pa}(x)\cup\{\mathrm{pa}(\mathrm{ch}(x))\backslash x\}$，它是节点 x 的全条件，节点 x 独立于马尔可夫毯之外的任何节点，其中 $\mathrm{ch}(x)$ 表示节点 x 的子节点。例如，在 Gibbs 采样中需要分析节点 x_t 的全条件：$p(x_t|\boldsymbol{x}_{-t})=\dfrac{p(x_t,\boldsymbol{x}_{-t})}{p(\boldsymbol{x}_{-t})}$，$\boldsymbol{x}_{-t}$表示除了节点 x_t 之外的其他节点，公式中无论是分子还是分母，所有与 x_t 无关的变量都可以忽略，所以

$$p(x_t|\boldsymbol{x}_{-t})\propto p(x_t|\boldsymbol{x}_{\mathrm{pa}(t)})\prod_{s\in\mathrm{ch}(t)}p(x_s|\boldsymbol{x}_{\mathrm{pa}(s)})$$

1.2.4　朴素贝叶斯分类器

在实际应用中，有向图模型建模表示的步骤如下：

① 把实际问题中的随机变量找出来；

② 把随机变量之间可能存在的条件依赖关系找出来，试图确定图结构；

③ 写出随机变量的联合概率分布，并依据图结构进行化简。

在模型表示的基础上，可以进行模型学习和推断。下面以朴素贝叶斯分类器(Naive Bayesian Classifier，NBC)为例，来理解这个过程。

例 1-6：判断一个邮箱账号是否垃圾账号

这是机器学习中的一个二分类问题。下面考虑采用有向图模型进行建模分析。

① 通过对垃圾邮箱账号进行观察、统计、分析，发现它们通常具有几种特征，如“发件多链接”“发件多附件”等。

② 各个特征分别是一个随机变量，如果明显的特征有 6 种，那么它们是可观测的随机变量 $\boldsymbol{x}_{1:6}$。一般假设各个特征是相互独立的。

③ 将一个邮箱账号是否垃圾账号，表示为随机变量 y。在模型学习阶段，它是可观测量；在推断阶段，它是隐变量。

④ 系统由 7 个随机变量组成一个有向图模型。接下来，一般会这样思考：一个垃圾账号会有怎样的表现呢？这就决定了有向边的方向，如图 1-8(a)所示。模型也可以表示成盘子

(plate)形式,如图 1-8(b)所示。

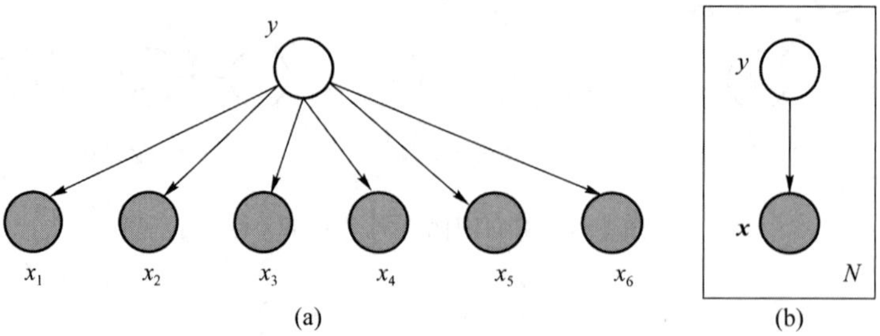

图 1-8 朴素贝叶斯分类模型

⑤ 在二分类问题中,随机变量 $y=1$ 表示垃圾账号;$y=0$ 表示正常账号。应用的目标是希望根据观测到的特征值,推断 $p(y|\boldsymbol{x})$的概率分布。

为了简化问题,假设各个特征 x_i 也是二值的,服从伯努利分布,$x_i|y\sim \mathrm{Ber}(\mu_i)$。特征相互独立,所以模型的联合概率分布如式(1-13)所示。

$$p(\boldsymbol{x},y)=p(y)p(x_1|y)p(x_2|y)p(x_3|y)p(x_4|y)p(x_5|y)p(x_6|y) \tag{1-13}$$

⑥ 模型学习阶段需要从观测数据(如表 1-1 所示)中学习模型的概率分布(参数)。模型结构已知,且模型中所有随机变量都是可观测量。根据贝叶斯公式,把联合概率分布 $p(\boldsymbol{x},y)$ 转换为类别先验分布和特征条件分布两部分,分别计算两部分的概率。类先验概率:

$$P(y=0)=\frac{7}{15}=0.467$$

$$P(y=1)=\frac{8}{15}=0.533$$

每个特征的条件概率:

$$P(x_1=0|y=0)=\frac{6}{7}$$

$$P(x_1=0|y=1)=\frac{6}{8}$$

……

$$P(x_4=0|y=0)=\frac{2}{7}=0.286$$

$$P(x_4=0|y=1)=\frac{7}{8}=0.875$$

$$P(x_5=0|y=0)=\frac{4}{7}=0.571$$

$$P(x_5=0|y=1)=\frac{5}{8}=0.625$$

$$P(x_6=0|y=0)=\frac{4}{7}=0.571$$

$$P(x_6=0|y=1)=\frac{4}{8}=0.5$$

$$P(x_1=1|y=0)=\frac{1}{7}=0.143$$

$$P(x_1=1|y=1)=\frac{2}{8}=0.25$$

$$P(x_2=1|y=0)=\frac{2}{7}=0.286$$

$$P(x_2=1|y=1)=\frac{5}{8}=0.625$$

$$P(x_3=1|y=0)=\frac{1}{7}=0.143$$

$$P(x_3=1|y=1)=\frac{7}{8}=0.875$$

……

以上是模型(参数)的学习,是单从数据集中学习得到的结果。

表 1-1 训练样本数据集

序号	发件多敏感词	发件多链接	发送频率高	接收频率高	发件多长文本	发件多附件	是垃圾账号
1	0	0	0	0	0	1	0
2	0	0	0	0	1	0	0
3	0	0	0	1	0	1	0
4	0	0	0	1	1	0	0
5	1	0	1	1	1	0	0
6	0	1	0	1	0	0	0
7	0	1	0	1	0	1	0
8	0	0	1	0	0	1	1
9	0	0	1	0	1	0	1
10	0	0	1	0	1	1	1
11	0	1	0	0	0	0	1
12	0	1	1	0	0	1	1
13	0	1	1	0	1	0	1
14	1	1	1	0	0	1	1
15	1	1	1	1	0	0	1

⑦ 在实际应用中,朴素贝叶斯分类器的目的是:观测测试样本(如表 1-2 所示)的特征 $\boldsymbol{x}$,估计它们最有可能的分类。在推断阶段,随机变量 x_i 是可观测量,类别变量 y 是隐变量,需要推断类别 y 的概率分布,然后得到 $\hat{y}=\arg\max\limits_{y} p(y|\boldsymbol{x})$。根据贝叶斯公式 $p(y|\boldsymbol{x})=\frac{p(\boldsymbol{x},y)}{p(\boldsymbol{x})}=\frac{p(y)p(\boldsymbol{x}|y)}{\sum_y p(\boldsymbol{x},y)}$ 进行计算,其中 $p(y)$是类别"先验"(prior)概率;$p(\boldsymbol{x}|y)$是样本 $\boldsymbol{x}$ 相对于类别的条件概率,或称为"似然"(likelihood);$p(\boldsymbol{x})$是用于归一化的"证据"(evidence)因子。计算过程如式(1-14)和(1-15)所示。

$$\begin{aligned}&P(y=0|\boldsymbol{x})\propto\\&P(y=0)P(x_1=1|y=0)P(x_2=1|y=0)P(x_3=1|y=0)P(x_4=0|y=0)P(x_5=0|y=0)P(x_6=0|y=0)\\&=0.467\times0.143\times0.286\times0.143\times0.286\times0.571\times0.571\\&=0.000\,254\,679\end{aligned}\tag{1-14}$$

$P(y=1|\boldsymbol{x})\propto$

$P(y=1)P(x_1=1|y=1)P(x_2=1|y=1)P(x_3=1|y=1)P(x_4=0|y=1)P(x_5=0|y=1)P(x_6=0|y=1)$

$=0.533\times0.25\times0.625\times0.875\times0.875\times0.625\times0.5$

$=0.019\,925\,69$ (1-15)

由于 $P(y=1|\boldsymbol{x})>P(y=0|\boldsymbol{x})$，所以可以得出结论：表 1-2 所示的测试样本数据 1 是垃圾账号的概率比较大。

表 1-2 测试样本数据示例

序号	发件多敏感词	发件多链接	发送频率高	接收频率高	发件多长文本	发件多附件	是否垃圾账号
1	1	1	1	0	0	0	?

关于例 1-6，需要注意以下 4 点。

① 在样本数足够多的情况下，依据大数定理，在计算过程中常用频率代替概率。

② 为了简化计算，在推断时我们并没有计算 $P(\boldsymbol{x})$，但仍然能推断出正确的结论。

③ 为了防止计算结果下溢，经常使用对数，把概率相乘转换为概率相加，也能推断出正确结论。

④ 从机器学习的角度来讲，给机器一些样本数据（训练数据集$\mathcal{D}$），告诉机器怎样的是垃圾账号，怎样的不是，让机器“总结出规律”。在机器学会了之后，用新的测试样本数据集去测试，看看机器学习的效果如何，可以使用准确率、召回率等指标来评价分类器的性能。

在例 1-6 的基础上，对朴素贝叶斯分类模型的通用形式进行总结。

1. NBC 的表示

从一些特征 x_i 来判断一个类别 y，采用有向图模型进行建模分析，如图 1-8(b)所示，类别决定了特征，所以 y 是导致 x_i 的原因，有向边从 y 指向 x_i。

假设特征 x_i 是二值的，$x_i\in\{0,1\}$，可以使用伯努利分布：$p(\boldsymbol{x}|y=c)=\prod_{i=1}^{I}\mathrm{Ber}(x_i|\mu_{ic})$，其中 μ_{ic} 是特征 x_i 在类别 c 中出现的概率。

如果特征 x_i 不是二值的，$x_i\in\{1,2,\cdots,K\}$，可以使用多项分布 $p(\boldsymbol{x}|y=c)=\prod_{i=1}^{I}\mathrm{Mult}(x_i|\mu_{ic})$，其中向量 μ_{ic} 是特征 x_i 在类别 c 中 K 个值分别出现的概率。

如果特征 x_i 取值是连续的实数值，可以使用高斯分布 $p(\boldsymbol{x}|y=c)=\prod_{i=1}^{I}\mathcal{N}(x_i|\mu_{ic},\sigma_{ic}^2)$，其中，$\mu_{ic}$ 是特征 x_i 在类别 c 中的均值，σ_{ic}^2 是特征 x_i 在类别 c 中的方差。

条件概率更一般的表示形式如式(1-16)所示。

$$p(\boldsymbol{x}|y=c,\theta)=\prod_{i=1}^{I}p(x_i|y=c,\theta_{ic}) \tag{1-16}$$

其中明确给出的参数为 $\theta=\{\theta_{ic}\}$。

模型的联合概率更一般的表示形式为 $p(\boldsymbol{x},y|\theta)$ 或者 $p(\mathcal{D}|\theta)$。

2. NBC 的学习

估计模型参数最常用的学习方法是最大似然估计（Maximum Likelihood Estimation，MLE）。频率主义学派(frequentist)认为参数虽然未知，但却是客观存在的。依据大数定理，只要试验次数足够多，就可以用概率表示统计频率，所以参数是可以计算出来的固定值。可以通过优化似然函数等来确定参数的值。

概率的含义除了表示频率外，还是一种量化常识推理和信念程度的工具。贝叶斯(Bayesian)学派认为参数是未观测到的随机变量，其本身也符合一种概率分布，因此，可假定参数服从一个先验分布，然后基于观测到的数据来计算参数的后验分布，即最大后验估计(Maximum A Posteriori Estimation，MAP)，或者采用全贝叶斯估计直接进行预测和推断。

贝叶斯学派思想的主要优势是，它不需要统计一个长期频率或者同一个试验进行多次重复。但这并不是说频率主义学派有问题。频率方法仍然非常有用，在很多领域可能都是非常有效和快速的方法。贝叶斯方法可以作为构建更有弹性的模型时的补充。

(1) 最大似然估计

假定有一个独立同分布的样本集$\{\boldsymbol{x}^n, y^n\}_{n=1}^N$，每个样本都是从某个定义在参数$\theta$上的已知概率分布$p(\boldsymbol{x}, y|\theta)$中采样获得的实例：$(\boldsymbol{x}^n, y^n) \sim p(\boldsymbol{x}, y|\theta)$。

模型学习希望找出这样的θ，使得$(\boldsymbol{x}^n, y^n)$尽可能像是从$p(\boldsymbol{x}, y|\theta)$中抽取出来的。因为样本是独立同分布的，所以给定参数θ，样本集的似然(likelihood)是各个样本似然的乘积：$p(\boldsymbol{x}, y|\theta) = \prod_{n=1}^{N} p(\boldsymbol{x}^n, y^n|\theta)$。

在最大似然估计中，我们感兴趣的是找到这样的θ，使得样本集最像是采样抽取得到的，因此，寻找最大化样本似然的θ，优化目标如式(1-17)所示。

$$\hat{\theta} = \arg\max_{\theta} p(\boldsymbol{x}, y|\theta) \tag{1-17}$$

为了避免计算过程中可能出现的下溢，常使用对数似然函数，如式(1-18)所示。

$$\mathrm{LL}(\theta|\mathcal{D}) \equiv \log p(\mathcal{D}|\theta) = \sum_{n=1}^{N} \log p(\boldsymbol{x}^n, y^n|\theta) \tag{1-18}$$

对于分类问题，令$\mathcal{D}_c$表示训练集$\mathcal{D}$中第c类样本组成的集合，假设这些样本是独立同分布的，则参数θ_c对于数据集$\mathcal{D}_c$的似然如式(1-19)所示。

$$\mathrm{LL}(\theta_c) = \log p(\mathcal{D}_c|\theta_c) = \sum_{n:y^n=c} \log p(\boldsymbol{x}^n, y^n|\theta_c) \tag{1-19}$$

对θ_c进行最大似然估计，就是去寻找能最大化对数似然函数的参数值$\hat{\theta}_c$，如式(1-20)所示。

$$\hat{\theta}_c = \arg\max_{\theta_c} \mathrm{LL}(\theta_c) \tag{1-20}$$

直观上看，最大似然估计就是试图在θ_c所有可能的取值中，找到一个能使数据出现的"可能性"最大的值。

NBC的联合概率如式(1-21)所示。

$$p(\boldsymbol{x}, y|\theta) = p(y|\theta)p(\boldsymbol{x}|y, \theta) = p(y|\boldsymbol{\pi})\prod_{i=1}^{I} p(x_i|y, \boldsymbol{\mu}) \tag{1-21}$$

其中参数集合$\theta = \{\boldsymbol{\pi}, \boldsymbol{\mu}\}$。所以其对数似然函数如式(1-22)所示。

$$\mathrm{LL}(\theta) = \log p(\mathcal{D}_c|\theta) = \sum_{c=1}^{C} N_c \log \pi_c + \sum_{i=1}^{I}\sum_{c=1}^{C}\sum_{n:y^n=c} \log p(x_i^n|\mu_{ic}) \tag{1-22}$$

① 对于二分类问题，类先验分布服从二项分布：$p(y|\boldsymbol{\pi}) = \pi_c^{\mathbb{I}(y=c)}(1-\pi_c)^{1-\mathbb{I}(y=c)}$，$c=0$或

1。参数 π_c 的对数似然如式(1-23)所示。

$$\begin{aligned}\mathrm{LL}(\pi_c) &= \log \prod_{n=1}^{N} \pi_c^{\mathbb{I}(y=c)}(1-\pi_c)^{1-\mathbb{I}(y=c)} \\ &= \sum_{n=1}^{N} \mathbb{I}(y^n=c)\log \pi_c + \left(N-\sum_{n=1}^{N}\mathbb{I}(y^n=c)\right)\log(1-\pi_c) \\ &= N_c \log \pi_c + (N-N_c)\log(1-\pi_c)\end{aligned} \tag{1-23}$$

其中，训练集中类别 c 有 N_c 个样本，$\mathbb{I}$ 为指示函数。通过求解 $\frac{\mathrm{d}}{\mathrm{d}\pi_c}\mathrm{LL}(\pi_c)=0$，可以找出最大化该对数似然的参数：$\hat{\pi}_c=\frac{N_c}{N}$。如果特征值也是二值的，特征的条件概率分布服从二项分布：$p(x_i|y=c,\boldsymbol{\mu})=\mu_{ic}^{x_i}(1-\mu_{ic})^{1-x_i}$，则可以采用上述方法求得 $\hat{\mu}_{ic}=\frac{N_{ic}}{N_c}$。

② 对于多分类问题，类先验服从多项分布：$p(y|\boldsymbol{\pi})=\prod_c \pi_c^{\mathbb{I}(y=c)}$。假设特征的取值有 K 个，特征的条件概率分布服从多项分布：$p(x_i|y=c,\boldsymbol{\mu})=\prod_{k=1}^{K}\mu_{ick}^{\mathbb{I}(x_i=k,y=c)}$。采用上面的方法，可求得参数估计，如式(1-24)和(1-25)所示。

$$\hat{\pi}_c=\frac{N_c}{N} \tag{1-24}$$

$$\hat{\mu}_{ick}=\frac{N_{ick}}{N_c} \tag{1-25}$$

③ 如果特征的取值为连续值，特征的条件概率分布服从正态分布，如式(1-26)所示。

$$p(x_i|y=c,\boldsymbol{\mu},\boldsymbol{\sigma})=\frac{1}{\sqrt{2\pi\sigma_{ic}^2}}\mathrm{e}^{-\frac{(x_i-\mu_{ic})^2}{2\sigma_{ic}^2}} \tag{1-26}$$

对数似然函数如式(1-27)所示。

$$\mathrm{LL}(\mu_{ic},\sigma_{ic})=-\frac{N_c}{2}\log(2\pi)-N_c\log\sigma_{ic}-\frac{\sum_{n:y^n=c}(x_i^n-\mu_{ic})^2}{2\sigma_{ic}^2} \tag{1-27}$$

分别对 μ_{ic}，σ_{ic} 求导并令其等于 0，可解得参数估计，如式(1-28)和(1-29)所示。

$$\hat{\mu}_{ic}=\frac{1}{N_c}\sum_{n:y^n=c}x_i^n=\frac{N_{ic}}{N_c} \tag{1-28}$$

$$\hat{\sigma}_{ic}=\frac{1}{N_c}\sum_{n:y^n=c}(x_i^n-\hat{\mu}_{ic})^2 \tag{1-29}$$

在最大似然估计中，为了避免训练样本中某特征的取值从未出现过而造成计算问题，在估计概率值时常用拉普拉斯平滑进行修正。例如，式(1-24)和式(1-25)可分别修正为式(1-30)和式(1-31)。

$$\hat{\pi}_c=\frac{N_c+1}{N+C} \tag{1-30}$$

$$\hat{\mu}_{ick}=\frac{N_{ick}+1}{N_c+K} \tag{1-31}$$

(2) 最大后验估计

最大似然估计常常会过拟合，尤其是训练样本较少时。为了避免过拟合，贝叶斯学派认为参数不是固定值，假定参数服从一个先验分布 $p(\theta)$。这时，NBC 的概率图模型可以表示为图 1-9，其中参数 $\theta=\{\boldsymbol{\pi},\boldsymbol{\mu}\}$ 也是随机变量。

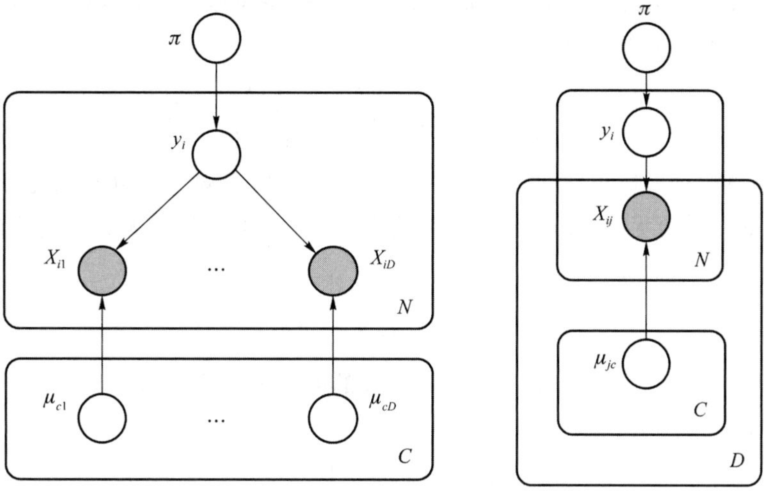

图 1-9 NBC 的概率图模型

假定参数服从先验分布 $p(\theta)$，联合概率分布可以表示为式(1-32)。

$$p(\theta)p(\boldsymbol{x},y\,|\,\theta) = p(\theta)\prod_{n=1}^{N}p(\boldsymbol{x}^n,y^n\,|\,\theta) \tag{1-32}$$

模型学习就是估计参数的后验概率，所以称其为最大后验估计，如式(1-33)所示。

$$\hat{\theta} = \arg\max_{\theta}\sum_{n=1}^{N}\log p(\boldsymbol{x}^n,y^n\,|\,\theta) + \log p(\theta) \tag{1-33}$$

从式(1-33)可以看出，如果先验分布 $p(\theta)$服从均匀分布，则 MAP 会退化为 MLE。

在 NBC 的训练阶段，$(\boldsymbol{x}^n,y^n)$都是可观测量，其本质是基于完全数据(complete data)的模型学习。

模型参数估计的计算过程类似于最大似然估计，对优化目标求参数的导数并令其等于 0，可解得参数。例如，类先验分布和特征的条件分布假设都服从多项分布，如式(1-34)所示。

$$\begin{cases} p(\boldsymbol{\pi}) = \prod_{c=1}^{C}\mathrm{Mult}(\pi_c\,|\,\alpha_c) \\ p(\boldsymbol{\mu}) = \prod_{k=1}^{K}\mathrm{Mult}(\mu_k\,|\,\beta_k) \end{cases} \tag{1-34}$$

假设模型中的随机变量都服从多项分布，模型参数估计如式(1-35)和(1-36)所示。

$$\hat{\pi}_c = \frac{N_c+\alpha_c}{N+\sum_c\alpha_c} \tag{1-35}$$

$$\hat{\mu}_{ick} = \frac{N_{ick}+\beta_k}{N_c+\sum_k\beta_k} \tag{1-36}$$

如果式(1-34)和式(1-35)中的超参数 $\alpha_c=1,\beta_k=1$，则 MAP 会退化为拉普拉斯平滑。

3. NBC 的推断

概率图模型的主要用途之一就是根据联合概率分布进行个别变量的概率推断，达到利用已知变量来估计未知变量的目的。

前面讨论了 NBC 参数 θ 的学习。在获得联合概率分布 $p(\boldsymbol{x},y)$ 的基础上，就可以进行概率推断了。在 NBC 的推断阶段，可以把模型中的随机变量分为两种：可观测量和隐变量。特征是可观测量；表示类别的随机变量 y 是隐变量。概率图模型的推断就是计算隐变量的后验概率，在机器学习中常称为模型测试，如下所示。

$$p(y|\boldsymbol{x},\theta)=\frac{p(\boldsymbol{x},y|\theta)}{p(\boldsymbol{x}|\theta)}=\frac{p(\boldsymbol{x},y|\theta)}{\sum_{y'}p(\boldsymbol{x},y'|\theta)}$$

在复杂的图模型中，隐变量可能不只一个，而我们可能只对一部分未知变量感兴趣，可以进一步把隐变量 y 分为两种：查询变量 y_{q} 和无关变量 y_{n}，通过计算无关变量的边缘分布来获得查询变量的分布，如式(1-37)所示。

$$p(y_{\mathrm{q}}|\boldsymbol{x},\theta)=\sum_{y_{\mathrm{n}}}p(y_{\mathrm{q}},y_{\mathrm{n}}|\boldsymbol{x},\theta) \tag{1-37}$$

在 NBC 的推断阶段，假设类先验分布和特征的条件分布都服从多项分布，则类别的推断如式(1-38)所示。

$$p(y_c|\boldsymbol{x},\theta)=\frac{p(y_c)\prod_j p(x_j|y_c)}{\sum_c p(y_c)\prod_j p(x_j|y_c)}=\frac{\pi_c\prod_j\mu_{jck}}{\sum_c\pi_c\prod_j\mu_{jck}} \tag{1-38}$$

1.3 马尔可夫随机场

1.3 节讲解视频

由于马尔可夫随机场(Markov Random Fields，MRF)的图结构为无向图，所以称其为无向图模型，也称其为马尔可夫网络。图中每个节点代表一个随机变量，节点之间的无向边代表变量间的相关关系。

1.3.1 无向图基础

图 1-10 是一个无向图的例子，图中包含 7 个节点，在 MRF 中代表 7 个随机变量，它们之间的关系在图中用无向边进行连接。

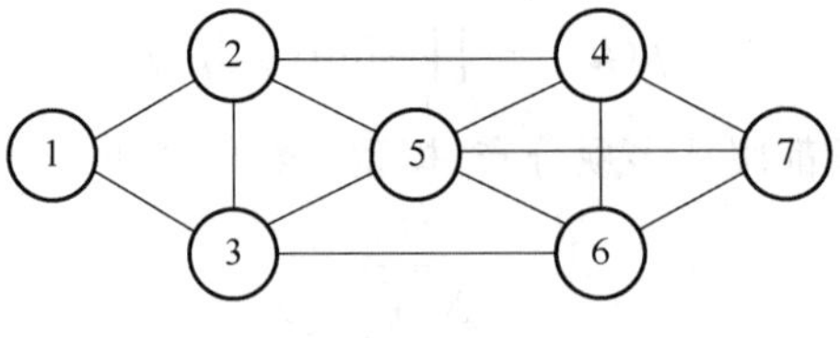

图 1-10 一个马尔可夫网络的图结构

1. 子图(subgraph)

无向图 $G=<V,E>$ 的子图 $G_A=<V_A,E_A>$ 是指由节点子集 $V_A\subseteq V$ 和这些节点在图 G 中的边集合 E_A 构成的图。

2. 完全子图(complete subgraph)

在无向图 $G=<V,E>$ 的子图 $G_A=<V_A,E_A>$ 中，任意两个节点之间都有边连接，则该子图称为完全子图。

3. 团(clique)

对于图 G 中节点的一个子集,若其中任意两节点间都有边连接,即能够构成一个完全子图,则称该节点子集为一个团。例如,由图 1-10 中的节点子集{1,2,3}构成的子图是一个完全子图,所以该节点子集是一个团。图 1-10 中的节点子集{1,2,3,5}就不是一个团。

4. 极大团(maximal clique)

若在一个团中加入另外任何一个节点都不再形成团,则称该团为极大团。例如,图 1-10 中的极大团有{1,2,3}、{2,3,5}、{2,4,5}、{3,5,6}、{4,5,6,7}。

1.3.2 无向图模型的条件独立性

无向图模型的条件独立性(conditional independence)借助于"分离(separation)"的概念来定义。

(1) 全局马尔可夫性(global Markov property)

给定节点子集 A、B 和 C,如果在图中 C 能把 A 和 B 分离,那么称为"在 C 的条件下 A 和 B 独立",记作式(1-39)。

$$\boldsymbol{x}_A \perp \boldsymbol{x}_B \mid \boldsymbol{x}_C \tag{1-39}$$

例如,图 1-11 中节点子集 $A=\{1,2\}$,$B=\{6,7\}$,$C=\{3,4,5\}$,有 $\boldsymbol{x}_A \perp \boldsymbol{x}_B \mid \boldsymbol{x}_C$。

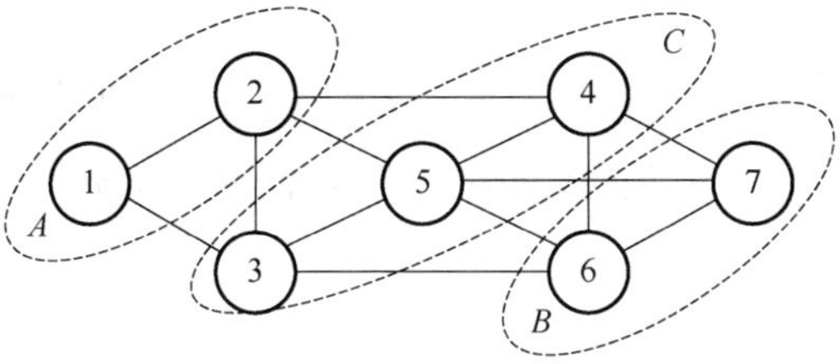

图 1-11 全局马尔可夫性

(2) 局部马尔可夫性(local Markov property)

给定某变量的邻接变量,则该变量条件独立于其他变量,记作式(1-40),其中 $\mathrm{ne}(v)$表示节点 x_v 的邻居节点。

$$x_v \perp \boldsymbol{x}_{V\setminus v,\mathrm{ne}(v)} \mid \boldsymbol{x}_{\mathrm{ne}(v)} \tag{1-40}$$

例如,在图 1-10 中,$x_1 \perp \{x_4, x_5, x_6, x_7\} \mid \{x_2, x_3\}$。

(3) 成对马尔可夫性(pairwise Markov property)

给定所有其他变量,两个非邻接变量条件独立,如式(1-41)所示。

$$x_u \perp x_v \mid \boldsymbol{x}_{V\setminus u,v}, \quad (u,v) \notin E \tag{1-41}$$

例如,在图 1-10 中,$x_1 \perp x_7 \mid \{x_2, x_3, x_4, x_5, x_6\}$。

从全局马尔可夫性可以得出局部马尔可夫性,从局部马尔可夫性可以得出成对马尔可夫性,并且,当联合概率分布不为 0,即 $p(\boldsymbol{x})>0$ 时,从成对马尔可夫性可以得出全局马尔可夫性。所以,3 种条件独立性的关系如图 1-12 所示。

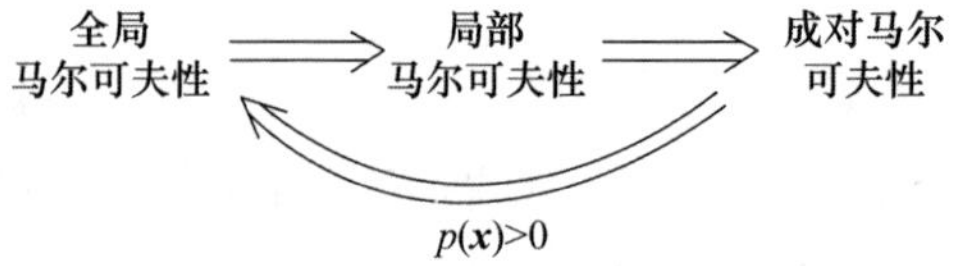

图 1-12 3 种条件独立性的关系

1.3.3 联合概率的定义

基于团(极大团)的概念,马尔可夫网络的联合概率分布可以分解为多个因子的乘积,每个因子仅与一个团有关。

通过团将图中的节点分成多个小的集合 $\boldsymbol{x}_c$,其中集合内的节点两两之间有边相连接,那么概率分布满足式(1-42)。

$$p(\boldsymbol{x}_{1:v}) = \frac{1}{Z}\prod_{c}\Phi(\boldsymbol{x}_c) \tag{1-42}$$

Hammersley-Clifford 定理证明了式(1-42),定理中 c 是极大团,并且联合概率 $p(\boldsymbol{x})>0$。在实际应用中,并不一定使用极大团。

在式(1-42)中,乘积因子 $\Phi(\boldsymbol{x}_c)$称为场的势函数,沿用统计物理中的 Gibbs 分布,一般使用指数函数表示:$\Phi(\boldsymbol{x}_c)=\mathrm{e}^{-\mathrm{Eng}(\boldsymbol{x}_c)}$,其中 $\mathrm{Eng}(\boldsymbol{x}_c)$ 称为团的“能量”函数,是团中各个变量的一个函数。

在式(1-42)中,Z 是归一化因子,$Z=\sum_{x}\prod_{c}\Phi(\boldsymbol{x}_c)$,在统计物理中称为配分函数,使得概率之和为 1。一般来讲,归一化因子直接求解很困难,需要采用近似方法进行马尔可夫网络的推断。

1.3.4 Ising 模型

在图 1-2 所示的 Ising 模型中,每个节点所代表的随机变量是一个二值变量:$x_i\in\{-1,+1\}$。每个团由两个相连的变量组成,团的“能量”函数记作$-w_{ij}x_ix_j$,其中 w_{ij} 表示相邻节点的边权重。乘积因子使用指数函数表示:$\Phi(x_i,x_j)=\mathrm{e}^{w_{ij}x_ix_j}$。未归一化的对数概率可以表示为式(1-43)。

$$\log\tilde{p}(\boldsymbol{x}) = \sum_{i\sim j}x_iw_{ij}x_j = \frac{1}{2}\boldsymbol{x}^{\mathrm{T}}\boldsymbol{W}\boldsymbol{x} \tag{1-43}$$

在这种情况下,小磁针的方向都相同时(x_i 与 x_j 的取值相同),“能量”最低,联合概率值最大,场处于稳定状态,这就是马尔可夫随机场的物理学含义。式(1-43)最后写作矩阵形式,其中 $\boldsymbol{W}$ 是模型的参数。

由于无向图模型中的许多理论都依赖于 $p(\boldsymbol{x})>0$,所以势函数常采用指数函数。一般来讲,一组势函数的定义应该包含所有节点,即联合概率包含所有随机变量。反之,一个随机变量也可以被包含在多个因子中。

如果考虑增加节点的偏置项,Ising 模型的势函数可以定义为 $\Phi(\boldsymbol{x}_c)=\mathrm{e}^{\sum_{i\sim j}w_{ij}x_ix_j+\sum_{i}b_ix_i}$,其

中 w_{ij} 和 b_i 是模型参数，指数第一项考虑每一对节点的关系，第二项考虑单节点的偏差(bias)。未归一化的对数概率写成矩阵形式，如式(1-44)所示。

$$\log \tilde{p}(\boldsymbol{x})=\frac{1}{2}\boldsymbol{x}^{\mathrm{T}}\boldsymbol{W}\boldsymbol{x}+\boldsymbol{b}^{\mathrm{T}}\boldsymbol{x} \tag{1-44}$$

其中 $\theta=\{\boldsymbol{W},\boldsymbol{b}\}$ 是模型参数。

在理解 Ising 模型的基础上，下面对马尔可夫随机场的通用形式进行总结。

1. MRF 的表示

一般将马尔可夫随机场的联合概率分布形式写作式(1-45)。

$$p(\boldsymbol{x}|\theta)=\frac{1}{Z(\theta)}\mathrm{e}^{\sum_c \theta_c^{\mathrm{T}} f_c(\boldsymbol{x})} \tag{1-45}$$

$\tilde{p}(\boldsymbol{x}|\theta)=\mathrm{e}^{\sum_c \theta_c^{\mathrm{T}} f_c(\boldsymbol{x})}$ 称为未归一化的概率。归一化因子 $Z(\theta)$ 是它们的积分(或求和)，几个指数函数的求和很难再合并计算了，所以 MRF 的推断一般没有解析解。

2. MRF 的学习

对于有 N 个独立同分布样本的数据集 $\{\boldsymbol{x}^n\}_{n=1}^N$，联合概率的对数似然函数如式(1-46)所示。

$$\mathrm{LL}(\theta)=\frac{1}{N}\sum_n \log p(\boldsymbol{x}^n|\theta)=\frac{1}{N}\sum_n\left[\sum_c \theta_c^{\mathrm{T}} f_c(\boldsymbol{x}^n)-\log Z(\theta)\right] \tag{1-46}$$

为了求解最大化对数似然函数的参数 $\hat{\theta}_c=\arg\max\limits_{\theta_c}\mathrm{LL}(\theta)$，对数似然函数对参数求导，如式(1-47)所示。

$$\frac{\partial}{\partial\theta_c}\mathrm{LL}(\theta)=\frac{1}{N}\sum_i\left[f_c(x_i)-\frac{\partial}{\partial\theta_c}\log Z(\theta)\right] \tag{1-47}$$

式(1-47)中的 $\frac{\partial}{\partial\theta_c}\log Z(\theta)$ 首先要将几个指数函数求和再取对数，这个导数很难求解。如果直接采用最大似然估计，很难有解析解，在第 12 章玻尔兹曼机中将讨论一种随机最大似然算法。这里先介绍简单的伪似然算法。

最大似然的优化目标是 $\mathrm{LL}(\theta)=\frac{1}{N}\sum\limits_{n=1}^{N}\log p(\boldsymbol{x}^n|\theta)$，伪似然的优化目标定义如式(1-48)所示。

$$\mathrm{LL}(\theta)\stackrel{\Delta}{=}\frac{1}{N}\sum_{n=1}^{N}\sum_{i=1}^{I}\log p(x_i^n|\boldsymbol{x}_{-i}^n,\theta) \tag{1-48}$$

虽然伪似然估计没有显式地最小化 $\log Z(\theta)$，但是每个条件分布的分母会使得学习算法降低那些“仅在一个维度上与训练样本状态不同的数据”的概率。需要注意，伪似然不能用于带隐变量的模型。

3. MRF 的推断

下面讲解一个带隐变量的模型推断方法。在无法通过模型学习获得模型参数的情况下，可以先根据经验指定模型参数，从而有利于模型的推断。

例 1-7：基于 Ising 模型进行二值图像去噪

图像中每个像素都是一个随机变量，对二值图像进行去噪，假设像素的取值只能是背景色或者前景色，并且相邻像素取值相同的概率很高，所以选用 Ising 模型进行二值图像去噪。

给定带有噪声的二值图像,我们的目标是将其恢复为原始的无噪声图像。我们能观测到的图像是噪声图像,而原始图像中的像素是隐变量,所以应用建模为无向图模型,如图 1-13 所示。假设噪声图像的像素是由原始图像中对应像素发生噪声畸变翻转得到的。

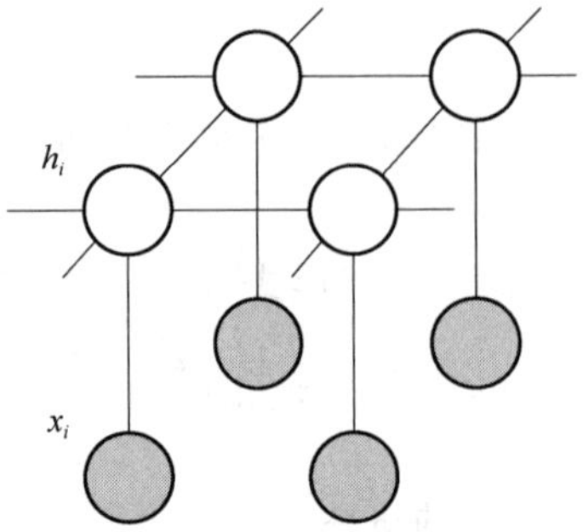

图 1-13　二值图像去噪的概率图模型

原始图像中的 h_i 是一个二值变量,表示像素 i 在一个未知的无噪声图像中的状态。x_i 也是一个二值变量,表示在观测到的噪声图像中,像素 i 的对应值。随机变量 $\boldsymbol{x}$ 是观测量,$\boldsymbol{h}$ 是隐变量,我们希望推断出隐变量的值。

假设噪声比较小,x_i 和 h_i 之间有着强烈的相关性,通常还假设无噪声图像中相邻像素 h_i 和 h_j 的相关性很强,这种先验知识可以使用无向边进行描述。所以,图中有两种类型的团,每一个团包含两个变量。

一种团是由变量$\{x_i,h_i\}$组成的图。形如$\{x_i,h_i\}$的团有一个关联的能量函数,表达了这些变量之间的相关性。为这些团选择一个非常简单的能量函数$-\eta x_i h_i$,其中 η 是一个正的常数。当 x_i 和 h_i 符号相同时,能量函数会给出一个较低的能量(即较高的概率);而当 x_i 和 h_i 符号相反时,能量函数会给出一个较高的能量。

另一种团是由变量$\{h_i,h_j\}$组成的团,其中 i,j 是相邻像素。与之前一样,我们希望当两个像素符号相同时能量较低,当两个像素符号相反时能量较高,因此选择能量函数$-\beta h_i h_j$,其中 β 是一个正的常数。

这是典型的成对马尔可夫随机场,模型完整的能量函数的形式如式(1-49)所示。

$$\mathrm{Eng}(\boldsymbol{x},\boldsymbol{h})=-\beta\sum_{i\sim j}h_i h_j-\eta\sum_i x_i h_i \tag{1-49}$$

因此,模型的联合概率分布如式(1-50)所示。

$$p(\boldsymbol{x},\boldsymbol{h})=\frac{1}{Z}\mathrm{e}^{-\mathrm{Eng}(\boldsymbol{x},\boldsymbol{h})} \tag{1-50}$$

其中 β、η 为模型参数。带有隐变量的模型参数学习问题在第 14 章讲解。假设可以根据经验或通过多次尝试,给参数赋值一个固定值,如将参数固定为 $\beta=1.0$,$\eta=2.1$,直接推断隐变量的值,知道 h_i 的值,就可以得到去噪后的图像。

推断过程使用一个简单的迭代方法——迭代条件模型(Iterated Conditional Model,ICM)算法。这种方法的思想是:首先,初始化变量 h_i,这个过程中只是令 $h_i=x_i$;然后,每次取一个节点 h_i,计算在两种可能状态 $h_i=+1$ 和 $h_i=-1$ 下场的总能量,保持其他所有节点变量固定,将 h_i 设置为能量较低的状态。如果 h_i 不变,则概率不变,否则概率就会增大。由于只有一个变量发生改变,因此这是一个可以高效进行的简单局部计算的算法。对所有节点重复进行计算更新，迭代计算，直到满足某个合适的停止条件。

二值图像去噪的 ICM 算法的伪代码

```
初始化隐变量 h_i = x_i
迭代计算，直到满足收敛条件
    对所有节点进行计算
        计算 h_i = +1 时，Eng_1 = -β Σ_{i~j} h_i h_j - ηx_i h_i
        计算 h_i = -1 时，Eng_2 = -β Σ_{i~j} h_i h_j - ηx_i h_i
        如果 Eng_1 <= Eng_2，则置 y_i = +1，否则 y_i = -1
```

ICM 算法代码

对图 1-14(a)所示的图像增加 10% 噪声，如图 1-14(b)所示。利用 ICM 算法进行迭代计算，$\beta=1.0$，$\eta=2.1$，图像去噪的效果如图 1-14(c)所示。如果再增加单节点的偏差项，$\mathrm{Eng}(h_i)=-\beta\sum_{i\sim j}h_ih_j-\eta x_ih_i-\lambda h_i$，实验效果更好。图 1-14(d)是 $\beta=1.0$，$\eta=2.1$，$\lambda=0.5$ 时的实验结果。

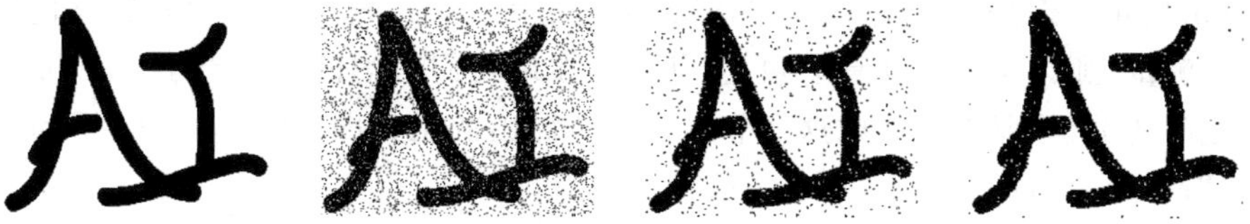

(a) 原图　(b) 增加10%的噪声　(c) ICM去噪后的图　(d) 增加偏差项的ICM去噪后的图

图 1-14 二值图像去噪

1.4 图模型的表达能力

1.4 节讲解视频

有向图模型与无向图模型各有其优点和缺点，并没有优劣之分，在实际应用中需要根据具体任务来决定使用哪一种模型。这种选择主要取决于我们希望描述的概率分布，哪种模型可以最大限度地捕捉到概率分布中的独立性，或者说使用最少的边来描述分布，就选用哪种模型。

当用图来表示概率分布时，需要选择一个包含尽可能多独立性的图。从这个角度来说，有些分布使用有向图模型更合适，有些分布使用无向图模型更高效，换句话说，有向图模型可以编码一些无向图模型所不能表示的独立性，反之亦然。例如：

① 无向图模型不能表示有向图模型的 V 字结构。

② 有向图模型也有无能为力的时候，例如，图 1-15(a)所示的无向图模型包含 4 个团，如果用有向图模型来表示，可能有两种异构的结构，如图 1-15(b)和图 1-15(c)所示。

1. 有向图模型转化为无向图模型

有向图模型中的条件独立性不如无向图模型那么一目了然，因为需要考虑边的方向。为了便于分析有向图模型的条件独立性，可以把有向图模型转化为无向图模型。

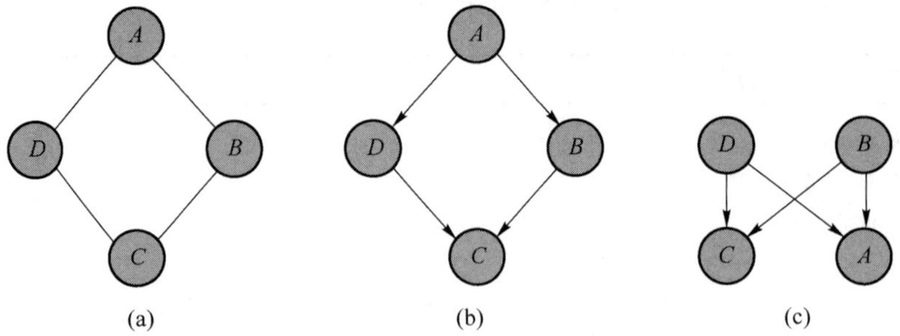

图 1-15 有向图与无向图模型的表达能力

转化方法：找出有向图模型中的所有 V 字结构，在 V 字结构的两个父节点之间连上一条无向边，然后将所有有向边改为无向边。

由此产生的无向图称为“道德图”，将 V 字结构的父节点相连的过程称为“道德化”(moralization)，其含义是：孩子的父母应该建立牢靠的关系，否则是不道德的。

例如，对于图 1-16(a)所示的有向图，由于节点 5 需要在节点 2 和 3 之间连接一条边，节点 7 需要在节点 4 和 5 之间连接一条边，也需要在节点 4 和 6 之间连接一条边，故其转化成的无向图如图 1-16(b)所示。但是 $x_4 \perp x_5 \mid x_2$，(4,5)这条边是因为与 7 构成 V 字，如果 7 和它的子孙节点不是可观测量，那么 4 与 5 就真的独立。所以，如果我们考虑的是节点子集{2,4,5}对应的随机变量之间的关系，那么只考虑这个节点子集诱导出的祖先图〔如图 1-17(a)所示〕，对它进行“道德化”，如图 1-17(b)所示。

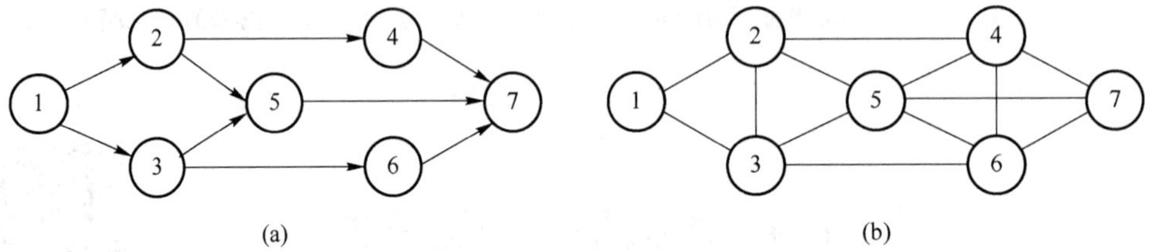

图 1-16 有向图模型的“道德化”

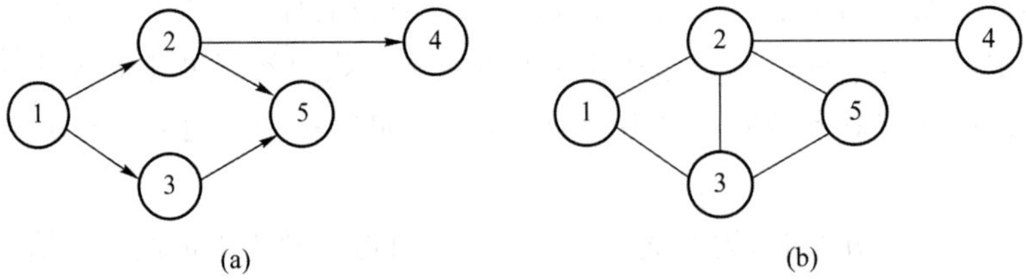

图 1-17 节点子集{2,4,5} 的祖先图及其“道德化”

2. 无向图模型转化为有向图模型

把无向图模型转换成有向图模型更加困难。图 1-18(a)是无向图模型，假设节点的生成顺序是 A、B、C、D、E、F。显然，A、B 的关系是 A 为条件。考虑增加节点 C 的时候，A 是 C 的父节点不容置疑，但是由于 A 和 B 有依赖关系，并不能肯定 C 与 B 独立，所以 B 也是 C 的父节点。以此类推，得到图 1-18(b)所示的有向图模型。

对于图 1-18(b)所示的有向图模型，如果忽略边的方向，把它们看作无向边，会发现这个图所有环(circle)的长度小于或等于 3，这种图称为弦图(chordal graph)。各种模型之间的关系如图 1-19 所示。

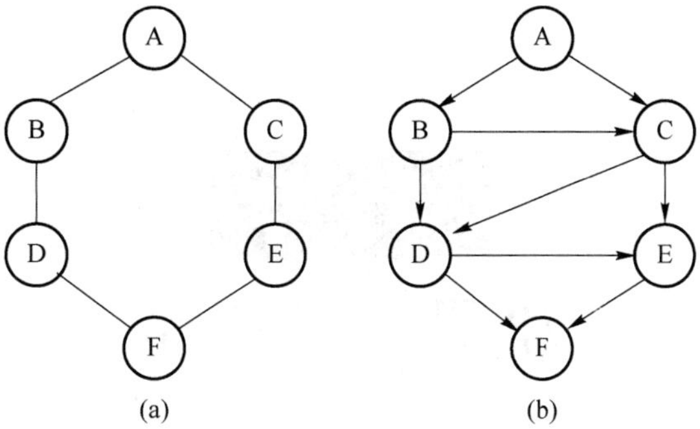

图 1-18 无向图模型转化为有向图模型

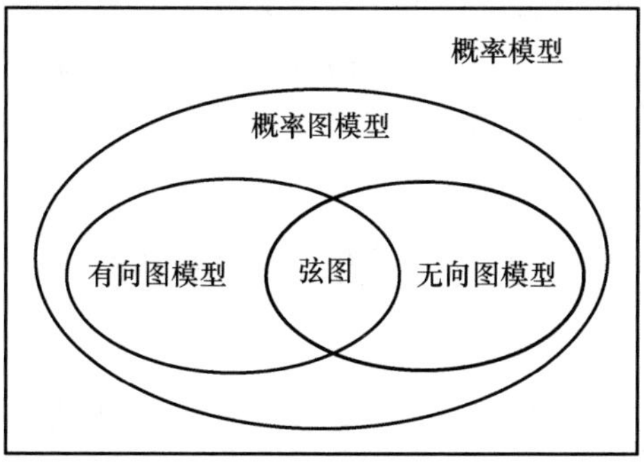

图 1-19 各种模型的关系

第 2 章

机器学习基础

机器学习基础课件

机器学习是目前人工智能的主流技术。机器学习模型的本质都可以用概率图来解释。本章首先解释机器学习的基本概念，然后讨论各种的机器学习问题，以及其概率含义，最后以线性回归的概率图模型为例讲解建模、求解、评估等典型的机器学习问题。

2.1 基本概念

2.1 节讲解视频

Tom Mitchell 对机器学习的定义是：对于某类任务 T 和性能度量 P，
一个计算机程序被认为可以从经验 E 中学习是指，通过经验 E 改进后，它在任务 T 上由性能度量 P 衡量的性能有所提升。

在计算机系统中，经验 E 通常以“数据”的形式存在。数据集是指很多样本组成的集合。样本是指从应用需要处理的对象或事件中收集到的已经量化的特征(feature)集合。例如，一张图片最直接的特征就是这张图片的像素值，所以，每个样本通常用一个特征向量/矩阵来表示。

任务 T 是指，机器学习系统应该如何处理样本。既然要从数据中学习，往往就需要统计等方法。机器学习所研究的主要内容是在计算机上从数据中产生模型(model)的算法，即学习算法，所以模型和算法是机器学习的核心。如果说计算机科学是研究关于算法的学问，那么机器学习就是研究关于学习算法的学问。我们把训练数据集提供给计算机算法程序，让它“学习”训练模型，在面对新情况时，就可以使用模型进行推断了。模型泛指从数据中学得的结果。机器学习可以解决很多类型的任务，如分类、回归、降维、聚类、序列标注、采样与合成等。

无监督学习任务(如聚类、降维)希望学习出数据集上有用的结构性质，如显式或隐式地学习出数据的概率分布 $p(\boldsymbol{x})$；有监督学习任务(如分类、回归)中数据集的每个样本都有一个“标签”(label)y，在模型学习阶段“监督员”提供 y，而在推断阶段由 $\boldsymbol{x}$ 预测 y，即计算 $p(y|\boldsymbol{x})$，这通常是任务的应用目标。所以，所有的机器学习模型都可以表示为数学公式 $f_\theta(\boldsymbol{x})$，而在推断阶段往往如式(2-1)所示。

$$p(y|\boldsymbol{x})=f_\theta(\boldsymbol{x}) \tag{2-1}$$

其中：$\boldsymbol{x}$ 为输入变量，对应需解决问题的观测值，通常用样本向量表示；f_θ 是模型，是“万能”的

函数近似器，具体可能是函数的组合、嵌套，其参数 θ 通过学习可调，而函数的性能随着参数的优化逐渐逼近理想目标。当 f_θ 采用概率模型时，模型可解释性更好。$p(y|\boldsymbol{x})$表示根据数据分布，得出某种结论。

绝大多数机器学习算法都需要迭代优化求解，原因是多样的，如函数复杂没有闭式解，数据量太大矩阵无法计算等。所以学习过程常常需要转换为优化问题。因此，机器学习算法都可以被描述为一个简单的配方：①数据；②模型；③目标函数；④优化算法。

为了评估模型或学习算法的性能，需要设计针对特定任务的性能度量，如分类任务通常度量模型的准确率(accuracy)。准确率是指模型输出正确结果的样本比率。在回归任务中，即预测连续值的问题，最常用的性能度量是均方误差。虽然性能度量的选择说起来简单，但是在某些情况下，却很难确定应该度量什么。例如，在自然语言复述生成任务中，我们是应该度量生成复述的准确率，还是应该度量表达的丰富性、流畅性呢？对于不同的业务场景以及模型类型，需要用不同的评估方法来度量模型的优劣。性能度量 P 是衡量机器学习模型优劣的指标。

2.2 机器学习问题建模

2.2 节讲解视频

机器学习可以让我们解决一些人为设计和使用确定性程序很难解决的问题。机器学习从数据中学习，自动总结经验。

机器学习本质上属于应用统计学，但侧重研究如何用计算机统计地估计复杂函数，而统计学更关注为这些函数提供置信区间，这是二者的不同之处。

例 2-1：猜数游戏

数学中的一些概念可以用一些正整数组成的集合来表示，如：素数＝{2,3,5,7,11,13,17,19,23,…}；偶数＝{2,4,6,8,10,12,14,…}；2 的幂次方数＝{2,4,8,16,32,64,…}；以数字 6 结尾的数＝{6,16,26,36,…}；……

为了后续的计算具有可行性，在这里我们只考虑 100 以内的正整数，避免使用无穷集。这些集合的定义如下：

$$h_{\text{even}}=\{2,4,6,8,10,12,\cdots,96,98\}$$
$$h_{\text{two}}=\{2,4,8,16,32,64\}$$
$$h_{\text{end6}}=\{6,16,26,36,\cdots,86,96\}$$
……

如果在某时刻，我们观察到一些样本数据，能不能猜出来它们是哪个集合所表示的概念呢？或者说，在给出一个新数据的时候，我们能不能判断出它是否与刚才的样本数据属于同一个概念集合？

比如，样本数据集 $\mathcal{D}_1$ 是{16}：

① 判断 17 是否与 $\mathcal{D}_1$ 属于同一个集合？

② 判断 6 是否与 $\mathcal{D}_1$ 属于同一个集合？

③ 判断 32 是否与 $\mathcal{D}_1$ 属于同一个集合？

④ 判断 99 是否与 $\mathcal{D}_1$ 属于同一个集合？

针对问题①～④，有人会回答“是”，有人会回答“否”，但大部分人对问题④会回答“否”，因为 99 与 16 的差别太大了，两者不太像是能属于同一个集合的数。

在这个判断过程当中，我们都是先判断样本数据集可能是从哪个概念集合采样来的，再判断新数据属于这个概念的概率。

在模型学习阶段，判断样本数据集$\mathcal{D}=\{x_1,\cdots,x_N\}$采样自哪个概念(concept)，是一个二分类问题：

$$f(\boldsymbol{x})=\begin{cases}1, & \boldsymbol{x}\in h_i\\0, & \boldsymbol{x}\notin h_i\end{cases} \tag{2-2}$$

需要注意："概念学习"是只有正样本的学习。

再比如，样本数据集$\mathcal{D}_2$是{16,8,2,64}，这时候若再来回答上述的问题①～④，大部分人都会先判断这个概念集合可能是"2 的平方数"，当然也会有人认为这个概念集合是"偶数"。

这里有一个概念的假设空间$H=\{h_{\text{even}},h_{\text{two}},h_{\text{end6}},\cdots\}$。在刚才的判断过程中，我们怎么从$H$中选择一个$h_i$呢？首先，假设$H$中的$h_i$是均匀分布的，$h_i$被选中的概率是$\frac{1}{|H|}$，这个数值可以忽略不计；然后，根据$h_i$来计算得到样本数据集的可能性(概率)，如式(2-3)所示。

$$P(\mathcal{D}_1\mid h_{\text{even}})=\frac{1}{50}$$

$$P(\mathcal{D}_1\mid h_{\text{two}})=\frac{1}{6}$$

$$P(\mathcal{D}_1\mid h_{\text{end6}})=\frac{1}{10}$$

……

$$P(\mathcal{D}_2\mid h_{\text{even}})=\left(\frac{1}{50}\right)^4=1.6\times10^{-7}$$

$$P(\mathcal{D}_2\mid h_{\text{two}})=\left(\frac{1}{6}\right)^4=7.7\times10^{-4}$$

……

从上述的计算结果可以看出，样本数据集$\mathcal{D}_2=\{16,8,2,64\}$是从$h_{\text{two}}$中采样获得的概率最大。这个计算称为"似然"概率。

如果说假设空间中还有一个概念集合是 2 的幂次方数去掉 32，$h'_{\text{two}}=\{2,4,8,16,64\}$，就会有人提出：还有这样的概念？不太可能吧？为什么有这样的概念集合呢？确实，这个概念真的是不太可能有。于是，我们说$P(h'_{\text{two}})<P(h_{\text{two}})$。这个数学公式称为"先验"概率。在这种情况下，假设空间中的h_i不再符合"均匀分布"了。

从例 2-1 中，我们了解了什么是"先验"概率，什么是"似然"概率。在此基础上，我们可以定义"后验"概率，如式(2-3)所示。

$$p(h\mid\mathcal{D})=\frac{p(h,\mathcal{D})}{p(\mathcal{D})}=\frac{p(\mathcal{D}\mid h)p(h)}{p(\mathcal{D})}=\frac{p(h)\delta(\mathcal{D}\in h)/|h|^N}{p(\mathcal{D})} \tag{2-3}$$

其中，分母部分称为"归一化因子"或者"证据因子"，如式(2-4)所示。

$$p(\mathcal{D})=\sum_h p(h,\mathcal{D})=\sum_h p(h)\delta(\mathcal{D}\in h)/|h|^N \tag{2-4}$$

例 2-1 的学习过程就是在一个"证据"(采样数据$\mathcal{D}$)前提下，选择一个概念集合h_i，从这个概念集合中采样获得这些数据的概率最大。如果没有"先验"知识，假设空间里各个概念服从均匀分布，那么只能使用"似然"概率计算并选择一个概率最大的概念；如果有一些"先验"知识，那么可以计算并选择“后验”概率最大的概念。

在概念学习中只从正样本学习，一般机器学习会同时使用正、负样本进行学习。

从例2-1也可以看出，样本数据集大一些，更容易得到正确的推断。当然这里还有一个获得样本数据的采样（观测）过程是否与数据分布一致的问题，如果观测存在偏颇，则数据集再大也没有用。

在建模过程中，最大的困难就是，我们对数据认识不足，对数据的生成原因、多个变量之间的相互影响认识不足，这时往往需要一个概念假设空间。如果假设条件限定得合理，符合数据分布的真实情况，应用建模就有可能得到好的效果。

机器学习算法的概率模型可以分为两大类，即生成模型和判别模型。

1. 生成模型

生成模型（generative model）把概率图中的所有随机变量建模为联合概率，无论是有监督学习还是无监督学习，无论有多少随机变量，它都可以统一表示为 $p(\boldsymbol{x},y)$。模型学习可用于求解联合概率的最大似然估计、最大后验估计等。在应用推断阶段，通过贝叶斯公式来求得 $p(y|\boldsymbol{x},\theta)$，如第1章的朴素贝叶斯分类器。然后选取使得 $p(y=y_i|\boldsymbol{x},\theta)$ 最大的 y_i，优化目标如式(2-5)所示。

$$\hat{y}=\arg\max_y p(y|\boldsymbol{x})=\arg\max_y \frac{p(\boldsymbol{x}|y)p(y)}{p(\boldsymbol{x})}\approx\arg\max_y p(\boldsymbol{x}|y)p(y) \tag{2-5}$$

生成模型在学习阶段学习联合概率分布，在推断阶段求解条件分布。常见的生成模型有朴素贝叶斯分类器、隐马尔可夫模型（Hidden Markov Model，HMM）、高斯混合模型（Gaussian Mixture Model，GMM）、LDA主题模型等。

2. 判别模型

判别模型（discriminative model）是直接对条件概率 $p(y|\boldsymbol{x},\theta)$ 建模，或者学习决策函数。其基本思想是在有限的样本条件下建立判别函数，不考虑样本的生成过程，直接研究预测模型。

在机器学习模型或人工神经网络中常常使用各种形式的决策函数来代替概率计算。事实上，决策函数与条件概率分布是等价的。以最常用的分类问题为例，如果把分类问题看作一个黑盒模型，那么它的输入为观测量 $\boldsymbol{x}$，输出为分类值 y。这时，模型的一般形式可以写作决策函数 $y=f(\boldsymbol{x})$，或者条件概率 $p(y|\boldsymbol{x})$。

决策函数的含义：输入 $\boldsymbol{x}$，计算决策函数值 y，然后将其与一个阈值进行比较，根据比较结果判定样本属于哪个类别。例如，逻辑回归模型用于二分类问题时，有两个类别——C_1 和 C_2，如果 y 大于阈值，那么样本属于类 C_1；如果 y 小于阈值，那么样本属于类 C_2。如果决策函数是逻辑函数（sigmoid 函数），可以取阈值0.5。

条件概率的含义：输入 $\boldsymbol{x}$，通过比较其所属类的概率，输出概率最大的那个类别作为样本对应的类别。例如，逻辑回归模型用于二分类问题时，通过 $p(y=C_1|\boldsymbol{x})$ 计算得到一个值，该值表示输入样本成为 C_1 这个类型的概率有多大。$p(y=C_2|\boldsymbol{x})=1-p(y=C_1|\boldsymbol{x})$，将 $p(y=C_1|\boldsymbol{x})$ 和 $p(y=C_2|\boldsymbol{x})$ 的值进行比较，如果 $p(y=C_1|\boldsymbol{x})$ 大于 $p(y=C_2|\boldsymbol{x})$，则样本属于类别 C_1。sigmoid 函数值可以看作概率。

对于分类问题，决策函数通过学习算法使得预测结果 $y=f(\boldsymbol{x})$ 和训练数据真实结果 y' 之间的平方误差最小化，虽然它没有显式地运用某种形式计算概率，但它实际上是在隐含地输出最大似然估计，即模型学习的任务是在假设模型有相等的先验概率条件下，输出最大似然估计。

分类器的设计就是在给定训练数据的基础上估计其概率模型，判别模型直接估计条件概率 $p(y|\boldsymbol{x},\theta)$，然后通过条件概率分布 $p(y|\boldsymbol{x},\theta)$ 进行预测，可以表达成决策函数的形式：

$$y=\frac{p(C_1 \mid \boldsymbol{x},\theta)}{p(C_2 \mid \boldsymbol{x},\theta)} \tag{2-6}$$

阈值为 1。

所以，条件概率分布和决策函数是可以相互转化的。常见的判别模型有逻辑回归、支持向量机（SVM）、条件随机场（CRF）、感知机等。

总结生成模型与判别模型之间的区别。

① 二者最本质的区别是建模对象不同。判别模型的评估对象是最大化条件概率 $p(y|\boldsymbol{x})$ 并直接对其建模；生成模型的评估对象是最大化联合概率 $p(\boldsymbol{x},y)$ 并对其建模。对于分类问题，其实两者的评估目标都是要得到最终的类别标签 y，即 $\hat{y}=\arg\max p(y|\boldsymbol{x})$。两者不同的是：判别模型直接求解在满足训练样本分布下的最优化问题，得到模型参数；而生成式模型先经过贝叶斯公式转换成 $\hat{y}=\arg\max\ p(y|\boldsymbol{x})\approx\arg\max\ p(\boldsymbol{x}|y)p(y)$，然后分别学习 $p(y)$ 和 $p(\boldsymbol{x}|y)$ 的概率分布。

② 判别模型需要有监督训练，生成模型可以无监督学习。生成模型主要通过最大似然估计进行参数学习，EM 算法等近似方法可以对“不完全数据”求得最大似然估计的局部最优解。

③ 生成模型可以根据贝叶斯公式得到判别式模型，但反过来不行。所以生成模型的应用范围更广泛一些。

表 2-1 是生成模型与判别模型的对比。

表 2-1 生成模型与判别模型的对比

对比点	生成模型	判别模型
学习阶段	建模 $p(\boldsymbol{x},y)$	建模 $p(y\|\boldsymbol{x})$
推断阶段	推理 $p(y\|\boldsymbol{x})$	推理 $p(y\|\boldsymbol{x})$
常见模型	朴素贝叶斯分类器、高斯混合模型、隐马尔可夫模型、马尔可夫随机场	逻辑回归、支持向量机、K 近邻分类、条件随机场
特点	① 估计联合概率分布 ② 对后验概率建模，能够反映同类数据的相似性 ③ 学习和计算过程比较复杂 ④ 适用于带缺失数据的情况	① 估计条件概率分布 ② 适用于分类问题，直接反映不同类之间的差异 ③ 模型简单，容易学习 ④ 只能有监督学习

2.3 机器学习问题求解

2.3 节讲解视频

机器学习模型通过设计目标函数，让机器学习算法从数据中学习得到模型（参数）。从概率图模型的角度来解释，首先针对问题设计好模型结构，并假设模型中随机变量的先验分布、条件分布等，然后通过学习算法进行最大似然估计或最大后验估计，得到概率分布的参数估计，最终解决应用问题。

2.3.1 目标函数

机器学习模型中，最大似然估计就是一种目标函数。很多模型和算法都以最小化损失函数/代价函数等决策函数的形式表示，其原理是一致的。

例 2-2：一阶马尔可夫模型的学习过程

一阶马尔可夫链（一阶马尔可夫模型）的概率图如图 2-1 所示。该应用中没有隐变量，所有的随机变量构成一个序列。例如，根据某四季如春的城市前些天的天气情况观测序列，如前些天的天气为雨、阴、雨、阴、阴、晴、晴，预测该城市接下来一周的天气情况。

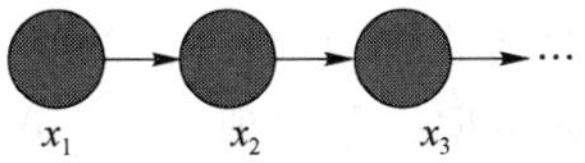

图 2-1 一阶马尔可夫链的概率图

其联合概率为式（2-7）：

$$p(\boldsymbol{x}_{1:T}) = p(x_1)\prod_{t=2}^{T} p(x_t \mid x_{t-1}) \tag{2-7}$$

如果 x_t 取离散值，则该模型称为离散状态马尔可夫模型或有限状态马尔可夫模型。t 时刻所处的状态为 K 个离散值，即随机变量 $x_t \in \{1,2,\cdots,K\}$。

条件概率 $p(x_t \mid x_{t-1})$ 可以表示为一个 $K\times K$ 矩阵，该矩阵称为状态转移概率矩阵 $\mathbf{A}$，其中元素 $A_{ij}=P(x_{t+1}=j \mid x_t=i)$，每行和为 1。状态转移示例如图 2-2 和图 2-3 所示。

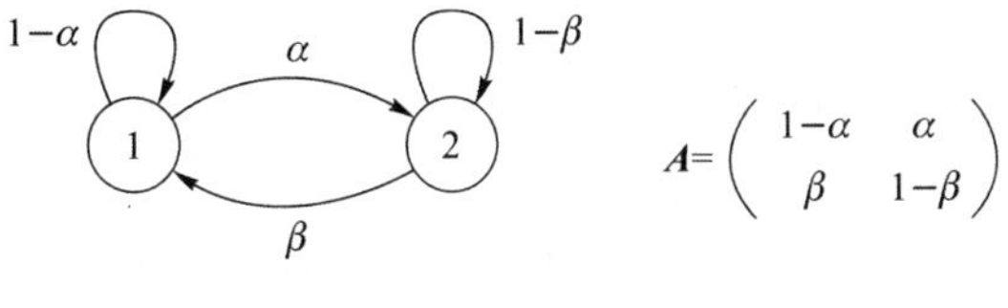

图 2-2 状态转移示例 1

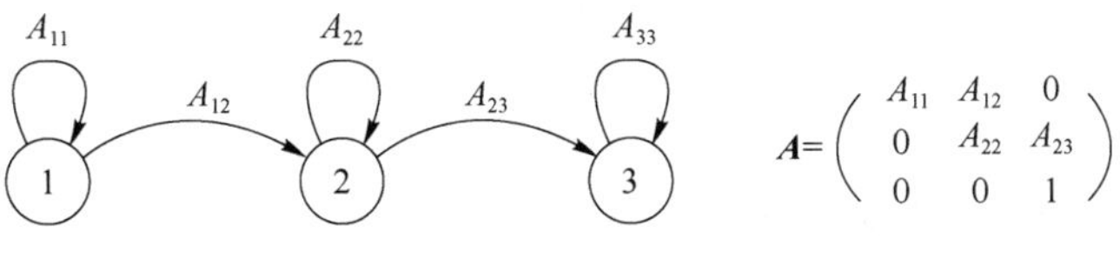

图 2-3 状态转移示例 2

注意：图 2-2 和图 2-3 是状态转移图，不是概率图模型。

在实际应用中，如果观测到一些状态序列，模型的学习问题可以采用最大似然估计来计算。

$$\begin{aligned} p(\boldsymbol{x}_{1:T} \mid \theta) &= \boldsymbol{\pi}(x_1)\mathbf{A}(x_1,x_2)\cdots\mathbf{A}(x_{T-1},x_T) \\ &= \prod_{j=1}^{K} (\pi_j)^{\mathbb{I}(x_1=j)} \prod_{t=2}^{T}\prod_{j=1}^{K}\prod_{k=1}^{K} (A_{jk})^{\mathbf{I}(x_t=k,\,x_{t-1}=j)} \end{aligned} \tag{2-8}$$

其中，$\boldsymbol{\pi}$ 是初始状态概率，$p(x_1)\sim\boldsymbol{\pi}=(\pi_1,\pi_2,\cdots,\pi_K)$，$\mathbf{A}$ 是状态转移概率矩阵，θ 是模型的参

数，$\theta=\{\boldsymbol{\pi},\boldsymbol{A}\}$。

N 个样本的对数似然函数表示为式(2-9)：

$$\log p(\mathcal{D}|\theta)=\sum_{n=1}^{N}\log p(\boldsymbol{x}^n|\theta)=\sum_j N_j^1\log \pi_j+\sum_j\sum_k N_{jk}\log A_{jk} \tag{2-9}$$

对数似然函数求偏导，并令其等于 0，可解得式(2-10)：

$$\begin{cases}\hat{\pi}_j=\dfrac{N_j^1}{\sum\limits_j N_j^1}\\ \hat{A}_{jk}=\dfrac{N_{jk}}{\sum\limits_k N_{jk}}\end{cases} \tag{2-10}$$

其中，$N_j^1\overset{\Delta}{=}\sum\limits_{n=1}^{N}\mathbb{I}\ (x_1^n=j)$，　$N_{jk}\overset{\Delta}{=}\sum\limits_{n=1}^{N}\sum\limits_{t=1}^{T-1}\mathbb{I}\ (x_t^n=j,x_{t+1}^n=k)$。

在例 2-2 中，把最大化对数似然函数作为学习的优化目标，直接采用求极值的方法解得，当参数取值为式(2-10)时，目标函数可取得最大值。2.4 节讲解线性回归，会把最小化均方误差作为学习的优化目标，同时解释最小化损失函数与最大化似然函数的对应关系。

关于一阶马尔可夫链，如果马尔可夫链从一个初始分布 $\boldsymbol{\pi}^{(0)}$ 开始，按照转移概率，经过若干次随机游走，$\boldsymbol{\pi}^{(1)}=\boldsymbol{\pi}^{(0)}\boldsymbol{A}$，$\boldsymbol{\pi}^{(2)}=\boldsymbol{\pi}^{(1)}\boldsymbol{A}$，…，其中$(i)$表示第 i 次迭代，最后有 $\boldsymbol{\pi}=\boldsymbol{\pi}\boldsymbol{A}$，则称为马尔可夫链到达一个平稳分布。例如，采用 PageRank 算法为网页排序，就是在给定转移概率的情况下，希望计算得到平稳分布。需要注意，马尔可夫链要达到平稳分布是需要一定的条件的，附录 4 中的 MCMC 通过构造这样的平稳分布并利用平稳分布实现采样推断。

2.3.2 优化算法

无论是最大似然估计，还是最小化损失函数，机器学习问题都需要解决复杂函数的极值问题。在许多实际应用中，由于模型的复杂性，往往很难通过公式推导求取解析解，所以常常需要通过迭代优化的方式以找到最优参数。

优化是指改变 x 的取值以最小化(或最大化)函数 $f(x)$的计算方法。优化问题的通用数学公式表示为式(2-11)：

$$x^*=\arg\min_x f(x) \tag{2-11}$$

有时候，我们希望在 x 的某些等式或不等式限定条件集合 S 中找 $f(x)$的最小值(或最大值)。假设 $S=\{x\mid\forall i,g_i(x)=0$ 和 $\forall j,h_j(x)\leqslant 0\}$，其中涉及 g_i 的等式称为等式约束，涉及 h_j 的不等式称为不等式约束。广义拉格朗日函数(Lagrangian 函数)定义为式(2-12)：

$$L(x,\lambda,\alpha)=f(x)+\sum_i\lambda_i g_i(x)+\sum_j\alpha_j h_j(x) \tag{2-12}$$

可以通过优化无约束的广义 Lagrangian 函数，解决约束优化问题。

1. 梯度下降法

梯度下降法(gradient descent)又称最速下降法(steepest descent)，是求解无约束最优化问题的一种常用方法。

梯度下降法是一种迭代算法，每一步都需要求解目标函数(也称为损失函数、代价函数、风险函数)的梯度向量。数学中对一维变量求导的概念扩展到高维向量后称为梯度。算法中使用梯度寻找最快下降的方向迭代计算。比如，若想要以最快的速度下山，则沿最陡的方向(梯

度方向)向前走一小步,接着重新计算梯度,再沿最陡的方向(梯度方向)向前走一小步,……。其原理如下:

$$f(x)=f(x_k)+f'(x_k)(x-x_k)+\frac{f''(x_k)}{2!}(x-x_k)^2+\cdots+\frac{f^{(n)}(x_k)}{n!}(x-x_k)^n+R_n(x) \tag{2-13}$$

对于一维变量 x,根据式(2-13),其近似公式为 $f(x)\approx f(x_k)+f'(x_k)(x-x_k)$,求$f(x)$的极值,求导并令其等于 0,有式(2-14)。

$$\begin{aligned} f'(x)&=g(x)=0\\ &=g(x_k)+g'(x_k)(x-x_k)\\ &\Rightarrow x=x_k-\frac{g(x_k)}{g'(x_k)}=x_k-\alpha g(x_k) \end{aligned} \tag{2-14}$$

从直觉上可以理解为 x 的变化量 $x-x_k=-\alpha f'(x_k)$时,能使 $f(x)$ 下降,以寻求最小值,所以迭代公式为 $x=x_k-\alpha f'(x_k)$,参数 α 也称为"步长"。

在高维空间中,用梯度表示向量求导,$\nabla_x f(\boldsymbol{x})$是包含所有偏导的向量。为了最小化一个函数 $f(\boldsymbol{x})$,希望找到使 $f(\boldsymbol{x})$下降最快的方向,然后在负梯度方向上移动 $\boldsymbol{x}$,所以梯度下降法的迭代计算如式(2-15)所示。

$$\boldsymbol{x}=\boldsymbol{x}-\alpha\nabla_x f(\boldsymbol{x}) \tag{2-15}$$

仅使用梯度信息的优化算法称为一阶优化,使用海塞(Hessian)矩阵的优化算法称为二阶优化。

2. 牛顿法

牛顿法利用目标函数的梯度和海塞矩阵所构成的二次函数寻求极值,迭代次数可以大大减少。一元函数的二阶 Taylor(泰勒)展开近似公式为式(2-16):

$$f(x)\approx f(x_k)+g(x_k)(x-x_k)+\frac{1}{2}(x-x_k)^2 g'(x_k) \tag{2-16}$$

假设 $\boldsymbol{x}$ 是高维向量,把近似计算公式写成向量形式,如式(2-17)所示。

$$f(\boldsymbol{x})\approx f(\boldsymbol{x}_k)+(\boldsymbol{x}-\boldsymbol{x}_k)^{\mathrm{T}}g(\boldsymbol{x}_k)+\frac{1}{2}(\boldsymbol{x}-\boldsymbol{x}_k)^{\mathrm{T}}\boldsymbol{H}(\boldsymbol{x}_k)(\boldsymbol{x}-\boldsymbol{x}_k) \tag{2-17}$$

例如,二维向量的梯度如式(2-18)所示,矩阵 $\boldsymbol{H}$ 如式(2-19)所示。

$$g(x_1,x_2)=\left(\frac{\partial f}{\partial x_1},\frac{\partial f}{\partial x_2}\right) \tag{2-18}$$

$$\boldsymbol{H}(x_1,x_2)=\begin{pmatrix} \dfrac{\partial^2 f}{\partial x_1^2} & \dfrac{\partial^2 f}{\partial x_1\partial x_2}\\ \dfrac{\partial^2 f}{\partial x_2\partial x_1} & \dfrac{\partial^2 f}{\partial x_2^2} \end{pmatrix} \tag{2-19}$$

如果海塞矩阵 $\boldsymbol{H}$ 是正定的,则 $f(\boldsymbol{x})$ 是凸函数。

函数 $f(\boldsymbol{x})$对向量 $\boldsymbol{x}$ 求导,并令其等于 0,参照式(2-14):$f'(\boldsymbol{x})=0=g(\boldsymbol{x}_k)+\boldsymbol{H}(\boldsymbol{x}_k)(\boldsymbol{x}-\boldsymbol{x}_k)$,于是解得式(2-20)。

$$\boldsymbol{x}=\boldsymbol{x}_k-\boldsymbol{H}^{-1}(\boldsymbol{x}_k)g(\boldsymbol{x}_k) \tag{2-20}$$

引入参数 α 修正:$\boldsymbol{x}=\boldsymbol{x}_k-\alpha\boldsymbol{H}^{-1}(\boldsymbol{x}_k)g(\boldsymbol{x}_k)$。

但是,牛顿法求解 $\boldsymbol{H}^{-1}$的效率不高,而且搜索方向并不要求是严格的负梯度方向。

3. 拟牛顿法(变尺度法)

拟牛顿法选用某正定矩阵 $\boldsymbol{A}_k$ 代替 $\boldsymbol{H}^{-1}$,进行迭代计算。$\boldsymbol{H}(\boldsymbol{x}_k)$简记为$\boldsymbol{H}_k$,先来看看牛顿

法中$\boldsymbol{H}_k$满足的条件。首先$\boldsymbol{H}_k$满足的关系式如式(2-21)所示。

$$g(\boldsymbol{x})=f'(\boldsymbol{x})=g(\boldsymbol{x}_k)+\boldsymbol{H}(\boldsymbol{x}_k)(\boldsymbol{x}-\boldsymbol{x}_k)$$
$$g(\boldsymbol{x})-g(\boldsymbol{x}_k)=\boldsymbol{H}(\boldsymbol{x}_k)(\boldsymbol{x}-\boldsymbol{x}_k) \tag{2-21}$$

即 $\Delta\boldsymbol{g}_k=\boldsymbol{H}_k\Delta\boldsymbol{x}_k$，或者 $\Delta\boldsymbol{x}_k=\boldsymbol{H}_k^{-1}\Delta\boldsymbol{g}_k$。

如果 $\boldsymbol{H}_k$ 是正定的，则 $\boldsymbol{H}_k^{-1}$ 也是正定的，那么可以保证牛顿法是下降的。因为这时一阶泰勒公式可以近似写成式(2-22)：

$$f(\boldsymbol{x})\approx f(\boldsymbol{x}_k)-\alpha g(\boldsymbol{x}_k)^{\mathrm{T}}\boldsymbol{H}_k^{-1}g(\boldsymbol{x}_k) \tag{2-22}$$

$\boldsymbol{H}_k^{-1}$ 是正定的，则 $g(\boldsymbol{x}_k)^{\mathrm{T}}\boldsymbol{H}_k^{-1}g(\boldsymbol{x}_k)>0$，当 α 为一个充分小的正数时，总有 $f(\boldsymbol{x})<f(\boldsymbol{x}_k)$，所以牛顿法是下降的。

下面介绍两种算法：DFP 算法和 BFGS 算法。

DFP 算法选用某正定矩阵 $\boldsymbol{A}_k$ 来近似代替 $\boldsymbol{H}_k^{-1}$，要求矩阵 $\boldsymbol{A}_k$ 满足同样的条件。首先每次迭代矩阵 $\boldsymbol{A}_k$ 是正定的，同时，$\Delta\boldsymbol{x}_k=\boldsymbol{A}_{k+1}\Delta\boldsymbol{g}_k$。

$\boldsymbol{A}_k$ 的迭代公式为 $\boldsymbol{A}_{k+1}=\boldsymbol{A}_k+\Delta\boldsymbol{A}_k$，这种选择有一定的灵活性。DFP 算法假设每一次迭代中矩阵 $\boldsymbol{A}_{k+1}$是由 $\boldsymbol{A}_k$ 加上两个附加项构成的，如式(2-23)所示。

$$\boldsymbol{A}_{k+1}=\boldsymbol{A}_k+\boldsymbol{P}_k+\boldsymbol{Q}_k \tag{2-23}$$

这时，$\boldsymbol{A}_{k+1}\Delta\boldsymbol{g}_k=\boldsymbol{A}_k\Delta\boldsymbol{g}_k+\boldsymbol{P}_k\Delta\boldsymbol{g}_k+\boldsymbol{Q}_k\Delta\boldsymbol{g}_k$。

为了使 $\boldsymbol{A}_{k+1}$满足拟牛顿条件，令

$$\boldsymbol{P}_k\Delta\boldsymbol{g}_k=\Delta\boldsymbol{x}_k$$
$$\boldsymbol{Q}_k\Delta\boldsymbol{g}_k=-\boldsymbol{A}_k\Delta\boldsymbol{g}_k$$

所以，$\Delta\boldsymbol{A}_k=\dfrac{\Delta\boldsymbol{x}\,[\Delta\boldsymbol{x}]^{\mathrm{T}}}{[\Delta\boldsymbol{x}]^{\mathrm{T}}\Delta\boldsymbol{g}_k}-\dfrac{\boldsymbol{A}_k\,[\Delta\boldsymbol{g}_k]^{\mathrm{T}}\boldsymbol{A}_k^{\mathrm{T}}}{[\Delta\boldsymbol{g}_k]^{\mathrm{T}}\boldsymbol{A}_k\Delta\boldsymbol{g}_k}$，称为 DFP 公式。

为了改善 DFP 算法的稳定性，BFGS 算法考虑用 $\boldsymbol{B}_k$ 逼近海塞矩阵 $\boldsymbol{H}_k$。相应的拟牛顿条件是 $\Delta\boldsymbol{g}_k=\boldsymbol{B}_{k+1}\Delta\boldsymbol{x}_k$。假设每一次迭代中矩阵 $\boldsymbol{B}_{k+1}$是由 $\boldsymbol{B}_k$ 加上两个附加项构成的，如式(2-24)所示。

$$\boldsymbol{B}_{k+1}=\boldsymbol{B}_k+\boldsymbol{P}_k+\boldsymbol{Q}_k \tag{2-24}$$

那么有 $\boldsymbol{B}_{k+1}\Delta\boldsymbol{x}_k=\boldsymbol{B}_k\Delta\boldsymbol{x}_k+\boldsymbol{P}_k\Delta\boldsymbol{x}_k+\boldsymbol{Q}_k\Delta\boldsymbol{x}_k$。令 $\boldsymbol{P}_k\Delta\boldsymbol{x}_k=\Delta\boldsymbol{g}_k$，$\boldsymbol{Q}_k\Delta\boldsymbol{x}_k=-\boldsymbol{B}_k\Delta\boldsymbol{x}_k$，所以，$\boldsymbol{B}_{k+1}=\boldsymbol{B}_k+\dfrac{\Delta\boldsymbol{g}_k\Delta\boldsymbol{g}_k^{\mathrm{T}}}{\Delta\boldsymbol{g}_k^{\mathrm{T}}\Delta\boldsymbol{x}_k}-\dfrac{(\boldsymbol{B}_k\Delta\boldsymbol{x}_k)(\boldsymbol{B}_k\Delta\boldsymbol{x}_k)^{\mathrm{T}}}{\Delta\boldsymbol{x}_k^{\mathrm{T}}\boldsymbol{B}_k\Delta\boldsymbol{x}_k}$。

若记 $\boldsymbol{A}_k=\boldsymbol{B}_k^{-1}$，$\boldsymbol{A}_{k+1}=\boldsymbol{B}_{k+1}^{-1}$，应用两次 Sherman-Morrison 公式，即 $(\boldsymbol{X}+\boldsymbol{u}\boldsymbol{v}^{\mathrm{T}})^{-1}=\boldsymbol{X}^{-1}-\dfrac{\boldsymbol{X}^{-1}\boldsymbol{u}\boldsymbol{v}^{\mathrm{T}}\boldsymbol{X}^{-1}}{1+\boldsymbol{v}^{\mathrm{T}}\boldsymbol{X}^{-1}\boldsymbol{u}}$，可以避免求逆，如式(2-25)所示。

$$\boldsymbol{A}_{k+1}=\left[\boldsymbol{I}-\frac{\Delta\boldsymbol{x}_i\Delta\boldsymbol{g}_i^{\mathrm{T}}}{\Delta\boldsymbol{g}_i^{\mathrm{T}}\Delta\boldsymbol{x}_i}\right]\boldsymbol{A}_k\left[\boldsymbol{I}-\frac{\Delta\boldsymbol{g}_i\Delta\boldsymbol{x}_i^{\mathrm{T}}}{\Delta\boldsymbol{g}_i^{\mathrm{T}}\Delta\boldsymbol{x}_i}\right]+\frac{\Delta\boldsymbol{x}_i\Delta\boldsymbol{x}_i^{\mathrm{T}}}{\Delta\boldsymbol{g}_i^{\mathrm{T}}\Delta\boldsymbol{x}_i} \tag{2-25}$$

许多优化技术并非真正的算法，而是一般化的模板，可以特定地产生算法，或并入不同的算法中。

4. 梯度下降法的其他改进

梯度下降法在下降到一定程度后，假设仍然采用固定步长，可能会产生震荡效果。随机梯度下降法针对小批量(mini-batch)，对于不同批次的数据，每次迭代计算更容易产生震荡。

在梯度下降法的基础上，引入动量(momentum)进行改进，$x=x+v$，v 的迭代更新如式(2-26)所示。

$$v=\beta v-\alpha\frac{\partial f}{\partial x} \tag{2-26}$$

以物体的运动来理解，变量 v 代表速度。其中式(2-26)等号右边的第一项表示物体在不受力时，逐渐减速，权重超参数 β 可以理解为摩擦系数，所以 β 一般取 0～1。$\beta=0$ 的话，就是梯度下降法。第二项梯度项表示了物体在梯度方向上的受力，在这个力的作用下，物体的速度增加。下面具体看看迭代过程。

假设在计算过程中，获得的梯度序列是 $\{\boldsymbol{Q}^{(1)},\boldsymbol{Q}^{(2)},\boldsymbol{Q}^{(3)},\boldsymbol{Q}^{(4)},\cdots\}$，初始化 $v^{(0)}=0$，v 的迭代计算如下：

$$v^{(1)}=\beta v^{(0)}-\alpha\boldsymbol{Q}^{(1)}$$
$$v^{(2)}=\beta v^{(1)}-\alpha\boldsymbol{Q}^{(2)}$$
$$v^{(3)}=\beta v^{(2)}-\alpha\boldsymbol{Q}^{(3)}$$
$$\cdots\cdots$$

如果 $\beta=0.8$，则 $v^{(3)}=0.8^2(-\alpha\boldsymbol{Q}^{(1)})+0.8(-\alpha\boldsymbol{Q}^{(2)})+(-\alpha\boldsymbol{Q}^{(3)})$，可以看出，动量梯度下降法的迭代增量是对一系列梯度进行指数加权平均。这样可以减小振荡，对算法进行优化。

自适应梯度下降(AdaGrad)算法不跟踪动量之类的梯度总和，而跟踪梯度平方的总和，并使用它来适应不同方向的梯度，是一种自动调节学习率的方法，如式(2-27)所示。

$$\begin{cases} h=h+\dfrac{\partial f}{\partial x}\cdot\dfrac{\partial f}{\partial x} \\ x=x-\alpha\dfrac{1}{\sqrt{h}}\cdot\dfrac{\partial f}{\partial x} \end{cases} \tag{2-27}$$

变量 h 保存了以前的所有梯度值的平方和。在参数更新时，通过乘以 $\dfrac{1}{\sqrt{h}}$ 就可以调整学习的步长。变动较大(被大幅更新)的参数学习率将变小。可以按照每个参数的具体情况进行学习率衰减。

AdaGrad 算法的问题在于它的运行速度非常慢，因为梯度平方的总和只会增加而不会减小。RMSProp 算法通过添加衰减因子来解决此问题。ADAM 算法将引入动量的算法和 RMSProp 两种算法进一步融合。这些优化算法在模型求解时，可以根据应用场景和数据集情况灵活选用。

2.4 回归模型

2.4 节讲解视频

在机器学习、统计分析的应用中，常常使用回归模型进行数据处理。本节主要讲解线性回归(Linear Regression，LR)的概率图模型。

2.4.1 线性回归

回归分析试图解释一组输入变量(自变量)对一个结果变量(因变量)取值的影响。最简单的线性回归，它假设自变量与因变量之间存在线性关系，可以表示为式(2-28)。

$$y=\beta_0+\beta_1x_1+\beta_2x_2+\cdots+\beta_Jx_J+\varepsilon \tag{2-28}$$

其中，y 是因变量，$x_j(j=1,2,\cdots,J)$ 是自变量，β_j 是相关系数，ε 表示偏差，$\varepsilon = y - \sum_{j=0}^{J}\beta_j x_j$ $(x_0 = 1)$。

在这个线性模型中，β_j 是未知的参数，参数值要根据样本数据集来估算，最常用的方法是最小二乘法。如果数据集中有 N 个样本，最小二乘法希望所有样本偏差的平方和最小，如式(2-29)所示。

$$\sum_{n=1}^{N}(\varepsilon^n)^2 = \sum_{n=1}^{N}\left(y^n - \sum_{j=0}^{J}\beta_j x_j^n\right)^2 \tag{2-29}$$

求式(2-29)的最小值问题，可以采用求导法，对各个参数 β_j 求偏导，令偏导为 0，建立联合方程组，解得各个参数 β_j 的值。

例 2-3：线性回归模型示例

将一个人的“年收入”作为因变量 y，假设它与自变量“年龄”是线性函数关系。随着年龄的增长、经验技能的积累，一个人的年收入会增加。因此，模型可以表示为式(2-30)。

$$y=\beta_0+\beta_1 x+\varepsilon \tag{2-30}$$

算法的优化目标是针对所有的样本数据，最小化代价函数，如式(2-31)所示。

$$G(\beta) = \sum_{n}(y^n - \beta_1 x^n - \beta_0)^2 \tag{2-31}$$

对两个参数求导并令其等于 0，得到联立方程组，如式(2-32)所示。

$$\begin{cases}\dfrac{\partial G}{\partial \beta_1} = 2\sum\limits_{n}(y^n - \beta_1 x^n - \beta_0)x^n = 0\\[2ex]\dfrac{\partial G}{\partial \beta_0} = 2\sum\limits_{n}(y^n - \beta_1 x^n - \beta_0) = 0\end{cases} \tag{2-32}$$

解得：$\beta_1 = \dfrac{N\sum\limits_{n}x^n y^n - \sum\limits_{n}y^n\sum\limits_{n}x^n}{N\sum\limits_{n}(x^n)^2 - \left(\sum\limits_{n}x^n\right)^2}$，其中 N 为样本数。

图 2-4 展示了 7 个样本数据($N=7$)的线性拟合，图中直线的斜率正是参数 β_1 的取值。

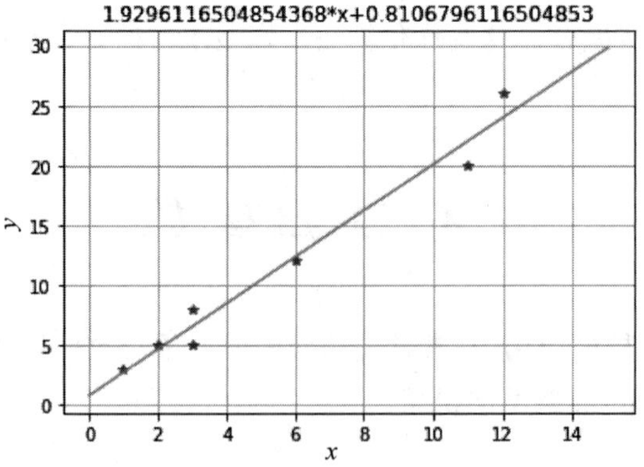

图 2-4 单变量的线性拟合

推广到高维空间，假设有 J 个自变量，对于有 N 个样本的数据集，线性回归模型可以表示为矩阵形式，如式(2-33)所示。

$$\boldsymbol{y}=\boldsymbol{X}^{\mathrm{T}}\boldsymbol{\theta}+\boldsymbol{\varepsilon} \tag{2-33}$$

其中，$\boldsymbol{X}\in\mathbb{R}^{J\times N}$，$\boldsymbol{y}\in\mathbb{R}^{N\times 1}$，$\boldsymbol{\theta}\in\mathbb{R}^{J\times 1}$。

采用最小二乘法求解，即使误差 $\boldsymbol{\varepsilon}$ 的平方和最小化，模型的优化目标为式(2-34)。

$$\hat{\boldsymbol{\theta}}=\arg\min_{\theta}\|\boldsymbol{y}-\boldsymbol{X}^{\mathrm{T}}\boldsymbol{\theta}\|^{2} \tag{2-34}$$

对公式求导并令其等于 0，求解参数：

$$\begin{aligned}&\nabla_{\boldsymbol{\theta}}\|\boldsymbol{y}-\boldsymbol{X}^{\mathrm{T}}\boldsymbol{\theta}\|^{2}=0\\ \Rightarrow&\nabla_{\boldsymbol{\theta}}(\boldsymbol{y}-\boldsymbol{X}^{\mathrm{T}}\boldsymbol{\theta})^{\mathrm{T}}(\boldsymbol{y}-\boldsymbol{X}^{\mathrm{T}}\boldsymbol{\theta})=0\\ \Rightarrow&\nabla_{\boldsymbol{\theta}}(\boldsymbol{\theta}^{\mathrm{T}}\boldsymbol{X}\boldsymbol{X}^{\mathrm{T}}\boldsymbol{\theta}-2\boldsymbol{\theta}^{\mathrm{T}}\boldsymbol{X}\boldsymbol{y}+\boldsymbol{y}\boldsymbol{y}^{\mathrm{T}})=0\\ \Rightarrow&2\boldsymbol{X}\boldsymbol{X}^{\mathrm{T}}\boldsymbol{\theta}-2\boldsymbol{X}\boldsymbol{y}=0\end{aligned} \tag{2-35}$$

式(2-35)可以写作 $\boldsymbol{X}\boldsymbol{X}^{\mathrm{T}}\boldsymbol{\theta}=Xy$。

如果矩阵 $\boldsymbol{X}\boldsymbol{X}^{\mathrm{T}}$ 是非奇异矩阵，则 $\boldsymbol{\theta}$ 有唯一解，如式(2-36)所示。

$$\hat{\boldsymbol{\theta}}=(\boldsymbol{X}\boldsymbol{X}^{\mathrm{T}})^{-1}\boldsymbol{X}\boldsymbol{y} \tag{2-36}$$

如果例 2-3 中“年收入”与“年龄”的关系像图 2-5 那样，不是线性关系，那么可以使用多项式回归，通常对自变量和/或因变量进行取平方、平方根、对数变换等。比如，例 2-3 中的公式可以修改为 $y=\beta_0+\beta_1 x+\beta_2 x^2+\varepsilon$，然后进行拟合。

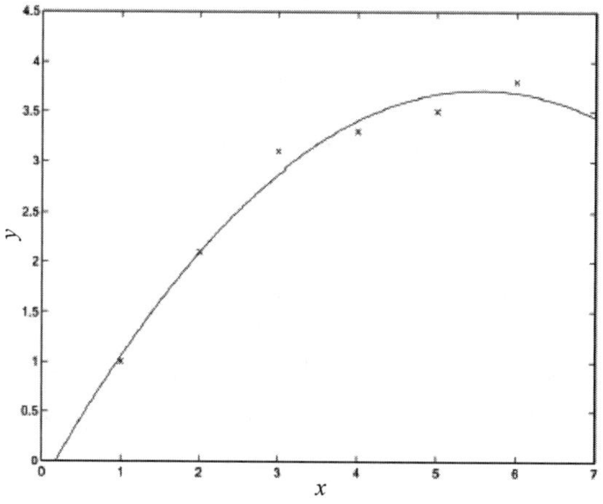

图 2-5 单变量的非线性拟合

在回归问题中，可能需要拟合的是曲线并不是直线，我们仍然称其为“线性回归”。因为可以把自变量 $\boldsymbol{x}$ 换成 $f(\boldsymbol{x})$，可以设计各种形式的 $f(\boldsymbol{x})$。但是，因变量 y 与 $f(\boldsymbol{x})$ 之间是线性变换关系，所以模型仍然是线性模型。于是，回归模型的通用形式如式(2-37)所示。

$$y=f(\boldsymbol{x})^{\mathrm{T}}\boldsymbol{\theta}+\varepsilon \tag{2-37}$$

需要估计的模型参数仍然可以使用最小二乘法进行计算。

2.4.2 线性回归的概率图模型

在基本的线性回归问题中，$f(\boldsymbol{x})=\boldsymbol{x}$。为了简化表示，下面仍然用基本的线性回归来讲解。

在前面求解线性回归问题时，优化目标是最小化观测噪声 ε 的平方和。假设观测噪声 $\varepsilon\sim\mathcal{N}(0,\sigma^2)$，即服从均值为 0、方差为 σ^2 的高斯分布，并且针对所有样本数据是独立同分布的，则有式(2-38)：

$$p(y|\boldsymbol{x},\boldsymbol{\theta})=\mathcal{N}(\boldsymbol{x}^{\mathrm{T}}\boldsymbol{\theta},\sigma^2) \tag{2-38}$$

其中,列向量 $\boldsymbol{x}$ 表示多维自变量。$\boldsymbol{x}$ 是观测量,模型中不需要考虑联合概率,所以 $\boldsymbol{x}$ 更适合作为条件参量,而不适合作为随机变量。模型中只有 y 是随机变量,所以线性回归的概率图模型如图 2-6 所示,$\boldsymbol{\theta}$ 是模型参数。σ^2 一般作为超参数,直接设定取值,不需要通过模型学习来估计。

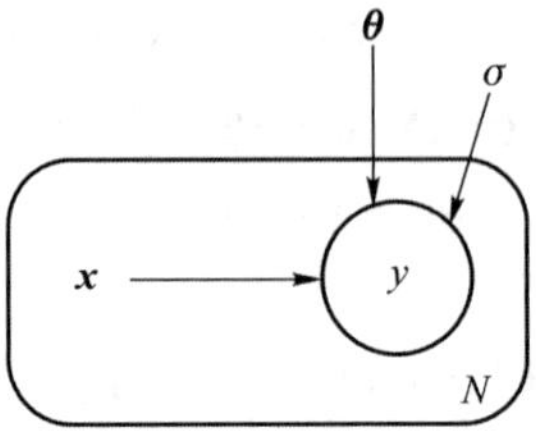

图 2-6 线性回归的概率图模型

1. 最大似然估计

第 n 个样本的计算公式可以写作 $y^n=(\boldsymbol{x}^n)^{\mathrm{T}}\boldsymbol{\theta}+\varepsilon^n$。假设误差 ε 服从高斯分布:$p(\varepsilon^n)=\frac{1}{\sqrt{2\pi}\sigma}\mathrm{e}^{-\frac{(\varepsilon^n)^2}{2\sigma^2}}$,于是 $p(y^n|\boldsymbol{x}^n,\boldsymbol{\theta})=\frac{1}{\sqrt{2\pi}\sigma}\mathrm{e}^{-\frac{(y^n-(\boldsymbol{x}^n)^{\mathrm{T}}\boldsymbol{\theta})^2}{2\sigma^2}}$

假设所有样本是独立同分布的,于是,似然函数如式(2-39)所示。

$$L(\boldsymbol{\theta})=\prod_{n=1}^{N}p(y^n|\boldsymbol{x}^n;\boldsymbol{\theta})=\prod_{n=1}^{N}\frac{1}{\sqrt{2\pi}\sigma}\mathrm{e}^{-\frac{(y^n-(\boldsymbol{x}^n)^{\mathrm{T}}\boldsymbol{\theta})^2}{2\sigma^2}} \tag{2-39}$$

对数似然函数如式(2-40)所示。

$$\mathrm{LL}(\boldsymbol{\theta})=\log L(\boldsymbol{\theta})=N\log\frac{1}{\sqrt{2\pi}\sigma}-\frac{1}{2\sigma^2}\sum_{n=1}^{N}(y^n-(\boldsymbol{x}^n)^{\mathrm{T}}\boldsymbol{\theta})^2 \tag{2-40}$$

其中,等式最右侧的第一项是常数,所以优化时只看第二项。将其与式(2-29)对比可以看出,最大似然估计在本质上与最小二乘法是相同的。所以,许多优化算法常常使用最小化负对数似然函数,代替最大似然估计。

2. 梯度下降法

如果样本集很大、参数较多,不方便求解线性方程组或矩阵计算困难,则可以采用迭代求解的方法进行计算。

在基本的线性回归问题中,要使目标函数 $G(\boldsymbol{\theta})=\sum_{n=1}^{N}(y^n-\sum_{j=0}^{J}\theta_j x_j^n)^2=\sum_{n=1}^{N}(y^n-(\boldsymbol{x}^n)^{\mathrm{T}}\boldsymbol{\theta})^2$ 最小化,梯度下降法的梯度方向为$\frac{\partial G}{\partial\theta_j}=(y-(\boldsymbol{x}^n)^{\mathrm{T}}\boldsymbol{\theta})x_j$。

采用迭代法求解 LR 模型中的参数 $\boldsymbol{\theta}$,批量梯度下降(Batch Gradient Descent,BGD)算法的伪代码如下所示。

BGD 算法的伪代码

1. 随机初始化 $\boldsymbol{\theta}$
2. 当停止条件未满足,do
3. for all j

沿着负梯度方向迭代,更新每个参数 θ_j,$\theta_j=\theta_j-\alpha\cdot\frac{\partial G}{\partial\theta_j}=\theta_j-\alpha\cdot\frac{1}{N}\sum_{n=1}^{N}(y^n-(\boldsymbol{x}^n)^{\mathrm{T}}\boldsymbol{\theta})x_j^n$

迭代更新时假定其他参数 $\theta_k(k\neq j)$ 已知。BGD 算法中的 α 称为学习率(learning rate)或步长。在迭代过程中,步子太大容易走"之"字形,步子太小收敛速度慢。

批量梯度下降法每迭代一步,都要用到训练集中的所有数据,如果训练样本很多,那么这种方法的迭代速度就很慢。随机梯度下降法(Stochastic Gradient Descent,SGD)对此进行了改进,针对每个样本数据,更新 θ_j,SGD 算法的伪代码如下所示。

SGD 算法的伪代码 1

```
随机初始化 θ
当停止条件未满足,do
    从训练集中读取一个样本数据(x^n, y^n)
    for all j
        沿着负梯度方向迭代,更新每个参数 θ_j, θ_j = θ_j − α(y^n − (x^n)^T θ)x_j^n
```

随机梯度下降法使用每个样本来迭代更新一次参数,如果样本量很大(如几十万个),那么可能只用其中几万个或者几千个的样本,就已经将 θ 迭代到最优解了,而批量梯度下降法迭代一次需要用到全部训练样本,一次迭代不可能最优,如果迭代 10 次的话就需要遍历训练样本 10 次。但是,SGD 的一个问题是噪声较 BGD 要多,使得 SGD 并不是每次迭代都向着整体最优化方向。

实际应用中,SGD 并不是针对每一个样本进行迭代更新,而是针对一个小批量(mini-batch)样本进行更新,算法的伪代码如下所示。

SGD 算法的伪代码 2

```
随机初始化 θ
当停止条件未满足,do
    从训练集中采样 M 个样本数据{(x^1, y^1), (x^2, y^2), …, (x^M, y^M)}
    for all j
        沿着负梯度方向迭代,更新每个参数 θ_j, θ_j = θ_j − α · ∂G/∂θ_j = θ_j − α · (1/M) Σ_{m=1}^{M} (y^m − (x^m)^T θ)x_j^m
```

3. 最大后验估计

最大似然估计从数据(训练集)中学习模型(参数),容易导致过拟合。如果模型过度拟合训练数据,在实际应用或模型测试时,给出新的 $\boldsymbol{x}$ 预测 y 值,效果却并不好,模型的性能可能很差。

如果模型参数服从一个先验分布 $p(\boldsymbol{\theta})$,假设得合理的话,最大后验估计可以改善过拟合问题。根据贝叶斯公式,LR 模型参数的后验概率为式(2-41):

$$p(\boldsymbol{\theta}|\mathcal{D})=p(\boldsymbol{\theta}|\boldsymbol{x},y)=\frac{p(y|\boldsymbol{x},\boldsymbol{\theta})p(\boldsymbol{\theta})}{p(y|\boldsymbol{x})} \tag{2-41}$$

其对数后验公式如式(2-42)所示,包含了似然概率和先验概率两部分。

$$\log p(\boldsymbol{\theta}|\boldsymbol{x},y)=\log p(y|\boldsymbol{x},\boldsymbol{\theta})+\log p(\boldsymbol{\theta})+\text{const} \tag{2-42}$$

线性回归的最大后验估计模型如图 2-7 所示。一般假设参数的先验分布也服从高斯分布,$p(\boldsymbol{\theta})=\mathcal{N}(\boldsymbol{0},b^2\boldsymbol{I})$,采用共轭先验分布便于计算。$b$、$\sigma$ 是模型的超参数。

MAP 模型的优化目标为式(2-43)。

$$\hat{\boldsymbol{\theta}}_{\text{MAP}}=\arg\max_{\boldsymbol{\theta}}\{\log p(y|\boldsymbol{x},\boldsymbol{\theta})+\log p(\boldsymbol{\theta})\} \tag{2-43}$$

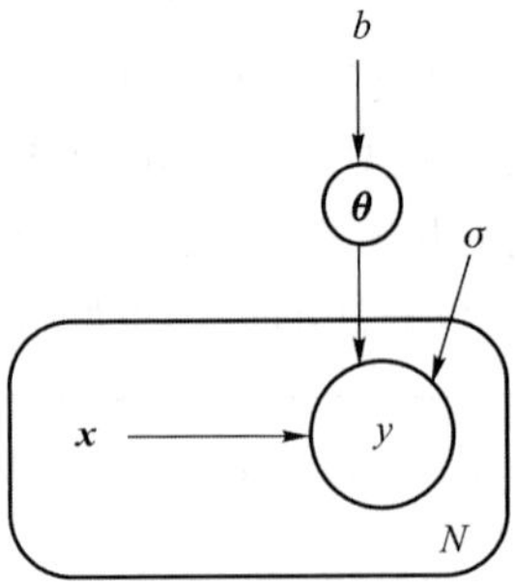

图 2-7 线性回归的最大后验估计模型

采用梯度下降法，最小化训练样本集的负对数后验概率，等价于最大化后验概率，如式(2-44)所示。

$$\begin{aligned} G(\boldsymbol{\theta}) &= -\log p(\boldsymbol{\theta}|\boldsymbol{X},\boldsymbol{y}) \\ &= -\log p(\boldsymbol{y}|\boldsymbol{X},\boldsymbol{\theta}) - \log p(\boldsymbol{\theta}) \\ &= \frac{1}{2\sigma^2}(\boldsymbol{y}-\boldsymbol{X}^{\mathrm{T}}\boldsymbol{\theta})^{\mathrm{T}}(\boldsymbol{y}-\boldsymbol{X}^{\mathrm{T}}\boldsymbol{\theta}) + \frac{1}{2b^2}\boldsymbol{\theta}^{\mathrm{T}}\boldsymbol{\theta} + \mathrm{const} \end{aligned} \tag{2-44}$$

梯度如式(2-45)所示。当然，令梯度等于 0，可解得参数为式(2-46)。

$$\frac{\mathrm{d}G(\boldsymbol{\theta})}{\mathrm{d}\boldsymbol{\theta}} = -\frac{\mathrm{d}}{\mathrm{d}\boldsymbol{\theta}}\log p(\boldsymbol{\theta}|\boldsymbol{X},\boldsymbol{y}) = \frac{1}{\sigma^2}(\boldsymbol{X}\boldsymbol{X}^{\mathrm{T}}\boldsymbol{\theta}-\boldsymbol{X}\boldsymbol{y}) + \frac{1}{b^2}\boldsymbol{\theta} \tag{2-45}$$

$$\begin{aligned} &\frac{1}{\sigma^2}(\boldsymbol{X}\boldsymbol{X}^{\mathrm{T}}\boldsymbol{\theta}-\boldsymbol{X}\boldsymbol{y}) + \frac{1}{b^2}\boldsymbol{\theta} = \boldsymbol{0} \\ \Leftrightarrow &\left(\frac{1}{\sigma^2}\boldsymbol{X}\boldsymbol{X}^{\mathrm{T}} + \frac{1}{b^2}\boldsymbol{I}\right)\boldsymbol{\theta} - \frac{1}{\sigma^2}\boldsymbol{X}\boldsymbol{y} = \boldsymbol{0} \\ \Leftrightarrow &\left(\boldsymbol{X}\boldsymbol{X}^{\mathrm{T}} + \frac{\sigma^2}{b^2}\boldsymbol{I}\right)\boldsymbol{\theta} = \boldsymbol{X}\boldsymbol{y} \\ \Leftrightarrow &\boldsymbol{\theta} = \left(\boldsymbol{X}\boldsymbol{X}^{\mathrm{T}} + \frac{\sigma^2}{b^2}\boldsymbol{I}\right)^{-1}\boldsymbol{X}\boldsymbol{y} \end{aligned} \tag{2-46}$$

所以，$\hat{\boldsymbol{\theta}}_{\mathrm{MAP}} = \left(\boldsymbol{X}\boldsymbol{X}^{\mathrm{T}} + \frac{\sigma^2}{b^2}\boldsymbol{I}\right)^{-1}\boldsymbol{X}\boldsymbol{y}$，与式(2-36)所示的 $\hat{\boldsymbol{\theta}}_{\mathrm{MLE}}$ 相比，就是增加了正则项 $\frac{\sigma^2}{b^2}\boldsymbol{I}$。关于正则化详见 2.5 节。

在回归模型中，先验分布和似然分布不一定采用高斯分布，表 2-2 列出了常用的回归模型及其采用的概率分布。

表 2-2 常用回归模型及其采用的概率分布

回归模型	先验分布	似然分布	优化目标
最小二乘回归	均匀分布	高斯	$\arg\min\limits_{\boldsymbol{\theta}} \sum_{n=1}^{N} (y^n - (\boldsymbol{x}^n)^{\mathrm{T}}\boldsymbol{\theta})^2$
岭回归(Ridge)	高斯分布	高斯	$\arg\min\limits_{\boldsymbol{\theta}} \sum_{n=1}^{N} (y^n - (\boldsymbol{x}^n)^{\mathrm{T}}\boldsymbol{\theta})^2 + \lambda\|\boldsymbol{\theta}\|_2^2$
Lasso 回归	拉普拉斯分布	高斯	$\arg\min\limits_{\boldsymbol{\theta}} \sum_{n=1}^{N} (y^n - (\boldsymbol{x}^n)^{\mathrm{T}}\boldsymbol{\theta})^2 + \lambda\|\boldsymbol{\theta}\|_1$

4. 全贝叶斯估计

最大似然估计和最大后验估计的目标都是得到模型的参数估计，称为点估计。与点估计相对的概念是区间估计，在统计学中应用较多，在这里不作过多阐释。全贝叶斯估计并不去拟合参数，而是估计参数的分布，然后可以直接利用参数分布进行后验预测，实现贝叶斯推断。

全贝叶斯回归的概率图模型如图 2-8 所示。

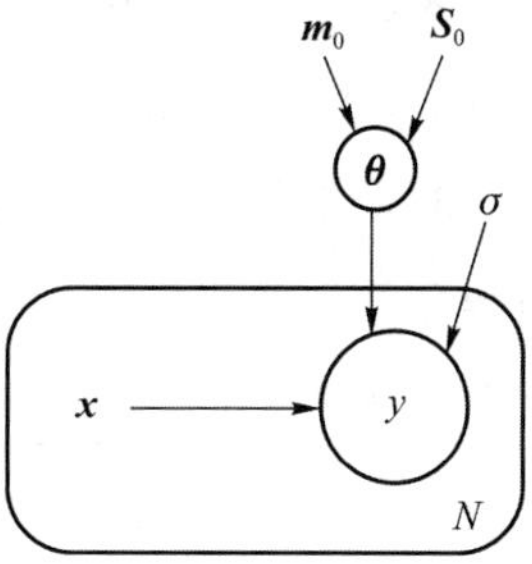

图 2-8　全贝叶斯回归的概率图模型

假设参数 $\boldsymbol{\theta}$ 的先验概率分布服从正态分布：$p(\boldsymbol{\theta})=\mathcal{N}(\boldsymbol{m}_0,\boldsymbol{S}_0)$，随机变量 y 的似然分布也服从正态分布：$p(y|\boldsymbol{x},\boldsymbol{\theta})=N(y|\boldsymbol{x}^{\mathrm{T}}\boldsymbol{\theta},\sigma^2)$，模型的联合概率为 $p(y,\boldsymbol{\theta}|\boldsymbol{x})=p(y|\boldsymbol{x},\boldsymbol{\theta})p(\boldsymbol{\theta})$。

在实际应用中，我们可以不关心模型的参数，应用的最终目标是给定新的 $\boldsymbol{x}$，预测 y。可以把联合概率分布对参数 $\boldsymbol{\theta}$ 进行积分来计算，如式(2-47)所示，其中 $\mathbb{E}_{\boldsymbol{\theta}}$ 是下一节定义的期望风险。

$$p(y^*|\boldsymbol{x}^*)=\int p(y^*|\boldsymbol{x}^*,\boldsymbol{\theta})p(\boldsymbol{\theta})\mathrm{d}\boldsymbol{\theta}=\mathbb{E}_{\boldsymbol{\theta}}[p(y^*|\boldsymbol{x}^*,\boldsymbol{\theta})] \tag{2-47}$$

假设采用上文提到的共轭高斯先验，容易得出，随机变量 y 的后验预测也服从高斯分布，如式(2-48)所示。

$$p(y^*|\boldsymbol{x}^*)=\mathcal{N}((\boldsymbol{x}^*)^{\mathrm{T}}\boldsymbol{m}_0,(\boldsymbol{x}^*)^{\mathrm{T}}\boldsymbol{S}_0(\boldsymbol{x}^*)+\sigma^2) \tag{2-48}$$

式(2-48)仅使用了参数的先验分布和数据 $\boldsymbol{x}^*$，并没有使用训练数据集。

假设训练集有 N 个样本，下面用参数的后验概率代替先验概率，然后进行后验预测。

基于训练集，参数的后验概率为

$$p(\boldsymbol{\theta}|\boldsymbol{X},\boldsymbol{y})=\frac{p(\boldsymbol{y}|\boldsymbol{X},\boldsymbol{\theta})p(\boldsymbol{\theta})}{p(\boldsymbol{y}|\boldsymbol{X})}$$

可以证明，参数的后验概率也服从正态分布：$p(\boldsymbol{\theta}|\boldsymbol{X},\boldsymbol{y})\sim\mathcal{N}(\boldsymbol{\theta}|\boldsymbol{m}_N,\boldsymbol{S}_N)$，其中，$\boldsymbol{S}_N=(\boldsymbol{S}_0^{-1}+\sigma^{-2}\boldsymbol{X}\boldsymbol{X}^{\mathrm{T}})^{-1}$，$\boldsymbol{m}_N=\boldsymbol{S}_N(\boldsymbol{S}_0^{-1}\boldsymbol{m}_0+\sigma^{-2}\boldsymbol{X}\boldsymbol{y})$。证明过程如式(2-49)～(2-52)所示。

$$\begin{aligned}p(\boldsymbol{\theta}|X,\boldsymbol{y})&=\mathrm{e}^{\log(p(\boldsymbol{\theta}|\boldsymbol{X},\boldsymbol{y}))}\\&\propto\mathrm{e}^{\log p(\boldsymbol{y}|\boldsymbol{X},\boldsymbol{\theta})+\log p(\boldsymbol{\theta}))}\\&\propto\mathrm{e}^{-\frac{1}{2}(\sigma^{-2}(\boldsymbol{y}-\boldsymbol{X}^{\mathrm{T}}\boldsymbol{\theta})^{\mathrm{T}}(\boldsymbol{y}-\boldsymbol{X}^{\mathrm{T}}\boldsymbol{\theta})+(\boldsymbol{\theta}-\boldsymbol{m}_0)^{\mathrm{T}}\boldsymbol{S}_0^{-1}(\boldsymbol{\theta}-\boldsymbol{m}_0))}\\&\propto\mathrm{e}^{-\frac{1}{2}(\boldsymbol{\theta}^{\mathrm{T}}(\sigma^{-2}\boldsymbol{X}\boldsymbol{X}^{\mathrm{T}}+\boldsymbol{S}_0^{-1})\boldsymbol{\theta}-2(\sigma^{-2}\boldsymbol{X}\boldsymbol{y}+\boldsymbol{S}_0^{-1}\boldsymbol{m}_0)^{\mathrm{T}}\boldsymbol{\theta})}\end{aligned} \tag{2-49}$$

然而

$$\begin{aligned}\log\mathcal{N}(\boldsymbol{\theta}|\boldsymbol{m}_N,\boldsymbol{S}_N)&=-\frac{1}{2}(\boldsymbol{\theta}-\boldsymbol{m}_N)^{\mathrm{T}}\boldsymbol{S}_N^{-1}(\boldsymbol{\theta}-\boldsymbol{m}_N)+\mathrm{const}\\&=-\frac{1}{2}(\boldsymbol{\theta}^{\mathrm{T}}\boldsymbol{S}_N^{-1}\boldsymbol{\theta}-2\boldsymbol{m}_N^{\mathrm{T}}\boldsymbol{S}_N^{-1}\boldsymbol{\theta}+\boldsymbol{m}_N^{\mathrm{T}}\boldsymbol{S}_N^{-1}\boldsymbol{m}_N)\end{aligned} \tag{2-50}$$

于是

$$\boldsymbol{S}_N^{-1}=\boldsymbol{X}\sigma^{-2}\boldsymbol{I}\boldsymbol{X}^{\mathrm{T}}+\boldsymbol{S}_0^{-1}\Leftrightarrow\boldsymbol{S}_N=(\boldsymbol{X}\sigma^{-2}\boldsymbol{I}\boldsymbol{X}^{\mathrm{T}}+\boldsymbol{S}_0^{-1})^{-1} \tag{2-51}$$

$$\boldsymbol{m}_N^{\mathrm{T}}\boldsymbol{S}_N^{-1}=(\sigma^{-2}\boldsymbol{X}\boldsymbol{y}+\boldsymbol{S}_0^{-1}\boldsymbol{m}_0)^{\mathrm{T}}\Leftrightarrow\boldsymbol{m}_N=\boldsymbol{S}_N(\sigma^{-2}\boldsymbol{X}\boldsymbol{y}+\boldsymbol{S}_0^{-1}\boldsymbol{m}_0) \tag{2-52}$$

所以,给定 $\boldsymbol{x}^*$ 预测 y^*,后验预测为式(2-53):

$$p(y^*|\boldsymbol{X},\boldsymbol{y},\boldsymbol{x}^*)=\int p(y^*|\boldsymbol{x}^*,\boldsymbol{\theta})p(\boldsymbol{\theta}|\boldsymbol{X},\boldsymbol{y})\mathrm{d}\boldsymbol{\theta}$$
$$=\int \mathcal{N}(y^*|(\boldsymbol{x}^*)^{\mathrm{T}}\boldsymbol{\theta},\sigma^2)\mathcal{N}(\boldsymbol{\theta}|\boldsymbol{m}_N,\boldsymbol{S}_N)\mathrm{d}\boldsymbol{\theta} \tag{2-53}$$
$$=\mathcal{N}(y^*|(\boldsymbol{x}^*)^{\mathrm{T}}\boldsymbol{m}_N,(\boldsymbol{x}^*)^{\mathrm{T}}\boldsymbol{S}_N(\boldsymbol{x}^*)+\sigma^2)$$

全贝叶斯估计与点估计不同,估计的是参数的分布而不是取值,一般直接用于进行模型推断、后验预测。几种常用估计的对比如表 2-3 所示。

表 2-3 常用估计方法的对比

估计方法	优化目标
最大似然估计	$\hat{\boldsymbol{\theta}}=\arg\max_{\boldsymbol{\theta}} p(\mathcal{D}\mid\boldsymbol{\theta})$
最大后验估计	$\hat{\boldsymbol{\theta}}=\arg\max_{\boldsymbol{\theta}} p(\mathcal{D}\mid\boldsymbol{\theta})p(\boldsymbol{\theta}\mid\eta)$
全贝叶斯估计	$p(\boldsymbol{\theta},\eta\mid\mathcal{D})\propto p(\mathcal{D}\mid\boldsymbol{\theta})p(\boldsymbol{\theta}\mid\eta)p(\eta)$

2.5 模型容量和模型选择

2.5 节讲解视频

从我们之前的做法来看,机器学习模型的目标函数通过人工方式设计,并且目标函数的损失值越小,模型就越好。这里涉及以下两个问题。

① 怎么能够证明某一种目标函数就是最佳的呢?其实学习过程应该是在一个模型的假设空间中,搜索最佳模型。

机器学习问题需要处理概率论的逆问题,试图根据经验数据来估计无法观测到的数据分布,这是统计病态的,主要是由于任意大小的有限样本永远不会包含有关潜在分布的所有信息。在模型设计和选择时,我们不能保证对先验的认知是正确的,也不能保证数据样本的分布与数据的真实分布一致。

假设空间(hypothesis space)指的是算法可以作为解决方案的函数集合,是输入空间到输出空间的映射的集合。模型的最大容量被称为表示容量(representational capacity),指的是通过调节参数降低目标函数时,学习算法可以从哪些函数族中选择函数。实际上,从这些函数中挑选出最优函数是一个极为困难的事情,需要增加额外的限制,使得模型的有效容量(effective capacity)可能会小于表示容量。比如,在线性回归中,数据采样自二次函数,在这种情况下,二次多项式是恰当的,但在学习阶段我们又不太可能从这很多不同的模型中选出性能最好的。所以,选择模型的假设空间这种想法在实际应用中是不太可行的。

② 性能度量不仅取决于算法和数据,还应该考虑满足任务需求。并且,采用各种度量对模型进行评价不是目的,而应该是模型选择的手段。

由于不确定的存在,需要衡量模型的损失函数的期望,称为期望风险。根据贝叶斯决策理论,机器学习的目标就是选择使得期望风险最小的模型。

给定样本集$\mathcal{D}=\{\boldsymbol{x}^n,y^n\}_{n=1}^N$,假设所有样本服从一个隐含未知的分布 p,$\mathcal{D}$中的所有样本都是独立地从这个分布采样而得的,即独立同分布(independent and identity distributed,iid)样

本。期望风险如式(2-54)所示。

$$\mathbb{E}_p[G(y,f_\theta(\boldsymbol{x}))]=\int G(y,f_\theta(\boldsymbol{x}))p(\boldsymbol{x},y)\mathrm{d}\boldsymbol{x}\mathrm{d}y \tag{2-54}$$

但是概率分布 p 是未知,期望风险无法直接计算。在模型学习阶段,只能用经验风险或训练误差来代替,如式(2-55)所示。

$$\mathbb{E}_p[G(y,f_\theta(\boldsymbol{x}))]\approx\frac{1}{N}\sum_{n=1}^{N}G(y^n,f_\theta(\boldsymbol{x}^n)) \tag{2-55}$$

这正是目标函数的损失计算。

模型的性能评估会更加关注模型在未观测数据(新的数据集)上的性能如何,所以一般使用测试数据集来评估模型性能,如式(2-56)所示。

$$\mathbb{E}_p[G(y,f_{\hat{\theta}}(\boldsymbol{x}))]\approx\frac{1}{M}\sum_{m=1}^{M}G(y^m,f_{\hat{\theta}}(\boldsymbol{x}^m)) \tag{2-56}$$

其中参数 $\hat{\theta}$ 是模型学习阶段得到的估计值。测试集中有 M 个样本。

模型容量从本质上来讲,描述了整个模型拟合能力的大小。如果容量不足,那么模型将不能够很好地表示数据,表现为欠拟合;如果容量太大,那么模型就很容易过分拟合数据,因为其记住了不适合于测试集的训练集特性,表现为过拟合。仍然以线性回归为例,数据采样自二次函数,如果用一次多项式去拟合,训练误差就很难降低,这是欠拟合;而如果用高次多项式去拟合,训练参数大大增加,这时很可能会过拟合,过分考虑了训练数据的结构,泛化能力差。

这里我们不去讨论计算学习理论,不再定量分析模型容量,也不去刻画具体学习算法的稳定性,只讨论通过添加正则项对模型进行偏好排除,提高泛化能力的方法。

下面详细讨论各种正则化方法。

1. 改造目标函数

在设计机器学习模型时,需要注意过拟合问题。如果模型在训练数据上使用性能很好,而在测试数据上性能下降很多,就是过拟合了,模型的泛化能力差。防止过拟合的常用方法是给优化目标函数增加正则化惩罚因子。

L1 正则化(L1-norm)是在损失函数上增加 L1 范数。比如,线性回归中损失函数是最小均方误差,则优化目标修改为最小化式(2-57):

$$M(\boldsymbol{\theta})=\sum_{n=1}^{N}(y^n-\boldsymbol{\theta}^{\mathrm{T}}\boldsymbol{x}^n)^2+\lambda\|\boldsymbol{\theta}\|_1 \tag{2-57}$$

L1 范数是指向量元素绝对值之和,如 $\|\boldsymbol{\theta}\|_1=\sum_{j=1}^{J}|\theta_j|$。

求 $M(\boldsymbol{\theta})$ 对各 θ_j 的偏导并令其等于 0,可以解得式(2-58):

$$\theta_j=\theta_j-\alpha\Big(\sum_{n=1}^{N}(y^n-\boldsymbol{\theta}^{\mathrm{T}}\boldsymbol{x}^n)x_j^n+\lambda\mathrm{sgn}(\theta_j)\Big) \tag{2-58}$$

其中,$\mathrm{sgn}(\theta_j)=\begin{cases}1, & \theta_j>0,\\ 0, & \theta_j=0,\\ -1, & \theta_j<0。\end{cases}$从式(2-58)可以看出:当上一轮 θ_j 大于 0 时,下一次更新 θ_j 一定减少,当上一轮 θ_j 小于 0 时,下一次更新 θ_j 一定增加。也就是说,每一轮训练后,θ_j 都一定往 0 方向靠近,最终可得近似的稀疏解。这就是 L1 正则化的调整目标。

L2 正则化(L2-norm)是在损失函数上增加 L2 范数。比如,损失函数是最小均方误差,则优化目标修改为最小化式(2-59)：

$$M(\boldsymbol{\theta}) = \sum_{n=1}^{N} (y^n - \boldsymbol{\theta}^{\mathrm{T}} \boldsymbol{x}^n)^2 + \lambda \|\boldsymbol{\theta}\|_2^2 \tag{2-59}$$

L2 范数指向量元素绝对值的平方和再开方，如 $\|\boldsymbol{\theta}\|_2 = \sqrt{\sum_{j=1}^{J} |\theta_j|^2}$。

为了直观理解，图 2-9 画出了参数 $\boldsymbol{\theta}$ 是二维的情况。圆形表示 L2 范数空间，设为$\theta_1^2+\theta_2^2=r^2$，当 r 从 0 逐渐增大的时候，圆形逐渐增大。椭圆线表示原始损失函数的解空间，椭圆上的任何一点都表示一个可行解，一个椭圆上的 θ_1、θ_2 对应的损失函数值相同(可以理解为等值线)。当两个空间有交集时，$\hat{\boldsymbol{\theta}}$即代表了 $M(\boldsymbol{\theta})$的解。正则项的作用是：随着不断增加 r 取值，原始解空间会被不断压缩，选择合适的 λ，可以将最优点压缩到 $\hat{\boldsymbol{\theta}}$ 处，从而得到合适的模型。

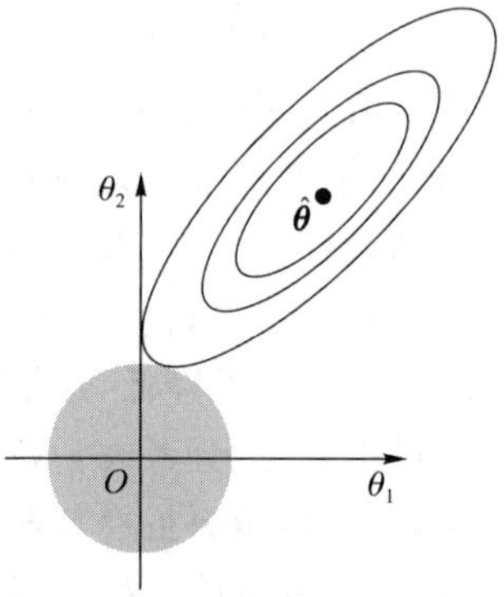

图 2-9 范数与代价函的寻优图示

正则化的通用公式表示为 $M(\boldsymbol{\theta})=G(\boldsymbol{\theta})+\lambda R(\boldsymbol{\theta})$，我们希望最小化损失函数 $M(\boldsymbol{\theta})$，可以采用梯度下降法求解这个优化问题，但是惩罚项 $R(\boldsymbol{\theta})$不一定是 L1 范数或 L2 范数。

① 正则化等价于带约束的目标函数，采用拉格朗日乘子法把约束项加在优化目标中。

② 从贝叶斯的角度来看，正则项等价于引入参数的先验概率，把最大似然估计转换为最大后验估计。L1 范数假设参数服从拉普拉斯分布，希望得到稀疏模型，大多数维度的参数 θ_j 为 0(或者说越小越好)。L2 范数假设参数符合零均值的高斯分布。

2. 改造模型

集成学习(ensemble learning)是机器学习的一大研究方向，它并不是一个单独的机器学习算法，而是将很多的机器学习算法结合在一起。组成集成学习的算法被称为“个体学习器”。如果在集成学习当中，个体学习器都相同，那么这些个体学习器可以叫作“基学习器”。所以，集成学习简单理解就是指采用多个学习器对数据集进行预测，从而提高整体模型的泛化能力，具体又分为如下方法。

① Bagging 方法：通过对原数据集进行有放回地采样，构建出大小和原数据集$\mathcal{D}$一样的新数据集$\mathcal{D}_1$，$\mathcal{D}_2$，$\mathcal{D}_3$，…，然后用这些新的数据集训练多个学习器 C_1，C_2，C_3，…。因为是有放回地采样，所以一些样本可能会出现多次，而其他样本会被忽略。Bagging 方法通过降低基学习器方差改善了泛化能力，因此 Bagging 方法的性能依赖基学习器的稳定性。如果基学习器是不稳定的，那么 Bagging 方法有助于减小训练数据的随机扰动所导致的误差，但是如果基学习器是稳定的，即对数据变化不敏感，那么 Bagging 方法就提升不了性能。

② Boosting 方法：能够将弱学习器转化为强学习器的一类算法族。Boosting 方法的主要

原理是使用一系列弱学习器模型，然后通过结合加权多数投票（分类）或加权求和（回归）以产生最终预测。数据的权重有两个作用：一方面，我们可以使用这些权值作为抽样分布，对数据进行抽样；另一方面，学习器可以使用权值学习有利于高权重样本的学习器。Boosting 方法是一个迭代的过程，通过改变样本分布，使得学习器聚集在那些很难分的样本上，对那些容易错分的数据加强学习，增加错分数据的权重，这样错分的数据在下一轮的迭代就有更大的作用。Boosting 方法的典型代表是 Adaboost 算法。将个体学习器结合在一起的时候使用的方法叫作结合策略。对于分类问题，可以使用投票法来选择输出最多的类。对于回归问题，可以对学习器输出的结果求平均值。上面说的投票法和平均法都是很有效的结合策略。还有一种结合策略是使用另外一个机器学习算法来将个体学习器的结果结合在一起，被称为 Stacking 方法。

③ Stacking 方法：个体学习器叫作初级学习器，用于结合的学习器叫作次级学习器或元学习器（meta-learner），次级学习器用于训练的数据叫作次级训练集。次级训练集是在训练集上通过初级学习器得到的。

Bagging 方法和 Stacking 方法中的基本模型须为低偏差高方差的强模型，Boosting 方法中的基本模型可以为低方差、高偏差的弱模型。

3. 改造数据集

改造数据集的方法有很多，一般需要在训练过程中采用一些方法配合使用。

① 为了提高模型的泛化能力，最简单的方法是在模型学习时，从训练集中分出一部分数据作为验证集，在训练过程中结合“早停止”等方法，控制过拟合。当训练表达能力强的大模型时，训练误差随着迭代次数的增加会逐渐降低，但是验证集的误差反而会再次上升，这时模型就过拟合了。我们希望获得使验证集误差最低的参数。在训练过程中每次都会存储模型参数，当验证集误差在迭代时没有进一步改善，模型就停止训练，称为“早停止”。这里可以把训练步数看作一个超参数，为了获得最佳的超参数，付出的代价是在训练期间要定期评估验证集，还需要每次迭代保存参数副本。

② 提高模型泛化能力的最好办法是使用更多的数据进行模型训练。扩增样本集的目的是创建新的假数据，以补充训练集的数据量。对训练集中的输入做一些变换，如给输入数据加入噪声也可以看作增强数据的方法。

③ 使用 Batch Normalization（Batch Norm）方法。Batch Norm，顾名思义，以进行学习时的 mini-batch 为单位，按 mini-batch 进行归一化。具体而言，就是进行使数据分布的均值为 0、方差为 1 的归一化。可以增大学习率，加快学习速度，同时降低对初始值的依赖，使模型对于初始值不那么敏感。在深度神经网络中的一些层常常使用 Batch Norm 方法。

第3章

人工神经网络基础

人工神经网络基础课件

人工神经网络的起源是生物学家想要模拟人类大脑的工作方式，让计算机具有计算、记忆、思考的能力。比如，计算机的存储是基于地址的，与内容无关，其容错性能差；而生物的记忆系统是内容相关的、并行和分布式的，其容错性能好。虽然迄今为止我们仍然不能完全了解人类大脑的工作方式，但是人工神经网络发展成了人工智能的一个主要分支。尤其是近年来，得益于硬件计算能力的提高，深度神经网络在建模和记忆等方面的能力获得了大幅提升，得到了广泛应用。

3.1 神经元模型

3.1 节讲解视频

Teuvo Kohonen（托伊沃·科霍宁）对人工神经网络的定义是：人工神经网络是由具有适应性的简单单元组成的广泛并行互连的网络。它的组织能够模拟生物神经系统对真实世界物体所作出的交互反应。

人工神经网络中最基本的组成成分是神经元模型，即上述定义中的“简单单元”。在生物神经网络中，每个神经元与其他神经元相连，当它“兴奋”时，就会向相连的神经元发送化学物质，从而改变这些神经元的电位，如果某神经元的电位超过了一个“阈值”（threshold），那么它就会被激活，进而向其他与其相连的神经元发送化学物质。McCulloch（麦卡洛克）和 Pitts（皮茨）将这个过程抽象为“M-P 神经元模型”。在这个模型中，神经元接受来自其他 n 个神经元传递过来的输入信号，这些输入信号通过带权重的连接进行传递，神经元接收的总输入值将与神经元的阈值进行比较，然后通过“激活函数”（activation function）处理以产生神经元的输出，如图 3-1 所示。

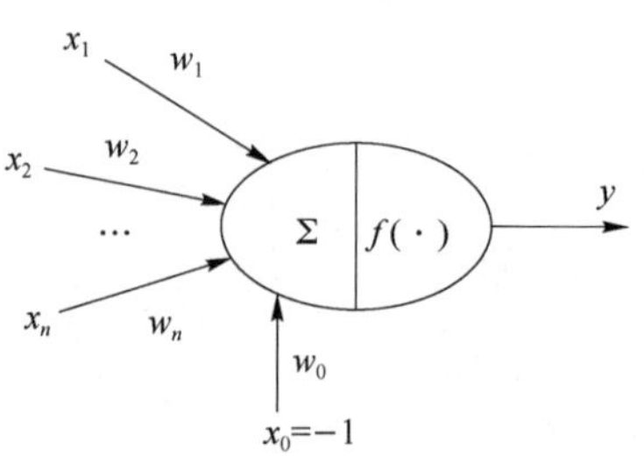

图 3-1　M-P 神经元模型

神经元的输入为向量 $\boldsymbol{x}$，输出为 $y=f(\sum_{i=1}^{n}w_ix_i(t)-w_0)$，其中 w_i 为权重，w_0 为阈值，用矩阵形式表示为 $y=f(\boldsymbol{w}^{\mathrm{T}}\boldsymbol{x})$。可以看出，神经元是在对输入进行线性变换的基础上，再进行函数 $f(\cdot)$ 的变换。

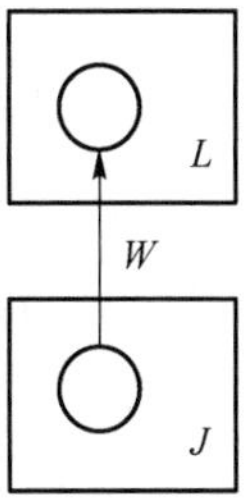

图 3-2 人工神经网络的概率图模型

在人工神经网络中，$f(\cdot)$ 被称为激活函数，一般使用各种形式的决策函数。如果函数 $f(\cdot)$ 的值域为 $[0,1]$，可以看作概率，那么可以把单个神经元看作一个随机变量。

将多个 M-P 神经元按一定层次结构连接起来，就得到了人工神经网络，其概率图模型如图 3-2 所示，低层神经元有 J 个，高层神经元有 L 个，权重矩阵是 $J\times L$ 维的。如果人工神经网络有多层，则其称为深度神经网络。本节着重讨论神经元模型，后面几节再讨论各种人工神经网络模型。

3.1.1 激活函数

神经元的激活过程分为两步：首先得到加权后的输入信号 $a=\sum_i w_ix_i$，其中 $i=0,1,\cdots,I$，w_i 包含阈值（也称为偏置项）w_0；然后，通过激活函数计算输出 $y=f(a)$。

下面分析常用的激活函数形式。

① 线性激活函数：$f(a)=a$。这就是基本的线性回归模型。

② 阶跃函数：$f(a)=\begin{cases}1, & a>0,\\ 0, & a\leqslant 0\end{cases}$。假设单个神经元用于二分类，理想的激活函数 f 就是阶跃函数。它将输入值映射为输出值“0”或“1”，“1”对应于神经元兴奋，“0”对应于神经元抑制。

③ 逻辑函数（sigmoid 函数）：$\mathrm{sigm}(a)=\dfrac{1}{1+\mathrm{e}^{-a}}$ 或者 $\mathrm{sigm}(a)=\dfrac{\mathrm{e}^{a}}{1+\mathrm{e}^{a}}$。由于阶跃函数不连续，因此实际应用中常用 sigmoid 函数作为激活函数用于二分类，如图 3-3(a)所示，其输出值为概率。这是逻辑回归模型。

④ 双曲正切函数：$\tanh(a)=\dfrac{\mathrm{e}^{a}-\mathrm{e}^{-a}}{\mathrm{e}^{a}+\mathrm{e}^{-a}}$。因为 tanh 是关于原点对称的、完全可微的，在深度神经网络中常用 tanh 函数作为激活函数，代替 sigmoid 函数，它们的对比如图 3-3(a)和 3-3(b)所示。

⑤修正线性单元（Rectified Linear Unit，ReLU）函数。其是深度神经网络中常用的激活函数，如图 3-3(c)所示。它保留了阶跃函数的生物学启发，只有输入超出阈值时神经元才激活，不过当输入为正的时候，导数不为零，从而允许基于梯度的学习。使用这个函数能使计算速度变得很快，因为无论是函数还是其导数都不包含复杂的数学运算。

在人工神经网络中常常使用各种决策函数的形式计算神经元的输出。事实上，决策函数与条件概率分布是等价的，在 2.2 节讨论过这个问题。

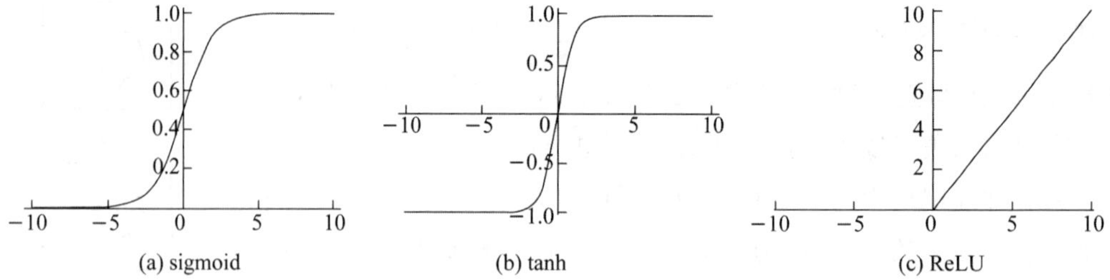

图 3-3 三种激活函数

3.1.2 最大似然估计

先举两个例子来看看神经元模型的应用，再总结使用逻辑函数作为激活函数的神经元模型学习问题。

例 3-1：单个神经元可以很容易地实现逻辑与、或、非运算

假定 f 是阶跃函数，神经元有两个输入，则 $y=f(w_1x_1+w_2x_2-w_0)$。

① 与：令 $w_1=w_2=1, w_0=1$，则 $y=f(1\times x_1+1\times x_2-1)$，仅在 $x_1=x_2=1$ 时，$y=1$。

② 或：令 $w_1=w_2=1, w_0=0.5$，则 $y=f(1\times x_1+1\times x_2-0.5)$，当 $x_1=1$ 或 $x_2=1$ 时，$y=1$。

③ 非：令 $w_1=-0.6, w_2=0, w_0=-0.5$，则 $y=f(-0.6\times x_1+0\times x_2+0.5)$，当 $x_1=1$ 时，$y=0$；当 $x_1=0$ 时，$y=1$。

在例 3-1 中给定权重参数 $\boldsymbol{w}$ 的值，模型可以为不同的输入进行逻辑计算推断。在实际应用中，模型的权重参数未知，常常是给出训练数据集，通过模型学习来获得模型参数，然后将其用于推断。

例 3-2：逻辑回归模型把单个神经元作为二分类模型

假定 f 是逻辑函数，输入是 J 维的数据。

在单个神经元中，$a=-w_0+w_1x_1+w_2x_2+\cdots+w_Jx_J+\varepsilon$ 是线性回归模型。但是在逻辑回归中，无法观测到 a 的值，只能观测到 $y=f(a)$ 的值为 0 或 1。如果把逻辑函数的值看作概率值，则 $y=1$ 的发生概率如式(3-1)所示。

$$p=P(y=1\mid x_1,x_2,\cdots,x_J)=f(a)=\frac{1}{1+\mathrm{e}^{-a}} \tag{3-1}$$

所以，逻辑回归与线性回归的关系如式(3-2)所示。

$$\ln\frac{p}{1-p}=a=-w_0+w_1x_1+w_2x_2+\cdots+w_Jx_J+\varepsilon \tag{3-2}$$

根据训练数据集，采用最大似然估计得到参数 $\boldsymbol{w}$ 后，就得到了模型。给出新的测试数据时，将其输入模型中就可以预测它的值 y 是接近 0 还是接近 1，或者说事件 $y=1$ 发生的概率。所以逻辑回归适用于二分类问题。

1. 逻辑回归模型学习

逻辑回归的概率图模型与线性回归相同，$\boldsymbol{x}$ 是自变量，只有 y 是随机变量，假设服从二项分布。激活函数是 sigmoid 函数。

$$p(y=1\mid \boldsymbol{x},\boldsymbol{w})=f(\boldsymbol{w}^{\mathrm{T}}\boldsymbol{x})=f_{\boldsymbol{w}}(\boldsymbol{x})$$
$$p(y=0\mid \boldsymbol{x},\boldsymbol{w})=1-f_{\boldsymbol{w}}(\boldsymbol{x})$$

模型的联合概率分布为 $p(y|\boldsymbol{x},\boldsymbol{w})=(f_{\boldsymbol{w}}(\boldsymbol{x}))^{y}(1-f_{\boldsymbol{w}}(\boldsymbol{x}))^{1-y}$

N 个样本的似然函数可表示为式(3-3)：

$$\begin{aligned}L(\boldsymbol{w}) &= p(\boldsymbol{y}|\boldsymbol{X},\boldsymbol{w}) = \prod_{n=1}^{N} p(y^n|\boldsymbol{x}^n,\boldsymbol{w}) \\ &= \prod_{n=1}^{N}(f_{\boldsymbol{w}}(\boldsymbol{x}^n))^{y^n}(1-f_{\boldsymbol{w}}(\boldsymbol{x}^n))^{1-y^n}\end{aligned} \tag{3-3}$$

对数似然函数如式(3-4)所示。

$$\mathrm{LL}(\boldsymbol{w})=\log L(\boldsymbol{w})=\sum_{n=1}^{N} y^n\log f_{\boldsymbol{w}}(\boldsymbol{x}^n)+(1-y^n)\log(1-f_{\boldsymbol{w}}(\boldsymbol{x}^n)) \tag{3-4}$$

采用梯度下降法进行计算，针对每个样本的梯度为式(3-5)。

$$\begin{aligned}\frac{\partial}{\partial w_j}\mathrm{LL}(\boldsymbol{w}) &= \left(y\frac{1}{f(\boldsymbol{w}^{\mathrm{T}}\boldsymbol{x})}-(1-y)\frac{1}{1-f(\boldsymbol{w}^{\mathrm{T}}\boldsymbol{x})}\right)\frac{\partial}{\partial w_j}f(\boldsymbol{w}^{\mathrm{T}}\boldsymbol{x}) \\ &= \left(y\frac{1}{f(\boldsymbol{w}^{\mathrm{T}}\boldsymbol{x})}-(1-y)\frac{1}{1-f(\boldsymbol{w}^{\mathrm{T}}\boldsymbol{x})}\right)f(\boldsymbol{w}^{\mathrm{T}}\boldsymbol{x})(1-f(\boldsymbol{w}^{\mathrm{T}}\boldsymbol{x}))\frac{\partial}{\partial w_j}\boldsymbol{w}^{\mathrm{T}}\boldsymbol{x} \\ &= (y(1-f(\boldsymbol{w}^{\mathrm{T}}\boldsymbol{x}))-(1-y)f(\boldsymbol{w}^{\mathrm{T}}\boldsymbol{x}))x_j \\ &= (y-f_{\boldsymbol{w}}(\boldsymbol{x}))x_j\end{aligned} \tag{3-5}$$

于是，参数的迭代更新公式如式(3-6)所示。

$$w_j=w_j-\alpha(y^n-f_{\boldsymbol{w}}(\boldsymbol{x}^n))x_j^n \tag{3-6}$$

对比 2.4.2 节线性回归的 SGD 算法，可以看出逻辑回归只是增加了函数 f 的变换。

2. 多分类模型学习

softmax 回归对 sigmoid 回归进行拓展，可以实现多分类。softmax 函数如式(3-7)所示，其中第 k 类的权重参数为 $\boldsymbol{w}_k$。

$$p(y=k|\boldsymbol{x},\boldsymbol{W})=\frac{\mathrm{e}^{\boldsymbol{w}_k^{\mathrm{T}}\boldsymbol{x}}}{\sum_{l=1}^{K}\mathrm{e}^{\boldsymbol{w}_l^{\mathrm{T}}\boldsymbol{x}}},\quad k=1,2,\cdots,K \tag{3-7}$$

N 个样本的似然函数为

$$L(\boldsymbol{W})=\prod_{n=1}^{N}\prod_{k=1}^{K}p(y^n=k|\boldsymbol{x},\boldsymbol{W})=\prod_{n=1}^{N}\prod_{k=1}^{K}\left(\frac{\mathrm{e}^{\boldsymbol{w}_k^{\mathrm{T}}\boldsymbol{x}}}{\sum_{l=1}^{K}\mathrm{e}^{\boldsymbol{w}_l^{\mathrm{T}}\boldsymbol{x}}}\right)^{y_k^n}$$

对数似然函数为

$$\mathrm{LL}(\boldsymbol{W})=\ln L(\boldsymbol{W})=\sum_{n=1}^{N}\sum_{k=1}^{K}y_k^n\left(\boldsymbol{w}_k^{\mathrm{T}}\boldsymbol{x}^n-\ln\sum_{l=1}^{K}\mathrm{e}^{\boldsymbol{w}_l^{\mathrm{T}}\boldsymbol{x}^n}\right)$$

单个样本的梯度计算公式为

$$\frac{\partial}{\partial \boldsymbol{w}_k}\mathrm{LL}(\boldsymbol{W})=(y_k-p(y_k|\boldsymbol{x},\boldsymbol{W}))\boldsymbol{x}$$

深度神经网络用于多分类问题时，输出层神经元常常使用 softmax 作为分类器。

3.1.3 最大后验估计

上一节讲解单个神经元作为分类器时，采用最大似然估计进行模型参数学习。在此基础上，假设参数的先验分布服从标准正态分布，则可以进行最大后验估计。

可以把最大化对数似然函数转化为最小化负对数似然函数，同时增加正则项，以此作为优化目标，如式(3-8)所示。

$$M(\boldsymbol{w})=G(\boldsymbol{w})+\alpha R(\boldsymbol{w}) \tag{3-8}$$

其中：$G(\boldsymbol{w})=-\mathrm{LL}(\boldsymbol{w})$为负对数似然函数；正则化项为 $R(\boldsymbol{w})=\frac{1}{2}\sum_j w_j^2$，正则化项的概率含义为参数 $\boldsymbol{w}$ 的先验概率服从标准正态分布。

给定观测数据集$\mathcal{D}$，要推断参数 $\boldsymbol{w}$ 的值，如果先验分布未知，可以采用指数分布写出最大后验估计的通用形式。

似然概率为 $p(\mathcal{D}|\boldsymbol{w})=\mathrm{e}^{-G(\boldsymbol{w})}$。

当参数的先验概率为 $p(\boldsymbol{w}|\alpha)=\frac{1}{Z_w(\alpha)}\mathrm{e}^{-\alpha R(\boldsymbol{w})}$ 时，其中 $Z_w(\alpha)$是归一化因子，后验概率如式(3-9)所示。

$$\begin{aligned}p(\boldsymbol{w}|\mathcal{D},\alpha)&=\frac{p(\mathcal{D}|\boldsymbol{w})p(\boldsymbol{w}|\alpha)}{p(\mathcal{D}|\alpha)}\\&=\frac{\mathrm{e}^{-G(\boldsymbol{w})}\mathrm{e}^{-\alpha R(\boldsymbol{w})}/Z_w(\alpha)}{\int_{\boldsymbol{w}}p(\mathcal{D},\boldsymbol{w}|\alpha)\mathrm{d}\boldsymbol{w}}\\&=\frac{1}{Z_M}\mathrm{e}^{-M(\boldsymbol{w})}\end{aligned} \tag{3-9}$$

参数 $\boldsymbol{w}$ 的最大后验估计为$\hat{\boldsymbol{w}}_{MAP}=\arg\max\limits_{\boldsymbol{w}} p(\boldsymbol{w}|\mathcal{D},\alpha)$。

3.1.4 全贝叶斯估计

贝叶斯学派认为，参数应该服从一个概率分布，而不是进行点估计（参见 2.4 节），那么逻辑回归的贝叶斯后验预测如式(3-10)所示。

$$\begin{aligned}p(y^*|\boldsymbol{x}^*,\mathcal{D},\alpha)&=\int_{\boldsymbol{w}}p(y^*|\boldsymbol{x}^*,\boldsymbol{w},\alpha)p(\boldsymbol{w}|\mathcal{D},\alpha)\mathrm{d}\boldsymbol{w}\\&=\int_{\boldsymbol{w}}f_{\boldsymbol{w}}(\boldsymbol{x}^*)\frac{\mathrm{e}^{-M(\boldsymbol{w})}}{Z_M}\mathrm{d}\boldsymbol{w}\end{aligned} \tag{3-10}$$

在参数 $\boldsymbol{w}$ 的后验分布下，输入 $\boldsymbol{x}^*$ 得到输出的概率。

但是式(3-10)没有解析解，下面讲解两种近似计算方法。

1. 采用正态分布进行近似计算

$M(\boldsymbol{w})$的泰勒展开式如式(3-11)所示。

$$M(\boldsymbol{w})\simeq M(\boldsymbol{w}_{\mathrm{MAP}})+\frac{1}{2}(\boldsymbol{w}-\boldsymbol{w}_{\mathrm{MAP}})^{\mathrm{T}}\boldsymbol{A}(\boldsymbol{w}-\boldsymbol{w}_{\mathrm{MAP}})+\cdots \tag{3-11}$$

其中，海塞矩阵 $\boldsymbol{A}$ 的元素为 $\boldsymbol{A}_{ij}\equiv\frac{\partial^2}{\partial w_i\partial w_j}M(\boldsymbol{w})\Big|_{\boldsymbol{w}=\boldsymbol{w}_{\mathrm{MAP}}}$。

定义正态分布函数 Q，用于近似参数 $\boldsymbol{w}$ 的后验分布，如式(3-12)所示。

$$Q(\boldsymbol{w})=[\det(\boldsymbol{A}/2\pi)]^{1/2}\mathrm{e}^{-\frac{1}{2}(\boldsymbol{w}-\boldsymbol{w}_{\mathrm{MAP}})^{\mathrm{T}}\boldsymbol{A}(\boldsymbol{w}-\boldsymbol{w}_{\mathrm{MAP}})} \tag{3-12}$$

于是后验分布近似为式(3-13)：

$$p(\boldsymbol{w}|\mathcal{D},\alpha)\simeq\frac{1}{Z_Q}\mathrm{e}^{-\frac{1}{2}(\boldsymbol{w}-\boldsymbol{w}_{\mathrm{MAP}})^{\mathrm{T}}\boldsymbol{A}(\boldsymbol{w}-\boldsymbol{w}_{\mathrm{MAP}})} \tag{3-13}$$

神经元的激活过程分成两步：①$a=\sum_j w_j x_j$；②$y=f(a)$。首先分析第一步中的随机变量

a 的分布。a 与 $\boldsymbol{w}$ 是线性变换关系，如果 $\boldsymbol{w}$ 服从正态分布，则 a 也服从正态分布，如式(3-14) 所示。

$$p(a\mid \boldsymbol{x},\mathcal{D},\alpha)=\mathcal{N}(a_{\mathrm{MAP}},s^2)=\frac{1}{\sqrt{2\pi s^2}}\mathrm{e}^{-\frac{(a-a_{\mathrm{MAP}})^2}{2s^2}} \tag{3-14}$$

其中，$a_{\mathrm{MAP}}=a(\boldsymbol{x}\mid \boldsymbol{w}_{\mathrm{MAP}})=\sum_j x_j w_{\mathrm{MAP}_j}$，$s^2=\boldsymbol{x}^{\mathrm{T}}\boldsymbol{A}^{-1}\boldsymbol{x}$。

于是，贝叶斯后验预测如式(3-15)所示：

$$p(y^*\mid \boldsymbol{x}^*,\mathcal{D},\alpha)=\varphi(a_{\mathrm{MAP}},s^2)\equiv\int f(a)\,\mathcal{N}(a_{\mathrm{MAP}},s^2)\mathrm{d}a \tag{3-15}$$

例 3-3：sigmoid 函数作为激活函数的神经元，进行贝叶斯后验预测。

① 海塞矩阵如式(3-16)所示。

$$\frac{\partial^2}{\partial w_i\partial w_j}M(\boldsymbol{w})=\sum_{n=1}^{N}f'(a^n)x_i^n x_j^n+\alpha\delta_{ij} \tag{3-16}$$

其中，$f'(a)=\frac{\mathrm{d}}{\mathrm{d}a}\mathrm{sigm}(a)=\mathrm{sigm}(a)(1-\mathrm{sigm}(a))$

② 预测如式(3-17)、式(3-18)所示。

$$a_{\mathrm{MAP}}^*=a(\boldsymbol{x}^*\mid \boldsymbol{w}_{\mathrm{MAP}})=\sum_j x_j^* w_{\mathrm{MAP}_j},\quad s^2=(\boldsymbol{x}^{n+1})^{\mathrm{T}}\boldsymbol{A}^{-1}\boldsymbol{x}^{n+1} \tag{3-17}$$

$$\begin{aligned}\varphi(a_{\mathrm{MAP}},s^2)&=\int \mathrm{sigm}(a)\,\mathcal{N}(a_{\mathrm{MAP}},s^2)\mathrm{d}a\\&\approx \mathrm{sigm}\left(\frac{a_{\mathrm{MAP}}^*}{\sqrt{1+\pi s^2/8}}\right)\end{aligned} \tag{3-18}$$

神经网络常用的后验预测是，先进行参数的最大后验估计(点估计)，再进行推断，如式(3-19)所示。

$$y^*=\mathrm{sigm}(a_{\mathrm{MAP}}^*)=\mathrm{sigm}\left(\sum_j x_j^* w_{\mathrm{MAP}_j}\right) \tag{3-19}$$

对比式(3-18)和式(3-19)，可以看出，全贝叶斯估计的近似推断给 a 增加了一个系数，体现了 Q 的协方差矩阵对推断结果的影响。

2. 采用汉密尔顿蒙特卡洛采样进行近似计算

下面采用汉密尔顿蒙特卡洛(Hamiltonian Monte Carlo，HMC)采样进行近似计算。HMC 采样法是一种附加参数的马尔可夫链蒙特卡洛采样法(MCMC)，是适用于连续状态空间的 Metropolis Hastings(MH)采样法，利用梯度信息可以加快 MH 中随机游走行为的收敛速度。关于 MCMC 和 MH 采样法的内容详见附录 4。

为了推断 $y^*=f(\boldsymbol{x}^*\mid \boldsymbol{w})$，可以先采样获得 S 个 $\boldsymbol{w}$ 的样本，然后计算 f 的期望，如式(3-20)所示。

$$\mathbb{E}\left[f(\boldsymbol{w})\right]\simeq\frac{1}{S}\sum_{s=1}^{S}f(\boldsymbol{w}^s) \tag{3-20}$$

其中 $\{\boldsymbol{w}^s\}$ 是从后验分布$\frac{\mathrm{e}^{-M(\boldsymbol{w})}}{Z_M}$采样获得的样本集。

在统计物理中，$M(\boldsymbol{w})$通常被看作势能，再考虑增加状态空间的动量 $\boldsymbol{p}$，则动能为 $K(\boldsymbol{p})=\frac{1}{2}\boldsymbol{p}^{\mathrm{T}}\boldsymbol{p}$。于是，采用建议分布(proposal distribution)，如式(3-21)和式(3-22)所示。

$$H_M(\boldsymbol{w},\boldsymbol{p})=M(\boldsymbol{w})+K(\boldsymbol{p}) \tag{3-21}$$

$$P_H(\boldsymbol{w})=\frac{\mathrm{e}^{-H_M(\boldsymbol{w},\boldsymbol{p})}}{Z_H}=\frac{1}{Z_H}\mathrm{e}^{-M(\boldsymbol{w})}\mathrm{e}^{-K(\boldsymbol{p})} \tag{3-22}$$

可以看出，建议分布分为两部分，可以从联合概率不同步地进行采样。第一步考虑修改动量 $\boldsymbol{p}$，$\boldsymbol{w}$ 不变；第二步修改 $\boldsymbol{w}$ 和 $\boldsymbol{p}$。在迭代过程中，舍弃动量 $\boldsymbol{p}$，仅使用 $\boldsymbol{w}$ 的边缘分布即可获得样本序列。

利用梯度信息 $\boldsymbol{g}=-\frac{\partial M(\boldsymbol{w})}{\partial \boldsymbol{w}}$，更新动量 $\boldsymbol{p}$，$\boldsymbol{p}=\boldsymbol{p}-\varepsilon\boldsymbol{g}$，同时更新参数 $\boldsymbol{w}$，$\boldsymbol{w}=\boldsymbol{w}-\frac{1}{2}\varepsilon^2\boldsymbol{g}+\varepsilon\boldsymbol{p}$。可以看出，$\boldsymbol{w}$ 的更新是在梯度下降法的基础上，增加了一个噪声部分。HMC 算法的伪代码如下所示。

HMC 算法的伪代码

```
输入：训练集 D={(x^k, y^k)}_{k=1}^N，学习率 ε,α
过程：
随机初始化网络中所有连接权重和阈值 w
计算目标函数 M(w)
计算 M(w)的梯度 g
repeat
    用标准正态分布初始化动量 p
    计算建议分布 H
    for 迭代多次
        更新广义动量 p=p-ε g/2;
        更新 w=w+εp;
        计算 M(w)的梯度 g;
        更新 p=p-ε g/2;
    end for
    计算目标函数 M
    计算建议分布 H 的变化
    按照 MH 的接受率，接受 g,w,M 的更新，获得 w 的样本
until 达到停止条件
输出：w 的样本
```

动量 $\boldsymbol{p}$ 的状态转移按照 Gibbs 采样，接受率为 1。

基于 HMC 进行贝叶斯预测，如迭代 30 000 次，每 1 000 次获得一个样本 $\boldsymbol{w}$，将其和 x 一起计算 y 得到 30 个值，取平均：$y^* = \frac{1}{S}\sum_s \mathrm{sigm}((\boldsymbol{w}^s)^{\mathrm{T}}\boldsymbol{x}^*)$。

3.2 多层前馈神经网络

3.2 节讲解视频

3.2.1 模型表示

常见的神经网络是图 3-4 所示的层级结构，称为多层前馈神经网络(multi-layer feedforward

neural networks)或多层感知机(Multi-Layer Perceptron,MLP),它是一个有向图模型。每层神经元与下层神经元全互连,神经元之间不存在同层连接,也不存在跨层连接。输入层与输出层之间的神经元称为隐藏层(hidden layer),层数不限,但是至少得有一层隐藏层。隐藏层与输出层都是拥有激活函数的 M-P 功能神经元,可以看作服从某种分布的随机变量。

如果把输入层看作神经元,可以假设可观测随机变量服从某种分布,采用线性激活,但是在人工神经网络、深度神经网络中都没有这样做。输入层是观测量,可以不作为神经元考虑,而是直接作为神经网络的输入。

图 3-4 是包含一个隐藏层的前馈神经网络。输入层到隐藏层是一层感知机,权重为 $\boldsymbol{V}$,隐藏层有 I 个节点,有 I 个阈值,记作 γ_i。隐藏层到输出层是一层感知机,权重为 $\boldsymbol{W}$,输出层有 L 个节点,有 L 个阈值,记作 θ_l。模型学习过程就是根据训练数据来调整神经元之间的"连接权重"(connection weight) 以及每个功能神经元的阈值。

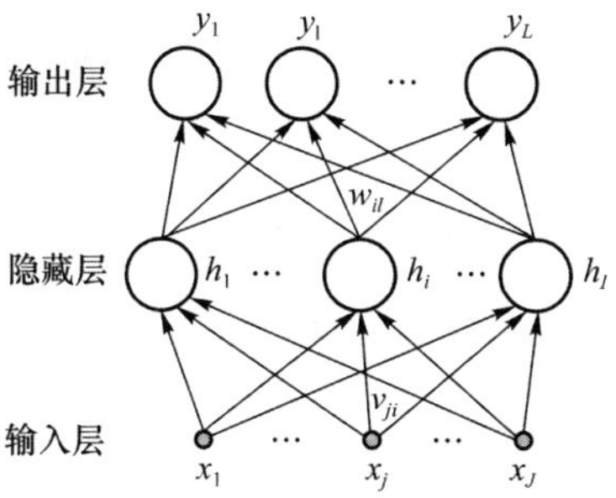

图 3-4 多层感知机

如果采用条件概率的形式设计分类器,隐藏层和输出层选用伯努利分布,如式(3-23)所示。

$$p(\boldsymbol{y}\,|\,\boldsymbol{x},\boldsymbol{V},\boldsymbol{W})=\mathrm{Ber}(\boldsymbol{y}\,|\,\mathrm{sigm}(\boldsymbol{W}^{\mathrm{T}}\boldsymbol{h}(\boldsymbol{x},\boldsymbol{V}))) \tag{3-23}$$

其中 $\boldsymbol{h}(\boldsymbol{x},\boldsymbol{V})=\mathrm{sigmoid}(\boldsymbol{V}^{\mathrm{T}}\boldsymbol{x})$。这时 MLP 模型的本质是逻辑回归模型的堆叠。

如果输出层的条件概率选用正态分布,如式(3-24)所示。

$$p(\boldsymbol{y}\,|\,\boldsymbol{x},\boldsymbol{V},\boldsymbol{W})=\mathcal{N}(\boldsymbol{y}\,|\,\boldsymbol{W}^{\mathrm{T}}\boldsymbol{h}(\boldsymbol{x},\boldsymbol{V}),\sigma^2\boldsymbol{I}) \tag{3-24}$$

其中 $\boldsymbol{h}(\boldsymbol{x},\boldsymbol{V})=f(\boldsymbol{V}^{\mathrm{T}}\boldsymbol{x})$,隐藏层的激活函数 f 一般选用非线性函数。如果各层都是线性变换,就没必要使用多个隐藏层了。

多层感知机通过增加层数,可以近似任意平滑函数(smooth function)到任意精度。

3.2.2 误差逆传播算法

多层感知机的模型学习不是凸优化问题,迄今为止,训练多层网络最成功的算法是误差逆传播 (error Back-Propagation,BP) 算法。

给定训练集$\mathcal{D}=\{(\boldsymbol{x}^1,\boldsymbol{y}^1),\cdots,(\boldsymbol{x}^n,\boldsymbol{y}^n),\cdots,(\boldsymbol{x}^N,\boldsymbol{y}^N)\}$,$\boldsymbol{x}^n\in\mathbb{R}^J$,$\boldsymbol{y}^n\in\mathbb{R}^L$,即输入实例由 J 维属性描述,输出 L 维实值向量。图 3-4 给出一个有 J 个输入神经元,L 个输出神经元,I 个隐藏神经元的多层前馈神经网络结构。输入层第 j 个神经元与隐藏层第 i 个神经元之间的连接权为 v_{ji},隐藏层第 i 个神经元与输出层第 l 个神经元之间的连接权为 w_{il}。

记隐藏层第 i 个神经元接收到的输入为 $a_i=\sum\limits_{j=1}^{J}v_{ji}x_j$,输出层第 l 个神经元接收到的输入

为 $b_l=\sum_{i=1}^{I} w_{il}h_i$，其中 h_i 为隐藏层第 i 个神经元的输出。

假设隐藏层和输出层神经元的激活函数 f 都使用 sigmoid 函数。数据样本 n 从输入到输出的变换过程为：$\boldsymbol{x}^n \xrightarrow{\boldsymbol{V}} \boldsymbol{a}^n \xrightarrow{f} \boldsymbol{h}^n \xrightarrow{\boldsymbol{W}} \boldsymbol{b}^n \xrightarrow{f} \hat{\boldsymbol{y}}^n$。

对训练样本$(\boldsymbol{x}^n,\boldsymbol{y}^n)$，假定神经网络的输出为$\hat{\boldsymbol{y}}^n=(\hat{y}_1^n,\hat{y}_2^n,\cdots,\hat{y}_L^n)$，即 $\hat{y}_l^n=f(b_l-\theta_l)$，则网络在$(\boldsymbol{x}^n,\boldsymbol{y}^n)$上的均方误差为式(3-25)：

$$\mathrm{Err}^n=\frac{1}{2}\sum_{l=1}^{L}(\hat{y}_l^n-y_l^n)^2 \tag{3-25}$$

在图 3-4 的网络中有 $J\times I+I+I\times L+L$ 个参数需要学习，包括输入层到隐藏层的所有权值与阈值、隐藏层到输出层的所有权值与阈值。在 BP 迭代学习过程中，任意参数 w 的更新式为 $w\leftarrow w+\Delta w$。

下面推导隐藏层到输出层的连接权 w_{il}。

BP 算法基于梯度下降法，按目标负梯度方向调整参数，对式(3-25)式中的 Err^n，给定学习率 η，计算梯度如式(3-26)所示。

$$\Delta w_{il}=-\eta\frac{\partial \mathrm{Err}^n}{\partial w_{il}} \tag{3-26}$$

由链式法则可知，w_{il} 先影响到第 l 个输出层神经元的输入值 b_l，再影响其输出值 $\hat{y}_l^n$，然后影响 Err^n，所以求导如式(3-27)所示。

$$\frac{\partial \mathrm{Err}^n}{\partial w_{il}}=\frac{\partial \mathrm{Err}^n}{\partial \hat{y}_l^n}\cdot\frac{\partial \hat{y}_l^n}{\partial b_l}\cdot\frac{\partial b_l}{\partial w_{il}} \tag{3-27}$$

其中，$\frac{\partial b_l}{\partial w_{il}}=h_i$。

根据 sigmoid 函数的性质 $f'(x)=f(x)(1-f(x))$，式(3-27)等号右边的前两项如式(3-28)所示。

$$g_l=-\frac{\partial \mathrm{Err}^n}{\partial \hat{y}_l^n}.\frac{\partial \hat{y}_l^n}{\partial b_l}=-(\hat{y}_l^n-y_l^n)f'(b_l-\theta_l)=\hat{y}_l^n(1-\hat{y}_l^n)(y_l^n-\hat{y}_l^n) \tag{3-28}$$

将式(3-28)代入式(3-27)，再代入式(3-26)，即可得 w_{il} 的更新公式：

$$\Delta w_{il}=\eta g_l h_i \tag{3-29}$$

同理，推导 $\Delta\theta_l$、Δv_{ji}、$\Delta\gamma_i$，可得

$$\Delta\theta_l=-\eta g_l \tag{3-30}$$

$$\Delta v_{ji}=\eta e_i x_j \tag{3-31}$$

$$\Delta\gamma_i=-\eta e_i \tag{3-32}$$

其中隐藏层神经元梯度项如式(3-33)所示。

$$\begin{aligned} e_i &=-\frac{\partial \mathrm{Err}^n}{\partial h_i}.\frac{\partial h_i}{\partial a_i} \\ &=-\sum_{l=1}^{L}\frac{\partial \mathrm{Err}^n}{\partial b_l}.\frac{\partial b_l}{\partial h_i}f'(a_i-\gamma_i) \\ &=\sum_{l=1}^{L} w_{il}g_l f'(a_i-\gamma_i) \\ &=h_i(1-h_i)\sum_{l=1}^{L} w_{il}g_l \end{aligned} \tag{3-33}$$

BP 算法的伪代码

输入：训练集$\mathcal{D}=\{(\boldsymbol{x}^n,\boldsymbol{y}^n)\}_{n=1}^{N}$，学习率 η

过程：

在(0,1)范围内随机初始化网络中所有连接权重和阈值

repeat

　for all$(\boldsymbol{x}^n,\boldsymbol{y}^n)\in\mathcal{D}$ do

　　根据当前参数，计算当前样本输出：$\hat{y}_l^n=f(b_l-\theta_l)$；

　　根据 $g_l=\hat{y}_l^n(1-\hat{y}_l^n)(y_l^n-\hat{y}_l^n)$计算输出神经元的梯度项 g_l；

　　根据 $e_i=h_i(1-h_i)\sum_{l=1}^{L}w_{il}g_l$ 计算隐藏层神经元的梯度项 e_i；

　　根据式(3-29)～(3-32)更新连接权重 w_{il}、v_{ji}，阈值 θ_l、γ_i

　end for

until 达到停止条件

输出：多层前馈神经网络的连接权重与阈值

线性回归的 BP 算法代码

BP 算法对每个训练样本执行如下操作：先将输入样本提供给输入层神经元，并逐层将信号前传，直到产生输出层结果；然后计算输出层误差，将误差逆传播至隐藏层神经元；最后根据隐藏层神经元的误差对连接权重和阈值进行调整。

上述标准 BP 算法每次仅针对一个训练样本更新参数，参数更新得非常频繁，且对不同样本进行更新可能出现“抵消”现象，因此考虑累积 BP 算法，它在读取整个训练集$\mathcal{D}$一遍后才对参数进行更新，或者划分 mini-batch，它的目标是最小化训练集上的累积误差 $\mathrm{Err}=\frac{1}{M}\sum_{m=1}^{M}\mathrm{Err}^m$，在这种方式下参数更新的频率会低很多。累积 BP 算法和标准 BP 算法的关系类似于批量梯度下降法和随机梯度下降法的关系。

为了防止过拟合，实际应用中也可以考虑增加正则化因子，优化目标为最小化式(3-34)：

$$G(\boldsymbol{V},\boldsymbol{W})=-\sum_{n=1}^{N}\log p(\boldsymbol{y}^n|\boldsymbol{x}^n,\boldsymbol{V},\boldsymbol{W})+\frac{\lambda}{2}\left[\sum_{ji}v_{ji}^2+\sum_{il}w_{il}^2\right] \tag{3-34}$$

例 3-4：手写数字识别

MNIST(Mixed National Institute of Standards and Technology)数据集包含 70 000 张手写数字的灰度图片，其中每一张图片包含 28×28 个像素点，每个像素点取 0～255 之间的一个灰度值。数据集被分成两部分，其中 60 000 张图片作为训练数据集，10 000 张图片作为测试数据集，训练深度神经网络模型，进行手写数字识别。

使用几个隐藏层是最佳的，目前并没有什么理论依据，一般是通过实验进行尝试。假设使用 3 层 MLP，于是网络权重参数包括输入层-隐藏层的权重 wih、隐藏层-输出层的权重 who，层间进行全连接，所以它们都是二维数组，用 0 均值高斯分布给它们初始化。激活函数使用 sigmoid 函数。

输入层是每张图片中的所有像素值构成的一维向量(1×784 维)，假设隐藏层有 100 个神经元，则输入与权重矩阵 wih(784×100 维)相乘，作为隐藏层的输入，隐藏层节点使用激活函数计算得到输出。隐藏层的输出(1×100 维)提供给输出层，输出层有 10 个神经元，计算过程类似于隐藏层。输出层的输出是每张图片属于 0～9 十个类别的概率，与真实类别标签作差，得到输出误差。反向传播计算隐藏层误差。使用误差梯度，更新权重参数。

隐藏层的节点数选择并没有严格的依据。一般认为，神经网络应该可以发现输入数据中的特征或模式，这些特征或模式可以使用比输入本身更简短的形式表示，所以要选择使用比输入节点数量小的值，强制网络尝试总结输入的主要特点。另外，如果选择的隐藏层节点数太少，那么就限制了网络的能力，使网络难以找到足够的特征或模式，也就会"剥夺"神经网络对数据的理解能力。

在推断阶段，把输入图片的像素值乘以权重 wih，作为隐藏层的输入，经过激活函数计算得到隐藏层的输出，该输出乘以权重 who 作为输出层的输入，经过激活函数计算得到输出层的输出，即预测该图片属于 0～9 十个类别的概率。使用测试集来验证学习阶段训练得到的 MLP 模型的性能，3 层 MLP 网络的识别准确率可以达到 95%。

代码如下：

MLP 手写数字识别代码

```
import numpy as np
import scipy.special

class neuralNetwork:
    def __init__(self, inputnodes, hiddennodes, outputnodes, learningrate):
        self.inodes = inputnodes
        self.hnodes = hiddennodes
        self.onodes = outputnodes
        self.lr = learningrate
        self.wih = np.random.normal(0.0, pow(self.hnodes, -0.5), (self.hnodes, self.inodes))
        self.who = np.random.normal(0.0, pow(self.onodes, -0.5), (self.onodes, self.hnodes))
        self.activation_function = lambda x:scipy.special.expit(x)
        pass

    def train(self, inputs_list, targets_list):
        inputs = np.array(inputs_list, ndmin=2).T
        targets = np.array(targets_list, ndmin=2).T
        hidden_inputs = np.dot(self.wih, inputs)
        hidden_outputs = self.activation_function(hidden_inputs)
        final_inputs = np.dot(self.who, hidden_outputs)
        final_outputs = self.activation_function(final_inputs)
        output_errors = targets - final_outputs
        hidden_errors = np.dot(self.who.T, output_errors)
        self.who += self.lr * np.dot((output_errors * final_outputs * (1.0 - final_outputs)), np.transpose(hidden_outputs))
        self.wih += self.lr * np.dot((hidden_errors * hidden_outputs * (1.0 - hidden_outputs)), np.transpose(inputs))
        pass
```

```
    def test(self, inputs_list):
        inputs = np.array(inputs_list, ndmin=2).T
        hidden_inputs = np.dot(self.wih, inputs)
        hidden_outputs = self.activation_function(hidden_inputs)
        final_inputs = np.dot(self.who, hidden_outputs)
        final_outputs = self.activation_function(final_inputs)
        return final_outputs

train_data_file = open("mnist_train.csv",'r')
train_data_list = train_data_file.readlines()
train_data_file.close()
test_data_file = open("mnist_test.csv",'r')
test_data_list = test_data_file.readlines()
test_data_file.close()

n = neuralNetwork(784,100,10,0.2)
epoch = {1,2,3,4,5,6,7}
for e in epoch:
    for record in train_data_list:
        all_values = record.split(',')
        inputs = (np.asfarray(all_values[1:]) /255.0 * 0.99) + 0.01
        targets = np.zeros(10) + 0.01
        targets[int(all_values[0])] = 0.99
        n.train(inputs, targets)
scorecard = []
for record in test_data_list:
    all_values = record.split(',')
    inputs = (np.asfarray(all_values[1:]) /255.0 *0.99) + 0.01
    outputs = n.test(inputs)
    label = np.argmax(outputs)

    correct_label = int(all_values[0])
    if (label == correct_label):
        scorecard.append(1)
    else:
        scorecard.append(0)

scorecard_array = np.asarray(scorecard)
print(scorecard_array.sum() / scorecard_array.size)
```

3.3 反馈神经网络

3.3 节讲解视频

反馈神经网络是指隐藏层神经元的连接有反馈机制，典型代表是 Hopfield 网络，如图 3-5 所示。可以把它看作有向图模型，也可以把它看作无向图模型。

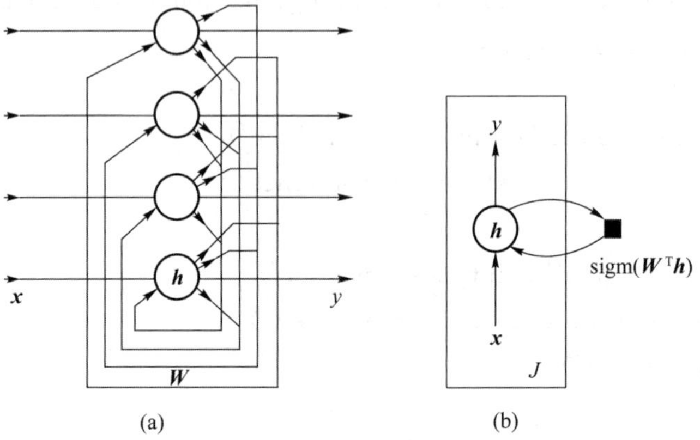

图 3-5 Hopield 网络

在图 3-5(a)中，$\boldsymbol{x}$ 是输入，每个输入对应一个隐藏层神经元 h，每个神经元有一个输出 y。由于隐藏层神经元的输出端又反馈到其他神经元的输入端，所以 Hopfield 网络在输入的激励下，会产生不断的状态变化。

如果 Hopfield 网络是一个能收敛的稳定网络，则这个反馈与迭代的计算过程产生的变化越来越小，一旦到达了稳定的平衡状态，那么 Hopfield 网络就会输出稳定的值 y。对于一个 Hopfield 网络来说，关键在于确定它在稳定条件下的权重系数。图 3-5(a)中有 4 个神经元，权重矩阵 $\boldsymbol{W}$ 是 4×4 的。

可以把 Hopfield 网络表示成图 3-5(b)所示的有向图模型。开始时刻，隐藏层的值等于输入 $\boldsymbol{h}^{(0)}=\boldsymbol{x}$。之后，$\boldsymbol{h}^{(t)}=\mathrm{sigm}(\boldsymbol{W}^{\mathrm{T}}\boldsymbol{h}^{(t-1)})$。当网络达到平衡状态时，网络的输出等于隐藏层的输出 $\boldsymbol{y}=\boldsymbol{h}^{(t)}$。

需要注意：反馈网络有稳定的，也有不稳定的。对 Hopfield 网络来说，存在如何判别它是稳定网络，还是不稳定网络的问题。稳定网络的充分条件（而非必要条件）如下。

① $w_{ii}=0,\forall i$，表示隐藏层节点不会给自身反馈，设计网络时应注意这一点。

② $w_{ij}=w_{ji},\forall i,j$，表示反馈连接权重矩阵是对称矩阵，模型参数可以减半。

所以，在模型训练时，可以强制网络权重参数满足以上两个条件。

关于随机变量的概率分布，如果激活函数使用逻辑函数，则神经元的输出如式(3-35)所示。如果使用其他激活函数，如 tanh，则神经元的输出状态取值范围为[－1,1]，但道理是相同的。

$$p(h_j\,|\,\boldsymbol{h}_{-j},\boldsymbol{W},\theta)=\mathrm{sigm}\Big(\sum_i w_{ij}h_{ij}-\theta_j\Big) \tag{3-35}$$

其中，θ_j 表示阈值。

当给出训练集时，对于多个训练样本，Hopfield 网络达到稳定后，训练好的网络（权重参数)能够“记住”这些训练数据。

Hopfield 网络最初讨论的是二值神经网络,与 Ising 模型一样,神经元的输出只取 1 和 -1 这两个值,也称离散 Hopfield 神经网络。

图 3-5 表示的 Hopfield 网络是一个有向图模型。假设网络满足稳定的充分条件,由于权重矩阵是对称矩阵,所以可以把 Hopfield 看作无向图模型。例如,图 3-5 中含有 4 个神经元的 Hopfield 网络可以表示成图 3-6 所示的无向图模型。定义能量函数如式(3-36)所示。

$$\mathrm{Eng}(\boldsymbol{x})=-\frac{1}{2}\boldsymbol{x}^{\mathrm{T}}\boldsymbol{W}\boldsymbol{x}-\boldsymbol{x}^{\mathrm{T}}\boldsymbol{\theta} \tag{3-36}$$

其中,$\boldsymbol{W}$ 是边的权重矩阵,$\boldsymbol{\theta}$ 是节点的偏置权重向量。

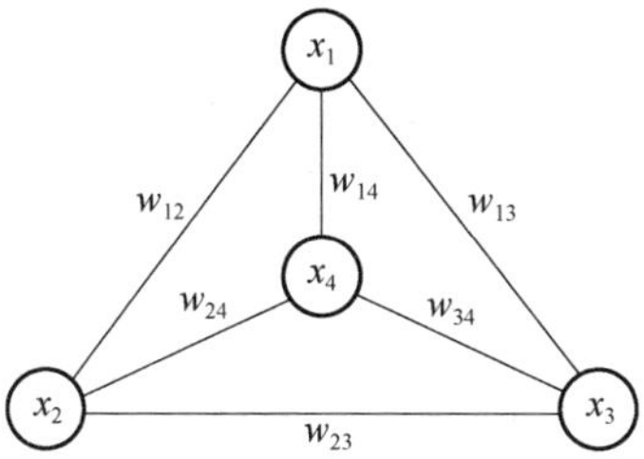

图 3-6 Hopfield 网络的无向图表示

针对无向图模型的 Hopfield 网络,Hebbian 算法是最简单的模型学习方法,算法的伪代码如下所示。忽略节点权重,由于 w_{ij} 体现 x_i 与 x_j 的相关性,所以针对每个样本数据 n,w_{ij} 的更新如式(3-37)所示。

$$w_{ij}\leftarrow w_{ij}+x_i^n x_j^n,\quad i,j=1,\cdots,J \text{ 并且 } i\neq j \tag{3-37}$$

Hebbian 算法的伪代码

1. 算法初始化:$\boldsymbol{W}^1=\boldsymbol{x}^1(\boldsymbol{x}^1)^{\mathrm{T}}-\boldsymbol{I}$($\boldsymbol{I}$ 表示单位矩阵)
2. $\mathrm{Eng}(\boldsymbol{h})=-\frac{1}{2}\boldsymbol{h}^{\mathrm{T}}\boldsymbol{W}^1\boldsymbol{h}=-\frac{1}{2}[\boldsymbol{h}^{\mathrm{T}}\boldsymbol{x}^1(\boldsymbol{x}^1)^{\mathrm{T}}\boldsymbol{h}-\boldsymbol{h}^{\mathrm{T}}\boldsymbol{h}]$

   $=-\frac{1}{2}\|\boldsymbol{h}^{\mathrm{T}}(\boldsymbol{x}^1)\|^2+\frac{\lambda}{2}$
3. 当 $\boldsymbol{h}=\boldsymbol{x}^1$ 时,网络状态稳定:$\mathrm{Eng}(\boldsymbol{h})=-\frac{\lambda^2}{2}+\frac{\lambda}{2}$
4. 当输入第 n 个样本时,$\boldsymbol{W}$ 的迭代更新公式为 $\boldsymbol{W}=(\boldsymbol{x}^1(\boldsymbol{x}^1)^{\mathrm{T}}-\boldsymbol{I})+(\boldsymbol{x}^2(\boldsymbol{x}^2)^{\mathrm{T}}-\boldsymbol{I})+\cdots+(\boldsymbol{x}^n(\boldsymbol{x}^n)^{\mathrm{T}}-\boldsymbol{I})$
5. 当输入第 n 个样本时,网络状态仍然稳定

Hebbian 算法代码

例 3-5:Hopfield 网络的关联记忆

对于有 4 个样本数据的图片集〔如图 3-7(a)所示〕,图片大小是 5 像素×5 像素,则有 25 个神经元,权重矩阵 $\boldsymbol{W}$ 是 25×25 的。

在模型学习阶段,按照 Hebbian 算法,进行训练,参数矩阵如图 3-8 所示。

在推断阶段,把带噪声的图片输入网络中,经过几次迭代,可以恢复的情况如图 3-7(b)～3-7(h)所示。无法正确识别的图片如图 3-7(i)～3-7(k)所示。

作为有向图模型,Hopfield 网络的反馈是为了让网络达到稳定状态,最终习得权重参数 $\boldsymbol{W}$。样本维度上各个神经元之间的关联性体现在权重矩阵 $\boldsymbol{W}$ 上。Hopfield 网络结构并不会按时

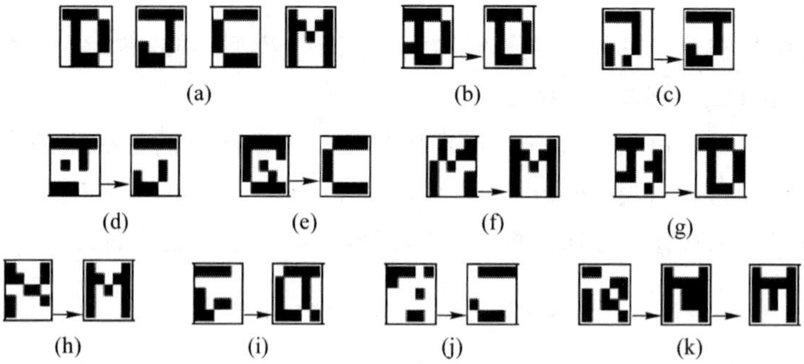

图 3-7 关联记忆举例

.	0	0	0	0	-2	2	-2	2	2	-2	0	0	0	2	0	0	-2	0	2	2	0	0	-2	-2
0	.	4	4	0	-2	-2	-2	-2	-2	-2	0	-4	0	-2	0	0	-2	0	-2	-2	4	4	2	-2
0	4	.	4	0	-2	-2	-2	-2	-2	-2	0	-4	0	-2	0	0	-2	0	-2	-2	4	4	2	-2
0	4	4	.	0	-2	-2	-2	-2	-2	-2	0	-4	0	-2	0	0	-2	0	-2	-2	4	4	2	-2
0	0	0	0	.	2	-2	-2	2	-2	2	-4	0	0	-2	4	-4	-2	0	-2	2	0	0	-2	2
-2	-2	-2	-2	2	.	0	0	0	0	4	-2	2	-2	0	2	-2	0	-2	0	0	-2	-2	0	4
2	-2	-2	-2	-2	0	.	0	0	4	0	2	2	-2	4	-2	2	0	-2	4	0	-2	-2	0	0
-2	-2	-2	-2	-2	0	0	.	0	0	0	2	2	2	0	-2	2	4	2	0	0	-2	-2	0	0
2	-2	-2	-2	2	0	0	0	.	0	0	-2	2	2	0	2	-2	0	2	0	4	-2	-2	-4	0
2	-2	-2	-2	-2	0	4	0	0	.	0	2	2	-2	4	-2	2	0	-2	4	0	-2	-2	0	0
-2	-2	-2	-2	2	4	0	0	0	0	.	-2	2	-2	0	2	-2	0	-2	0	0	-2	-2	0	4
0	0	0	0	-4	-2	2	2	-2	2	-2	.	0	0	2	-4	4	2	0	2	-2	0	0	2	-2
0	-4	-4	-4	0	2	2	2	2	2	2	0	.	0	2	0	0	2	0	2	2	-4	-4	-2	2
0	0	0	0	0	-2	-2	2	2	-2	-2	0	0	.	-2	0	0	2	4	-2	2	0	0	-2	-2
2	-2	-2	-2	-2	0	4	0	0	4	0	2	2	-2	.	-2	2	0	-2	4	0	-2	-2	0	0
0	0	0	0	4	2	-2	-2	2	-2	2	-4	0	0	-2	.	-4	-2	0	-2	2	0	0	-2	2
0	0	0	0	-4	-2	2	2	-2	2	-2	4	0	0	2	-4	.	2	0	2	-2	0	0	2	-2
-2	-2	-2	-2	-2	0	0	4	0	0	0	2	2	2	0	-2	2	.	2	0	0	-2	-2	0	0
0	0	0	0	0	-2	-2	2	2	-2	-2	0	0	4	-2	0	0	2	.	-2	2	0	0	-2	-2
2	-2	-2	-2	-2	0	4	0	0	4	0	2	2	-2	4	-2	2	0	-2	.	0	-2	-2	0	0
2	-2	-2	-2	2	0	0	0	4	0	0	-2	2	2	0	2	-2	0	2	0	.	-2	-2	-4	0
0	4	4	4	0	-2	-2	-2	-2	-2	-2	0	-4	0	-2	0	0	-2	0	-2	-2	.	4	2	-2
0	4	4	4	0	-2	-2	-2	-2	-2	-2	0	-4	0	-2	0	0	-2	0	-2	-2	4	.	2	-2
-2	2	2	2	-2	0	0	0	-4	0	0	2	-2	-2	0	-2	2	0	-2	0	-4	2	2	.	0
-2	-2	-2	-2	2	4	0	0	0	0	4	-2	2	-2	0	2	-2	0	-2	0	0	-2	-2	0	.

图 3-8 参数矩阵

间步展开，这点区别于循环神经网络。循环神经网络样本维度对应的神经元只能顺着时间方向的顺序关联关系，但是权重参数在各个时间步上是复用的。

作为无向图模型，Hopfield 网络虽然看似简单，但对早期人工神经网络的发展奠定了基础。Hopfield 网络的记忆功能正是人工神经网络模拟生物神经元所追求的目标。Ising 模型、Hopfield 网络、玻尔兹曼机是典型的基于场的网络。

3.4 循环神经网络

3.4 节讲解视频

目前主流的深度神经网络结合了反馈神经网络和前馈神经网络的优势，不仅使用多层感知机（增加隐藏层层数）以体现“深度”，还采用了一些新的技术。本节先来看看循环神经网络（Recurrent Neural Network，RNN）。

RNN 是指随着时间的推移，重复发生的结构，适用于处理序列数据。可以把 RNN 看作结构上的反馈网络，如图 3-9 所示。

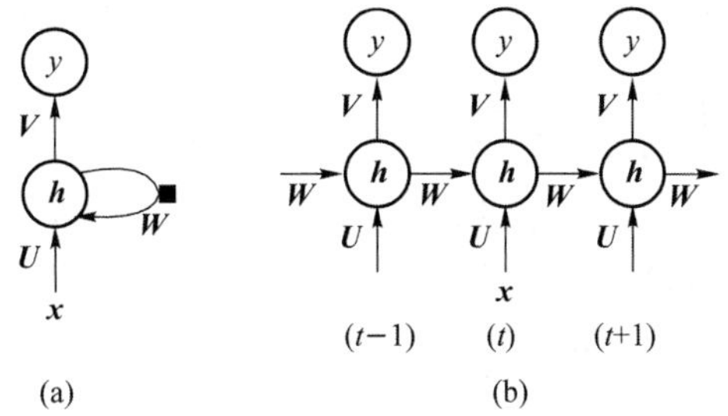

图 3-9 RNN 的基本模型

① RNN 借鉴前馈神经网络的设计，有输入层、隐藏层和输出层。与 Hopfield 网络相比，RNN 增加了输出层。其隐藏层和输出层是 M-P 神经元，是有向图模型。RNN 模型会有 3 组权重参数：$\boldsymbol{U}$、$\boldsymbol{V}$、$\boldsymbol{W}$。

② RNN 的隐藏层与 Hopfield 网络类似，以动态系统的形式进行建模，$\boldsymbol{h}^{(t)}=f(\boldsymbol{h}^{(t-1)}\mid \boldsymbol{x},\boldsymbol{U},\boldsymbol{W})$。每个时间步的输出是前一步的函数，输出的每一项是对先前的输出应用相同的更新规则而产生的，这样可以保证序列的可扩展性。图 3-9(b)就是对图 3-9(a)在时间序列上的展开形式。

③ RNN 适用于处理序列数据，如文本序列、信号序列，样本序列中的输入信息是一个一个地"喂"给网络的。例如，若将文本序列"今天天气不错，风和日丽"作为 RNN 的输入，则在 $\boldsymbol{x}^{(1)}$ 时刻输入"今"，在 $\boldsymbol{x}^{(2)}$ 时刻输入"天"，以此类推。输入和输出是数字的词向量，详见4.4 节。

④ 为了捕获序列数据的顺序关系特征，隐藏层的权重需要进行反馈，如图 3-8(a)所示，或者说随着序列不断地向后传递，如图 3-9(b)所示，这是一种权重共享的机制。在卷积神经网络中也使用权重共享机制捕获多维数据的位置关系特征。

⑤ 隐藏层神经元不仅要接受上一时间步隐藏单元的信号，还要接受当前时间步的输入信息，所以最常见的模型是 $\boldsymbol{h}^{(t)}=f(\boldsymbol{W}\boldsymbol{h}^{(t-1)}+\boldsymbol{U}\boldsymbol{x}^{(t)})$。

⑥ 在此基础上，输出层神经元 $\boldsymbol{y}^{(t)}=f(\boldsymbol{h}^{(t)}\mid \boldsymbol{V})$中的 $f(\cdot)$可以选用任何合适的激活函数。例如，针对③中的文本序列进行下一个的预测，在输入 $\boldsymbol{x}^{(1)}$、$\boldsymbol{x}^{(2)}$、$\boldsymbol{x}^{(3)}$ 分别为"今""天""天"的基础上，希望预测 $\boldsymbol{y}^{(3)}$ 为"气"，以此类推。

作为有监督学习模型，RNN 训练阶段希望能够针对大量语料，让网络学习到序列的顺序关系。最大化对数似然：$\mathrm{LL}(\boldsymbol{U},\boldsymbol{V},\boldsymbol{W})=\sum_{t=1}^{T}\mathrm{LL}(\boldsymbol{U},\boldsymbol{V},\boldsymbol{W})^{(t)}$，其中 $\mathrm{LL}(\boldsymbol{U},\boldsymbol{V},\boldsymbol{W})^{(t)}=\log p(\boldsymbol{y}^{(t)}\mid \boldsymbol{x}^{(1)},\cdots,\boldsymbol{x}^{(t)})$，所以训练阶段的概率图模型如图 3-10 所示，真实的输出序列为 $\boldsymbol{y}=(\boldsymbol{y}^{(1)},\boldsymbol{y}^{(2)},\cdots \boldsymbol{y}^{(t)},\cdots,\boldsymbol{y}^{(T)})$。

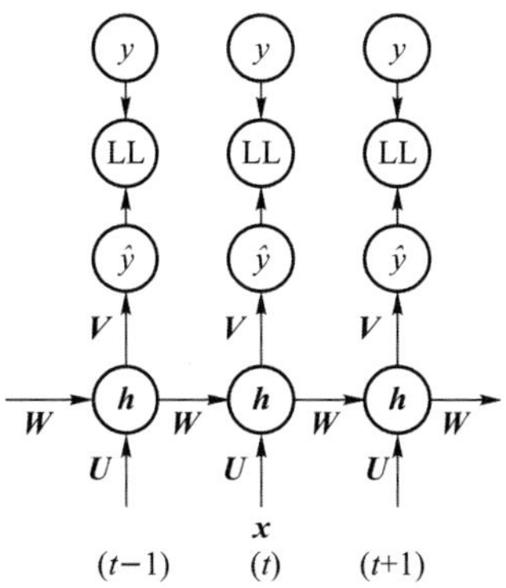

图 3-10 RNN 的训练模型

模型学习通过时间的误差逆传播(Back-Propagation Through Time，BPTT)算法进行训练。

1. BPTT 算法

梯度计算首先执行前向传播(从左到右)，然后进行误差反向传播。误差逆传播过程从最终节点 T 开始递推，如式(3-38)～(3-39)所示。

$$\nabla_{\hat{\boldsymbol{y}}^{(T)}} \mathrm{LL} = \hat{\boldsymbol{y}}^{(T)} - \mathbf{1}_{y^{(T)}} \tag{3-38}$$

$$\nabla_{\boldsymbol{h}^{(T)}} \mathrm{LL} = \boldsymbol{V}^{\mathrm{T}} \nabla_{\hat{\boldsymbol{y}}^{(T)}} \mathrm{LL} \tag{3-39}$$

从 $t=T-1$ 时刻到 $t=1$ 时刻反向迭代，通过时间反向传播梯度，如式(3-40)所示。

$$\begin{aligned} \nabla_{\boldsymbol{h}^{(t)}} \mathrm{LL} &= \left(\frac{\partial \boldsymbol{h}^{(t+1)}}{\partial \boldsymbol{h}^{(t)}}\right)^{\mathrm{T}} \nabla_{\boldsymbol{h}^{(t+1)}} \mathrm{LL} + \left(\frac{\partial \hat{\boldsymbol{y}}^{(t)}}{\partial \boldsymbol{h}^{(t)}}\right)^{\mathrm{T}} \nabla_{\hat{\boldsymbol{y}}^{(T)}} \mathrm{LL} \\ &= \boldsymbol{W}^{\mathrm{T}} (\nabla_{\boldsymbol{h}^{(t+1)}} \mathrm{LL}) \mathrm{diag}(1-(\boldsymbol{h}^{(t+1)})^2) + \boldsymbol{V}^{\mathrm{T}} (\nabla_{\hat{\boldsymbol{y}}^{(T)}} \mathrm{LL}) \end{aligned} \tag{3-40}$$

于是，参数梯度为式(3-41)～(3-43)。

$$\nabla_{\boldsymbol{V}} \mathrm{LL} = \sum_t \left(\frac{\partial \mathrm{LL}}{\partial \hat{\boldsymbol{y}}^{(t)}}\right) (\nabla_{\boldsymbol{V}} \boldsymbol{y}^{(t)}) = \sum_t (\nabla_{\hat{\boldsymbol{y}}^{(t)}} \mathrm{LL}) (\boldsymbol{h}^{(t)})^{\mathrm{T}} \tag{3-41}$$

$$\nabla_{\boldsymbol{W}} \mathrm{LL} = \sum_t \left(\frac{\partial \mathrm{LL}}{\partial \boldsymbol{h}^{(t)}}\right) (\nabla_{\boldsymbol{W}^{(t)}} \boldsymbol{h}^{(t)}) = \sum_t \mathrm{diag}(1-(\boldsymbol{h}^{(t)})^2) (\nabla_{\boldsymbol{h}^{(t)}} \mathrm{LL}) (\boldsymbol{h}^{(t-1)})^{\mathrm{T}} \tag{3-42}$$

$$\nabla_{\boldsymbol{U}} \mathrm{LL} = \sum_t \left(\frac{\partial \mathrm{LL}}{\partial \boldsymbol{h}^{(t)}}\right) (\nabla_{\boldsymbol{U}^{(t)}} h^{(t)}) = \sum_t \mathrm{diag}(1-(\boldsymbol{h}^{(t)})^2) (\nabla_{\boldsymbol{h}^{(t)}} \mathrm{LL}) (\boldsymbol{x}^{(t)})^{\mathrm{T}} \tag{3-43}$$

BPTT 算法的公式推导是容易的，但是这个计算不仅不能并行化，还容易产生梯度消失问题。

例 3-6： 让 RNN 学习二进制加法

2 个 8 位二进制数相加，RNN 的时间展开将为 8 步宽度，输入层 $\boldsymbol{x}$ 为 2 个二进制位，输出层为 1 个神经元。为了让 RNN 有足够的记忆能力，隐藏层神经元个数设为 16。隐藏层和输出层都采用 sigmoid 函数作为激活函数。

使用随机产生的 10 000 个加法样本进行训练，每隔 1 000 次输出一下错误率，查看训练效果，如图 3-11 所示，6 000～7 000 次训练之后已经可以获得正确结果。

RNN 二进制加法代码

```
5
Error:[ 2.53352328]
Pred:[1 0 1 0 0 0 1 0]
True:[1 1 0 0 0 0 1 0]
81 + 113 = 162
------------
6
Error:[ 0.57691441]
Pred:[0 1 0 1 0 0 0 1]
True:[0 1 0 1 0 0 0 1]
81 + 0 = 81
------------
7
Error:[ 1.42589952]
Pred:[1 0 0 0 0 0 0 1]
True:[1 0 0 0 0 0 0 1]
4 + 125 = 129
------------
8
Error:[ 0.47477457]
Pred:[0 0 1 1 1 0 0 0]
True:[0 0 1 1 1 0 0 0]
39 + 17 = 56
```

图 3-11　RNN 加法器训练过程

2. 网络结构问题

在 RNN 基本模型的基础上，有各种 RNN 模型的变种。

① 如果没有假设输出序列的独立性，网络结构可以变化为图 3-12 所示的模型结构，对数似然函数为式(3-44)。

$$\text{LL}\,(\boldsymbol{U},\boldsymbol{V},\boldsymbol{W},\boldsymbol{R})^{(t)}=\log p(\boldsymbol{y}^{(t)}\mid \boldsymbol{x}^{(1)},\cdots,\boldsymbol{x}^{(t)},\boldsymbol{y}^{(1)},\cdots,\boldsymbol{y}^{(t-1)}) \tag{3-44}$$

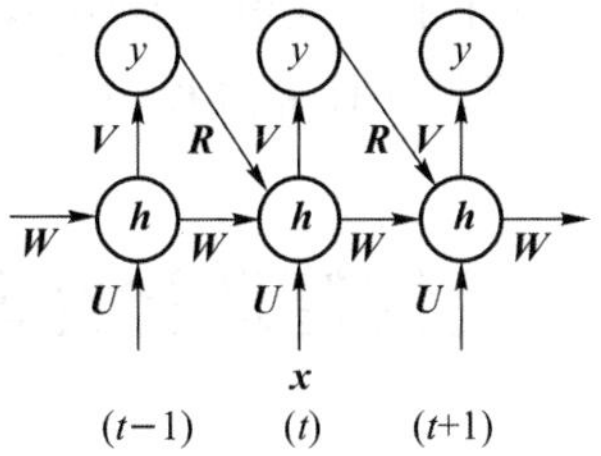

图 3-12 RNN 模型结构变化

② 隐藏层可以采用多层，加深纵向深度，构成深度 RNN，而不是图 3-9 和图 3-12 所示的只有一层。

③ 在图 3-9 所示的基本 RNN 模型中，只有时刻 t 之前的序列对时刻 t 有影响。从图 3-9 大约可以看出，$\boldsymbol{h}^{(t)}$ 与 $\boldsymbol{x}^{(t-1)}$、$\boldsymbol{y}^{(t-1)}$ 都不独立，RNN 可以学会使用 t 时刻之前的序列信息。但是从图 3-9 也可以看出，$\boldsymbol{h}^{(t)}$ 与 $\boldsymbol{x}^{(t+1)}$ 是独立的。在许多实际应用场景中，对输出 $\boldsymbol{y}$ 的预测可能依赖整个输入序列。所以人们提出了双向 RNN 以解决这个问题，如图 3-13 所示。

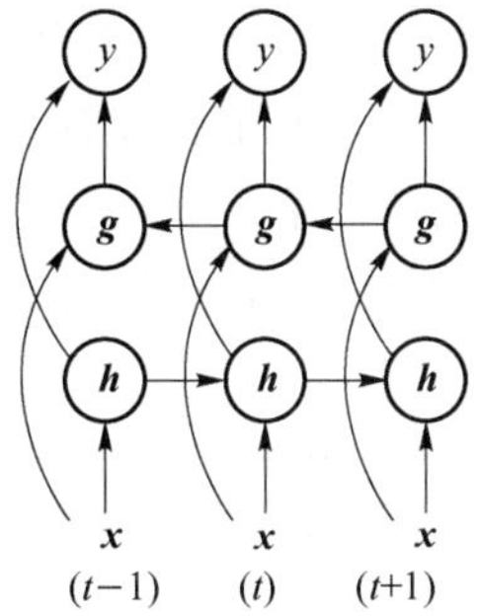

图 3-13 双向 RNN 模型

④ 输出层并不一定在每个时间步都有输出。例如，在机器翻译模型中，两种语言的单词并不是一一对应的，所以 RNN 的展开可能如图 3-14 所示。

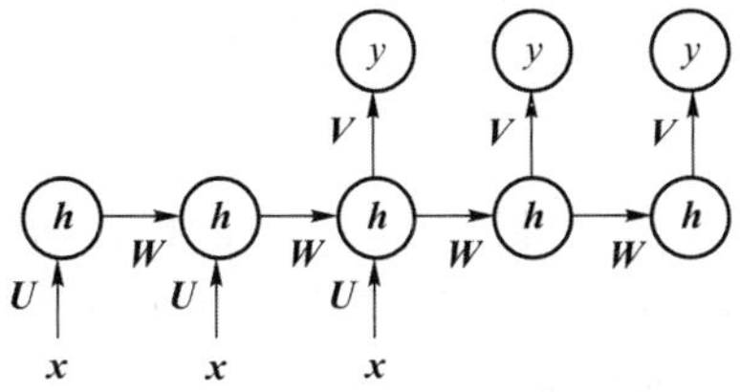

图 3-14 特殊 RNN 模型

⑤ 在 RNN 中，时间步不能太长。时间步太长，容易引起“梯度消失”。下一节的门控循环神经网络是专为改善这个问题而设计的。

下面简要分析一下梯度消失问题的原因。

假设隐藏层神经元的激活函数为 $f(a)=a$，那么 $\boldsymbol{h}^{(t)}=\boldsymbol{W}^{\mathrm{T}}\boldsymbol{h}^{(t-1)}$，按照时间步累积 $\boldsymbol{h}^{(t)}=(\boldsymbol{W}^{\mathrm{T}})^{t}\boldsymbol{h}^{(0)}$，第 t 步的隐藏层状态是初始状态乘以权重矩阵的 t 次方。

如果对 $\boldsymbol{W}$ 作特征分解：$\boldsymbol{W}=\boldsymbol{Q}\boldsymbol{\Lambda}\boldsymbol{Q}^{\mathrm{T}}$，$\boldsymbol{Q}$ 正交，于是$\boldsymbol{h}^{(t)}=\boldsymbol{Q}^{\mathrm{T}}\boldsymbol{\Lambda}^{t}\boldsymbol{Q}\boldsymbol{h}^{(0)}$，第 t 步的隐藏层状态与特征值对角阵的 t 次方成正比。

特征值 t 次方后，会导致幅度不到 1 的特征值衰减到 0，而幅度值大于 1 的会激增。所以，从理论上来讲 BPTT 算法没有问题，但是在计算过程中，t 太大就会无法计算，导致模型失效。

3.5 门控循环神经网络

3.5 节讲解视频

循环神经网络的输入可以是不定长的线性序列，其按照时间顺序循环连接的特点使得网络可以方便地捕捉输入序列间的相对位置信息。但是这种结构有两个很明显的问题：第一，当序列数据变得很长时，模型在不断循环迭代后容易忘记前面哪些信息是重要的，就像人类阅读时读到后面会忘记前面的内容一样；第二，随着网络模型的不断加深，在计算梯度反向传播时，很容易出现梯度消失问题。因此门控循环神经网络应运而生。

实际应用中最有效的序列模型称为门控 RNN（Gated RNN），包括长短期记忆（Long Short-Term Memory，LSTM）模型和门控循环单元（Gated Recurrent Unit，GRU）网络。

所有 RNN 都是具有一种重复神经元的链式形式。在标准的 RNN 中，这个重复的神经元只有一个非常简单的计算结构，如采用 tanh 函数作为激活函数的隐藏层神经元。LSTM 模型同样是这样的链式结构，但是重复的神经元细胞拥有一个复杂的计算结构，神经元内部有多个权重参数，如图 3-15 所示，图中圆角矩形表示神经元细胞，圆形代表函数计算，矩形表示向量/矩阵，中括号表示向量的拼接。需要注意，在这种情况下，一般不再把神经元看作一个随机变量了。

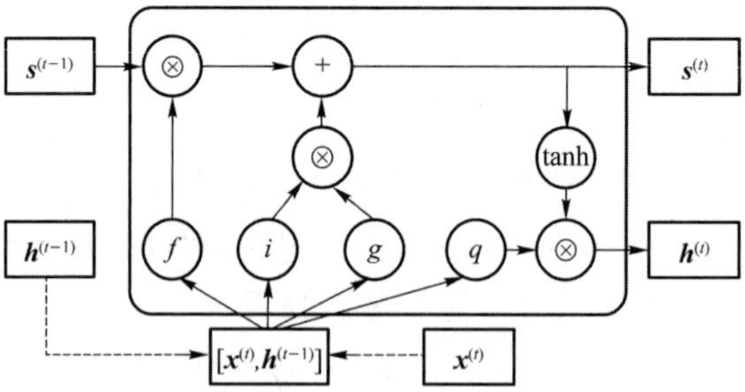

图 3-15　LSTM 模型的神经元细胞内部结构

这里引入一个重要的变量——“细胞状态”$\boldsymbol{s}^{(t-1)}$，细胞状态信息希望有持续性，所以最上面类似于传送带，细胞状态直接在上面流传，只有一些少量的线性交互运算。下面包含遗忘门、输入门和输出门的控制，去除或增加信息到细胞状态中。

① 遗忘门读取隐变量和当前输入，计算得到一个在 0 到 1 之间的数值，将其作为每个在细胞状态中相应维度的值，如式(3-45)所示。1 表示“完全保留”，0 表示“完全舍弃”。例如，在语言模型的例子中，基于已经看到的词序列预测下一个词，细胞状态可能包含当前主语的类别，因此正确的代词可以被选择出来，若继续阅读，则当我们看到新的主语时，就希望忘记旧的主语。

$$\boldsymbol{f}^{(t)}=\mathrm{sigm}(\boldsymbol{W}_{xf}\boldsymbol{x}^{(t)}+\boldsymbol{W}_{hf}\boldsymbol{h}^{(t-1)}+\boldsymbol{b}_f) \tag{3-45}$$

② 采用输入门确定什么样的新信息被存放到细胞状态中。在语言模型的例子中,我们希望增加新的主语类别到细胞状态中,来替代旧的需要忘记的主语。这里包含两个部分。先采用 sigmoid 函数决定什么值将要更新,然后采用一个 tanh 函数创建一个新的候选值向量,如式(3-46)和式(3-47)所示。接下来就可以使用这两个信息来产生对状态的更新。

$$\boldsymbol{i}^{(t)}=\mathrm{sigm}(\boldsymbol{W}_{xi}\boldsymbol{x}^{(t)}+\boldsymbol{W}_{hi}\boldsymbol{h}^{(t-1)}+\boldsymbol{b}_i) \tag{3-46}$$

$$\boldsymbol{g}^{(t)}=\tanh(\boldsymbol{W}_{xg}\boldsymbol{x}^{(t)}+\boldsymbol{W}_{hg}\boldsymbol{h}^{(t-1)}+\boldsymbol{b}_g) \tag{3-47}$$

于是,细胞状态更新如式(3-48)所示,其中⊗表示 Hadamard 积,即向量元素对应相乘。

$$\boldsymbol{s}^{(t)}=\boldsymbol{f}^{(t)}\otimes\boldsymbol{s}^{(t-1)}+\boldsymbol{i}^{(t)}\otimes\boldsymbol{g}^{(t)} \tag{3-48}$$

③ 确定输出什么值。这个输出将会基于细胞状态,但是也可能让输出门 $\boldsymbol{q}$ 关闭。首先采用 sigmoid 函数来确定细胞状态的哪个部分将被输出,如式(3-49)所示。

$$\boldsymbol{q}^{(t)}=\mathrm{sigm}(\boldsymbol{W}_{xq}\boldsymbol{x}^{(t)}+\boldsymbol{W}_{hq}\boldsymbol{h}^{(t-1)}+\boldsymbol{b}_q) \tag{3-49}$$

接着,把细胞状态通过 tanh 函数处理得到一个在 −1 到 1 之间的值,并将它和输出门的结果相乘,最终仅会输出确定输出的那部分,如式(3-50)所示。

$$\boldsymbol{h}^{(t)}=\boldsymbol{q}^{(t)}\otimes\tanh(\boldsymbol{s}^{(t)}) \tag{3-50}$$

模型学习就是估计参数 $\boldsymbol{W}_{xi}$、$\boldsymbol{W}_{xf}$、$\boldsymbol{W}_{xg}$、$\boldsymbol{W}_{xq}$、$\boldsymbol{W}_{hi}$、$\boldsymbol{W}_{hf}$、$\boldsymbol{W}_{hg}$、$\boldsymbol{W}_{hq}$ 以及偏置参数。

GRU 将 LSTM 中的遗忘门和输入门合并成了一个更新门 z_t,并且将细胞状态和隐层状态融合成一个隐层状态 h_t,模型通过更新门和复位门两个结构控制记忆信息的流动,细胞结构如图 3-16 所示。圆角矩阵表示神经元细胞,圆形代表函数计算,矩形表示向量/矩阵,中括号表示向量的拼接。

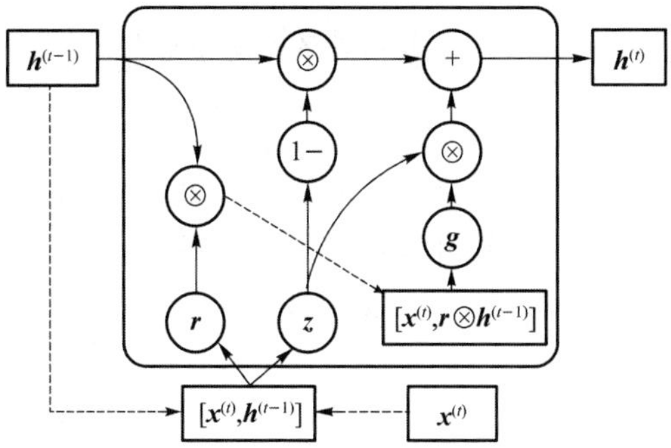

图 3-16 GRU 的神经元内部结构

复位门表示为式(3-51)。

$$\boldsymbol{r}^{(t)}=\mathrm{sigm}(\boldsymbol{W}_{xr}\boldsymbol{x}^{(t)}+\boldsymbol{W}_{hr}\boldsymbol{h}^{(t-1)}+\boldsymbol{b}_r) \tag{3-51}$$

更新门如式(3-52)所示。

$$\boldsymbol{z}^{(t)}=\mathrm{sigm}(\boldsymbol{W}_{xz}\boldsymbol{x}^{(t)}+\boldsymbol{W}_{hz}\boldsymbol{h}^{(t-1)}+\boldsymbol{b}_z) \tag{3-52}$$

隐状态的更新如式(3-53)所示。

$$\boldsymbol{h}^{(t)}=(1-\boldsymbol{z})\otimes\boldsymbol{h}^{(t-1)}+\boldsymbol{z}\otimes\boldsymbol{g} \tag{3-53}$$

式(3-53)等号后的第一项代表不更新时的状态信息,第二项代表更新时的状态和输入的权重分配,其中,$\boldsymbol{g}^{(t)}=\tanh(\boldsymbol{W}_{xg}\boldsymbol{x}^{(t)}+\boldsymbol{W}_{hg}(\boldsymbol{r}^{(t)}\otimes\boldsymbol{h}^{(t-1)})+\boldsymbol{b}_g)$。

例 3-7:使用深度 LSTM 进行古诗生成

使用大量古诗训练深度 LSTM 模型,使模型输入一个字就能预测出下一个字,进行古诗创作。

模型设计为有 2 个隐藏层的 LSTM,每个隐藏层有 128 个神经元,各层按时间步展开为最长的诗的长度。输出向量输出层使用 softmax 进行归一化,维度等于字典的长度,输出向量表示每个字出现的概率。使用交叉熵作为损失函数。

随机生成古诗不设置限制,系统随机从字典中选取一个字作为开头,输出层按照概率最大从字典中选取出下一个字,迭代可得到整首诗。藏头诗需要指定每句话的头一个字。

图 3-17 是藏头诗的生成效果展示。

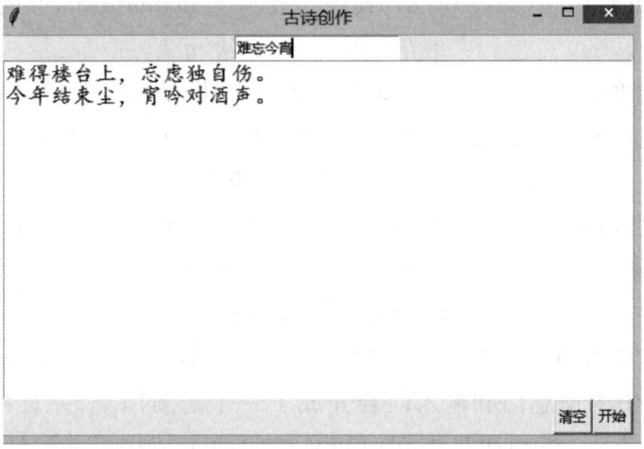

图 3-17 古诗生成效果

3.6 深度神经网络

3.6 节讲解视频

在人工神经网络的基础上,给网络增加隐藏层的数量(如给多层感知机增加多个隐藏层),以及给循环神经网络增加多个隐藏层,可以构造各种深度神经网络进行深度学习。

深度学习模型与机器学习一样,都可以表示为数学公式:

$$p(y|\boldsymbol{x})=f_{\boldsymbol{\theta}}(\boldsymbol{x})$$

深度学习模型与机器学习模型的不同之处在于,模型 $f_{\boldsymbol{\theta}}$ 是多层函数的嵌套,$f_{\boldsymbol{\theta}}(\boldsymbol{x})=f_{\theta_n}(\cdots f_{\theta_2}(f_{\theta_1}(\boldsymbol{x})))$,对应深度神经网络的层次结构,函数嵌套一层对应神经网络的一层。深度神经网络首先把应用问题结构简化为函数依赖关系,然后采用深度多层的网络结构来近似高维复杂的函数。

深度神经网络与概率图模型的关系如下。

① 深度神经网络用固定的结构代替了概率图模型的结构学习。在第 1 章讲解概率图模型的学习问题时,曾经提到模型结构学习是概率图模型学习的一个方面,但是由于其复杂性,在实际应用中常常在模型表示阶段就已确定了模型的结构。当然,人为设计的模型结构很可能不是最佳的结构。深度神经网络的大量神经元对应于应用中的随机变量,可以看作一种带有冗余变量的模型结构,在网络学习阶段再通过一些方法,希望能够减小冗余随机变量的权重参数值,以达到代替模型结构学习的效果。

② 深度神经网络采用了多层数目巨大的隐变量来“解开”高维随机变量间的复杂依赖关系,但是深度模型中的隐变量可解释性差。概率图模型中的随机变量都有其含义,但是深度神

经网络的隐变量大多都不具备可解释性。

③ 深度神经网络在很多情况下仍然利用最大似然估计原理来构造模型,如图 3-18 所示的各种深度生成模型。

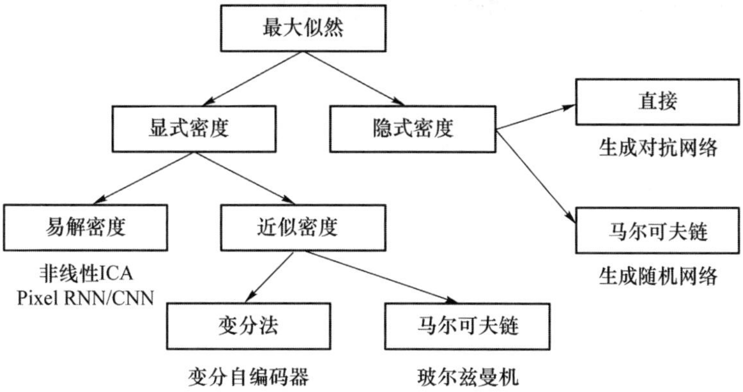

图 3-18　深度生成模型的关系

深度神经网络为了近似任意复杂函数,需要加深隐藏层的数量,实际上有组合提取特征的功能。这也是深度学习在解决图像、语音、自然语言处理等问题上更加容易取得突破性进展的原因。

从理论上来讲隐藏层层数可以不加限制,但是在模型训练时会产生梯度消失或者梯度爆炸问题。

① 深度学习的网络层数太多,在进行反向传播时根据链式法则,要连乘每一层梯度值。

② 每一层的梯度值是由非线性函数的导数以及本层的权重相乘得到的,这样非线性的导数大小和初始化权重的大小会直接影响计算结果。

在深度网络中反向传播误差时,梯度会变得越来越小,结果是梯度下降法几乎没有更新较低层的参数,使得训练无法收敛,称为梯度消失。在某些情况下,可能会发生相反的情况:梯度会越来越大,直到各层获得极大的权重更新,训练变得发散,称为梯度爆炸。任何网络都有可能发生梯度消失或者梯度爆炸问题,这是深度学习的基本性质决定的,无法避免。所以使用深度神经网络时,要特别注意权重的初始化方法、激活函数的选择。

过拟合问题在深度学习中尤为突出。深度神经网络中参数很多,在数据量有限的情况下,很容易过拟合,所以更加需要考虑模型的泛化能力。2.5 节的一些正则化方法在深度神经网络中同样有效,常用的正则化技术还有 Dropout、多任务学习、参数共享等。

Dropout 是一种在深度学习环境中常用的正规化手段。对于典型的神经网络,其训练流程是将输入通过网络进行正向传播,然后将误差进行反向传播。Dropout 的训练过程如下:

① 保持输入输出神经元不变,对于隐藏层神经元,每个神经元以概率 p 被保留,如图 3-19 所示,即随机地选择一些神经元将其删除/隐藏;

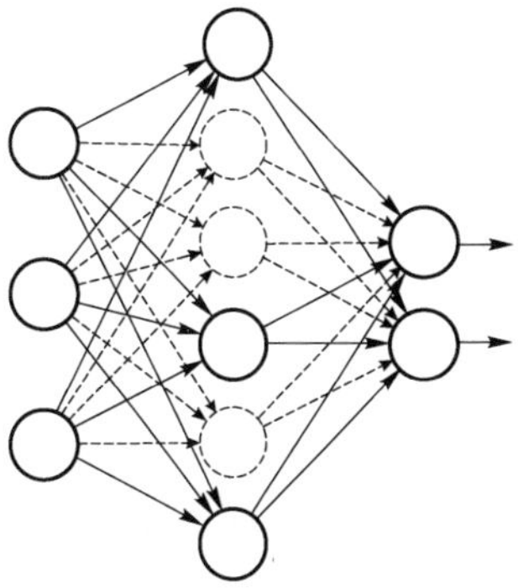

图 3-19　Dropout 图示

② 将输入通过修改后的网络进行前向传播,然后将误

差通过修改后的网络进行反向传播；

③ 对于另外一批的训练样本，重复上述操作。

Dropout 处理很像是平均一个大量不同网络的平均结果。不同的网络在不同的情况下可能过拟合。因此，在很大程度上，Dropout 将会减小这种过拟合发生的概率。

第 4 章

大数据基础

大数据基础课件

机器学习、深度学习的发展得益于大数据时代的海量数据。为了做好大数据应用系统，需要对数据有充分的认识。我们讨论算法、模型也是为了把大数据应用做好。本章介绍当前常见的数据形式，讲解数据处理、数据分析技术等。在这个过程中，会采用统计学习方法、概率图模型以及机器学习等手段进行数据分析处理。

4.1 基本概念

4.1 节讲解视频

4.1.1 大数据源

1. 互联网大数据

互联网的发展经历了门户网站、搜索引擎、社交网络、电商平台等几个阶段，目前正在蓬勃发展的是移动互联网和视频网站。

早期的互联网通过人们建设的各种网站相互连接，以文本信息为主，是“入口为王”的时代。随着网络文本信息的爆炸式增长，搜索引擎成为必备工具。

互联网的发展逐步改变了人们的生产、生活方式。随着社会计算的兴起，人们习惯在网上分享和交流信息，因此出现了各种社交网络，可用于联络老朋友、结交新朋友。随着电子商务的发展，越来越多的人在网上选购商品，电商平台需要存储大量的商品信息和用户的交易信息，涉及大规模的数据。

智能手机的发展带动了移动互联网的发展，互联网进一步成为人们生活和工作中不可或缺的部分，使得互联网上的数据形式更加丰富多样，人们可以录视频、拍照并修图，然后将其上传到网上。此时数据爆炸式增长，是“应用为王”的时代。

随着 Web 2.0、社交媒体和移动互联网等技术的发展，每个网民都成为互联网上信息的创造者与传播者，人人都是自媒体，促使网上信息爆炸式增长。与此同时，网站和平台存储了海量的的文本信息、音视频数据、用户操作日志数据，并且这样的数据每天都在增长。利用好这些数据，人们可以获得巨大的生产力。所以，后互联网时代将是“数据为王”的时代。

KDD Cup2012(http://www.kddcup2012.org)数据集由腾讯公司提供。竞赛预测好友

推荐的成功率，所用数据集包括用户属性数据、用户行为数据、社交关系数据等，包含 1 000 万用户、约 300 万“关注”行为，为了隐私保护，并没有微博文本信息。

IJCAI-15(http://ijcai-15.org/index.php/repeat-buyers-prediction-competition)的数据集由阿里巴巴提供，竞赛预测商家促销后的重复买家，所用数据集包括用户属性数据、商品属性数据、用户行为日志等。事实上，电商平台在用户登录后进行的个性化推荐，可以使用更丰富的数据，如商品的图片、对商品的描述性文字等。

对于互联网大数据，从以上两个例子可窥一斑。从广义上来讲，互联网就是一个大数据池。

2. 物联网大数据

物联网是在智能传感技术的基础上发展起来的。互联网的用户是人，每个人拥有多个网络接入终端，互联网的数据是指由人通过这些终端产生的操作行为、信息内容。物联网是要把物品进行联网，接入终端是各种智能传感器，物联网数据是由这些传感器产生的。这世界上的物品数量远大于人的数量，并且智能传感器是每时每刻连续不断地在产生数据，所以物联网大数据的体量比互联网大数据更加庞大。

智能传感器是获取物理信息的关键部件，并且与无线通信技术相结合，采集网络覆盖区域中感知对象的物理信息。形形色色的智能传感器使得数据采集非常方便。

RFID 是一种非接触式自动识别技术，通过射频卡扫射的方式采集数据。RFID 以及条形码、二维码等技术是实现物体识别的基础。

位置识别技术相对比较成熟，如 GPS 是应用广泛的全球定位系统，北斗是我国自主研制的导航卫星定位系统。近年来蜂窝网基站定位技术也逐步发展成熟并部署到商用节点中，小范围(室内)定位技术也有较大发展，如实时定位系统 RTLS。

由于物联网数据体量庞大，所以常常需要搭建云平台。数据在感知之后，通过网络传输，直接上传到云平台进行存储，后续的数据处理、分析也采用云计算方式，生成相关应用所需的结果并可视化。大数据应用需要提供跨行业、跨应用、跨系统之间的信息协同、共享、互通、服务等功能。

近年来，物联网在工业生产、智能运输、智能家居、视频监控等领域发展迅速。这些数据可以分为状态数据、定位数据、个性化资料、视频等。比如，随处可见的实时监控系统中不仅有视频数据，还有位置信息。在智能家居服务应用中，不仅会产生大量数据，还需要有智能控制，这类应用就需要云-边-端协同工作。

可穿戴式设备、智慧城市等是目前提得较多的概念，这些美好的愿景将在不远的将来改变人们的生产生活方式。

3. 行业大数据

在各行各业，一些企业、机构都会对行业内相关数据进行收集、数据建模分析，以及提供数据可视化服务。

医疗行业会有电子病历数据、医学影像数据等。医疗行业早就遇到了海量数据和非结构化数据的挑战，近年来很多国家都在积极推进医疗信息化发展。全面分析病人的特征数据和疗效数据，然后比较多种干预措施的有效性，可以找到针对特定病人的最佳治疗途径，因为医疗服务的本质就应该是个性化服务；使用图像分析和识别技术识别医疗影像(X 光、CT、MRI)数据，或者挖掘医疗文献数据建立医疗专家数据库(如 IBM Watson)，从而给医生提出诊疗建议；大数据的使用可以有助于对公众健康的监控，公共卫生部门可以通过覆盖全国的患者电子病历数据库，快速检测传染病，进行全面的疫情监测；分析临床试验数据和病人记录可以确定药品更多的适应证和发现副作用，对药物进行重新定位。例如，三苯氧胺(枸橼酸他莫昔芬片)是临床公认的乳腺癌内分泌治疗首选药，疗效确切，但是关于这个药品有一个重要的细节一直到大数据时代之前都不为人知：它并不是对病人起到 80％的效果，而是对 80％的病人有效，而对 20％的病人完全无效。

近年来生物医疗行业发展迅速，得益于基因测序数据的逐步完善。挖掘与某个疾病相关的基因易感位点，找到与疾病相关的基因易感位点，从而可以采用生物手段进行疾病治疗。目前科学家已经对糖尿病、冠心病、肺癌、前列腺癌、精神病等多种复杂疾病进行了全基因组关联分析。常用的基因数据库有 GeneCards(www. genecards. org)、NCBI(www. ncbi. nlm. nih. gov)、Genome(www. genome. umd. edu)、COSMIC(www. cosmic. ucar. edu)等。

经济金融领域的各个方面都会产生海量数据、如证券价格变化和股票交易形成的流数据、企业或个人各种经济活动而产生的数据等。金融大数据最早应用在银行业反欺诈中，银行业通常借助于用户行为风险识别引擎、征信系统、黑名单系统等反欺诈系统，对交易诈骗、网络诈骗、电话诈骗、盗卡盗号等欺诈行为进行识别，其中在线反欺诈是互联网金融必不可少的一部分。与银行业类似，保险行业和证券行业也可以借助大数据分析来进行潜在客户挖掘、存量客户维护和优质客户流失预警。2014 年，IBM 使用大数据信息技术成功开发了“经济指标预测系统”，借助于该预测系统，可通过统计分析新闻中出现的单词等信息来预测股价等走势。利用好经济生活产生的大数据，企业可以精准营销和业态整合，不仅有利于企业的商业活动，也有利于国民经济发展，提高国家的竞争力。其他一些行业，如智能电网、通信、交通、旅游、游戏等行业，都会有多方面的大数据，用好这些数据必将产生巨大的生产力。

4.1.2 数据的发展史

1. 第一代

早期的电子数据来源于实际生产环境，一般是数值型数据，常常存储在一个文件中，尤其是 Excel 电子表格文件，如公司的人事报表，商场的销售报表。

这个时代的数据的典型特点是“结构化”。

使用文件存储数据便于分享，但这也导致了数据的“真相”可能会有许多版本。

2. 第二代

随着数据管理需求的增长，数据库管理系统大受欢迎，成为数据发展史上的重要里程碑。

关系型数据库是最常见的数据库，在关系型数据库管理系统(Relational Datebase Management System，RDBMS)的帮助下使用很方便，应用很广。我们今天所使用的绝大部分数据库系统都是 RDBMS，包括 Oracle、SQL Server、MySQL、Sybase、DB2、TeraData 等。

关系型数据库的典型特点是：①数据库基本上就是一个表(实体)集合，表由列和行(变量集)构成，这些表存在约束，相互之间定义了关系；②通过 SQL 语句访问数据库，结果集通过访问一个或多个表的查询生成。单个查询里被访问到的多个表，一般是利用在表关系列里定义的范式被“连接”到一起的；③规范化是关系型数据库使用的一种数据结构模型，能保证数据一致性并消除数据冗余。

这个时代的特点是各个公司围绕自身的“业务”存储和管理数据，以业务数据为主。

关系型数据库中存储的仍然是结构化数据。对于大数据，使用关系型数据库的局限在于：

①表结构更改困难;②数据库管理系统的输入/输出压力大。

3. 第三代

随着数据量的增长,人们发现了使用数据仓库的必要性。数据仓库可以存储大量历史记录,用于决策支持。数据仓库可以对多个异构的数据源有效集成,按主题进行重组,而且存放在数据仓库中的数据一般不再修改。所以,数据仓库是一个面向主题的、集成的、相对稳定的、反映历史变化的数据集合,用于管理层的决策支持。

面向主题的:数据仓库中的数据按照一定的主题域进行组织。主题是指用户使用数据仓库进行决策时关心的重点方面,典型的主题有顾客、产品和账目等。

集成的:数据仓库中的数据是在对原有分散的数据库、源文件等进行数据抽取、清理的基础上经过系统加工、汇总和整理得到的,消除了数据源中的不一致性。

相对稳定的:一旦某个数据进入数据仓库,在一般情况下将长期保留,也就是数据仓库中一般有大量的查询操作,但修改和删除操作相对较少,通常只需要定期地加载、刷新。甚至对于大部分的应用,只需要"数据访问"一个操作。

反映历史变化的:数据仓库中的数据通常包含大量相关的历史信息,系统记录了企业从过去某一时间到目前各个阶段的信息。

表 4-1 列出了一些知名的数据仓库厂商。在数据仓库的基础上,可以进行有效的数据分析和挖掘。

表 4-1 知名的数据仓库厂商

公司名称	数据库产品	数据仓库工具	ETL 工具	OLAP	数据挖掘工具
Teradata	Teradata	Teradata RDBMS、Teradata MetaData Services	Teradata ETL Automation	无	Teradata Warehouse Miner
Oracle	Oracle	Oracle Warehouse Builder	Oracle Warehouse Builder	Oracle Express/Discover	Oracle Data Miner
IBM	DB2	IBM DWE Design Studio	IBM WebSpere DataStage	IBM DB2 OLAP Server	IBM SPSS/IBM Intelligent Miner
Microsoft	SQL Server	SQL Server Management Studio	SSIS	SSAS	SQL Server Data Mining
SAS	无	SAS Warehouse Administrator	SAS ETL Studio	SAS OLAP Server	SAS Enterprise Miner
SAP	Sybase IQ	PowerDesigner/Warehouse Control Center	Sybase IQ InfoPrimer	Sybase IQ OLAP	无

ETL(Extract Transform Load,数据抽取、转换、装载)是数据仓库的核心和灵魂,负责完成数据从数据源向目标数据仓库转化的过程。抽取是指将数据从各种原始的业务系统中读取

出来；转换是指按照预先设计好的规则将抽取的数据进行清洗、变换、去除冗余等操作；装载是指将转换完的数据按计划增量导入数据仓库中。

OLAP(On Line Analytical Processing，联机分析处理)是数据仓库系统中的主要应用，可以对数据进行多维度、多层次的分析，发现趋势，用于决策支持。一般是数据仓库的使用者先有一些假设，然后利用 OLAP 工具来验证假设是否成立。

数据挖掘也是数据仓库系统中的主要应用，可以采用相关算法，发现数据的模式。与 OLAP 不同的是，数据挖掘是用来帮助数据仓库的使用者产生假设的，是对数据进行探索性分析的。将 OLAP 和数据挖掘结合在一起，称为在线分析挖掘 (On Line Analytical Mining，OLAM)。

数据仓库和数据挖掘是为“商业智能”而存在的，一般由大型企业、机构建立各自的系统，这也是这个时代的典型特点。

4. 第四代

随着网络技术的发展，特别是互联网的飞快发展，数据的形式、存储、计算发生了重大变化，现在已进入大数据时代。

数据的形式不仅有数值型数据，还有文字、语音、图形、图像、视频、动画、多媒体、富媒体等各种数据形式。另外，图数据在各行各业中广泛使用，如结构图、关系图、网络图、知识图谱等。本书的应用篇会以各种形式的数据作为应用实例，讨论建模问题。

大数据时代的数据不再局限于结构化数据，还包括：

① 准结构化数据，如网站的访问日志文件、智能传感器的状态日志数据。对这类数据进行分析计算时，需要先进行格式转换。

② 半结构化数据，如各种形式的 XML 文件。对这类文件进行分析计算时，可以根据 XML 标签抽取结构化数据。

③ 非结构化数据，如文本文件和音视频文件。对这类文件进行分析计算时，需要专门的技术和方法，如自然语言处理、图像处理等技术。

上述数据一般需要经过处理转换成结构化数据，这样才好建立数学模型进行计算。这些数据的数据量远多于结构化数据，常常统称为非结构化数据。有统计显示，结构化数据只占大数据的一小部分，大数据的组成呈倒三角，如图 4-1 所示。

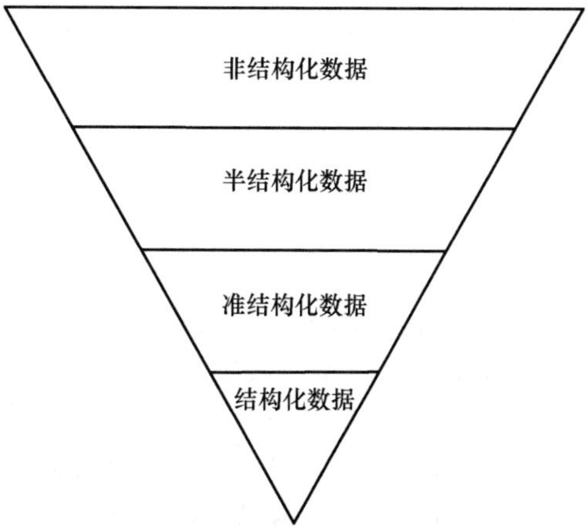

图 4-1　大数据的组成

在这种情况下,数据的存储又回归文件存储形式,如CVS、JSON、XML等文件,或者使用NoSQL数据库存储数据。NoSQL数据库以JSON、XML格式存储数据,其字段长度可变,并且每个字段的记录又可以由可重复或不可重复的子字段构成,用它不但可以处理结构化数据,而且更适合处理非结构化数据。其与传统的关系型数据库的最大区别在于其突破了关系数据库结构定义不易改变和数据定长的限制,支持重复字段、子字段以及变长字段,并实现了对变长数据和重复字段进行处理和数据项的变长存储管理,典型产品是MongoDB。

由于数据体量巨大,同时增长速度极快,数据存储的物理位置也发生了变换,不再局限于服务器、数据库或分布式数据库,出现了云存储,如Google的云架构,采用分布式存储和并行计算的方法,构建了由GFS文件系统、MapReduce计算模型和BigTable非关系型数据库组成的基础平台。

面对大数据,数据处理、数据分析、数据管理、应用建模等工作任务,跟以往的应用相比,需求更复杂,工作量更大,分工也更细更明确。企事业单位的工作岗位进行细分是这个时代的典型特点。

4.1.3 大数据的特点

大数据的特点可以总结为最初IBM提出的“三V”:

- 大量化(Volume)是指数据量大。
- 多样化(Variety)是指数据类型和结构复杂。
- 快速化(Velocity)是指数据的增长速度快。

后来有人提出“四V”,在“三V”的基础上增加价值(Value)。数据的价值非常重要,因为人类需要的是“知识”,如果不能从数据中获取知识,数据本身并没有存在的意义。近年来的研究热点,如统计学(statistics)、数据科学(data science)、模式识别(pattern recognition)、数据挖掘(data mining)、机器学习(machine learning)、深度学习(deep learning)等都是探索各种方法,能把数据转换为有用的知识。

另外,还有人进一步在“四V”的基础上补充“多V”,如可验证性(Verification)、可变性(Variability)、真实性(Veracity)、邻近性(Vicinity)等。

总结成一句话,大数据的侧重点在“数据”,“大”只是这些数据的特点,但是针对“大”这个特点,可能需要一些新的数据分析处理方法,如并行计算平台,也可能需要规模较大的概率图模型进行应用建模表示。利用好“大”数据能让应用更加智能。

4.1.4 大数据应用

1. 适用性

对于大数据,工业界、学术界和政府都给予足够的重视。但是,如果把大数据应用描绘成一个能够解决所有问题的途径,那就大错特错了,它并不是万能的。

在大数据时代,并不是所有的应用都是大数据应用。比如,一些传统业务原本就能解决的问题,根本不需要大数据。对于某些领域,大数据正在迅速变成数据,或者可能永远只是数据。

大数据应用希望从总体数据中新发现一些模式、规律,解决传统业务没有解决的问题。比如,电信运营商使用社交网络的关系挽留客户,这样的应用就是恰当的。

一个大数据应用需要考虑以下4个方面。

① 能不能。考虑应用需求的可行性，能不能做到，数据支撑够不够，技术手段行不行。

② 好不好。考虑应用的效果好不好，有没有必要性。

③ 快不快。对于大数据应用，需要考虑应用方案的处理速度，能不能跟上应用需求的步伐。

④ 代价大不大。对于大数据应用，更加需要考虑性价比，投入有多大，收益大不大。

在综合考虑必要性、可行性、性价比的基础上，确定一个大数据应用是否成立。

2. 生产周期

大数据究其本质而言并不比小数据更难分析，所以原有的数据分析、挖掘方法可以迁移过来使用。但是，大数据应用也存在新的挑战。

① 大数据时代是信息过载，需要从大数据中获得适当的、可用的、有效的数据，我们称之为数据处理。

② 有人把大数据比喻成“新的石油”，其“提炼”技术是关键，所以需要新的大数据分析建模技术，针对大数据，探索新的分析方法、算法和模型，我们称之为数据分析和应用建模。

③ 对于大数据，在处理规模和处理速度之间折中并不是明智之举，在软、硬件条件允许的情况下，采用新的计算技术，进行分布式和/或并行处理机制，能够把应用做得又快又好。

在大数据应用开发过程中，涉及以下几个环节。

① 数据收集和数据处理：针对应用需求收集数据，并进行一些预处理，如多源数据合并、错误数据修正、缺失数据填充、结构化数据提取、数据格式转换等。

② 数据分析：充分理解数据，通过统计分析、数据挖掘等方法了解数据的质量、分布、特点，并最终进行特征抽取。

③ 应用建模分析：应用建模的关键是理解应用的需求，定位问题的核心，在此基础上，可以选用经典的分类模型、聚类模型等。大数据应用的复杂度比较高，需要考虑采用概率图模型的方法，针对应用建立专用模型。

④ 数据计算和评估：使用实际数据对相应的模型进行测试，按照应用的指标对模型进行评估。一般来讲，任何模型都是“好模型”，但是，对特定应用要评估一个模型是否合适，合适的模型后续才能部署在实际生产环境中，产生经济效益。评估失败的模型要么是数据分析处理有偏差，要么是应用建模理解不到位，这时需要查找原因并反复调整。

以上步骤的工作流程如图 4-2 所示。在一般情况下，这些步骤需要反复交叉进行，应用之初要尽量保存原始数据（形式、格式），后续处理、分析再处理也要尽量保存不同版本的中间数据，以免计算评估之后发现分析、建模需要重新整理数据。

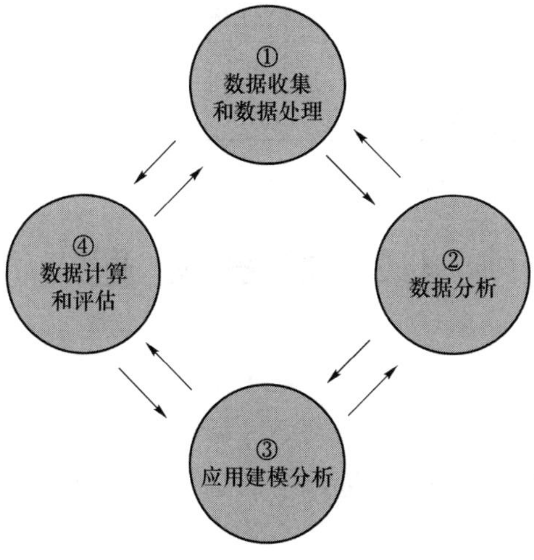

图 4-2 大数据应用开发过程

例 4-1：邮箱垃圾账号检测应用举例

电子邮件服务商致力于向用户提供安全、稳定、快速、便捷的电子邮件服务，一般用户数量庞大，每天收、发的邮件数量更加庞大。电子邮件服务商拥有用户数据和邮件内容，邮件数据以文本居多，也包含其他形式的多媒体数据。电子邮件服务商希望检测出垃圾账号，这是一个大数据应用，具有必要性和可行性，并且对实时性要求不高。

对于这样的大数据，数据收集已经完成了，接下来进行数据处理。比如：从邮件内容中提取网页链接，这样的内容很可能是广告；对中文邮件内容进行分词也是有必要的，可以发现政治敏感词，用于检测网络内容安全问题；经常发送重复邮件的账号很可能是垃圾账号，这种重复不要去除，这是应用需求决定的。

数据分析阶段可以统计出每个账号每月收、发邮件的频率（发件多而收件很少的账号很可能是垃圾账号），也可以统计出发件里链接多不多，发件里是不是有政治敏感词，等等。经过对数据的全面分析，我们可以总结得出能够区分垃圾账号的典型特征。

应用建模分析阶段使用数据的典型特征进行建模，不再使用全体数据，这一阶段的任务是为应用建立数学模型，模型要能够有相应的数学手段求解，模型要能够合理解决问题，模型在解决问题的前提下要越简单越好。例 1-6 采用朴素贝叶斯分类模型解决了垃圾账号的检测问题。对于一个大数据应用，前期可以考虑几种模型，进行对比分析，后期选择最佳模型应用于实际生产环境中。

使用模型对数据进行计算并对计算结果进行评估是大数据应用必不可少的一环。邮箱垃圾账号检测是一个二分类问题，最简单的评估方法是采用准确率（precision）和召回率（recall）作为评价指标，如式（4-1）和式（4-2）所示。

准确率 P 定义为

$$P=\frac{TP}{TP+FP} \tag{4-1}$$

召回率 R 定义为

$$R=\frac{TP}{TP+FN} \tag{4-2}$$

其中 TP、FP、FN 的含义见表 4-2。

表 4-2 TP、FP、FN 的含义

实际情况	预测为正例	预测为负例
实际为正例	TP	FN
实际为负例	FP	TN

4.2 数据处理

4.2 节讲解视频

4.2.1 数据收集

一个数据集是指一组数据的集合，是为了满足一个应用需求所整理的一组数据的物理实现。

① 互联网是一个大数据池，为了某个应用需求，数据集的获取过程：一般先从互联网爬取相关网页，然后进行数据处理，把非结构化数据转换成结构化数据。互联网网页只要能浏览就能保存在本地，通过网页链接关系，保存很多网页的过程称为“爬取”。有时也可以使用第三方整理好的开放数据集。

② 对于物联网数据，一般由部署网络的商家建立相应的平台进行数据的实时采集。例如，某热水器厂商的智能热水器在状态发生改变或者有水流状态时，会自动采集各监控指标数据，通过网络传输把采集到的数据上传到云平台。

③ 行业大数据由行业的相关企业建立本行业的大数据管理平台。比如，在生物医疗行业，关于癌症的数据集有 MyCancerGenome（www. mycancergenome. org）、PharmGKB（www. pharmgkb. org）、Cosmic。

结构化数据一般存储在表格文件、cvs 文件或者数据库表中。数据集一般包含多张表，但是表之间的相互约束少。另外，由于大数据来源情况复杂，原始数据集很可能存在数据错误、数据重复等情况。

对于非结构化数据，数据集由成组的文件构成，如网页文件、文本文件、音视频文件，一组文件一般保存在一个目录路径下。

NoSQL 数据库有 3 种存储类型。

① 文件存储，以类似 JSON 格式的方式描述数据，属性的可扩展性好，典型代表是 MongoDB。

② 键值存储，天然适合分布式存储，水平扩展性好，典型代表是 DynamoDB。

③ 基于图形的存储，图形的节点和边都可以带有元数据，使用键值和关系进行索引，典型代表是 Neo4j。

数据收集时还要特别注意的一件事就是数据的粒度问题。粗粒度数据不能反映问题，而粒度过细会造成数据量庞大，不便于后续处理、分析，能够满足应用需求的、合适的数据粒度需要在数据收集前确定好。比如，数据收集时一般需要考虑时间粒度，按分钟、按小时或者按日进行数据采集会得到不同粒度的数据集。

4.2.2 数据集成

数据集成是将多个数据源中的数据进行合并，并将其整合到一个一致的存储中，实现物理上的数据集成；或者整合不同数据源中的元数据，在逻辑上实现数据集成。

结构化数据的集成在整合过程中要进行结构集成和/或内容集成。在结构集成时要解决实体识别和冗余属性处理问题。比如，来自两张表的数据要进行合并，其中一张表存储了“出生年月”，而另一张表存储了“年龄”，我们可以选择在合并后存储“出生年月”，去掉“年龄”这个属性。内容集成的前提是两个数据集的表结构相同或可经过变量映射等方式处理后可视为表结构相同，合并过程中要检测冗余数据并处理。

非结构化数据的集成没有固定的规则，需要根据应用需求来分析并解决问题。比如，某电子商务网站需要把用户从网页登录、购买商品等数据与用户从手机 App 登录、浏览商品等数据，进行数据集成，识别出一个网页账号与一个移动账号的对应关系。

4.2.3 数据清洗

1. 结构化数据的清洗

结构化数据的清洗是指对数据集中错误的、不精确的、不完整的、格式错误的以及重复的数据进行修正、移除的过程。

对于数据集中的缺失数据，处理方法主要有如下 3 种。

(1) 删除法

例如，某销售报表中，很多条记录的对应字段没有相应值，关于某些商品的信息只有名称，其他的各个属性都没有值。

删除记录以减少历史数据为代价来换取数据的完备。在缺失记录数远小于数据表所有记录数的情况下，删除记录不太影响数据的完整性，是可取的。而一旦数据集中记录数较少时，删除记录则会严重影响数据完整性。

相应地，如果数据集中某些属性对大部分记录来讲都没有给出相应的值，这时可以考虑删除这些属性。

(2) 填充法

人工填充法是用人工方式填写空缺值，这种方式工作量大，尤其在面临海量数据时不太可行。

特殊值填充法将缺失值作为一种特殊的属性值来处理，如使用 unknown 或∞等不同于其他任何属性值的值或者使用默认值。

(3) 数据插补法

采用统计学原理，根据数据集中其余实例在该属性的取值分布情况来对缺失值进行估计补充。常用的数据插补方法如表 4-3 所示。

表 4-3 常用的数据插补方法

插补方法	方法描述
均值(mean)/中位数(median)/众数(mode)插补法	根据属性值的类型用该属性取值的平均数/中位数/众数进行插补。其中：均值是所有数据的算术平均值；中位数是将观测值从小到大排序，位于中间位置的数值；众数是数据集中出现最频繁的数值。
固定值插补法	将缺失的属性值用一个常量替换。
最近邻插补法	在记录中找到与缺失样本最接近的样本的属性值，用该属性值进行插补。
插值法	利用已知数据建立合适的插值函数 $f(x)$，未知值由对应点 x_i 求出的函数值 $f(x_i)$ 近似代替。常用的插值法有拉格朗日插值法和牛顿插值法。

更复杂的方法在 4.3.1 节数据质量分析中进行讲解。

对于数据集中错误的、不精确的数据，常常将其看作噪声数据进行处理。简单的处理方法是采用分箱(binning)技术来检测周围相应属性值，进行局部数据平滑。

例 4-2：分箱法应用举例

首先排序数据，然后将他们分到等深的箱中，接下来按箱的平均值平滑、按箱的中值平滑、按箱的边界值平滑等处理。

假设有 8、24、15、41、6、10、18、66、25 等 9 个数，采用分箱法进行数据处理。先对数进行从小到大的排序，即 6、8、10、15、18、24、25、41、66，然后将这些数分为 3 箱。

箱 1：6、8、10。

箱 2：15、18、24。

箱 3：25、41、66。

接下来分别用 3 种不同的分箱法求出平滑存储数据的值。

按箱的平均值求得平滑数据值。例如，箱 1 的平均值是 8，这样该箱中的每一个值被替换为 8，箱 1：8，8，8。

按箱的中值求得平滑数据值。例如，箱 2 的中值是 18，可以使用按箱的中值平滑，此时，箱中的每一个值被中值替换，箱 2：18，18，18。

按箱的边界值求得平滑数据值：箱中的最大和最小值被视为箱边界，箱中的每一个值都被最近的边界值替换。例如，对箱 3 进行边界平滑，箱 3：25，25，66。

通过不同分箱方法求解的平滑数据值就是同一箱中 3 个数的存储数据值。如果 3 个箱都按箱的平均值进行平滑处理，经过分箱技术处理后的数据为 8，8，8，19，19，19，44，44，44。

2. 准结构化数据的清洗

从日志中提取的与应用相关的数据是准结构化数据，需要将其转换成结构化数据进行清洗。例如，对于智能热水器用户，若要分析用户的用水行为习惯，可以从物联网采集的原始数据中，根据热水器编号和水流量提取用户的用水时间、用水时长、用水间隔时长等数据，并将其转换成结构化数据，然后就可以使用结构化数据的清洗方法了。

3. 半结构化数据的清洗

从互联网上爬取的网页是半结构化数据，网页爬取后需要进行网页解析，按 HTML 标签提取结构化数据。

例如，从新浪新闻(news. sina. com. cn)爬取新闻网页，解析时使用标签<title>提取"标题"，使用标签<meta name="description"... >提取"正文"，使用标签<meta property="article:published _time" 提取"发布时间"，使用标签<meta property="article:author"提取"发布者"，等等，从而获得结构化数据。

这里也有重复数据处理问题。假设应用需要每隔 2 小时爬取一次新浪新闻，连续不断地收集新闻数据，那么在爬取时，需要进行链接去重，进行增量式爬取。还有一种重复数据是文本内容的重复。例如，在电商平台上考虑商品推荐时，应用需要分析以往用户的评价，而有些用户对一次购买行为进行了多次完全相同的评价，这种重复评价需要去重。但是，在论坛热点话题分析中，用户对某事件的看法相同，发布相同或相似内容的帖子，跟帖、转载、点赞等情况下的文本内容重复不能去重。这里需要根据应用需求来决定重复数据的处理方式。

4. 非结构化数据的清洗

非结构化数据的清洗主要是一些预处理工作，如中文数据需要分词、去停用词等，然后才能进行分析、建模。而非结构化数据的处理一般需要一些专门的处理技术。4.4 节和 4.5 节将分别简要介绍自然语言处理技术和图像处理技术。

4.2.4 数据转换

数据转换主要是对数据进行规范化处理，将数据转换成适当的形式，便于后续数据分析、应用建模，适应算法。根据数据对象的不同数据转换可分成两类。

1. 数值数据转换

通过线性或非线性的数学变换方法等将数据转换成适合的数据形式。常用的数据规范化方法有简单函数变换、最小-最大规范化、零-均值规范化、小数定标规范化等。

简单函数变换是对原始数据进行某些数学函数变换，常用的变换包括平方、开方、取对数、差分运算等。比如，在时间序列分析中，有时简单的对数变换或者差分运算就可以将非平稳序列转换成平稳序列。再比如，个人年收入的取值范围为 10 000 元到 10 亿元，这是一个很大的区间，使用对数变换对其进行压缩是常用的一种变换处理方法。

最小-最大规范化也称离差标准化，是对原始数据的线性变换，将数值映射到[0,1]，如式(4-3)所示。

$$x^{*}=\frac{x-\min}{\max-\min} \tag{4-3}$$

这种处理方法的缺点是若数值集中且某个值很大，则规范化后各值会接近 0，并且会相差不大。

零-均值规范化也称标准差标准化，经过处理的数据均值为 0，标准差为 1，如式(4-4)所示。

$$x^{*}=\frac{x-\overline{x}}{\sigma} \tag{4-4}$$

其中，σ 为原始数据标准差，$\overline{x}$ 为原始数据平均值。零-均值规范化是当前用得最多的数据标准化方法。

小数定标规范化通过移动属性值的小数位数，将属性值映射到[−1,1]，移动的小数位数取决于属性值绝对值的最大值，如式(4-5)所示。

$$x^{*}=\frac{x}{10^{k}} \tag{4-5}$$

2. 非数值数据转换

根据数据的特性会有比较多的形式各异的转换方法。例如：把音频和视频数据转换成系统指定的格式；文本处理统计数据集中出现的所有单词，可将其构成词典，统计文本中各个单词出现的次数，并除以该文本中单词的最大出现次数，可将词典转换成词频。

在应用建模时，要建立数学模型，一般需要先把非数值数据转换成数值数据，然后按照数值数据进行处理、分析。

独热编码常于非数值数据建立数学模型。例如，天气预报有晴、下雨、下雪、大风、雾霾等 5 种情况，如果用 1、2、3、4、5 来表示这些情况，在采用某些算法进行计算时并不恰当，因为天气情况并没有大小关系，这种时候可以采用独热编码，这 5 种情况可表示为 00001、00010、00100、01000、10000。

4.3 数据分析

4.3 节讲解视频

数据分析是在应用建模之前对数据进行初步分析探索，通过统计作图、列表排序、方程拟合、编程计算等方法探索数据的结构和规律，了解数据的特征，并针对应用需求进行相应的处理。

4.3.1 数据质量分析

数据质量主要是指数据的完整性、正确性、一致性等。

1. 缺失值分析

首先，使用简单的统计分析，得到含有缺失值的属性、属性个数、缺失数量、缺失率；其次，进一步分析缺失值产生的原因。缺失值产生的原因有以下 3 种。

① 有些数据暂时无法获取或者获取数据的代价太大。

② 人为因素或者设备故障造成部分数据被遗漏。

③ 对有些对象来说，特定的属性值不存在，如学生的固定收入。

知道缺失值产生的原因很重要，只有“知根知底”才能从容应对，才能知道接下来该如何处理。

一般来讲，在分析的基础上，根据应用需求，确定合适的处理方案。可以采用简单的删除法、填充法、插补法等，也可以采用回归分析预测缺失值。把带有缺失值的属性当作因变量，根据已有数据，选择与因变量有关的自变量，建立拟合模型来预测缺失值的属性。

2. 离群点分析

在大规模数据集中，通常存在着不遵循数据模型普遍行为的样本，这些样本称为离群点。

当对检测出来的离群点进行验证，确定其为噪声数据时，进行去噪处理可提高后续建模和算法的效率和准确度。

但是需要注意，这些不一致的数据不一定是噪声，我们需要剔除真正不正常的数据，而需要保留虽然看起来不正常，但实际上是真实数据的数据。例如，在信用卡欺诈应用中，如果把离群点当作噪声去除的话，就与应用需求背道而驰了。

针对某一具体属性进行分析时，离群点分析又称为异常值分析。常用的异常值分析方法如下。

① 简单统计分析。对变量做一个描述性的统计时，最常用的统计量是极大值和极小值，用来判断这个变量的取值是否超出了合理的范围。例如，若年龄的最大值为 199 岁，则该变量取值异常，需要进一步确认该值为噪声，还是真的数值，这对于社区工作者来讲很重要。

② 箱线图分析。箱线图提供了一种只用 5 个点来对数据集做简单总结的方式，这 5 个点是中位数、上四分位数、下四分位数、上边缘和下边缘。Q_U 称为上四分位数，表示全部观察值中有四分之一的数据取值大于它；Q_L 称为下四分位数，表示全部观察值中有四分之一的数据取值小于它。$IQR=Q_U-Q_L$，其间包含了全部观察值的一半。上边缘定义为 $Q_U+1.5IQR$，下边缘定义为 $Q_L-1.5IQR$。异常值通常指那些小于下边缘或大于上边缘的值，如图 4-3 所示。

针对高维数据，一般采用聚类分析法实现离群点检测。在实际应用中包括 3 步：① 进行聚类；② 检测离群点；③ 确定是不是噪声数据。

聚类问题的目标是：最大化类内相似度，同时最小化类间相似度。图 4-4 直观展示了二维平面上一些点的聚类效果。对于高维数据的聚类问题，道理是类似的。

假设数据集中每个样本数据 $\boldsymbol{x}$ 是一个多维向量，数据集包含 K 个类，每个类中所有数据的均值向量称为类的中心，聚类问题可以简单表示为对式(4-6)进行最小化。

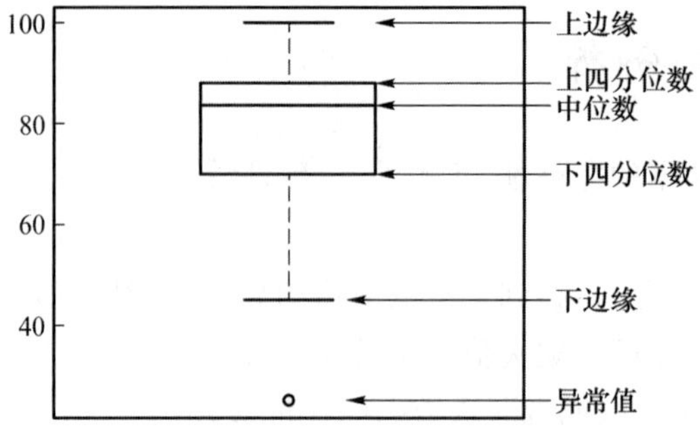

图 4-3　箱线图

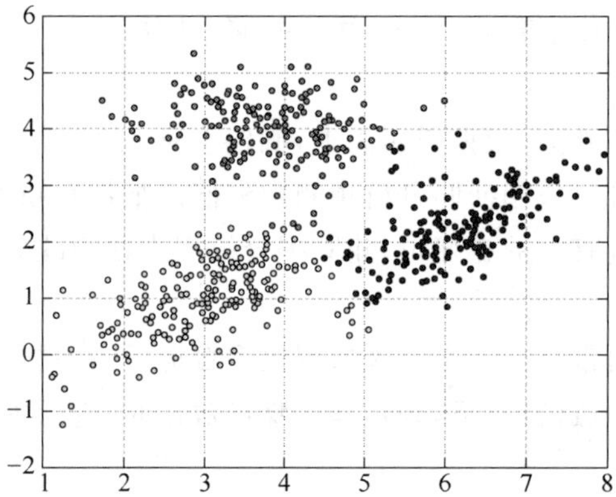

图 4-4　二维数据聚类示例

$$\mathrm{Err}=\sum_{k=1}^{K}\sum_{x\in C_k}\|\boldsymbol{x}-\boldsymbol{\mu}_k\|_2^2 \tag{4-6}$$

其中 $\boldsymbol{\mu}_k=\frac{1}{|C_k|}\sum_{x\in C_k}\boldsymbol{x}$ 是类的中心向量，$|C_k|$ 表示属于类 C_k 的样本数。Err 值越小，类内各个样本数据与中心的距离越近，数据样本相似度越高。

虽然式(4-6)没有考虑类间相似性，但是最小化式(4-6)并不容易。找到它的最优解需要考察样本数据集$\mathcal{D}$所有可能的类划分，这是一个 NP 难问题。

简单的聚类方法是 K-means 算法，它采用贪心策略，通过迭代优化来近似求解，其伪代码如下所示。

K-means 算法的伪代码

---

1. 从 N 个样本数据中随机选取 K 个作为初始的聚类中心
2. 分别计算每个样本到各个聚类中心的距离，将样本分配到距离最近的聚类中
3. 所有样本分配完成后，重新计算 K 个聚类的中心向量
4. 新的聚类中心与前一次计算得到的 K 个聚类中心比较，如果聚类中心发生变化，则转向第 2 步，否则转向第 5 步
5. 当类中心不再发生变化时，停止并输出聚类结果

在 K-means 算法中要计算样本与类中心的距离，距离越近表示相似度越高。

在很多算法中都需要考虑数据的相似度。数据样本的相似度一般用向量的距离来表示。常用的距离计算方法如下。

① 欧氏距离(Euclidean distance)。它是多维空间里两点之间的几何距离。欧氏距离越小则相似度越高。两个 J 维向量 $\boldsymbol{a}=(x_{11},x_{12},\cdots,x_{1J})$ 与 $\boldsymbol{b}=(x_{21},x_{22},\cdots,x_{2J})$ 间的欧氏距离如式(4-7)所示。

$$d_{ab}=\sqrt{\sum_{j=1}^{J}(x_{1j}-x_{2j})^2}=\sqrt{(\boldsymbol{a}-\boldsymbol{b})(\boldsymbol{a}-\boldsymbol{b})^{\mathrm{T}}} \tag{4-7}$$

式(4-6)希望最小化欧氏距离的平方和,与最小化欧氏距离是等价的。

② 曼哈顿距离(Manhattan distance)。它是城市街区距离。曼哈顿距离越小则相似度越高。两个 J 维向量 $\boldsymbol{a}=(x_{11},x_{12},\cdots,x_{1J})$ 与 $\boldsymbol{b}=(x_{21},x_{22},\cdots,x_{2J})$ 间的曼哈顿距离如式(4-8)所示。

$$d_{ab}=\sum_{j=1}^{J}|x_{1j}-x_{2j}| \tag{4-8}$$

③ 闵可夫斯基距离(Minkowski distance)。两个 K 维变量 $\boldsymbol{a}=(x_{11},x_{12},\cdots,x_{1J})$ 与 $\boldsymbol{b}=(x_{21},x_{22},\cdots,x_{2J})$ 间的闵可夫斯基距离定义为式(4-9):

$$d_{ab}=\sqrt[p]{\sum_{j=1}^{J}|x_{1j}-x_{2j}|^p} \tag{4-9}$$

其中 p 是一个变参数。当 $p=1$ 时,就是曼哈顿距离;当 $p=2$ 时,就是欧氏距离。

④ 余弦相似度(cosine)。两个向量夹角余弦可用来衡量两个向量方向的差异,夹角余弦取值范围为[-1,1]。夹角余弦越大表示两个向量的夹角越小,相似度越高。

在二维空间中两点 (x_1,y_1) 与 (x_2,y_2) 的夹角余弦为 $\cos\theta=\frac{x_1x_2+y_1y_2}{\sqrt{x_1^2+y_1^2}\sqrt{x_2^2+y_2^2}}$。同理,对于两个 J 维样本点 $\boldsymbol{a}=(x_{11},x_{12},\cdots,x_{1J})$ 与 $\boldsymbol{b}=(x_{21},x_{22},\cdots,x_{2J})$,可以使用类似于夹角余弦的概念来衡量它们间的相似程度,如式(4-10)所示。

$$\cos\theta=\frac{\boldsymbol{a}\cdot\boldsymbol{b}}{|\boldsymbol{a}||\boldsymbol{b}|}=\frac{\sum_{j=1}^{J}x_{1j}x_{2j}}{\sqrt{\sum_{j=1}^{J}x_{1j}^2}\sqrt{\sum_{j=1}^{J}x_{2j}^2}} \tag{4-10}$$

⑤ 杰卡德相似系数。它表示两个集合 A 和 B 的交集元素在 A、B 的并集中所占的比例,用符号 $J(A,B)$ 表示,如式(4-11)所示。

$$J(A,B)=\frac{|A\cap B|}{|A\cup B|} \tag{4-11}$$

⑥ 皮尔逊相关系数(Pearson correlation coefficien)。它用于计算两个随机向量 $\boldsymbol{x}$ 和 $\boldsymbol{y}$ 之间的相关性。协方差(covariance)是一个反映两个随机变量相关程度的指标,如果一个变量跟随着另一个变量同时变大或者变小,那么这两个变量的协方差就是正值,反之就是负值。虽然协方差能反映两个随机变量的相关程度,但是协方差值的大小并不能很好地度量两个随机变量的关联程度。皮尔逊相关系数是用协方差除以两个变量的标准差,如式(4-12)所示。

$$\rho_{xy}=\frac{\mathrm{cov}(\boldsymbol{x},\boldsymbol{y})}{\sigma_x\sigma_y}=\frac{\mathbb{E}[(\boldsymbol{x}-\boldsymbol{\mu}_x)(\boldsymbol{y}-\boldsymbol{\mu}_y)]}{\sigma_x\sigma_y}=\frac{\sum_{n=1}^{N}(x_n-\overline{x})(y_n-\overline{y})}{\sqrt{\sum_{n=1}^{N}(x_n-\overline{x})^2}\sqrt{\sum_{n=1}^{N}(y_n-\overline{y})^2}} \tag{4-12}$$

其中 N 为样本数。从式(4-12)可以看出,皮尔逊相关系数是将 $\boldsymbol{x}$、$\boldsymbol{y}$ 坐标向量各自平移到原点(去均值化)后的夹角余弦。

在 K-means 算法中也可以使用其他距离度量方法计算相似度。

使用 K-means 算法,有两个问题需要注意。

① 算法是初始值敏感的,选取不同的初始值,聚类结果不同。

② 在实际应用中,一般是不知道数据集有几个类的,所以 K 值的选取一般需要多次尝试。

离群点检测代码

基于 K-means 聚类算法进行离群点检测的步骤如下。

① 对样本数据进行聚类划分,如图 4-5(a)所示。

② 计算各数据到它所属的类中心的距离,如图 4-5(b)所示。

③ 计算各数据到它所属的类中心的相对距离,相对距离是距离与类中所有数据到类中心的距离的中位数之比。

④ 如果相对距离大于给定的阈值,则认为是离群点,如图 4-5(c)所示。

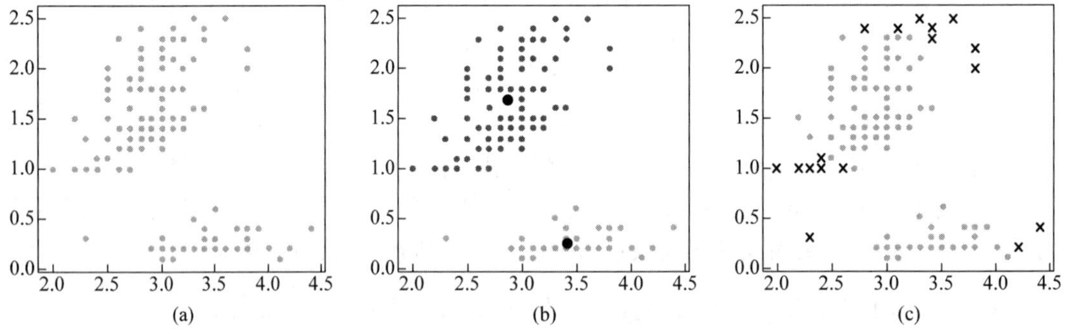

图 4-5 离群点检测

第 5 章将详细讨论聚类的概率图模型。

3. 一致性分析

数据不一致可能是因为在数据集成、数据清洗时没有处理好,需要分析其原因,重新进行处理。

在大数据中出现重复数据的情况比较常见,对重复数据和不一致数据要不要进行处理,需要根据大数据应用的需求来决定。比如,在互联网舆情分析中,舆情的形成就是网页内容重复信息的不断转载,想要检测出舆情,这种重复数据是不能去除的。舆情的演化会在原来网页内容的基础上进行变化,这种情况并不是数据不一致。所以"大数据的一致性"概念不同于以往数据库和数据仓库的"数据一致性"问题,需要特别注意。

4.3.2 数据特征分析

1. 分布分析

对于单个随机变量可以做如下工作。

① 统计极大值、极小值、中位数、均值、期望(加权平均)、极差、方差等。

② 画出直方图,验证是否符合正态分布。计算分布的偏态(三阶矩):用来衡量概率分布的不对称性。

③ 画出区间频率分布,验证数据的周期性等。

④ 排序,找出四分位点的值。

对于多维随机变量可以画出散点图，计算相关性、协方差等。

2. 主成分分析

在大数据中，有些属性常常相关性很高，主成分分析(Principal Component Analysis, PCA)可以使用较少的变量去解释原始数据中的大部分变量，把相关性高的变量转换成少量相互独立或不相关的变量。

想象三维空间悬浮着红色、绿色、黄色、紫色 3 种气球，共有 100 个，但是它们位置混杂，相互遮挡。如果我把 3 个坐标轴(x,y,z)进行一些旋转变换，让这些球处于新坐标系(x',y',z')下，这样就能很容易看清绝大部分的气球，那将是一件很美妙的事。该怎么找新的坐标轴呢？这就是 PCA 算法要解决的问题。

$\boldsymbol{x}$ 是一个随机向量(列向量)，有 J 维属性特征。比如，对于邮箱账号，它的特征有发送邮件次数、接收邮件次数、发送链接次数、发送附件次数等。再比如，上面关于气球的例子中，$J=3$。

数据集中包含随机变量 $\boldsymbol{x}$ 的 N 次观测数据，这样可以得到一个矩阵，如式(4-13)所示。比如：邮箱服务企业收集了 N 个样本数据；在关于气球的例子中，$N=100$。

$$\boldsymbol{X}=\begin{pmatrix} x_1^1 & \cdots & x_1^N \\ \vdots & & \vdots \\ x_J^1 & \cdots & x_J^N \end{pmatrix}=(\boldsymbol{x}^1,\boldsymbol{x}^2,\cdots,\boldsymbol{x}^N) \tag{4-13}$$

PCA 算法的原理仍然使用上面关于气球的例子中空间该如何转换来解释。观察者需移动位置，换个角度来观察。观察者站在新的角度，先找一个方向〔这个方向能让这些球在该方向(轴)上的投影(坐标值)方差最大〕，再找下一个性能略差的方向(轴)〔这个方向(轴)要垂直于刚才的方向(轴)〕，只要能够把 90%以上的气球区分出来，那么这两个方向(轴)就是三维空间的主成分。

PCA 的本质是对 $\boldsymbol{X}$ 做线性变换，假设转换后的矩阵 $\boldsymbol{Z}=\boldsymbol{W}^{\mathrm{T}}\boldsymbol{X}$，$\boldsymbol{W}$ 中的每一列是 J 维标准正交基向量，即 $\boldsymbol{W}^{\mathrm{T}}\boldsymbol{W}=\boldsymbol{I}$。那么 $\boldsymbol{Z}$ 的协方差矩阵 $\mathrm{cov}(\boldsymbol{Z})=\boldsymbol{W}^{\mathrm{T}}\mathrm{cov}(\boldsymbol{X})\boldsymbol{W}$，其中，$\boldsymbol{X}$ 的协方差矩阵 $\mathrm{cov}(\boldsymbol{X})=\boldsymbol{X}\boldsymbol{X}^{\mathrm{T}}$，所以，这个线性变换希望最大化式(4-14)。

$$\boldsymbol{W}^{\mathrm{T}}\boldsymbol{X}\boldsymbol{X}^{\mathrm{T}}\boldsymbol{W}-\lambda(\boldsymbol{W}^{\mathrm{T}}\boldsymbol{W}-\boldsymbol{I}) \tag{4-14}$$

式(4-14)中的第一项表示希望最大化方差，第二项采用拉格朗日因子法限定 $\boldsymbol{W}$ 的列是正交基向量。

对式(4-14)求导并令其等于 0，解得 $\boldsymbol{X}\boldsymbol{X}^{\mathrm{T}}\boldsymbol{W}=\lambda\boldsymbol{W}$。所以，PCA 算法最终就是求解 X 的协方差矩阵的特征向量和特征值。

如果取前 q 个最大的特征值对应的特征向量 $\boldsymbol{w}_1,\cdots,\boldsymbol{w}_q\ (q<J)$，就能够把 90%以上的气球区分出来，那么该数据集有 q 个主成分。PCA 算法的伪代码如下所示。

PCA 算法的伪代码

1. 将数据按列进行中心标准化，即每个特征的平均值为 0。为了方便，标准化后的数据矩阵仍然记为 $\boldsymbol{X}$
2. 计算 $\boldsymbol{X}$ 的协方差矩阵(或者前两步合并为计算 $\boldsymbol{X}$ 的相关系数矩阵)
3. 计算协方差矩阵的特征向量及特征值
4. 取前 q 个最大的特征值对应的特征向量，组成投影矩阵 $\boldsymbol{W}\in\mathbb{R}^{J\times q}$
5. 把数据投影到由 $\boldsymbol{W}$ 组成的空间中

PCA 算法代码

如图 4-6 所示，采用主成分分析方法，把二维空间中分布的点〔如图 4-6(a)所示〕降维成一条直线〔如图 4-6(b)所示〕。

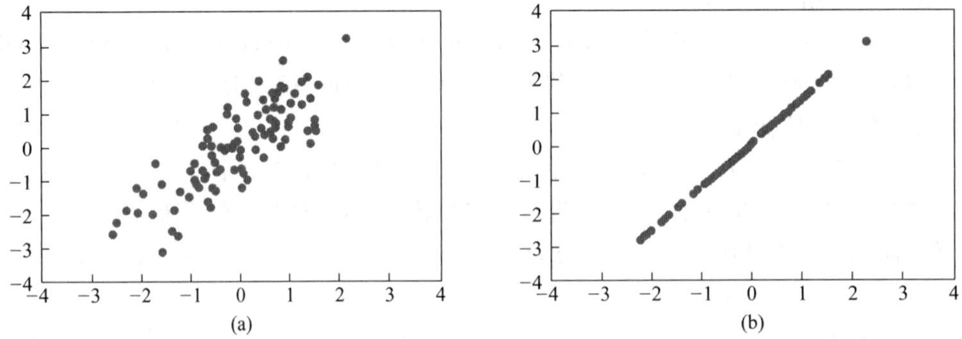

图 4-6 主成分分析法

主成分分析的概率图模型详见第 6 章。

4.3.3 特征选择与数据抽取

在大数据集上进行建模、分析时,为了降低复杂度,减少无效数据对建模的影响,提高建模的准确性,常常希望在不牺牲数据质量的前提下,减小数据集的规模。

特征选择的作用是挑选出对应用有意义的属性特征,去除那些意义不大,甚至可能干扰应用建模的属性特征。在进行特征选择之后的数据集相比于原数据集要小,但其完整性仍然接近于原数据的完整性。

特征选择的常用方法如下:

① 属性合并,将一些旧属性合并为新属性;

② 逐步向前选择,从一个空属性集开始,每次从原来属性集合中选择一个当前最优属性添加到当前属性子集中,直到无法选出最优属性或满足一定阈值约束为止;

③ 逐步向后删除,从一个全属性集开始,每次从当前属性子集中选择一个当前最差属性并将其从当前属性子集中消除,直到无法选出最差属性或满足一定阈值约束为止;

④ 决策树归纳,利用决策树归纳的方法对初始数据进行分类归纳学习,获得一个初始决策树,所有没有出现在这个决策树上的属性均可认为是无关属性,因此将这些属性从初始集中删除,以获得一个较优属性子集;

⑤ 主成分分析,用较少的变量去解释原始数据中的大部分变量,即将许多相关性很高的变量转化成彼此相互独立或不相关的变量。

为了减少运算资源消耗量和运算分析时间,大数据应用有时采用数据抽样措施。

在很多小概率事件、稀有事件的预测建模过程中(如对于信用卡欺诈事件,在整个信用卡用户中,属于恶意欺诈的用户只占 0.2%,甚至更少),如果使用数据全集,很难得到有意义的预测和结论。对于此类稀有事件的分析建模,通常需要采用数据抽样措施。

使用数据抽取时要特别注意:要真正熟悉业务背景和应用需求。如果数据抽取不当,将会造成“垃圾进,垃圾出”的后果。

数据处理和数据分析阶段并不是都按照以上步骤顺序进行的,有的步骤在一些数据集中并不需要,甚至数据分析与数据处理的一些步骤也会交叉、合并进行。

4.4 自然语言处理技术基础

4.4 节讲解视频

自然语言处理(Natural Language Process, NLP)的研究对象是文章、文档,其是由文字组成的文本,所以自然语言处理又称为“文本处理”。在这里“文本”是指书面语言的表现形式,通常是具有完整、系统含义的一个句子或多个句子的组合。

想要让机器理解文本的语义,我们需模仿人类的学习过程,先从认字识词开始,建立数学模型。

1. 词的表示

(1) 独热编码

假设我们有一个词典,词典里面有 10 000 个词,那么最开始表示其中每一个词的方法就是独热编码,用由 0、1 组成的 10 000 维向量表示每一个词语。例如:

“话筒”表示为(0 0 0 1 0 0 0 0 0 0 0 0 0 0 0 0 …);

“麦克”表示为(0 0 0 0 0 0 0 0 1 0 0 0 0 0 0 0 …)。

每个词都是“茫茫 0 海”中的一个 1。这种独热表示如果采用稀疏方式存储,会非常简洁,也就是给每个词分配一个数字 ID。比如,在上述的例子中,话筒记为 3,麦克记为 8(假设从 0 开始记),如果要编程实现的话,用 Hash 表给每个词分配一个编号就可以了。这种简洁的表示方法配合条件随机场等算法,可以很好地完成自然语言处理领域的各种主流任务。

但独热编码存在两个很严重的问题:第一个是维度爆炸问题,随着词汇量的增加,词汇特征向量的维度也会增加;第二个是词汇向量只是一个离散的表示,得不出词汇之间的关系,哪怕是对于话筒和麦克这样的同义词,这个问题表明数学模型丢失了它们的语义信息。

(2) 词向量表示

Bengio 等人用 3 层神经网络训练 n-gram 语言模型,得到的副产品称为“词向量”(word representation 或 word embedding),其是一种分布表示(distributed representation)。其中重要的思想是:神经网络的输入不是一个值,而是一个向量,通过训练网络可获得这个向量。

分布式表示用来代表词,表示的是一种低维稠密实数向量,如(0.792, −0.177, −0.107, 0.109, −0.542,…)。其维度以 50 维和 100 维比较常见。这种表示可以认为神经网络在训练过程中,从文本语料中抽取了字词的语义信息,所以能够很好地度量词与词之间的相似性。

词向量的表示不是唯一的,有多种神经网络模型和优化计算方法,详见第 15 章神经概率语言模型。常用的是 Google(谷歌)的开源软件 word2vec。

2. 篇章的表示

下面来看看篇章的表示。

文本 1:文字的顺序不并一定能影响读阅,比如你当看完这句话后,才发现这里的文字全是都乱的,但你仍能然读懂这句话的意思。

词袋 (Bag of Word,BoW) 模型是在自然语言处理和信息检索中的一种简单假设。文本被看作无序的词汇集合,可忽略语法甚至是单词的顺序。大家都能读懂文本 1 的语义。在这种前提假设下,无论是中文文本还是英文文本,每个文本都被当作一个集合来看待,集合的元素是“词”或“字”。

文本1的分词结果:{文字,的,顺序,并,不,一定,能,影响,阅读,比如,当,你,看完,这句话,后,才,发现,这里,全,都是,乱,但,仍然,读懂,意思}。

上面的例子是进行了中文分词,对短文本进行处理时也常常将其切割成单字。

(1) 分词

中文的分词技术是指将汉字序列分成一个个单独的词。不同于英文以空格作为词与词之间的自然分界符,汉语以字为基本的书写单位,词与词之间并无明显的区分标记,因而需要分词。

中文分词是NLP的一项基本工作,但是到目前为止仍然值得研究。其难点主要有以下两方面。

① 汉语中歧义的处理。在很多情况下汉语的灵活性带来了很大的处理难度,例如,“结婚的和尚未结婚的”这句话是理解成“结婚的/和尚/未结婚的”,还是理解成“结婚的/和/尚未结婚的”,这两种情况会出现不同的分词结果。虽然我们人类利用语义环境很容易区分,但这对于机器就并非那么简单。

② 汉语中未登录词的处理。由于中文中没有像英文那样的首字母大写,因此对于人名、地名这一类的专有名词的识别就成了分词的一大难题。另外,一些缩略语在日常生活用语中也经常出现,然而缩略语的构造规则却没有统一的定论。伴随着网络的发展,互联网上的新词层出不穷,有些词甚至让我们自己都不明其意,这对中文分词又提出了新的挑战。

总的来说,当前的中文分词算法大概可以分为两大类:一类是基于词典的算法,利用正向或逆向最大匹配法、最小切分法等在词典中寻找匹配的字符串,实际应用的这类分词系统还会加入词性、词频等属性来辅助处理;另一类一般是基于概率统计、机器学习等的算法,这类算法通常对未登录词的识别效果较好,但实现较为复杂。

当前比较成熟的分词系统主要有如下3种。

① mmseg分词系统。mmseg分词系统基于词典的分词算法,以正向最大匹配为主,并辅以多种消除歧义的规则。

② 汉语词法分析系统。中国科学院计算技术研究所在多年研究工作积累的基础上,研制出了汉语词法分析系统(Institute of Computing Technology, Chinese Lexical Analysis System,ICTCLAS),其主要功能包括中文分词、词性标注、命名实体识别、新词识别等,同时支持用户词典。

③ jieba分词系统。jieba分词系统支持3种分词模式:精确模式,试图将句子最精确地切开,适合文本分析;全模式,把句子中所有可以成词的词语都扫描出来,速度非常快,但不能解决歧义问题;搜索引擎模式,在精确模式的基础上,对长词再次切分。

(2) 向量空间模型

当多个文本需要处理的时候,可以把语料集(corpus)中每个文本的词的集合进行合并,构成词典。

对词典里的词进行排序,在这里排序方式不限。例如,数据集由2个文本构成:

文本2:John likes to watch movies. Mary likes too.

文本3:John also likes to watch football games.

组成的词典为{"John"：1，"like"：2，"to"：3，"watch"：4，"movie"：5，"also"：6，"football"：7，"game"：8，"Mary"：9，"too"：10}。

对于英文单词，常常需要做词干提取、词形还原处理。

在词典的基础上，每个文本都可以表示成一个向量，称为向量空间模型（Vector Space Model，VSM）。例如，前面两个英文句子可以表示成向量。

文本2的向量：(1，1，1，1，1，0，0，0，1，1)。

文本3的向量：(1，1，1，1，0，1，1，1，0，0)。

上述两个文本的向量空间模型如表4-4所示。

表4-4 两个文本的向量空间模型

序号	1	2	3	4	5	6	7	8	9	10
单词	John	Like	To	Watch	Movie	Also	football	Game	Mary	Too
文本2的向量	1	1	1	1	1	0	0	0	1	1
文本3的向量	1	1	1	1	0	1	1	1	0	0

统计向量空间模型对此进行了改进，不仅用1和0标明词有没有出现，还统计每个词在该文本中出现的次数或词频，将其作为向量里的数值取值。例如，like在文本2中出现了两次，于是两个文本可以表示成如下向量。

文本2的向量：(1，2，1，1，1，0，0，0，1，1)。

文本3的向量：(1，1，1，1，0，1，1，1，0，0)。

这样就为文本语料处理建立了数学模型。

在实际应用中，为了提高性能，常常还有一些其他数据预处理的工作。

① 去停用词。

停用词是指在文本处理中，为节省存储空间和提高效率，在分析文本之前自动过滤掉的某些词。通常可以将停用词分为两类：一类是出现频率非常高的一些词，如英文中的"I""is""what"或中文中的"我""就"，这类词出现概率高，VSM考虑这些词的话会降低处理结果的准确度，同时也会降低效率；另一类是对文本的区分作用和意义的表达几乎没有任何贡献的词，如汉语中的介词、语气助词、连词、副词等，它们具有较强的辅助性，只是为了语句连贯通顺，本身不承载实际意义，因此也应该滤除。

停用词表是由所有常见停用词构成的一个词表。去停用词一般是对分词后的文本过滤掉在停用词表中出现的那些词。去停用词一方面可以减小文本的体积，提高处理的效率；另一方面可以让文本的意义更清晰准确。

② 选择特征词。

在一篇文章中，如果某个词出现的次数很多，那么这个词往往在表达这篇文章的主题思想中起着重要作用。

在一个语料集中，有的文章篇幅长而有的文章篇幅较短，为了归一化，采用式(4-15)定义词频（Term Frequency，TF），分子是该词在文章中的出现次数，而分母则是文章中所有字词的出现次数之和。

$$\mathrm{TF}_{i,j}=\frac{n_{i,j}}{\sum_{k} n_{k,j}} \tag{4-15}$$

词频越高，其越能代表文章的含义。有时为了减小后续计算的维度，也会把 TF 很小的词过滤掉，达到降维的目的。

③ 定义倒文档频率。

从整个数据集的角度来看，如果一个词在很多文章中都会出现，那么这个词是个常用词，代表文章意义的可能性很小。比如，在处理新闻语料时，“新华社”这个词会在很多文档中出现。定义倒文档频率(Inverse Document Frequency，IDF)来表示一个词的常见程度。倒文档频率可以由语料库中总文章数目除以包含该词语的文章数目，再对其商取对数得来，如式(4-16)所示。

$$\mathrm{IDF}_i = \log \frac{|D|}{|\{j : t_i \in d_j\}|} \tag{4-16}$$

其中 $|D|$ 表示语料库中的文章总数，$|\{j : t_i \in d_j\}|$ 表示包含词语 t_i 的文章数目。但是，若该词语不在语料库中，就会导致除数为零，因此为了避免此情况，分母可以用 $1+|\{j : t_i \in d_j\}|$ 计算。

在实际应用中常采用 TF×IDF 进行特征选择，在一定程度上过滤掉常见的词语，保留重要的词语。

3. 统计语言模型

BoW 与 VSM 的前提是假设词在文本中的顺序关系可以忽略，但真的可以忽略吗？如果文本 1 的文字顺序特别乱，如下所示。

文本 4：阅响不定并一序字文的顺影能读，句这如后比当你话完看，是都这的文现里乱才发字全的……那还能读懂这句话的意思吗？这时候需要换个模型来思考。

把人类有史以来讲过的话统计一下，一个句子是否合理就看它出现的可能性大小，句子 S 出现的概率表示为 $P(S)$。例如，文本 1 出现的概率大致是10^{-30}，文本 4 出现的概率是10^{-80}。怎么用一个数学模型来估算这个概率呢？

假设一个句子 S 可以表示为一个词序列 $S=<w_1 w_2 \cdots w_n>$，统计语言模型就是要计算句子 S 出现的概率 $P(S)$，把它展开表示，如式(4-17)所示。

$$\begin{aligned} P(S) &= P(w_1, w_2, \cdots, w_n) \\ &= P(w_1) \cdot P(w_2 | w_1) \cdot P(w_3 | w_1, w_2) \cdot \cdots \cdot P(w_n | w_1, w_2, \cdots, w_{n-1}) \end{aligned} \tag{4-17}$$

这是 n 个词的联合概率。进一步利用条件概率公式进行展开，序列 S 出现的概率等于每个词出现的条件概率相乘。

从式(4-17)可以看出，第 n 个词出现的概率与它前面的 $n-1$ 个词有关。从计算角度来看，这样的条件概率仍然无法估算。

如果序列 S 是一个一阶马尔可夫链，即假设任意一个词 w_i 出现的概率只同它前面的一个词 w_{i-1} 有关，那么 $P(S)$ 的计算就变得可行了，如式(4-18)所示。

$$P(S) \approx P(w_1) \cdot P(w_2 | w_1) \cdot P(w_3 | w_2) \cdot \cdots \cdot P(w_n | w_{n-1}) \tag{4-18}$$

简化后的模型称为二元统计语言模型(Bi-gram 模型)。

当然，也可以假设一个词由前面 $n-1$ 个词决定，对应的模型称为 n 元模型(N-gram 模型)。常用的模型就是二元模型、三元模型(Tri-gram 模型)，而且效果很不错。高于四元的模型很少使用，因为训练它需要更庞大的语料，而且数据严重稀疏，时间复杂度高，精度却提高得不是很多。词袋模型可以看作一元统计语言模型。

下面具体来看看 Bi-gram 模型的计算。针对一个语料库，统计词对(w_{i-1}, w_i)在文本中出现的次数，记为 $\#(w_{i-1}, w_i)$，统计各个词出现的次数，记为 $\# w_i$，语料的大小记为 $\#$，则有式(4-19)。

$$\begin{cases} P(w_{i-1}, w_i) \approx \#(w_{i-1}, w_i)/\# \\ P(w_{i-1}) \approx \# w_{i-1}/\# \\ P(w_{i-1} \mid w_i) = P(w_{i-1}, w_i)/P(w_{i-1}) \approx \#(w_{i-1}, w_i)/\# w_{i-1} \end{cases} \tag{4-19}$$

但是，如果两个词的共现次数 $\#(w_{i-1}, w_i)=0$ 怎么办？是否意味着条件概率 $P(w_{i-1} \mid w_i)=0$？反之，如果 $\#(w_{i-1}, w_i)=1$，$\#(w_{i-1})=1$，能否得出 $P(w_{i-1} \mid w_i)=1$？这些问题都是统计概率时语料不能无穷大造成的。可以简单地把估计二元模型概率的公式进行平滑修正。比如，给分子加 1，给分母加 V，V 是词典的词数。

早期的 NLP 任务经常采用独热编码和 VSM 模型，它们在语义理解上能力不够。词向量是 Bengio 等人用浅层神经网络训练 N-gram 语言模型得到的副产品，在采用深度学习的 NLP 任务中经常使用。也可以把词向量的训练结合在深度神经网络中，作为端-端的模型。后续章节讲解深度神经网络在 NLP 任务中的应用，可以看到词向量可以帮助应用取得不错的效果。

4.5 图像处理技术基础

4.5 节讲解视频

图像处理技术的范畴很广，在包含图像数据的应用中，以图像分类/聚类、图像识别为主，所以数字图像的特征表示很重要，一般是在特征提取的基础上理解图像语义。这里仅讨论常用的特征提取方法，以及在深度神经网络中的特征处理方法。

数字图像是指将二维图像用有限位数的数值表示像素值，像素从表面上看不像分离的点，但实质上它们就是点，可以用一个 $M \times N$ 的矩阵来表示，该图像包含 $M \times N$ 个像素点。M 是图像的总行数，N 是图像的总列数，图像的尺寸或者说空间分辨率为 $M \times N$。

灰度图像中 f 表示灰度值，它对应客观景物被观察到的亮度。如果对每个像素都用 g 个灰度值中的一个来赋值，表明图像在成像时量化成了 g 个灰度级，称为幅度分辨率。幅度分辨率一般取为 2 的整数次幂，即 $g=2^k$。存储该图像所需的二进制比特数为 $M \times N \times k$。

文本图像常为二值图像，像素值 f 的取值只有两个，分别对应文字和空白。

彩色图像在每个像素点同时具有红、绿、蓝 3 个值，可用矢量来表示$(f_{xyr}, f_{xyg}, f_{xyb})$，或者说二维矩阵被张成三维张量，维度为 $M \times N \times 3$。

分辨率是度量图像内数据量的一个参数，分辨率越高，图像包含的数据越多，就越能表现丰富的细节，图像文件就越大。

1. 颜色特征提取

RGB 色彩模型是目前运用最广的颜色系统之一，通过对红(R)、绿(G)、蓝(B)3 个颜色通道的变化以及它们相互之间的叠加来得到各式各样的颜色，这个色彩模型几乎包括了人类视力所能感知的所有颜色。

R、G、B 代表红、绿、蓝 3 种颜色，使用 RGB 色彩模型为图像中每一个像素的 R、G、B 分量分配一个在 0～255 范围内的强度值，所以每种颜色用 8 位二进制数来表示，共 24 位，常被称为 24 位真彩色。RGB 图像只使用 3 种颜色，就可以使红、绿、蓝按照不同的比例混合，在屏幕上呈现 $2^{24}=16\ 777\ 216=256 \times 256 \times 256$ 种颜色。

YUV(亦称 YCrCb)是被欧洲电视系统所采用的一种颜色编码方法。在现代彩色电视系统中,通常采用三管彩色摄像机或彩色 CCD 摄影机进行取像,然后把取得的彩色图像信号经分色、分别放大校正后得到 R、G、B 信号,再经过矩阵变换电路得到亮度信号 Y 和两个色差信号 R-Y(即 U)、B-Y(即 V),最后发送端将亮度和两个色差分别进行编码,并用同一信道发送出去。这种色彩的表示方法就是 YUV 色彩空间表示。采用 YUV 色彩空间的重要性是它的亮度信号 Y 和色度信号 U、V 是分离的。如果只有 Y 信号分量而没有 U、V 信号分量,那么这样表示的图像就是黑白灰度图像。彩色电视采用 YUV 色彩空间正是为了用亮度信号 Y 解决彩色电视机与黑白电视机的兼容问题,使黑白电视机也能接收彩色电视信号。其中 Y 表示明亮度(luminance 或 luma),也就是灰度值;U 和 V 表示色度(chrominance 或 chroma),其作用是描述影像的色彩及饱和度,用于指定像素的颜色。"亮度"是透过 R、G、B 输入信号来建立的,方法是将 R、G、B 信号的特定部分叠加到一起。"色度"则定义了颜色的两个方面——色调 Cr 与饱和度 Cb。Cr 反映了 R、G、B 输入信号红色部分与 R、G、B 输入信号亮度值之间的差异,而 Cb 反映的是 R、G、B 输入信号蓝色部分与 R、G、B 输入信号亮度值之同的差异。

Y、U、V 和 R、G、B 互相转换的式如式(4-20)和式(4-21)所示,R、G、B 取值范围均为 0～255。

$$\begin{cases} Y = 0.299R + 0.587G + 0.114B \\ U = -0.147R - 0.289G + 0.436B \\ V = 0.615R - 0.515G - 0.100B \end{cases} \tag{4-20}$$

$$\begin{cases} R = Y + 1.14V \\ G = Y - 0.39U - 0.58V \\ B = Y + 2.03U \end{cases} \tag{4-21}$$

实际上 RGB 色彩模型并不能反映图像的形态特征,只是从光学的原理进行颜色的调配。把图像转换成 8 位的灰度图,可以通过直方图、灰度变化、正交变换等数学运算进行图像处理和图像识别。

颜色直方图是采用最广泛的颜色特征表示方法。颜色直方图先将颜色空间划分为若干个固定的子空间,然后对每幅图像统计属于各子空间的像素数目。它所描述的是不同色彩在整幅图像中所占的比例。

颜色直方图是一种概率统计的方法,它对图像中各颜色像素的个数进行统计,并用直方图的形式表达出来。由于颜色直方图具有旋转、尺度与平移不变性等特点,且计算较为简单,因此在图像相似性比较、图像检索、图像分类中应用较为广泛。但颜色直方图因为不包含色彩的空间位置信息,所以无法描述图像中的对象或物体。

2. 纹理特征提取

纹理在周围世界中是无处不在的,如天空的云、地上的草、水的波纹、动物的皮毛等都可以认为是一种纹理。一般来说,纹理是指图像灰度局部变化的重复。纹理的微小结构称为纹理基元,基元按某种特定的规律的有序排列即纹理。所以,纹理是指图像中基元或像素在局部中不规则而在整体上有规律的特征现象。寻找定量化的数字来表示纹理图像特性的过程称为纹理特征提取。

纹理图像是一种主观性的视觉图像,跟图像基元的排列、走向、形状等都息息相关,因为其基元变化很大,无法用一个定量的东西来定义一个图像是否属于纹理图像。尽管如此,对纹理的描述还是有一些基本的原则,纹理满足局部多变性和整体规则性的准则。当关注于纹理细节时,其变化规律可能是杂乱无章的,但从整体来看,图像灰度和基元应具有一定的排列规律。

在进行纹理的特性提取时，有尺度变化和缩放的要求，同一个物体在不同角度、不同距离、不同亮度下拍摄所得到的纹理信息会不一样，如何克服客观条件角度或距离等因素的影响，是图像预处理和纹理特征提取的难点。

纹理中的灰度变化通常是因为景物的物理变化而产生的，如生长的草坪和树皮。将物体的这些物理特性用数字表示，即用图像的灰度来描述，它的视觉特性分为以下几点。

① 纹理的尺度。纹理的尺度表现的是纹理因为观测距离不同而有所变化的特性。图 4-7 是墙壁构成的纹理图案。图 4-7(a)是近距离拍摄的墙壁，图 4-7(b)是远距离拍摄的墙壁。虽然是同一物体的纹理，但因为观测距离的影响使理纹理的视觉效果有巨大的差异。

② 纹理的粗糙度。纹理基元是具有局部灰度特征的相邻像素的集合，可以用它的平均灰度、最大/最小灰度值、大小和形状等表示。基元之间的空间排列可以是规则的，也可以是随机的。纹理的粗糙度是按纹理基元的尺寸大小来划分的。

③ 纹理的规则性。纹理是否规则即纹理基元是否按照某种规律有序地排列。图 4-8(a)由纹理基元按确定的排列规则形成，为结构化纹理图像(有方向性)；图 4-8(b)和图 4-8(c)是类似鹅卵石的近似结构化纹理，存在一定不规则的纹理基元；图 4-8(d)是完全的随机性纹理，称为非规则性纹理。

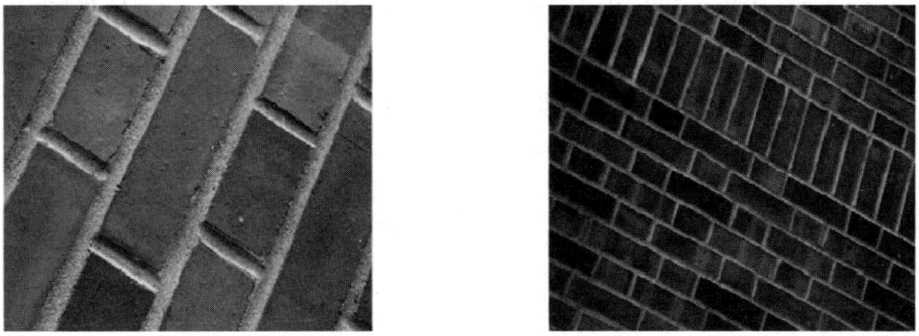

(a) (b)

图 4-7 墙壁构成的纹理图案

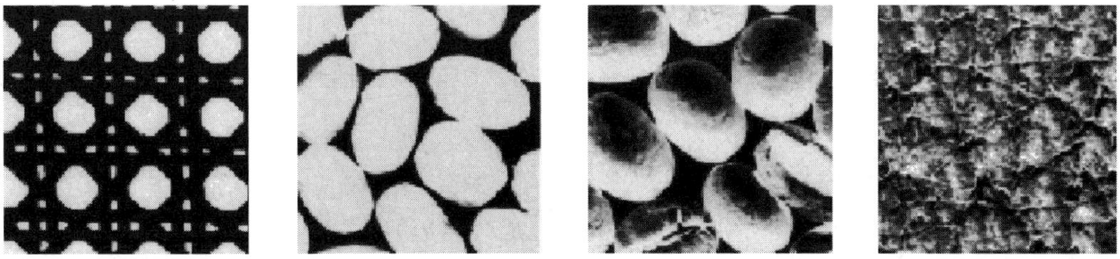

(a) (b) (c) (d)

图 4-8 纹理的规则性

④ 纹理的区域性。纹理是一个区域特性，单个像素点的纹理是没有任何意义的。它是跟周围图像及纹理图像都相互联系的一个整体，其定义必须包括空间邻域的灰度分布，领域的大小取决于纹理的类型和纹理基元大小。

以统计为基础的灰度共生矩阵是常用的纹理特征描述方法。由于纹理是由灰度分布在空间位置上反复出现而形成的，因而在图像空间中相隔某距离的两像素之间会存在一定的灰度关系，即图像中灰度的空间相关特性。灰度共生矩阵就是通过研究灰度的空间相关特性来描述纹理的。

灰度直方图是对图像上单个像素具有某个灰度进行统计而得到的结果，而灰度共生矩阵是对图像上保持某距离的两像素分别具有某灰度的状况进行统计而得到的结果。

取图像($N\times N$)中任意一点(x,y)及偏离它的另一点$(x+a,y+b)$，设该点对的灰度值为(g_1,g_2)。令点(x,y)在整个画面上移动，则会得到各处的灰度值(g_1,g_2)，设灰度值的级数为k，则(g_1,g_2)的取值组合共有k^2种情况。

对于整个画面，统计出每一种灰度值(g_1,g_2)出现的次数，然后排列成一个$k\times k$的方阵，再用灰度值(g_1,g_2)出现的总次数将它们归一化为出现的概率$p(g_1,g_2)$，这样的方阵称为灰度共生矩阵。

距离差分值(a,b)取不同的数值组合，可以得到不同情况下的联合概率矩阵。(a,b)取值要根据纹理周期分布的特性来选择。对于较细的纹理，应选取(1,0)、(1,1)、(2,0)等小的差分值。

当$a=1,b=0$时，像素对是水平的，即0°扫描；当$a=0,b=1$时，像素对是垂直的，即90°扫描；当$a=1,b=1$时，像素对是右对角线的，即45°扫描；当$a=-1,b=1$时，像素对是左对角线，即135°扫描。

这样，两个像素灰度级同时发生的概率就将(x,y)的空间坐标转化为“灰度对”(g_1,g_2)的描述，形成了灰度共生矩阵$\boldsymbol{P}$，其中各元素定义为

$$p(g_1,g_2)=\frac{\#(g_1,g_2)}{R}$$

其中

$$R=\begin{cases}N(N-1), & \theta=0^\circ 或 \theta=90^\circ \\ (N-1)^2, & \theta=45^\circ 或 \theta=135^\circ\end{cases}$$

从直觉上来说，如果图像是由具有相似灰度值的像素块构成的，则灰度共生矩阵的对角线元素会有比较大的值；如果图像像素灰度值在局部有变化，那么偏离对角线的元素会有比较大的值。

基于灰度共生矩阵$\boldsymbol{P}$可定义和计算几个常用的纹理描述符，可用一些标量来表示灰度共生矩阵的特征。

(1) ASM(Angular Second Moment)能量

$$\mathrm{ASM}=\sum_{g_1}\sum_{g_2}p^2(g_1,g_2) \tag{4-22}$$

ASM能量是灰度共生矩阵元素值的平方和，反映了图像灰度分布均匀程度和纹理粗细度。如果灰度共生矩阵的所有值均相等，则ASM值小；相反，如果其中一些值大而其他值小，则ASM值大。当灰度共生矩阵中元素集中分布时，此时ASM值大。ASM值大表明一种较均一和规则变化的纹理模式。

(2) 对比度(contrast)

$$\mathrm{CON}=\sum_{g_1}\sum_{g_2}|g_1-g_2|\,p(g_1,g_2) \tag{4-23}$$

对比度反映了图像的清晰度和纹理沟纹深浅的程度。纹理沟纹越深，其对比度越大，视觉效果越清晰。灰度差即对比度大的像素对越多，CON 越大。灰度共生矩阵中远离对角线的元素值越大，即图像亮度值变化越快，则 CON 越大。

(3) IDM(Inverse Different Moment)相关度

$$\mathrm{IDM} = \sum_{g_1}\sum_{g_2} \frac{p(g_1, g_2)}{1+(g_1-g_2)^2} \tag{4-24}$$

它可度量空间灰度共生矩阵元素在行或列方向上的相似程度，因此，IDM 反映了图像中局部灰度的相关性。如果矩阵元素值均匀相等，则 IDM 就大；相反，如果矩阵元素值相差很大，则 IDM 小。

(4) 熵(entropy)

$$\mathrm{ENT} = -\sum_{g_1}\sum_{g_2} p(g_1, g_2)\log p(g_1-g_2) \tag{4-25}$$

若灰度共生矩阵值分布均匀，即图像近乎随机或噪声很大，熵会有较大值。

熵是图像所具有的信息量的度量，纹理信息也属于图像的信息，是一个随机性的度量。当灰度共生矩阵中所有元素有最大的随机性、空间共生矩阵中所有的值几乎相等，以及共生矩阵中元素分散分布时，熵较大。它表示了图像中纹理的非均匀程度或复杂程度。

最后，可以用一个向量将以上特征拼接在一起。例如，当距离差分值(a,b)取 4 种值的时候，可以综合得到表示向量，如式(4-26)所示。综合后的表示向量就可以看作对图像纹理的一种描述。

$$\boldsymbol{h} = (\mathrm{ASM1}, \mathrm{CON1}, \mathrm{IDM1}, \mathrm{ENT1}, \cdots, \mathrm{ASM4}, \mathrm{CON4}, \mathrm{IDM4}, \mathrm{ENT4}) \tag{4-26}$$

3. 局部特征提取

物体检测识别需要提取图像中的局部特征，如对图像中的物体进行边缘检测、角点检测。

边缘位置处灰度的明显变化可借助于计算灰度的导数/微分来检测。在边缘位置处，一阶导数的幅度值会出现局部极值，而二阶导数的幅度值会出现过零点，所以可通过计算灰度导数并检测局部极值点或过零点来确定边缘位置。实际上在数字图像中求导是利用差分来近似微分的，可借助于微分算子通过卷积来完成。

梯度算子是一阶导数算子，Prewitt 算子的两个模板如图 4-9(a)所示，Sobel 算子的两个模板如图 4-9(b)所示。常用的二阶导数算子有 Laplace 算子，如图 4-9(c)所示。

$$\begin{pmatrix} -1 & 0 & 1 \\ -1 & 0 & 1 \\ -1 & 0 & 1 \end{pmatrix}\begin{pmatrix} 1 & 1 & 1 \\ 0 & 0 & 0 \\ -1 & -1 & -1 \end{pmatrix} \qquad \begin{pmatrix} -1 & 0 & 1 \\ -2 & 0 & 2 \\ -1 & 0 & 1 \end{pmatrix}\begin{pmatrix} 1 & 2 & 1 \\ 0 & 0 & 0 \\ -1 & -2 & -1 \end{pmatrix} \qquad \begin{pmatrix} 0 & -1 & 0 \\ -1 & 4 & -1 \\ 0 & -1 & 0 \end{pmatrix}\begin{pmatrix} -1 & -1 & -1 \\ -1 & 8 & -1 \\ -1 & -1 & -1 \end{pmatrix}$$

(a) (b) (c)

图 4-9 梯度算子

使用算子在图像上进行卷积运算的过程如图 4-10 所示。算子模板也称为卷积核、滤波器，图 4-10(a)所示为一个 3×3 的卷积核。卷积核在图像上进行卷积运算，如图 4-10(b)的左上角所示，对应位相乘，再把它们相加，得到 4，如图 4-10(c)所示；然后卷积核在图像上向右移动一格(假设步长为 1)，继续运算，得到的值计入 4 的右侧；卷积核继续在图像上向右、向下移动，进行卷积运算，最终得到特征映射(feature map)。

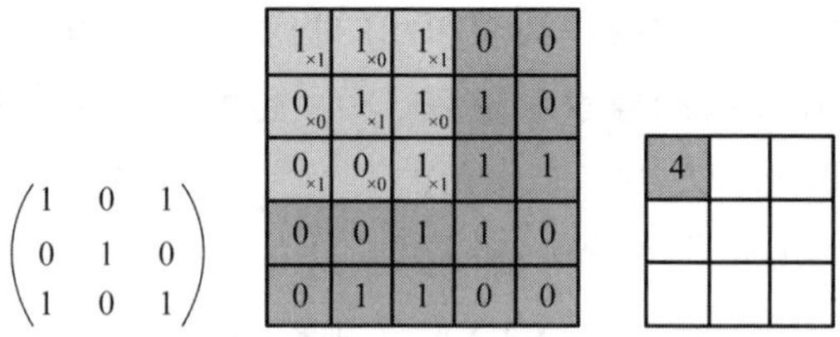

(a) 卷积核　　(b) 图像　　(c) 特征映射

图 4-10　卷积运算

使用卷积核进行边缘检测的效果如图 4-11 所示。图 4-11(a)是原图。图 4-11(b)是使用 Prewitt 滤波器对图 4-11(a) 进行垂直方向上的边缘检测而得到的结果，4-11(c)是使用 Prewitt 滤波器对图 4-11(a)进行水平方向上的边缘检测而得到的结果，图 4-11(d)是 Prewitt 滤波器两个方向上平方和的平方根计算所得的结果。

边缘检测代码

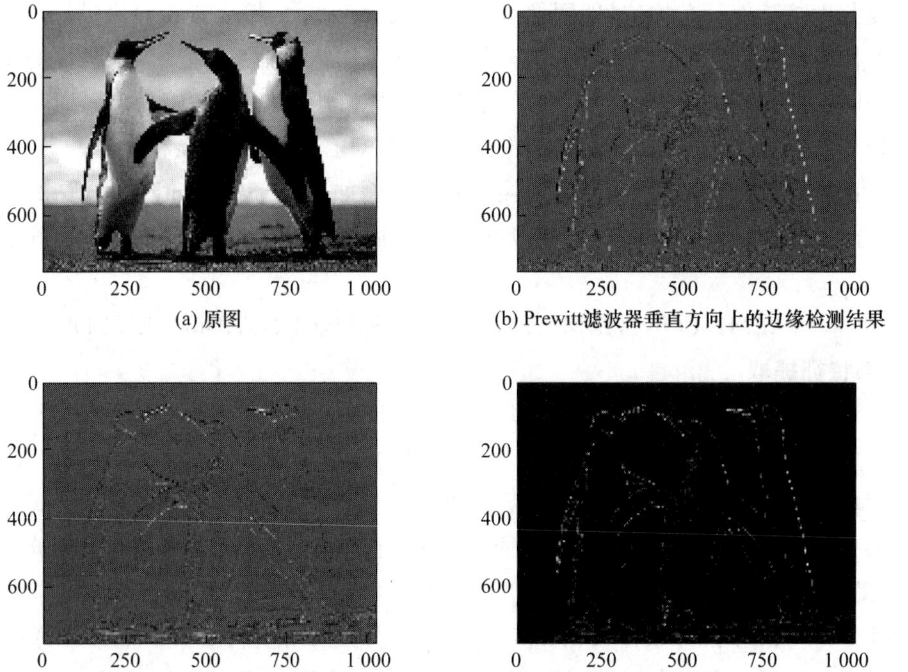

(a) 原图　　(b) Prewitt滤波器垂直方向上的边缘检测结果

(c) Prewitt滤波器水平方向上的边缘检测结果　　(d) Prewitt滤波器综合两个方向上的边缘检测结果

图 4-11　边缘检测

角点是指轮廓之间的交点，该点附近区域的像素点无论在梯度方向上还是其梯度幅值上有着较大变化，所以角点是图像中很重要的特征。

Harris 角点检测的基本思想是：使用一个固定窗口在图像上进行任意方向上的滑动，比较滑动前与滑动后两种情况下窗口中像素灰度的变化程度，如果任意方向上的滑动都有着较大灰度变化，那么可以认为该窗口中存在角点。

Harris 角点检测算法在图像旋转的情况下也可以使用，但是如果减小(或者增加)图像的大小，可能会丢失图像的某些部分，甚至导致检测到的角点发生改变。尺度不变特征变换(Scale-Invariant Feature Transform，SIFT)算法可以解决这个问题。SIFT 算法利用差分高斯(Different of Gaussian，DoG)来提取关键点。DoG 的思想是：用不同的尺度空间因子(正态

分布的标准差 σ）对图像进行平滑，然后比较平滑后图像的区别，差别大的像素就可能是特征点。剔除得到的所有特征点中一些不好的特征点，SIFT 算法会把剩下的每个特征点用一个 128 维的特征向量进行描述。一幅图像经过 SIFT 算法后可以表示为一个 128 维的特征向量集。

SIFT 特征具有平移、旋转、尺度和光照不变性，在计算机视觉中应用广泛，但是其计算量相对比较大，SURF 是一种加速版的 SIFT，在保证特征准确提取的前提下大大提高了计算效率，算法的性能有较大的提升。这类算法还有 FAST 算法、ORB 算法等。无论哪种算法，都能提取图像的关键信息，得到一个局部特征描述符。传统的图像应用中，往往是先进行特征提取，再针对应用目标进行处理。

卷积神经网络把特征提取与深度神经网络融合在一起，有诸多优势，如避免了应用目标对特征提取的依赖，可以自动学习卷积核权重等，把图像处理的相关应用向前推进了一大步。第 13 章将详细讲解卷积神经网络。

第 2 部分

概率图模型应用篇

第5章

高斯混合模型

高斯混合模型课件

5.1 海量图像聚类

5.1.1 应用分析

随着智能手机的普及,互联网上的图像数据呈爆炸式增长,如何管理这些图像成为网站必须面临的挑战。针对海量图像,最好是能够分类存储,便于检索。但是这个应用中并没有明确的分类类别,也很难界定分类类别。海量图像无法进行准确分类的根本原因在于人们对图像语义理解的多义性。另外,分类算法需要先用标注好的训练数据集进行模型训练,然后才能用于分类,可是面对海量图像,没有标注且无法标注数据的类别。所以,这个问题需要采用聚类的方法,自主发现类别簇,达到近似分类管理的目的。

除了互联网上的海量图像,在一些专门领域也需要图像聚类分析,如商标管理、邮票资料管理、医疗影像管理等。在其他大数据应用领域,也常常需要采用聚类的方法处理数据,达成应用目标。

聚类是一种无监督机器学习方法。聚类算法有很多种。本章以图像聚类为应用目标,讲解高斯混合模型(Gaussian Mixture Model,GMM)。

5.1.2 数据分析

图像数据集一般存储在一个路径下,每幅图像保存为一个图片文件,文件后缀可能是jpg、png、bmp、gif等。

针对这样的数据,首先需要进行图像分析和特征提取,操作流程如图5-1所示。然后进行建模,实现图像聚类的目标。

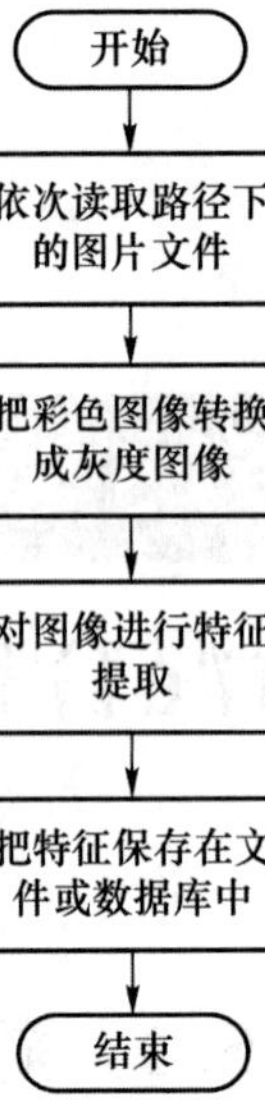

图 5-1 图像分析和特征提取流程

下面的代码可实现简单的颜色特征提取。

```
def getRGBS(img):
    image = cv2.cvtColor(img,cv2.COLOR_BGR2RGB)
    # the figure and the flattened feature vector
    chans = cv2.split(image)
    colors = ("r", "g", "b")
    features = []
    featuresSobel = []
    for (chan, color) in zip(chans, colors):
        hist = cv2.calcHist([chan], [0], None, [8], [0, 256])
        hist = hist/hist.sum()
        features.extend(hist[:,0].tolist())
        features.extend(featuresSobel)

    Grayscale = cv2.cvtColor(img, cv2.COLOR_BGR2GRAY)
    histG = cv2.calcHist([chan], [0], None, [8], [0, 256])
    histG = histG / histG.sum()
    features.extend(histG[:,0].tolist())

    grad_x = np.abs(cv2.Sobel(Grayscale, cv2.CV_16S, 1, 0, ksize = 3, scale = 1,
delta = 0, borderType = cv2.BORDER_DEFAULT))
    grad_y = np.abs(cv2.Sobel(Grayscale, cv2.CV_16S, 0, 1, ksize = 3, scale = 1,
delta = 0, borderType = cv2.BORDER_DEFAULT))
    abs_grad_x = cv2.convertScaleAbs(grad_x)
    abs_grad_y = cv2.convertScaleAbs(grad_y)
```

```
    dst = cv2.addWeighted(abs_grad_x,0.5,abs_grad_y,0.5,0)
    histSobel = cv2.calcHist([dst], [0], None, [8], [0, 256])
    histSobel = histSobel / histSobel.sum()
    features.extend(histSobel[:,0].tolist())

    hsv = cv2.cvtColor(image, cv2.COLOR_BGR2HSV)
    chans = cv2.split(hsv)
    S = chans[1]
    hist2 = cv2.calcHist([S], [0], None, [8], [0, 256])
    hist2 = hist2/hist2.sum()
    features.extend(hist2[:,0].tolist())
    return features
```

图像特征提取大多是基于灰度图的，所以常常需要把彩色图像转换成灰度图。图像特征可以是颜色特征、纹理特征等全局特征，也可以采用 Sobel 算子等获取图像的局部特征，请参见第 4.5 节。无论采用怎样的特征提取方法，结果都是把一个图片文件转换为一个特征向量，可以说特征向量就代表了图像的语义。

后续的建模都是在特征向量的基础上进行的，而图像内容的多义性就看提取怎样的图像特征了。所以说，特征提取很重要，应用效果好不好在很大程度上取决于提取的特征。在实际应用中，常常需要根据应用目标有针对性地进行特征提取。

5.2 应用建模

下面介绍多元高斯模型。用一个漏斗向桌面(二维平面)撒下米粒，米粒堆成一个小山，可以看作一个二元高斯分布。将其扩展到高维空间，例如，每幅图像有 J 维特征，假设 J 维随机向量 $\boldsymbol{x}$ 服从多元高斯分布，其概率密度函数如式(5-1)所示。

$$p(\boldsymbol{x})=\mathcal{N}(\boldsymbol{x}\,|\,\boldsymbol{\mu},\boldsymbol{\Sigma})=\frac{1}{(2\pi)^{\frac{J}{2}}\,|\boldsymbol{\Sigma}|^{\frac{1}{2}}}\mathrm{e}^{-\frac{1}{2}(\boldsymbol{x}-\boldsymbol{\mu})^{\mathrm{T}}\boldsymbol{\Sigma}^{-1}(\boldsymbol{x}-\boldsymbol{\mu})} \tag{5-1}$$

其中 $\boldsymbol{\mu}$ 是 J 维均值向量，$\boldsymbol{\Sigma}$ 是 $J\times J$ 的协方差矩阵，它们是多元高斯分布的参数。为了明确多元高斯分布的参数，也常常将概率密度函数记为 $p(\boldsymbol{x}\,|\,\boldsymbol{\mu},\boldsymbol{\Sigma})$。

多元高斯分布针对某一维变量的边缘分布仍然是高斯分布。

多元高斯分布针对某一维变量的条件分布仍然是高斯分布，这是对条件维度进行“切片”的结果。

GMM 是 K 个多元高斯分布的混合。例如，有 3 个漏斗向桌面(二维平面)撒下米粒，$J=2$，$K=3$。我们可能观测到混叠在一起的 3 个小山，却不知道某个米粒 $\boldsymbol{x}^i$ 是由哪个漏斗产生的。所以 GMM 引入一个隐变量 z，$z^i\in\{1,2,\cdots,k,\cdots,K\}$，表示第 i 个样本由其中第 k 个漏斗生成。这里的 K 个高斯分布正是我们想要知道的类别簇。

服从 GMM 的独立同分布的数据集中，样本 $\boldsymbol{x}^i$ 的生成过程可以描述为：

① 从 K 个高斯分布中选择一个。可以假设隐随机变量 z 服从多项分布，如式(5-2)所示。

$$p(z^i)=\mathrm{Mult}(z^i\,|\,\pi_0,\pi_1,\cdots,\pi_K) \tag{5-2}$$

② 按照第 k 个高斯分布生成一个样本。可以假设在先验分布的条件下，样本 $\boldsymbol{x}^i$ 服从多元高斯分布，如式(5-3)所示。

$$p(\boldsymbol{x}^i \mid z^i=k)=\mathcal{N}(\boldsymbol{x}^i \mid \boldsymbol{\mu}_k, \boldsymbol{\Sigma}_k) \tag{5-3}$$

GMM 的联合概率分布如式(5-4)所示。其概率图模型如图 5-2 所示。

$$p(\boldsymbol{x}^i, z^i \mid \theta) = p(z^i \mid \theta) p(\boldsymbol{x}^i \mid z^i, \theta) = \sum_{k=1}^{K} \pi_k \mathcal{N}(\boldsymbol{x}^i \mid \boldsymbol{\mu}_k, \boldsymbol{\Sigma}_k) \tag{5-4}$$

其中模型参数为 $\theta=\{\pi, \boldsymbol{\mu}, \boldsymbol{\Sigma}\}$，$\pi_k$ 也被看作各个混合成分的权重，它们的和为 1，即 $\sum_{k=1}^{K} \pi_k = 1$。

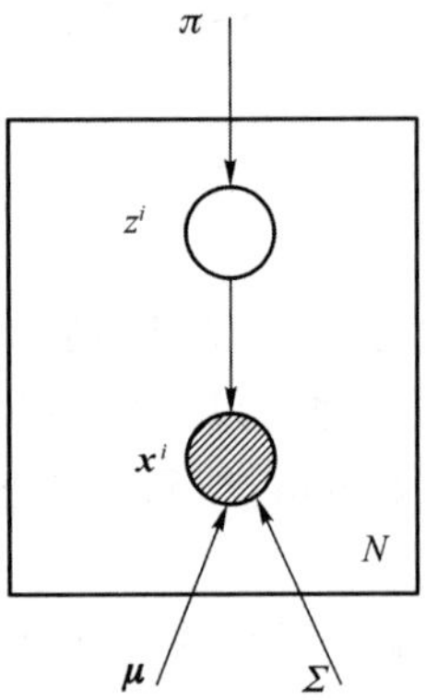

图 5-2 高斯混合模型的概率图

总结一下，对于图像聚类问题，在图像的特征向量 $\boldsymbol{x}$ 中每一维都是一个实数，数值型特征可以看作高斯分布，每一维都是高斯分布，J 维随机向量 $\boldsymbol{x}$ 服从多元高斯分布。不同类别的图像是由 GMM 生成的，即每个图像都是 GMM 的样本。引入隐变量 z 表示类别簇，它服从多项分布，如果知道各个图像属于哪个类别簇，就实现了聚类的目的。图像的生成过程可以描述为：每个图像样本取自某一个类别簇，在这个条件下，它的特征向量 $\boldsymbol{x}$ 服从多元高斯分布。

5.3 模型推断与学习

5.3.1 模型推断

聚类问题的目标就是根据观测到的样本数据集 $\{\boldsymbol{x}^i\}_{i=1}^N$，推断样本数据 $\boldsymbol{x}^i$ 所属的类别簇。样本 $\boldsymbol{x}^i$ 属于类别簇 k 的概率如式(5-5)所示。

$$r_k^i \equiv p(z^i = k \mid \boldsymbol{x}^i, \theta) = \frac{p(z^i = k \mid \theta) p(\boldsymbol{x}^i \mid z^i = k, \theta)}{\sum_{l=1}^{K} p(z^i = l \mid \theta) p(\boldsymbol{x}^i \mid z^i = l, \theta)} \tag{5-5}$$

取概率值最大的 k，把样本 $\boldsymbol{x}^i$ 划分为类别簇 k，如式(5-6)所示。

$$\hat{z}^i = \arg\max_k r_k^i \approx \arg\max_k \{\log p(z^i=k \mid \theta) + \log p(\boldsymbol{x}^i \mid z^i=k, \theta)\} \tag{5-6}$$

从式(5-6)可以看出，如果知道了隐变量的分布和条件分布，就可以推断图像所属的类别簇了。下面讲解模型学习，从海量图像数据中获得隐变量分布和条件分布的参数。

5.3.2 EM 算法

模型学习的目标是估计模型的参数 θ，但是 GMM 包含隐变量 z，我们只能观测到 $\boldsymbol{x}$，无法观测到 z，这样的“不完全数据”的联合概率分布无法使用最大似然估计求取解析解。EM (Expectation-Maximization)算法可以通过对 z 计算期望，来最大化已观测数据的对数“边界似然”，常用于“不完全数据”的联合分布参数估计。下面先讲解 EM 算法的原理，再采用 EM 算法进行迭代优化求解 GMM。

假定有观测数据集$\{\boldsymbol{x}^1,\boldsymbol{x}^2,\cdots,\boldsymbol{x}^N\}$，包含 N 个独立同分布样本。模型的联合概率 $p(\boldsymbol{x},z|\theta)$，参数 θ 和隐变量 z 是不可观测的，那么只能最大化观测数据的对数似然函数。

$$\mathrm{LL}(\theta)=\sum_{i=1}^{N}\log p(\boldsymbol{x}|\theta)=\sum_{i=1}^{N}\log\sum_{z^i}p(\boldsymbol{x}^i,z^i|\theta) \tag{5-7}$$

从式(5-7)可以看出，公式中包含和(或积分)的对数，不方便直接找到参数估计。所以，在含有隐变量的模型中，采用最大似然估计往往无法求取解析解。在这种情况下，可以采用 EM 算法来近似求解“不完全数据”的最大似然估计，但是 EM 算法只能找到局部最优解。

在最大似然估计中，常使用概率分布的对数似然函数，其中对数函数是上凸函数。

对于上凸函数，如二元函数 $f(x)=-x^2+3$，有如下 Jensen 不等式：

$$f(\theta x_1+(1-\theta)x_2)\geqslant\theta f(x_1)+(1-\theta)f(x_2)$$

其中 $0\leqslant\theta\leqslant1$。将其拓展到多维的情况，如式(5-8)所示。

$$f(\theta_1x_1+\theta_2x_2+\cdots+\theta_mx_m)\geqslant\theta_1f(x_1)+\theta_2f(x_2)+\cdots+\theta_mf(x_m) \tag{5-8}$$

其中 $\theta_1,\theta_2,\cdots,\theta_m\geqslant0$ 且 $\theta_1+\theta_2+\cdots+\theta_m=1$。

假设 $x_1,x_2,\cdots,x_m$ 是随机变量 $\boldsymbol{x}$ 的取值，$\theta_1,\theta_2,\cdots,\theta_m$ 是它们的概率，那么式(5-8)可以写作式(5-9)的形式。

$$f(\theta_1x_1+\theta_2x_2+\cdots+\theta_mx_m)=f(\mathbb{E}[x])\geqslant\theta_1f(x_1)+\theta_2f(x_2)+\cdots+\theta_mf(x_m)=\mathbb{E}[f(x)] \tag{5-9}$$

EM 算法采取的策略是找到 $\mathrm{LL}(\theta)$的下界函数，求该下界的最大值。按照 Jensen 不等式，有 $\log\mathbb{E}_z[p(\boldsymbol{x}|z,\theta)]\geqslant\mathbb{E}_z[\log p(\boldsymbol{x},z|\theta)]$。下面进行详细推导，如式(5-10)所示。令 q 是 z 的某一个分布，$q(z)=\dfrac{p(\boldsymbol{x},z|\theta)}{\sum_z p(\boldsymbol{x},z|\theta)}=p(z|\boldsymbol{x},\theta)$。

$$\begin{aligned}\mathrm{LL}(\theta)&=\sum_{i=1}^{N}\log\sum_{z^i}p(\boldsymbol{x}^i,z^i|\theta)\\&=\sum_{i=1}^{N}\log\sum_{z^i}q(z^i)\frac{p(\boldsymbol{x}^i,z^i|\theta)}{q(z^i)}\\&\geqslant\sum_{i=1}^{N}\sum_{z^i}q(z^i)\log\frac{p(\boldsymbol{x}^i,z^i|\theta)}{q(z^i)}\\&=\sum_{i=1}^{N}\sum_{z^i}q(z^i)\log p(\boldsymbol{x}^i,z^i|\theta)-\sum_{i=1}^{N}\sum_{z^i}q(z^i)\log q(z^i)\end{aligned} \tag{5-10}$$

定义 $Q(\theta)\equiv\sum_z q(z)\log p(\boldsymbol{x},z|\theta)=\sum_z p(z|\boldsymbol{x},\theta)\log p(\boldsymbol{x},z|\theta)$，$Q$ 函数是模型的联合概率对 z 的期望。

定义 $H(\theta) \equiv -\sum_z q(z)\log q(z) = -\sum_z p(z|\boldsymbol{x},\theta)\log p(z|\boldsymbol{x},\theta)$，$H$ 函数是隐变量 z 的熵。

基于熵的非负性，$Q(\theta)$ 为 $\mathrm{LL}(\theta)$ 的下界函数，最大化 $Q(\theta)$ 也就最大化 $\mathrm{LL}(\theta)$，这也就是“期望最大化”名称的由来。

EM 算法的另一个思想是：通过迭代的方法进行优化求解。若参数 θ 已知，则可以根据样本数据推断出隐变量 z 的分布（E 步）；若 z 的分布已知，则可以对参数 θ 求最大似然估计（M 步）。假设参数 θ 有一个初始取值 $\theta^{(0)}$，EM 算法就可以迭代求解。

① E 步：基于 $\theta^{(t)}$ 推断隐变量 z 的概率分布 $q(z)$，并计算对数似然函数关于 z 的期望 $Q(\theta)$。

② M 步：基于已观测变量 $\boldsymbol{x}$ 和当前 $z^{(t)}$，对参数 θ 求极大似然估计，记为 $\theta^{(t+1)}$，$\theta^{(t+1)} = \arg\max_\theta Q(\theta)$。

E 步和 M 步迭代计算，直到收敛。

下面证明 EM 算法的收敛性。

$$\log p(\boldsymbol{x}|\theta) = \log p(\boldsymbol{x},z|\theta) - \log p(z|\boldsymbol{x},\theta) \tag{5-11}$$

假设当前参数为 $\theta^{(t)}$，可以计算 z 的分布 $p(z|\boldsymbol{x},\theta^{(t)})$。式(5-11)两边同乘以 z 的分布，并对 z 求期望，等号左边是求一个常数的期望，所以有

$$\begin{aligned}\log p(\boldsymbol{x}|\theta) &= \sum_z p(z|\boldsymbol{x},\theta^{(t)})\log p(\boldsymbol{x},z|\theta) - \sum_z p(z|\boldsymbol{x},\theta^{(t)})\log p(z|\boldsymbol{x},\theta) \\ &= Q(\theta|\theta^{(t)}) + H(\theta|\theta^{(t)})\end{aligned} \tag{5-12}$$

$$\log p(\boldsymbol{x}|\theta^{(t)}) = Q(\theta^{(t)}|\theta^{(t)}) + H(\theta^{(t)}|\theta^{(t)}) \tag{5-13}$$

式(5-12)和式(5-13)两式相减：

$$\log p(\boldsymbol{x}|\theta) - \log p(\boldsymbol{x}|\theta^{(t)}) = Q(\theta|\theta^{(t)}) - Q(\theta^{(t)}|\theta^{(t)}) + H(\theta|\theta^{(t)}) - H(\theta^{(t)}|\theta^{(t)}) \tag{5-14}$$

根据 Gibbs 不等式，$H(\theta|\theta^{(t)}) \geqslant H(\theta^{(t)}|\theta^{(t)})$，所以式(5-14)可以写作式(5-15)。

$$\log p(\boldsymbol{x}|\theta) - \log p(\boldsymbol{x}|\theta^{(t)}) \geqslant Q(\theta|\theta^{(t)}) - Q(\theta^{(t)}|\theta^{(t)}) \tag{5-15}$$

因此，采用迭代的方法使 Q 函数值增加，就可以优化边缘对数似然函数 $\mathrm{LL}(\theta)$。

5.3.3 模型学习

GMM 的对数似然函数如式(5-16)所示。

$$\mathrm{LL}(\theta) = \sum_{i=1}^{N}\log\{p(z^i|\theta)p(\boldsymbol{x}^i|z^i,\theta)\} = \sum_{i=1}^{N}\log\sum_{k=1}^{K}\pi_k\,\mathcal{N}(\boldsymbol{x}^i|\boldsymbol{\mu}_k,\boldsymbol{\Sigma}_k) \tag{5-16}$$

下面采用 EM 算法对参数 θ 进行近似估计。

对数似然函数对 z 的期望如式(5-17)所示。

$$\begin{aligned}Q(\theta|\theta^{(t)}) &\equiv \mathbb{E}\left[\sum_{i=1}^{N}\log p(\boldsymbol{x}^i,z^i|\theta)\right] \\ &= \sum_{i=1}^{N}\mathbb{E}\left[\log\left[\prod_{k=1}^{K}(\pi_k\,\mathcal{N}(\boldsymbol{x}^i|\theta_k))^{\mathbb{I}(z^i=k)}\right]\right] \\ &= \sum_{i=1}^{N}\sum_{k=1}^{K}\mathbb{E}\left[\mathbb{I}(z^i=k)\right]\log\left[\pi_k\,\mathcal{N}(\boldsymbol{x}^i|\theta_k)\right] \\ &= \sum_{i=1}^{N}\sum_{k=1}^{K}p(z^i=k|\boldsymbol{x}^i,\theta^{(t)})\log\left[\pi_k\,\mathcal{N}(\boldsymbol{x}^i|\theta_k)\right] \\ &= \sum_{i=1}^{N}\sum_{k=1}^{K}r_k^i\log\pi_k + \sum_{i=1}^{N}\sum_{k=1}^{K}r_k^i\log\mathcal{N}(\boldsymbol{x}^i|\theta_k)]\end{aligned} \tag{5-17}$$

其中，r_k^i 的定义如式(5-5)所示，是在参数已知的情况下，样本 i 属于类别 k 的概率。

假设参数 θ 有一个初始取值 $\theta^{(0)}$，EM 算法的迭代求解过程如下。

① E 步：基于 $\theta^{(t)}$ 推断隐变量 z 的概率分布。若给定数据和当前参数，则第 i 的样本属于第 k 个簇的概率如下：

$$r_k^i=\frac{\pi_k\,\mathcal{N}(\boldsymbol{x}^i\,|\,\boldsymbol{\mu}_k,\boldsymbol{\Sigma}_k)}{\sum_{l=1}^{K}\pi_l\,\mathcal{N}(\boldsymbol{x}^i\,|\,\boldsymbol{\mu}_l,\boldsymbol{\Sigma}_l)} \tag{5-18}$$

② M 步：基于已观测变量 $\boldsymbol{x}$ 和当前 $z^{(t)}$，$z^{(t)}$ 的计算如式(5-6)所示，对参数 θ 求最大似然估计 $\theta^{(t+1)}$。

若参数 $\theta=\{(\pi_k,\boldsymbol{\mu}_k,\boldsymbol{\Sigma}_k)\,|\,1\leqslant k\leqslant K\}$ 能使 Q 函数最大化，则由 $\frac{\partial Q}{\partial \boldsymbol{\mu}_k}=0$ 得 $\sum_{i=1}^{N}r_k^i(\boldsymbol{x}^i-\boldsymbol{\mu}_k)=0$，于是解得参数如式(5-19)所示。

$$\boldsymbol{\mu}_k=\frac{\sum_{i=1}^{N}r_k^i\boldsymbol{x}^i}{\sum_{i=1}^{N}r_k^i} \tag{5-19}$$

同理，可得式(5-20)：

$$\boldsymbol{\Sigma}_k=\frac{\sum_{i=1}^{N}r_k^i(\boldsymbol{x}^i-\boldsymbol{\mu}_k)(\boldsymbol{x}^i-\boldsymbol{\mu}_k)^{\mathrm{T}}}{\sum_{i=1}^{N}r_k^i}=\frac{\sum_{i=1}^{N}r_k^i\boldsymbol{x}^i(\boldsymbol{x}^i)^{\mathrm{T}}}{r_k}-\boldsymbol{\mu}_k\boldsymbol{\mu}_k^{\mathrm{T}} \tag{5-20}$$

对于权重 π_k，除了要最大化 Q 函数外，还需满足“和为 1”，其拉格朗日形式如式(5-21)所示。

$$Q(\theta|\theta^{(t)})+\lambda\Big(\sum_{k=1}^{K}\pi_k-1\Big) \tag{5-21}$$

令式(5-21)对 π_k 的导数为 0，$\frac{\sum_{i=1}^{N}r_k^i}{\pi_k}+\lambda=0$，式子两边同时乘以 π_k，得 $\sum_{i=1}^{N}r_k^i+\lambda\pi_k=0$，于是有式(5-22)：

$$\pi_k=-\frac{1}{\lambda}\sum_{i=1}^{N}r_k^i \tag{5-22}$$

又因为 $1=\sum_{k=1}^{K}\pi_k=-\frac{1}{\lambda}\sum_{k=1}^{K}\sum_{i=1}^{N}r_k^i=-\frac{N}{\lambda}$，所以 $\lambda=-N$。将其代入式(5-22)，可以解得 π_k，如式(5-23)所示。

$$\pi_k=\frac{\sum_{i=1}^{N}r_k^i}{N} \tag{5-23}$$

式(5-19)、式(5-20)和式(5-23)即模型的参数估计。这些公式的计算是基于最大似然估计 $\theta^{(t)}=\arg\max_{\theta}Q(\theta|\theta^{(t-1)})$ 求得的近似解。

如果要进行参数的最大后验估计，概率图模型如图 5-3 所示，优化目标要修改为式(5-24)：

$$\theta^{(t)}=\arg\max_{\theta}Q(\theta|\theta^{(t-1)})+\log p(\theta) \tag{5-24}$$

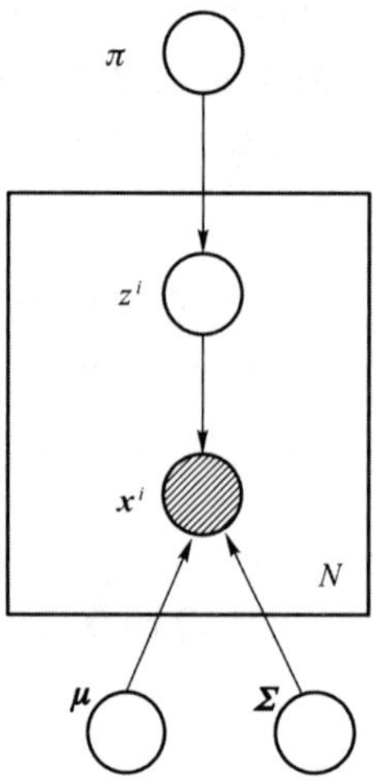

图 5-3 GMM 的后验概率图模型

K 均值(K-means)聚类算法是 GMM 的特例，其中，假设 z 服从均匀分布 $\pi_k=\frac{1}{K}$，这样就不需要估计这个参数了，另外假设 $\boldsymbol{\Sigma}_k=\sigma^2 I_D$，只需要估计 $\boldsymbol{\mu}_k$。所以在 E 步，给定数据和当前参数 $\boldsymbol{\mu}_k$ 的情况下，可以使用每个数据样本与各个类中心的欧氏距离，代替样本 $\boldsymbol{x}^i$ 属于类别 k 的概率 r_k^i。于是推断目标如式(5-25)所示。

$$\hat{z}^i=\arg\min_k \|\boldsymbol{x}^i-\boldsymbol{\mu}_k\|_2^2 \tag{5-25}$$

例 5-1： 验证 GMM 的聚类性能

生成两个三元高斯分布的数据，Python 代码如下：

```
np.random.seed(0)
mu1_fact = (0, 0, 0)
cov1_fact = np.diag((1, 2, 3))
data1 = np.random.multivariate_normal(mu1_fact, cov1_fact, 400)
mu2_fact = (2, 2, 1)
cov2_fact = np.array(((1, 1, 3), (1, 2, 1), (0, 0, 1)), dtype = np.float)
cov2_fact / = 3
data2 = np.random.multivariate_normal(mu2_fact, cov2_fact, 100)
data = np.vstack((data1, data2))
y = np.array([True] * 400 + [False] * 100)
```

EM 算法的 Python 实现代码如下：

```
num_iter = 100
n, d = data.shape
mu1 = data.min(axis = 0)
mu2 = data.max(axis = 0)
sigma1 = np.identity(d)
sigma2 = np.identity(d)
pi = 0.5
```

EM 算法代码

```
# EM
for i in range(num_iter):
    # E Step
    norm1 = multivariate_normal(mu1, sigma1)
    norm2 = multivariate_normal(mu2, sigma2)
    tau1 = pi * norm1.pdf(data)
    tau2 = (1 - pi) * norm2.pdf(data)
    gamma = tau1 / (tau1 + tau2)
    # M Step
    mu1 = np.dot(gamma, data) / np.sum(gamma)
    mu2 = np.dot((1 - gamma), data) / np.sum((1 - gamma))
    sigma1 = np.dot(gamma * (data - mu1).T, data - mu1) / np.sum(gamma)
    sigma2 = np.dot((1 - gamma) * (data - mu2).T, data - mu2) / np.sum(1 - gamma)
    pi = np.sum(gamma) / n
    print (i, ":\t", mu1, mu2)
```

EM 算法的聚类结果如图 5-4 所示。聚类准确率为 95.60%。

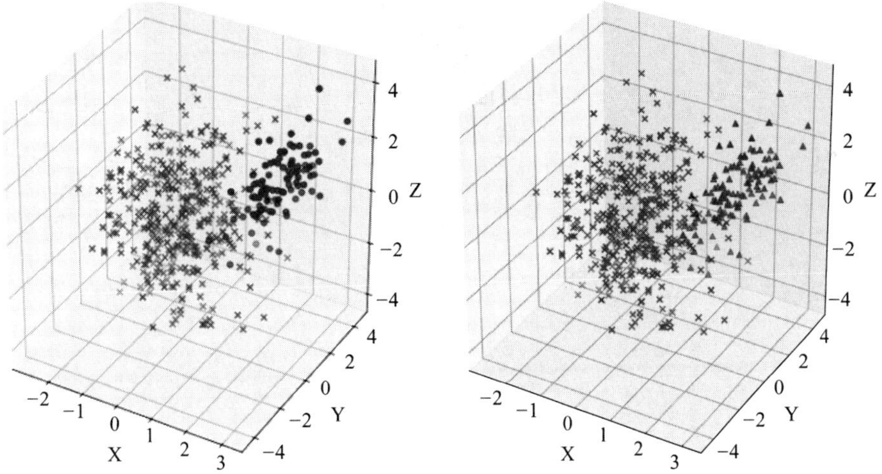

(a) 原始数据　　(b) 聚类结果

图 5-4　EM 算法效果图

例 5-2：图像聚类

在图像聚类任务中，为了方便人工验证，只收集了 16 幅图像，每幅图像切分为 2 个块，可以将其看作 32 个样本，使用 openCV 提取颜色特征。基于颜色特征进行 GMM 聚类，可以采用 EM 算法，也可以直接使用 sklearn 的 GaussianMixture 模型，聚类为 5 类，代码如下：

```
FM = getFeaturesFromDir('image')
gmm = GaussianMixture(n_components = 5).fit(FM)
labels = gmm.predict(FM)
print(labels)
x = np.arange(0, 32, 1)
```

GMM 实现代码

```
plt.plot(x,labels)
```

图像聚类结果如图 5-5 所示。聚类准确率为 80%。在实际应用中，这样的性能指标不太令人满意，究其原因主要是受特征提取性能的影响。4.5 节讲解了一些图像特征提取的方法，在实际应用中，可以使用 openCV 的函数提取高级别的特征，也可以采用深度神经网络自动提取图像的多层特征。

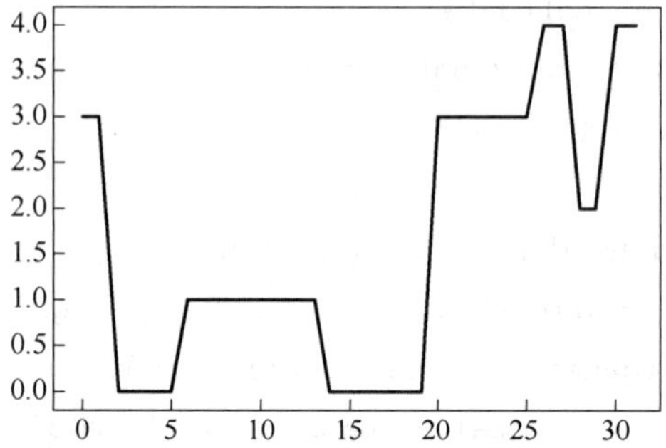

图 5-5　图像聚类结果

一般来讲，无监督的聚类学习性能不如有监督的分类学习性能好。

第 5 章讲解视频

第 6 章

隐变量模型

隐变量模型课件

6.1 因子分析

为了体现观测数据的相关性，应用建模时常常采用隐变量模型，即假设数据是由某些不可见的共同原因造成的。例如，在高斯混合模型中，隐变量表示从多个高斯分布中选择某一个的概率，然后按照高斯分布生成观测数据，隐变量 z^i 取离散值，假设服从多项分布。在这一节里，按照隐变量和观测变量的不同概率分布，讲解几种隐变量模型。

隐变量模型是有向图模型，如图 6-1(a)所示，表示 $\boldsymbol{z}$ 是造成数据 $\boldsymbol{x}$ 的原因。假设 $\boldsymbol{x}$ 和/或 $\boldsymbol{z}$ 为随机向量，可以表示为图 6-1(b)。

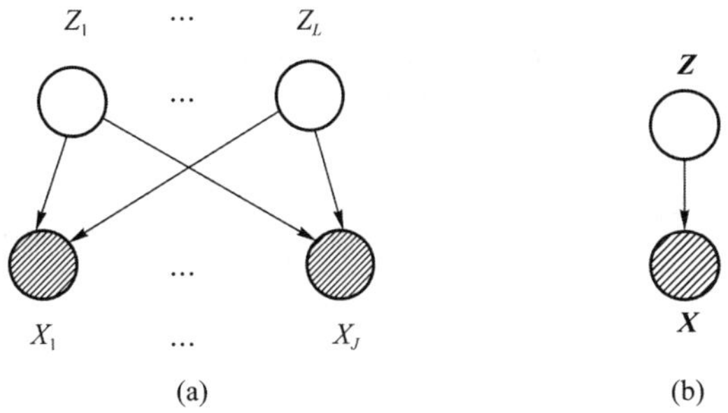

图 6-1　隐变量模型的通用概率图

如果隐向量 $\boldsymbol{z}$ 取连续实数值，假设其服从多元高斯分布。

$$p(\boldsymbol{z})=\mathcal{N}(\boldsymbol{z}\,|\,\boldsymbol{\mu}_0,\boldsymbol{\Sigma}_0)$$

如果观测量 $\boldsymbol{x}$ 也是连续值变量，假设条件概率也服从多元高斯分布。

$$p(\boldsymbol{x}\,|\,\boldsymbol{z},\theta)=\mathcal{N}(\boldsymbol{x}\,|\,\boldsymbol{W}\boldsymbol{z}+\boldsymbol{\mu},\boldsymbol{\Psi})$$

其中，$\boldsymbol{z}$ 是 L 维随机向量，$\boldsymbol{x}$ 是 J 维随机向量，参数 $\boldsymbol{W}$ 是 $J\times L$ 维的矩阵，$\boldsymbol{\mu}$ 是 J 维随机向量，$\boldsymbol{\Psi}$ 是 $J\times J$ 维对角阵，如式(6-1)所示。

$$\boldsymbol{\Psi}=\begin{bmatrix}\sigma_1^2 & & & \\ & \sigma_2^2 & & \\ & & \ddots & \\ & & & \sigma_J^2\end{bmatrix} \tag{6-1}$$

该模型常常被称为因子分析(Factor Analysis,FA)。隐变量的作用是捕获不同观测量之间的依赖关系。

高斯分布经过线性系统,仍然是高斯分布,所以观测量 $\boldsymbol{x}$ 的边缘分布为多元高斯分布,如式(6-2)所示。

$$\begin{aligned}p(\boldsymbol{x}) &= \int p(\boldsymbol{x},z)\mathrm{d}z = \int p(\boldsymbol{x}|z)p(z)\mathrm{d}z \\ &= \int \mathcal{N}(\boldsymbol{x}|\boldsymbol{W}z+\boldsymbol{\mu},\boldsymbol{\Psi})\,\mathcal{N}(z|\boldsymbol{\mu}_0,\boldsymbol{\Sigma}_0)\mathrm{d}z \\ &= \mathcal{N}(\boldsymbol{x}|\boldsymbol{W}\boldsymbol{\mu}_0+\boldsymbol{\mu},\boldsymbol{\Psi}+\boldsymbol{W}\Sigma_0\boldsymbol{W}^{\mathrm{T}})\end{aligned} \tag{6-2}$$

式(6-2)在简化后看起来会更直观一些,如果隐变量 $p(\boldsymbol{z})=\mathcal{N}(\boldsymbol{z}|\boldsymbol{0},\boldsymbol{I})$,则 $\boldsymbol{x}$ 服从多元高斯分布,如式(6-3)所示。

$$p(\boldsymbol{x})=\mathcal{N}(\boldsymbol{x}|\boldsymbol{\mu},\boldsymbol{\Psi}+\boldsymbol{W}\boldsymbol{W}^{\mathrm{T}}) \tag{6-3}$$

如果条件分布的方差取相同值 σ^2,$\boldsymbol{\Psi}=\sigma^2\boldsymbol{I}$,且 $\boldsymbol{W}$ 是正交矩阵时,模型被称为概率主成分分析(Probabilistic Principal Component Analysis, PPCA)。

当 $\sigma^2\to 0$,PPCA 退化为 PCA。

如果隐向量 z 是非高斯分布,则称该模型为独立成分分析(Independent Component Analysis,ICA)。

当隐向量和观测量服从不同的概率分布时,表 6-1 列出了常见的隐变量模型。

表 6-1 常见的隐变量模型

$p(\boldsymbol{x}\|\boldsymbol{h})$	$p(\boldsymbol{h})$	模型
多元高斯分布	多项分布	高斯混合模型(第 5 章)
多元高斯分布	多元高斯分布	因子分析/概率主成分分析($\boldsymbol{W}$ 正交)
多元高斯分布	拉普拉斯分布	概率独立成分分析($\boldsymbol{W}$ 正交)/稀疏编码
多项分布	狄利克雷分布	LDA(Latent Dirichlet Allocation)主题模型
二项分布	二项分布	二值信念网络

各种隐变量模型可以作为深度神经网络的组成模块,如可以设计基于 PCA 的非线性自编码器、基于 ICA 的非线性生成模型以及深度信念网络。

6.2 概率主成分分析

在概率主成分分析中,假设数据 $\boldsymbol{x}$ 是由一个隐向量 z 生成的,并且隐向量 z 以及条件概率 $p(\boldsymbol{x}|\boldsymbol{z})$ 的分布均服从多元高斯分布,并且,$\boldsymbol{\mu}_0=\boldsymbol{0}$,$\boldsymbol{\Sigma}_0=\boldsymbol{I}$,$\boldsymbol{\mu}=\boldsymbol{0}$,$\boldsymbol{\Psi}=\sigma^2\boldsymbol{I}$,如式(6-4)和式(6-5)所示。

$$p(\boldsymbol{z})=\mathcal{N}(\boldsymbol{z}|\boldsymbol{0},\boldsymbol{I}) \tag{6-4}$$

$$p(\boldsymbol{x}|\boldsymbol{z})=\mathcal{N}(\boldsymbol{x}|\boldsymbol{Wz},\sigma^2\boldsymbol{I}) \tag{6-5}$$

那么，$\boldsymbol{x}$ 的边缘分布 $p(\boldsymbol{x})$ 也服从高斯分布，并且数据是中心化的，如式(6-6)所示。

$$p(\boldsymbol{x})=\mathcal{N}(\boldsymbol{x}|\boldsymbol{0},\boldsymbol{WW}^{\mathrm{T}}+\sigma^2\boldsymbol{I})=\frac{1}{(2\pi)^{\frac{J}{2}}|\boldsymbol{C}|^{\frac{1}{2}}}\mathrm{e}^{-\frac{1}{2}\boldsymbol{x}^{\mathrm{T}}\boldsymbol{C}^{-1}\boldsymbol{x}} \tag{6-6}$$

其中，$\boldsymbol{C}=\boldsymbol{WW}^{\mathrm{T}}+\sigma^2\boldsymbol{I}$。

在 PPCA 模型中，有两个参数——$\boldsymbol{W}$ 和 σ^2，这两个参数可以用最大似然估计求解。

观测数据的对数似然函数如式(6-7)所示。

$$\mathrm{LL}(\theta)=\log p(\boldsymbol{X}|\boldsymbol{W},\sigma)=-\frac{N}{2}(J\log 2\pi+\log|\boldsymbol{C}|+\mathrm{Tr}(\boldsymbol{C}^{-1}\boldsymbol{S})) \tag{6-7}$$

其中，数据集有 N 个样本，样本 $\boldsymbol{x}^i$ 是独立同分布的 J 维随机向量，$\boldsymbol{X}$ 是 $N\times J$ 维矩阵，$\boldsymbol{S}=\frac{1}{N}\sum_{i=1}^{N}\boldsymbol{x}^i(\boldsymbol{x}^i)^{\mathrm{T}}=\frac{1}{N}\boldsymbol{X}^{\mathrm{T}}\boldsymbol{X}$ 是样本的协方差矩阵。式(6-7)使用了矩阵迹的循环不变性，如式(6-8)所示。

$$\mathrm{Tr}(\boldsymbol{C}^{-1}\boldsymbol{S})=\sum_{i=1}^{N}\mathrm{Tr}(\boldsymbol{C}^{-1}\boldsymbol{x}^i(\boldsymbol{x}^i)^{\mathrm{T}})=\sum_{i=1}^{N}\mathrm{Tr}((\boldsymbol{x}^i)^{\mathrm{T}}\boldsymbol{C}^{-1}\boldsymbol{x}^i)=\sum_{i=1}^{N}(\boldsymbol{x}^i)^{\mathrm{T}}\boldsymbol{C}^{-1}\boldsymbol{x}^i \tag{6-8}$$

对数似然函数的 $\boldsymbol{W}$ 求偏导，并令其等于0，如式(6-9)所示。

$$\begin{aligned}\frac{\partial}{\partial\boldsymbol{W}}\mathrm{LL}(\theta)&=(\boldsymbol{C}^{-1})^{\mathrm{T}}\frac{\partial\boldsymbol{C}}{\partial\boldsymbol{W}}-(\boldsymbol{C}^{-1}\boldsymbol{S}\boldsymbol{C}^{-1})^{\mathrm{T}}\frac{\partial\boldsymbol{C}}{\partial\boldsymbol{W}}=2\boldsymbol{C}^{-1}\boldsymbol{W}-2(\boldsymbol{C}^{-1})^{\mathrm{T}}\boldsymbol{S}^{\mathrm{T}}(\boldsymbol{C}^{-1})^{\mathrm{T}}\boldsymbol{W}\\&=2\boldsymbol{C}^{-1}\boldsymbol{W}-2\boldsymbol{C}^{-1}\boldsymbol{S}\boldsymbol{C}^{-1}\boldsymbol{W}=0\end{aligned} \tag{6-9}$$

化简式(6-9)，可解得式(6-10)：

$$\boldsymbol{S}=\boldsymbol{WW}^{\mathrm{T}}+\sigma^2\boldsymbol{I} \tag{6-10}$$

对 $\boldsymbol{W}$ 作 SVD 分解 $\boldsymbol{W}=\boldsymbol{ULV}^{\mathrm{T}}$，代入式(6-10)，并在等号两边同时右乘 $\boldsymbol{U}$，如式(6-11)所示。

$$\boldsymbol{SU}=\boldsymbol{U}(\boldsymbol{L}^2+\sigma^2\boldsymbol{I}) \tag{6-11}$$

从式(6-11)可以看出，$\boldsymbol{U}$ 是数据协方差矩阵 $\boldsymbol{S}$ 的特征向量，$\boldsymbol{\Lambda}=\boldsymbol{L}^2+\sigma^2\boldsymbol{I}$ 是相应的特征值对角阵。式(6-10)可以改写为式(6-12)。

$$\boldsymbol{WW}^{\mathrm{T}}=\boldsymbol{S}-\sigma^2\boldsymbol{I} \tag{6-12}$$

所以，$\hat{\boldsymbol{W}}=\boldsymbol{U}(\boldsymbol{\Lambda}-\sigma^2\boldsymbol{I})^{\frac{1}{2}}\boldsymbol{R}$，$\boldsymbol{R}$ 可以是任意矩阵，如单位矩阵。

如果 $\boldsymbol{U}$ 是 $J\times q$ 维的矩阵，$q<J$，那么 $\mathbf{S}\boldsymbol{u}_k=(\sigma^2+l_k^2)\boldsymbol{u}_k$，$k=1,\cdots,q$，这时有式(6-13)。

$$\hat{\boldsymbol{W}}=\boldsymbol{U}_q(\boldsymbol{\Lambda}_q-\sigma^2\boldsymbol{I})^{\frac{1}{2}} \tag{6-13}$$

其中 $\boldsymbol{\Lambda}_q=\begin{pmatrix}\lambda_1 & 0 & \cdots & 0\\ 0 & \ddots & & 0\\ \vdots & & \lambda_q & \vdots\\ 0 & 0 & \cdots & 0\end{pmatrix}$，$\lambda_k=l_k^2+\sigma^2$。

σ^2 的对数似然函数如式(6-14)所示。

$$\mathrm{LL}(\sigma^2)=-\frac{N}{2}\{J\log 2\pi+\sum_{k=1}^{q}\log\lambda_k+\frac{1}{\sigma^2}\sum_{k=q+1}^{D}\lambda_k+(J-q)\log\sigma^2+q\} \tag{6-14}$$

对 σ^2 求偏导，并令其等于0，可解得

$$\hat{\sigma}^2=\frac{1}{J-q}\sum_{k=q+1}^{J}\lambda_k \tag{6-15}$$

式(6-13)和式(6-15)就是 PPCA 模型的参数估计。

在 PCA 中使用 q 个主向量去近似样本数据，把其余非主成分向量的数据看作噪声丢掉，式(6-15)正好表达了这个观点，即方差等于其他非主成分空间的方差的平均值，也就是把噪声平均分配到非主成分的每个维度上。

6.3 独立成分分析

6.3.1 应用分析

盲信号分离是根据观测到的混叠信号来恢复出未知源信号的过程，在故障检测、信号处理等领域具有广泛应用前景。

在非合作通信领域，接收机检测到多个源发射的混叠信号，我们不知道这些源信号的具体特性，这样的源信号被称为盲源信号。我们也不知道这些源信号在通道中的具体传播特性，所以这类信号的处理问题是盲信号处理问题。在语音信号处理中，如何提取嘈杂背景环境下的语音，以及在医学信号处理中，如何从噪声背景中提取心电信号等，都可以归结为盲信号分离问题。

在实际应用中，往往假设源信号是统计独立的，通过信号接收阵列采集信号，接下来可以使用独立成分分析(Independent Component Analysis，ICA)进行盲源信号分离。

盲信号分离系统如图 6-2 所示。

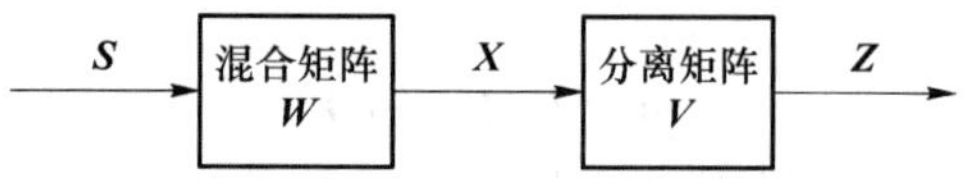

图 6-2　盲信号分离

在忽略噪声的情况下(噪声信号可以看作一个盲源)，一个即时的线性混叠盲信号可以表示为 $\boldsymbol{x}=\boldsymbol{W}\boldsymbol{s}$，其中，$\boldsymbol{x}$ 是 J 维向量，表示有 J 个传感器在进行信号检测，$\boldsymbol{s}$ 是 L 维向量，表示有 L 个信号源，$\boldsymbol{W}$ 是 $J\times L$ 维矩阵。当 $J\geqslant L$ 时，信号可分离。假设每个时刻的观测量是相互独立的，即 ICA 不考虑信号的时序特征。

对于观测数据集 $\boldsymbol{X}$，在进行盲源分离时考虑：$\boldsymbol{Z}=\boldsymbol{V}\boldsymbol{X}$。我们希望分离出来的信号 $\boldsymbol{Z}\approx\boldsymbol{S}$，所以 $\boldsymbol{V}=\boldsymbol{W}^{-1}$，$\boldsymbol{W}$ 或 $\boldsymbol{V}$ 是这个模型中未知的参数。

ICA 的动机是：通过选择相互独立的隐变量分布，尽可能地把观测到的混叠信号恢复成接近独立的因子。ICA 不用来捕捉数据背后的原因，而用来恢复已经混合在一起的原始信号。其概率图模型如图 6-1 所示。

6.3.2 数据处理

在一般情况下，观测数据都具有相关性，所以通常要先对数据进行白化处理，去除各观测信号之间的相关性。

在 ICA 中，假设源信号是相互独立的。对于零均值的独立源信号 $\boldsymbol{s}=(s_1,\cdots,s_L)^{\mathrm{T}}$，有

$\mathbb{E}[s_i s_j]=\mathbb{E}[s_i]\mathbb{E}[s_j]=0, i\neq j$，且协方差矩阵是单位矩阵 $\text{cov}(\boldsymbol{s})=\boldsymbol{I}$，因此源信号 $\boldsymbol{s}$ 是白色的。对于观测信号 $\boldsymbol{x}$，需要寻找一个线性变换使其投影到新的子空间后变成白化向量，即 $\boldsymbol{y}=\boldsymbol{W}_0\boldsymbol{x}$，其中，$\boldsymbol{W}_0$ 是白化矩阵，$\boldsymbol{y}$ 为白化后的向量。

对样本协方差矩阵 $\boldsymbol{X}^{\mathrm{T}}\boldsymbol{X}$ 进行特征分解，$\boldsymbol{U}$ 是特征向量，$\boldsymbol{\Lambda}$ 是特征值对角阵。那么，通过计算样本向量得到一个变换 $\boldsymbol{W}_0=\boldsymbol{\Lambda}^{-\frac{1}{2}}\boldsymbol{U}^{\mathrm{T}}$。使用 $\boldsymbol{W}_0$ 进行线性变换，可以得到白化后的矩阵 $\boldsymbol{Y}$。

下面证明矩阵 $\boldsymbol{Y}$ 是白化的。

$\boldsymbol{U}$ 是正交矩阵，$\boldsymbol{U}^{\mathrm{T}}\boldsymbol{U}=\boldsymbol{U}\boldsymbol{U}^{\mathrm{T}}=\boldsymbol{I}$，因此，协方差矩阵如式(6-16)所示。

$$\text{cov}(\boldsymbol{Y})=\mathbb{E}[\boldsymbol{Y}\boldsymbol{Y}^{\mathrm{T}}]=\mathbb{E}[\boldsymbol{\Lambda}^{-\frac{1}{2}}\boldsymbol{U}^{\mathrm{T}}\boldsymbol{X}\boldsymbol{X}^{\mathrm{T}}\boldsymbol{U}\boldsymbol{\Lambda}^{-\frac{1}{2}}]=\boldsymbol{\Lambda}^{-\frac{1}{2}}\boldsymbol{U}^{\mathrm{T}}\,\mathbb{E}[\boldsymbol{X}\boldsymbol{X}^{\mathrm{T}}]\boldsymbol{U}\boldsymbol{\Lambda}^{-\frac{1}{2}}=\boldsymbol{\Lambda}^{-\frac{1}{2}}\boldsymbol{\Lambda}\boldsymbol{\Lambda}^{-\frac{1}{2}}=\boldsymbol{I} \tag{6-16}$$

再将 $\boldsymbol{x}=\boldsymbol{W}\boldsymbol{s}$ 代入 $\boldsymbol{y}=\boldsymbol{W}_0\boldsymbol{x}$，有式(6-17)：

$$\boldsymbol{y}=\boldsymbol{W}_0\boldsymbol{W}\boldsymbol{s}=\widetilde{\boldsymbol{W}}\boldsymbol{s} \tag{6-17}$$

在线性变换中，$\widetilde{\boldsymbol{W}}$ 连接的是两个白色随机向量 $\boldsymbol{y}$ 和 $\boldsymbol{x}$，可以得出 $\widetilde{\boldsymbol{W}}$ 一定是一个正交变换。

$$\mathbb{E}[\boldsymbol{Y}\boldsymbol{Y}^{\mathrm{T}}]=\widetilde{\boldsymbol{W}}\,\mathbb{E}[\boldsymbol{S}^{\mathrm{T}}\boldsymbol{S}]\widetilde{\boldsymbol{W}}^{\mathrm{T}}=\widetilde{\boldsymbol{W}}\widetilde{\boldsymbol{W}}^{\mathrm{T}}=\boldsymbol{I} \tag{6-18}$$

如果把式(6-18)中的 $\boldsymbol{y}$ 看作新的观测信号，那么可以说，白化使原来的混合矩阵 $\boldsymbol{W}$ 简化成一个新的正交矩阵 $\widetilde{\boldsymbol{W}}$。

正交变换相当于对多维向量所在的坐标系进行一个旋转，所以使用主成分分析即可以实现数据的白化处理。

在多维情况下，如果混合矩阵 $\boldsymbol{W}$ 是 $L\times L$ 的，白化后新的混合矩阵 $\widetilde{\boldsymbol{W}}$ 由于是正交矩阵，其自由度降为 $\frac{L(L-1)}{2}$，所以说白化使得 ICA 问题的工作量几乎减少了一半。白化这种常规的方法作为 ICA 的预处理可以有效地降低问题的复杂度，而且算法简单，用传统的 PCA 就可完成。另外，PCA 本身就具有降维功能，当观测信号的个数大于源信号个数时，经过白化可以自动将观测信号数目降到与源信号维数相同。

下面的 Python 代码定义了一个白化函数。

```
def whiten(self, X):
    X = X - X.mean(-1)[:, None]
    A = np.dot(X, X.T)
    D, U = np.linalg.eig(A)
    D = np.diag(D)
    D_inv = np.linalg.inv(D)
    D_half = np.sqrt(D_inv)
    W0 = np.dot(D_half, U.T)
    return np.dot(W0, X), W0
```

6.3.3 应用建模

$\boldsymbol{x}^t\in\mathbb{R}^J$ 表示 J 个传感器在 t 时刻的观测值，习惯上人们将经过白化处理的观测值仍然称为 $\boldsymbol{x}$，$\boldsymbol{z}^t\in\mathbb{R}^L$ 表示在 t 时刻 L 个源信号的值，是隐变量。

在线性因子模型中，$\boldsymbol{x}^t=\boldsymbol{W}\boldsymbol{z}^t+\boldsymbol{\varepsilon}^t$，其中，$\boldsymbol{W}$ 是 $J\times L$ 的混合矩阵，$\boldsymbol{\varepsilon}^t\sim\mathcal{N}(\boldsymbol{0},\boldsymbol{\Psi})$，为了简化计

算，噪声常常忽略。

经过白化处理，每个时刻的观测量都是独立的，应用的目标是估计 $p(\boldsymbol{z}^t|\boldsymbol{x}^t,\boldsymbol{W})$。如果通过模型学习获得参数 $\boldsymbol{W}$，那么 $\boldsymbol{z}=\boldsymbol{W}^{-1}\boldsymbol{x}$。ICA 与 PCA 不同，先验分布 $p(\boldsymbol{z})$ 要用非高斯分布。

高斯先验使得 PCA 在任何正交变换中都是无变化的，PCA 能恢复出最佳线性子空间，但是信号本身不唯一。所以，想要恢复源信号，先验分布就不能是高斯分布。

模型的联合概率如式(6-19)所示。

$$p(\boldsymbol{x},\boldsymbol{z}) = \prod_{t=1}^{N} p(\boldsymbol{x}|\boldsymbol{z})p(\boldsymbol{z}) \tag{6-19}$$

观测量的边缘分布如式(6-20)所示。

$$p(\boldsymbol{x})=p_x(\boldsymbol{Wz})=p_z(\boldsymbol{z})|\det(\boldsymbol{W}^{-1})|=p_z(\boldsymbol{Vx})|\det(\boldsymbol{V})| \tag{6-20}$$

观测数据的对数似然函数如式(6-21)所示。

$$\mathrm{LL}(\boldsymbol{V}) = \frac{1}{N}\log p(\boldsymbol{X}|\boldsymbol{V}) = \log|\det(\boldsymbol{V})| + \frac{1}{N}\sum_{l=1}^{L}\sum_{t=1}^{N}\log p_l(\boldsymbol{v}_l\boldsymbol{x}^t) \tag{6-21}$$

其中，$\boldsymbol{v}_l$ 是 $\boldsymbol{V}$ 的第 l 行。假设 $\boldsymbol{V}$ 是正交的，那么式(6-21)中的 $\log|\det(\boldsymbol{V})|$ 是常量，只看 $\frac{1}{N}\sum_{l=1}^{L}\sum_{t=1}^{N}\log p_l(\boldsymbol{v}_l\boldsymbol{x}^t)$。定义 $G_l(\boldsymbol{z})\overset{\Delta}{=}-\log p_l(\boldsymbol{z})$，那么最大似然估计可以写成最小化损失函数，如式(6-22)所示。

$$G(\boldsymbol{V}) = -\mathrm{LL}(\boldsymbol{V}) = \sum_{l=1}^{L}\mathbb{E}[G_l(z_l)] \tag{6-22}$$

可以采用梯度下降法计算 $\boldsymbol{V}$，但是收敛速度很慢。在实际应用中，常采用基于牛顿法的 FastICA 算法。关于牛顿法详见第 2.3 节。

优化目标为 $f(\boldsymbol{v})=\mathbb{E}[G(\boldsymbol{v}^{\mathrm{T}}\boldsymbol{x})]+\lambda(1-\boldsymbol{v}^{\mathrm{T}}\boldsymbol{v})$，其中第二项采用拉格朗日因子，限定 $\boldsymbol{V}$ 正交。

梯度为$\nabla f(\boldsymbol{v})=\mathbb{E}[\boldsymbol{x}g(\boldsymbol{v}^{\mathrm{T}}\boldsymbol{x})]-2\lambda\boldsymbol{v}$，其中 $g(\boldsymbol{v}^{\mathrm{T}}\boldsymbol{x})=\frac{\partial}{\partial\boldsymbol{v}}G(\boldsymbol{v}^{\mathrm{T}}\boldsymbol{x})$。假设先验分布 $p(\boldsymbol{z})\propto\frac{1}{\cosh\boldsymbol{z}}$，则它的负对数函数对变量求导可得 $g(\boldsymbol{z})=\tanh\boldsymbol{z}$。

海塞矩阵为 $H(\boldsymbol{v})=\mathbb{E}[\boldsymbol{x}\boldsymbol{x}^{\mathrm{T}}g'(\boldsymbol{v}^{\mathrm{T}}\boldsymbol{x})]-2\lambda\boldsymbol{I}$，可以采用近似计算，如式(6-23)所示。

$$\mathbb{E}[\boldsymbol{x}\boldsymbol{x}^{\mathrm{T}}g'(\boldsymbol{v}^{\mathrm{T}}\boldsymbol{x})]\approx\mathbb{E}[\boldsymbol{x}\boldsymbol{x}^{\mathrm{T}}]\mathbb{E}[g'(\boldsymbol{v}^{\mathrm{T}}\boldsymbol{x})]=\mathbb{E}[g'(\boldsymbol{v}^{\mathrm{T}}\boldsymbol{x})] \tag{6-23}$$

按照牛顿法，参数的更新公式如式(6-24)所示。

$$\boldsymbol{v}=\boldsymbol{v}-\alpha\frac{\mathbb{E}[\boldsymbol{x}g(\boldsymbol{v}^{\mathrm{T}}\boldsymbol{x})]-2\lambda\boldsymbol{v}}{\mathbb{E}[g'(\boldsymbol{v}^{\mathrm{T}}\boldsymbol{x})]-2\lambda} \tag{6-24}$$

或者使用式(6-25)和式(6-26)进行迭代更新。

$$\boldsymbol{v}^*\overset{\Delta}{=}\mathbb{E}[\boldsymbol{x}g(\boldsymbol{v}^{\mathrm{T}}\boldsymbol{x})]-\mathbb{E}[g'(\boldsymbol{v}^{\mathrm{T}}\boldsymbol{x})]\boldsymbol{v} \tag{6-25}$$

$$\boldsymbol{v}^{\mathrm{new}}\overset{\Delta}{=}\frac{\boldsymbol{v}^*}{\|\boldsymbol{v}^*\|} \tag{6-26}$$

如果先验分布 $p(\boldsymbol{z})\propto\frac{1}{[\cosh(\beta\boldsymbol{z})]^{\frac{1}{\beta}}}$，当 β 取值增大时，该分布近似于拉普拉斯分布，当 $\beta\to0$ 时，则近似于零均值的高斯分布。

例 6-1：使用 ICA 对混叠信号进行盲源分离

在 Matlab 下生成 ASK 调制信号，然后进行混叠，如图 6-3 所示。采用 FastICA 算法对混叠信号进行分离，如图 6-4 所示，图中最上面一行是噪声信号。

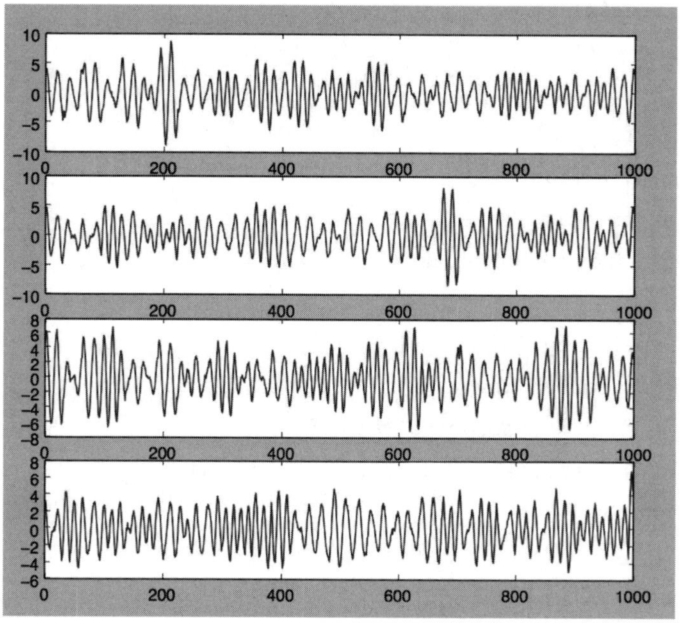

图 6-3 ASK 调制信号的混叠(4 个传感器)

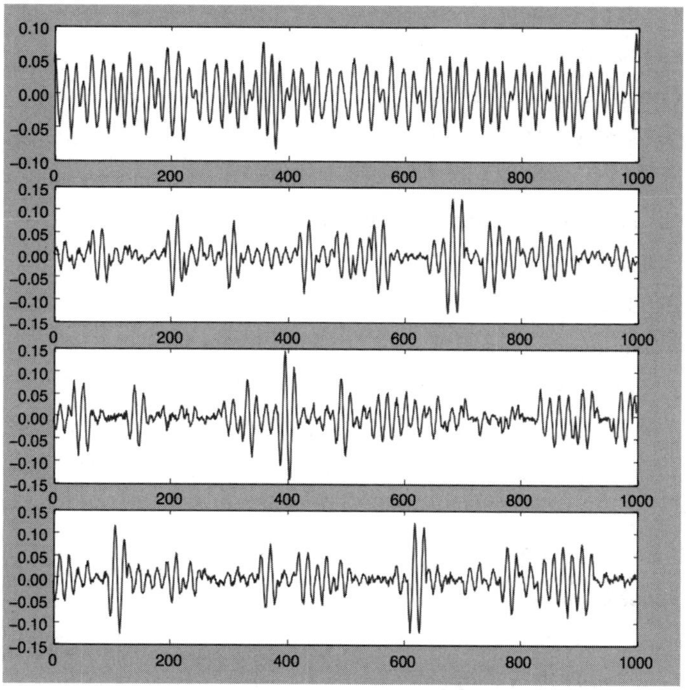

图 6-4 ASK 调制信号的分离

比较图 6-3 和图 6-4 可以看出，FastICA 算法成功分离出了 4 种独立信号。但是分离出的信号顺序与源信号顺序不一定一致，这是线性混合的必然结果。

Python 程序实现 ICA 的关键代码如下：

ICA 实现代码

```
    def _tanh(self, z):
        gz = np.tanh(z)
        g_z = gz ** 2
        g_z -= 1
        g_z *= -1
        return gz, g_z.mean(-1)
    def decorrelation(self, V):
        U, S = np.linalg.eigh(np.dot(V, V.T))
        U = np.diag(U)
        U_inv = np.linalg.inv(U)
        U_half = np.sqrt(U_inv)
        rebuild_V = np.dot(np.dot(U_half, S.T), V)
        #rebuild_V = np.dot(np.dot(np.dot(S, U_half), S.T), V)
        return rebuild_V
    # fastICA
    def fastICA(self, X):
        n, m = X.shape
        p = float(m)
        X *= np.sqrt(X.shape[1])
        # 随机化W,只要保证非奇异即可
        V = np.ones((n,n), np.float32)
        for i in range(n):
            for j in range(i):
                V[i,j] = np.random.random()
        # 迭代计算W
        maxIter = 300
        for ii in range(maxIter):
            gvtz, g_vtz = self._tanh(np.dot(V, X))
            V1 = self.decorrelation(np.dot(gvtz, X.T) / p - g_vtz[:, None] * V)
            lim = max(abs(abs(np.diag(np.dot(V1, V.T))) - 1))
            V = V1
            if lim < 0.00001:
                break
        return V
```

下面调用定义好的函数进行盲源分离：

```
xWhiten, W0 = whiten(mixSig)
V = fastICA(xWhiten)
recoverSig = np.dot(np.dot(V, W0), mixSig)
```

在实际应用中，ICA 的盲源数量一般是未知的，但是模型要求必须指定一个值，并且 ICA 模型假设信号源是相互独立的，这些是 ICA 应用的局限性。

6.4 稀疏编码与压缩感知

稀疏编码使用隐变量模型进行无监督特征学习，是指在隐变量模型中推断隐变量的过程。

在现实任务中，数据集往往是稠密的，如图像数据，但是经过小波变换等方式可以抽取出它的稀疏特征。在这里，希望通过稀疏编码把稠密数据转化为稀疏表示。模型假设有一个“字典”$\boldsymbol{W}$，可以将样本数据转化成合适的稀疏表示形式，所以稀疏编码也称为“字典学习”。

在用于稀疏编码的隐变量模型中，$\boldsymbol{x}$ 是观测到的数据，$\boldsymbol{z}$ 是数据的稀疏表示。稀疏编码的隐变量 $\boldsymbol{z}$ 通常选择一个峰值尖锐且接近 0 的分布，如拉普拉斯分布，如式(6-27)所示。

$$p(\boldsymbol{z})=\mathrm{Lap}\left(\boldsymbol{z}\mid 0,\frac{2}{\lambda}\right) \tag{6-27}$$

假设数据的条件分布服从正态分布，如式(6-28)所示。

$$p(\boldsymbol{x}\mid\boldsymbol{z})=\mathcal{N}\left(\boldsymbol{x}\mid\boldsymbol{W}\boldsymbol{z},\frac{1}{\beta}\boldsymbol{I}\right) \tag{6-28}$$

稀疏编码模型的优化目标是式(6-29)：

$$\mathrm{LL}(\boldsymbol{W}) = \log p(\boldsymbol{X}\mid\boldsymbol{W}) = \sum_{i=1}^{N}\log\int\mathcal{N}(\boldsymbol{x}^i\mid\boldsymbol{W}\boldsymbol{z}^i,\frac{1}{\beta}\boldsymbol{I})\,p(\boldsymbol{z}^i)\mathrm{d}\boldsymbol{z}^i \tag{6-29}$$

为了简化计算，模型的优化目标近似为式(6-30)所示。

$$\hat{\boldsymbol{W}} = \arg\max_{\boldsymbol{W}}\sum_{i=1}^{N}\left[\log\mathcal{N}(\boldsymbol{x}^i\mid\boldsymbol{W}\boldsymbol{z}^i,\frac{1}{\beta}\boldsymbol{I}) + \log p(\boldsymbol{z}^i)\right] \tag{6-30}$$

或者最小化负对数似然函数，如式(6-31)所示。

$$G(\boldsymbol{W})=-\mathrm{LL}(\boldsymbol{W})=\beta\|\boldsymbol{x}-\boldsymbol{W}\boldsymbol{z}\|_2^2+\lambda\|\boldsymbol{z}\|_1 \tag{6-31}$$

式(6-31)中丢弃了与隐变量无关的项。字典矩阵 $\boldsymbol{W}$ 不要求正交。式(6-31)中的 $\beta\|\boldsymbol{x}-\boldsymbol{W}\boldsymbol{z}\|_2^2$ 希望能很好地重构样本，$\lambda\|\boldsymbol{z}\|_1$ 由于在隐变量上施加了 L1 范数，因此这个过程将产生稀疏的隐变量编码。β 和 λ 可以看作两项的权重，所以常常令 $\beta=1$，使用一个超参数即可。

模型学习采用迭代求解的方法。

① 首先假设字典 W 已知，求解式(6-32)，等价于 Lasso 回归。

$$\min_{\boldsymbol{z}}\|\boldsymbol{x}-\boldsymbol{W}\boldsymbol{z}\|_2^2+\lambda\|\boldsymbol{z}\|_1 \tag{6-32}$$

② 然后，假设 $\boldsymbol{z}$ 已知，更新字典 $\boldsymbol{W}$，如式(6-33)所示。

$$\min_{\boldsymbol{W}}\|\boldsymbol{x}-\boldsymbol{W}\boldsymbol{z}\|_2^2 \tag{6-33}$$

稀疏编码的常见应用场景是压缩感知，其概率图模型如图 6-5 所示。

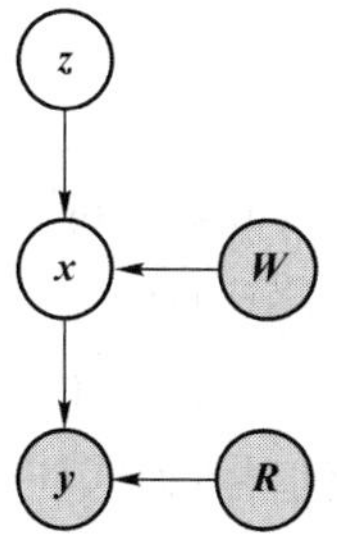

图 6-5 压缩感知的概率图模型

在通信中，如果采样速率不满足奈奎斯特采样定理，则得到的观测信号为 $\boldsymbol{y}$，观测信号的维数为 N，而真实信号 $\boldsymbol{x}$ 是 M 维的，$\boldsymbol{y}=\boldsymbol{R}\boldsymbol{x}$，其中 $\boldsymbol{R}$ 称为感知矩阵。当 $N<M$ 时，如何恢复 $\boldsymbol{x}$ 呢？如果原始信号可以进行稀疏编码，$\boldsymbol{x}=\boldsymbol{W}\boldsymbol{z}$，那么

$$\boldsymbol{y}=\boldsymbol{R}\boldsymbol{x}=\boldsymbol{R}\boldsymbol{W}\boldsymbol{z}=\boldsymbol{A}\boldsymbol{z} \tag{6-34}$$

在式(6-34)中，$\boldsymbol{z}$ 是信号的稀疏编码，$\boldsymbol{A}$ 的作用类似于字典。如果通过模型学习获得 $\boldsymbol{z}$，就可以恢复出 $\boldsymbol{x}$。

例 6-2：图像压缩感知与恢复

压缩感知往往是稀疏编码的真实应用场景，在压缩感知中，习得“字典”并没有太大用处，假设图像信号编码 $\boldsymbol{z}$ 是稀疏的，则可以根据部分观测数据 $\boldsymbol{y}$ 恢复出图像信号 $\boldsymbol{x}$。

压缩感知代码

```
import numpy as np
import cv2
import scipy.fftpack as spfft
from sklearn.linear_model import Lasso
def idct2(x):
    return spfft.idct(spfft.idct(x.T, norm='ortho', axis=0).T, norm='ortho',
axis=0)

Xorig = cv2.imread("blackhole.jpg")
X = cv2.resize(Xorig,(100, 100), interpolation = cv2.INTER_CUBIC)
ny,nx = X.shape[:2]

k = round(nx * ny * 0.5) # 50% sample
ri = np.random.choice(nx * ny, k, replace=False) # random sample of indices
y = X.T.flat[ri]
y = np.expand_dims(y, axis=1)
W = np.kron(
spfft.idct(np.identity(nx,dtype='float32'), norm='ortho', axis=0),
spfft.idct(np.identity(ny,dtype='float32'), norm='ortho', axis=0)
)
A = W[ri,:]

lasso = Lasso(alpha=0.001)
lasso.fit(A, y)
Z = np.array(lasso.coef_).reshape(nx, ny).T
print (Z)
X1 = idct2(Z)
print (X1.shape)
cv2.imwrite('blackhole_cs.jpg',X1)
```

程序运行结果如图 6-6 所示。

在上述代码中，二维图像信号 $\boldsymbol{X}$ 是 100×100 维，$\boldsymbol{Z}$ 是图像信号的离散余弦变换(DCT)，是稀疏信号，如式(6-35)所示。

$$\boldsymbol{Z}=\boldsymbol{D}\boldsymbol{X} \tag{6-35}$$

$$\boldsymbol{X}=\boldsymbol{D}^{-1}\boldsymbol{Z}$$

在计算过程中，把 $\boldsymbol{X}$ 看作一维信号。假设观测信号 $\boldsymbol{y}$ 只是图像信号的一部分，采用 Lasso

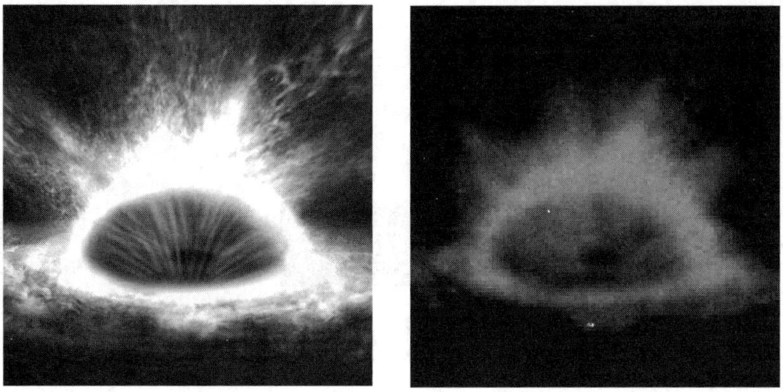

(a) 原图　　(b) 恢复图像

图 6-6　图像压缩感知

回归,从观测信号 $\boldsymbol{y}$,恢复出 $\hat{\boldsymbol{z}}$,如式(6-36)所示。再将 $\boldsymbol{z}$ 转换为二维稀疏信号 $\boldsymbol{Z}$,调用二维的 DCT 反变换恢复图像。

$$\boldsymbol{y}_{(5\,000\times 1)}=\boldsymbol{R}_{(5\,000\times 10\,000)}\boldsymbol{x}_{(10\,000\times 1)}=\boldsymbol{R}_{(5\,000\times 10\,000)}(\boldsymbol{D}^{-1}\otimes\boldsymbol{D}^{-1})_{(10\,000\times 10\,000)}\hat{\boldsymbol{z}}_{(10\,000\times 1)} \tag{6-36}$$

第 6 章讲解视频

第7章 主题模型

主题模型课件

7.1 热点话题检测

7.1.1 应用分析

现如今，互联网是人们生活、工作中重要的信息传播媒介。某行业需要了解互联网上关于本行业的热点话题，政府机构或组织需要了解互联网上关于某方面的网络舆情，针对这样的应用需求，可以建立热点话题检测系统，自动获取互联网上的内容，通过建立合适的工作模型，自动生成热点话题。对于这样的大数据应用，如果对实时性的要求不高，以数据存储为核心是常见的应用架构。例如，热点话题检测系统的基本结构如图 7-1 所示。

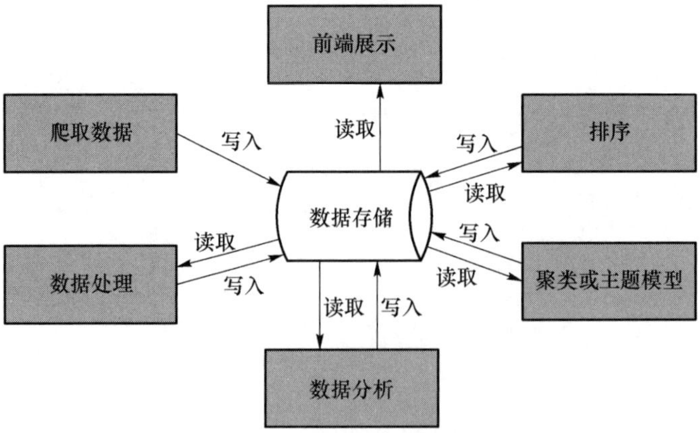

图 7-1　热点话题检测系统的基本结构

热点话题检测本质是对互联网上的文本内容进行聚类，可以对某一天的内容进行聚类，产生“今日话题”，也可以对一周的内容进行聚类，产生“本周话题”。复杂一些的应用需求是增量式话题聚类，这种情况需要考虑话题迁徙问题。由于篇幅所限，本章只讨论一个最简单的系统及其基本的建模方法。

7.1.2 数据处理

热点话题检测系统一般是针对垂直领域的，需要爬取领域相关的论坛、微博等内容，需要领域专家指定爬取范围。这种爬取是增量式的，需要进行链接去重。

在进行热点话题检测之前需要的数据处理大致包括以下方面。

① 进行网页信息提取。

② 基于规则进行数据清洗。比如：需要过滤掉长度过短的文本；爬取的内容会有字符编码错误等导致乱码，也需要将其过滤掉；但是需要保留转发与回复的原帖子，同时保留用户转发与评价的内容，内容的重复出现正是“热点”所在。

③ 对中文文本进行分词、去停用词等。

④ 建立索引和倒排索引。

⑤ 分析数据的质量，可以采用二分类的方法过滤掉领域无关内容，对一个特定领域的应用需求来讲，它们是垃圾内容。

7.2 应用建模

话题聚类问题可以在统计文本特征的基础上，采用聚类算法实现。但是本节引入语义的概念，讲解另一种基于概率图模型的方法。

7.2.1 潜在语义分析

潜在语义分析（Latent Semantic Analysis，LSA）采用矩阵分解的方法，抽取文档的潜在语义信息，该信息称为“主题”。相同主题的文档可以看作一个类别簇，表示一个话题。可以使用这些文档中出现的高频词代表该主题。

假设数据集是近 3 个月的新闻语料，使用向量空间模型（Vector Space Model，VSM）可以得到文档-词典形式的一个词频矩阵 $\boldsymbol{X}$，对该矩阵作奇异值分解，$\boldsymbol{X}=\boldsymbol{ULV}^{\mathrm{T}}$，于是有式(7-1)：

$$\boldsymbol{XX}^{\mathrm{T}}=\boldsymbol{UL}^{2}\boldsymbol{U}^{\mathrm{T}}=\boldsymbol{UL}(\boldsymbol{UL})^{\mathrm{T}} \tag{7-1}$$

所谓主题即语料集中的文档在讨论的话题，它是一个潜在语义空间。$\boldsymbol{UL}$ 的行表示文档在潜在语义空间的投影。采用矩阵分解的方法，把文档映射到一个潜在语义空间，同理，也可以把词典映射到这个潜在语义空间：

$$\boldsymbol{X}^{\mathrm{T}}\boldsymbol{X}=\boldsymbol{V}\boldsymbol{L}^{2}\boldsymbol{V}^{\mathrm{T}}=\boldsymbol{VL}(\boldsymbol{VL})^{\mathrm{T}} \tag{7-2}$$

接下来可以通过排序获得哪些文档属于同一个主题，哪些词属于同一个主题（一个主题包含哪些关键词）。

VSM 将文档直接表示在词空间上，LSA 引入语义维度——“文档→语义→词”。这个过程可以直接用矩阵分解的形式表示，如图 7-2 所示。

给定一系列文档，通过对文档进行分词，计算各个文档中每个单词的词频就可以得到图 7-2 中等号左边的“文档-词语”矩阵。主题模型就是通过对图 7-2 中等号左边的这个矩阵进行分解，学习出图 7-2 中等号右边的两个矩阵。

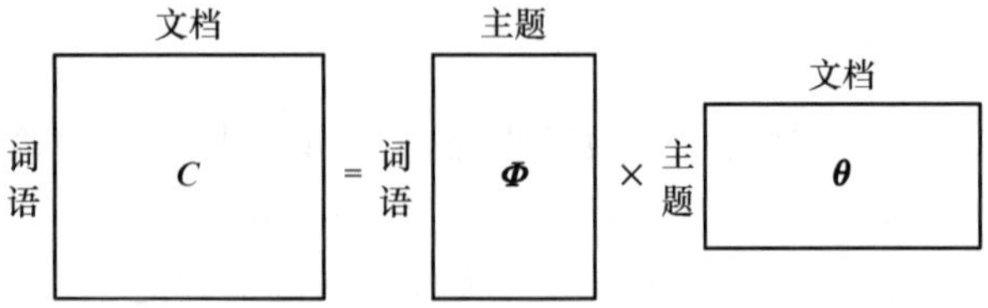

图 7-2 LSA 主题模型的矩阵分解

例 7-1：LSA 应用实例

选取新浪微博上的 10 000 个名人，将每人最近发布的 3 000 条微博组成一篇文档，共有 10 000篇文档，使用 VSM 建立矩阵。使用 LSA，可以获得该语料集上的主要语义信息，每个主题可以理解成一个在词典词汇上的权重，通过选择在一个主题内具有最高权重的 20 个词，就可以形成主题语义信息的可视化表达。同时，主题模型可以给出每个名人在各个主题上的权重分布，获得每个名人最相关的主题语义信息。

LSA 又称为潜在语义索引(Latent Semantic Index，LSI)。LSA 虽然没有采用概率模型，但是主题模型的思想都源自 LSA。

7.2.2 概率潜在语义分析

LSA 主题模型代码

LSA 采用空间变换的思想，把一个文档映射到低维语义空间的一个主题上；概率潜在语义分析(Probabilistic Latent Semantic Analysis，PLSA)应用概率思想，把文档映射到低维语义空间的主题分布上，认为一个文档可以包含多个主题，用概率分布来表示。

假设一篇文章的每个词都是通过“以一定概率选择了某个主题，并从这个主题中以一定概率选择了某个词语”的过程生成的，那么，如果要生成一篇文档，它里面的每个词语出现的概率如式(7-3)所示。

$$p(\text{词语} \mid \text{文档}) = \sum_{\text{主题}} p(\text{词语} \mid \text{主题}) \times p(\text{主题} \mid \text{文档}) \tag{7-3}$$

PLSA 对图 7-2 中的矩阵分解赋予概率含义：“文档-词语”矩阵表示每个文档中每个单词出现的概率；“主题-词语”矩阵表示每个主题中每个单词的出现概率；”文档-主题”矩阵表示每个文档中每个主题出现的概率。

PLSA 主题模型的概率图如图 7-3 所示。

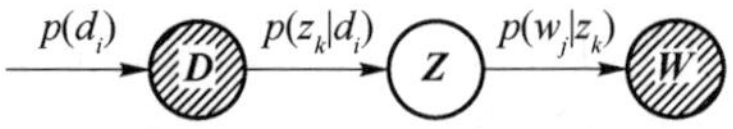

图 7-3 PLSA 主题模型的概率图

语料集的生成过程可以描述如下：

① 以先验概率 $p(d_i)$ 选择一篇文档 d_i；

② 以概率 $p(z_k|d_i)$ 选择一个潜在主题 z_k；

③ 以概率 $p(w_j|z_k)$选择一个词语 w_j。

于是，模型的联合概率为式(7-4)。

$$p(d_i, w_j) = p(d_i)p(w_j|d_i) = p(d_i)\sum_{k=1}^{K} p(w_j|z_k)p(z_k|d_i) \tag{7-4}$$

完全数据的对数似然函数如式(7-5)所示。

$$\begin{aligned} LL &= \sum_{i=1}^{N}\sum_{j=1}^{M} n(d_i, w_j)\log p(d_i, w_j) \\ &= \sum_{i=1}^{N} n(d_i)\left[\log p(d_i) + \sum_{j=1}^{M}\frac{n(d_i, w_j)}{n(d_i)}\log\sum_{k=1}^{K} p(w_j|z_k)p(z_k|d_i)\right] \end{aligned} \tag{7-5}$$

其中，$n(d_i, w_j)$ 是词语 j 在文档 i 中的词频，$n(d_i) = \sum_j n(d_i, w_j)$，$N$ 为文档数，M 为词数，k 为主题数。

假设先验分布 $p(d_i) \propto n(d_i)$，可以处理语料集中文本长度不等的问题。在这里，假设先验分布服从均匀分布，可以忽略公式中 $n(d_i)$、$p(d_i)$ 的影响。假设两种条件分布均服从多项分布，参数分别为 $\boldsymbol{\theta}$ 和 $\boldsymbol{\phi}$。下面采用 EM 算法求解对数似然函数。

隐变量 z 的分布如式(7-6)所示。

$$p(z_k|d_i, w_j) = \frac{p(w_j|z_k, \theta_j)p(z_k|d_i, \phi_k)}{\sum_{l=1}^{K} p(w_j|z_l, \theta_j)p(z_l|d_i, \phi_k)} \tag{7-6}$$

完全数据对数似然函数对隐变量 z 的期望如式(7-7)所示。

$$Q(\boldsymbol{\theta}, \boldsymbol{\phi}) = \sum_{i=1}^{N}\sum_{j=1}^{M} n(d_i, w_j)\sum_{k=1}^{K} p(z_k|d_i, w_j)\log\left[p(w_j|z_k, \theta_j)p(z_k|d_i, \phi_k)\right] \tag{7-7}$$

把式(7-7)再加上概率归一化限制条件，将其作为拉格朗日因子，如式(7-8)所示。

$$Q(\boldsymbol{\theta}, \boldsymbol{\phi}) + \sum_{k=1}^{K}\tau_k\left(1 - \sum_{j=1}^{M}\theta_j\right) + \sum_{i=1}^{N}\rho_i\left(1 - \sum_{k=1}^{K}\phi_k\right) \tag{7-8}$$

最大化式(7-8)，对两个参数分别求偏导，并令其等于 0，如式(7-9)和(7-10)所示。

$$\sum_{i=1}^{N} n(d_i, w_j)p(z_k|d_i, w_j) - \tau_k\theta_j = 0, \quad 1 \leqslant j \leqslant M, 1 \leqslant k \leqslant K \tag{7-9}$$

$$\sum_{j=1}^{M} n(d_i, w_j)p(z_k|d_i, w_j) - \rho_i\phi_k = 0, \quad 1 \leqslant i \leqslant N, 1 \leqslant k \leqslant K \tag{7-10}$$

从式(7-9)和式(7-10)分别解得两个概率分别参数，如式(7-11)和式(7-12)所示。

$$\theta_j = \frac{\sum_{i=1}^{N} n(d_i, w_j)p(z_k|d_i, w_j)}{\sum_{l=1}^{M}\sum_{i=1}^{N} n(d_i, w_l)p(z_k|d_i, w_l)} \tag{7-11}$$

$$\phi_k = \frac{\sum_{j=1}^{M} n(d_i, w_j)p(z_k|d_i, w_j)}{n(d_i)} \tag{7-12}$$

7.2.3 LDA

贝叶斯学派认为，PLSA 主题模型中的参数不应该取固定值，而应该服从某种概率分布。如果使用多项分布的共轭分布——Dirichlet 分布作为参数的先验分布，则有潜在狄利克雷分配(Latent Dirichlet Allocation，LDA)主题模型。

LDA 主题模型的概率图如图 7-4 所示。

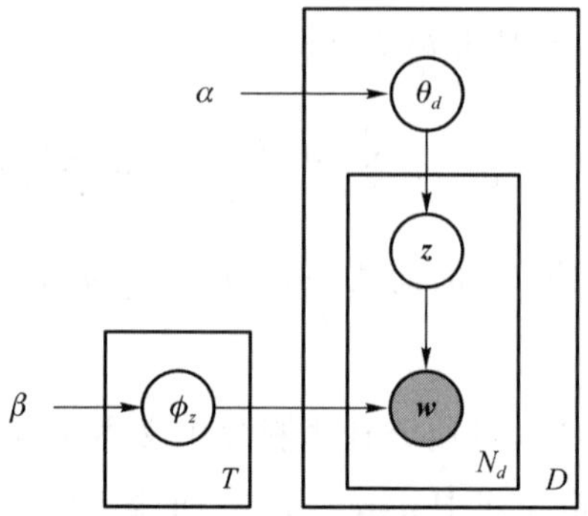

图 7-4 LDA 主题模型的概率图

对于一篇文档 d 中的每一个单词,LDA 根据先验知识确定某篇文档的主题分布 $\boldsymbol{\theta}$,然后从该文档所对应的多项分布(主题分布)$\boldsymbol{\theta}$ 中抽取一个主题 $\boldsymbol{z}$,接着根据先验知识确定当前主题的词语分布 $\boldsymbol{\phi}$,然后从主题 $\boldsymbol{z}$ 所对应的多项分布(词分布)$\boldsymbol{\phi}$ 中抽取一个单词 $\boldsymbol{w}$。然后将这个过程重复 N 次,就产生了文档 d。

具体过程描述如下。

① 假定语料库中共有 M 篇文章,每篇文章下主题的概率分布是一个从参数为 Dirichlet 先验分布中采样得到的 Multinomial 分布,每个主题下的词分布也是一个从参数为 Dirichlet 先验分布中采样得到的 Multinomial 分布。

② 对于某篇文章中的第 n 个词,首先从该文章中出现的每个主题的 Multinomial 分布(主题分布)中选择或采样一个主题,然后在这个主题对应的词的 Multinomial 分布(词分布)中选择或采样一个词。不断重复这个随机生成过程,直到 M 篇文章全部生成完成。

LDA 主题模型的生成过程如下。

① 以概率分布 $p(\boldsymbol{\theta})$ 选择一篇文档,$\boldsymbol{\theta}\sim\mathrm{Dir}(\alpha)$。

② 以概率分布 $p(z_i|\theta_d)$ 选择一个潜在主题,$z_i|\theta_d\sim\mathrm{Mult}(\theta_d)$。

③ 词语在主题空间的分布为 $\boldsymbol{\phi}\sim\mathrm{Dir}(\beta)$。

④ 以概率分布 $p(w_i|z_i,\phi_{z_i})$选择一个词语,$w_i|z_i,\phi_{z_i}\sim\mathrm{Mult}(\phi_{z_i})$。

LDA 主题模型的联合概率分布如式(7-13)所示。

$$p(\boldsymbol{\theta},\boldsymbol{z},\boldsymbol{\phi},\boldsymbol{w}|\alpha,\beta)=p(\boldsymbol{\theta}|\alpha)\sum_{i=1}^{N}p(z_i|\boldsymbol{\theta})p(\phi_{z_i}|\beta)p(w_i|z_i,\phi_{z_i}) \tag{7-13}$$

7.3 LDA 主题模型的学习与推断

LDA 模型求解是一个复杂的最优化问题,无法精确求解。下面讲解采用 Gibbs 采样的近似求解方法,关于 Gibbs 采样方法的原理详见附录 4。

$\boldsymbol{\theta}$ 的先验分布为 $\boldsymbol{\theta}\sim\mathrm{Dir}(\alpha)$。$\boldsymbol{\theta}$ 条件下的似然分布为 $z_i|\theta_d\sim\mathrm{Mult}(\theta_d)$。于是 $\boldsymbol{\theta}$ 的后验分布为 $\boldsymbol{\theta}\sim\mathrm{Dir}(\alpha+\sum_i \mathbb{I}(z_{d,i}))$。同理,$\boldsymbol{\phi}$ 的后验分布为 $\boldsymbol{\phi}\sim\mathrm{Dir}(\beta+\sum_d\sum_i \mathbb{I}(x_{d,i},z_{d,i}))$。

所以,在 LDA 主题模型中我们关注的是 $\boldsymbol{z}$,如果知道 $\boldsymbol{z}$ 的分布,其他随机变量就可计算了。于是把图 7-5(a)所示的概率图简化为图 7-5(b)。

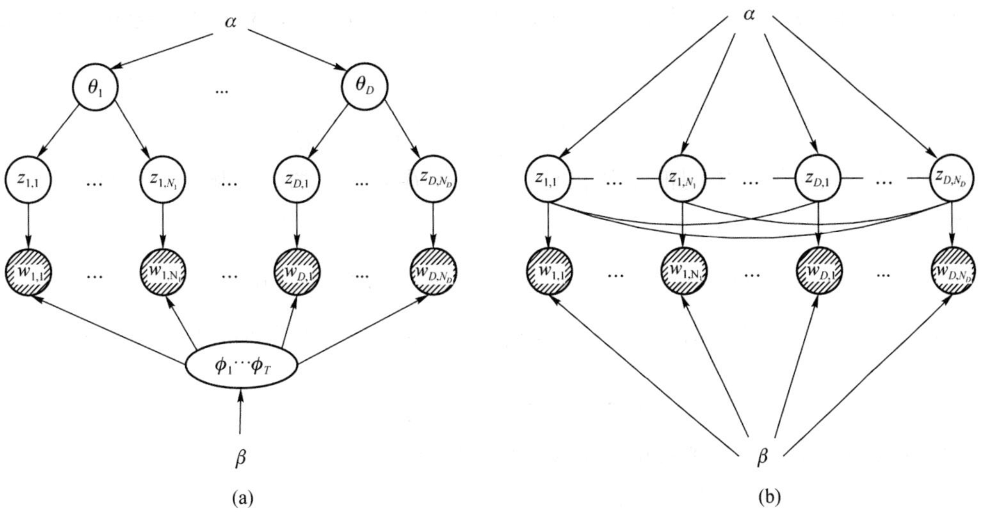

图 7-5 LDA 主题模型的简化

图 7-5(b)的联合概率分布可以表示为式(7-14)：

$$p(\boldsymbol{z},\boldsymbol{w}|\alpha,\beta)\propto p(\boldsymbol{z}|\alpha)p(\boldsymbol{w}|\boldsymbol{z},\beta) \tag{7-14}$$

将式(7-14)进一步展开，$p(\boldsymbol{z}|\alpha)$如式(7-15)所示，$p(\boldsymbol{w}|\boldsymbol{z},\beta)$如式(7-16)所示。

$$\begin{aligned} p(\boldsymbol{z}|\alpha) &= \prod_d \int \Big[\prod_i \mathrm{Mult}(z_{di}|\theta_d)\Big]\mathrm{Dir}(\theta_d|\alpha)\mathrm{d}\theta_d \\ &= \left(\frac{\Gamma(K\alpha)}{\Gamma(\alpha)^K}\right)^D \prod_{d=1}^{D} \frac{\prod_{k=1}^{K}\Gamma(n_{\cdot,k}^{(d)}+\alpha)}{\Gamma(N+K\alpha)} \end{aligned} \tag{7-15}$$

其中，$n_{\cdot,k}^{(d)}$表示文档 d 中属于主题 k 的词频数。

$$\begin{aligned} p(\boldsymbol{w}|\boldsymbol{z},\beta) &= \prod_k \int \Big[\prod_{z_{di}=k} \mathrm{Mult}(w_{di}|\phi_k)\Big]\mathrm{Dir}(\phi_k|\beta)\mathrm{d}\phi_k \\ &= \left(\frac{\Gamma(N\beta)}{\Gamma(\beta)^N}\right)^K \prod_{k=1}^{K} \frac{\prod_{i=1}^{N}\Gamma(n_{i,k}^{(\cdot)}+\beta)}{\Gamma(n_{\cdot,k}^{(\cdot)}+N\beta)} \end{aligned} \tag{7-16}$$

其中，$n_{i,k}^{(\cdot)}$表示词 i 属于主题 k 的次数，$n_{\cdot,k}^{(\cdot)}$属于主题 k 的词总数。

图 7-5(b)中，$\boldsymbol{z}$ 的后验分布可以表示为式(7-17)：

$$p(\boldsymbol{z}|\boldsymbol{w},\alpha,\beta)=\frac{p(\boldsymbol{z},\boldsymbol{w}|\alpha,\beta)}{p(\boldsymbol{w}|\beta)}\propto p(\boldsymbol{z},\boldsymbol{w}|\alpha,\beta)\propto p(\boldsymbol{z}|\alpha)p(\boldsymbol{w}|\boldsymbol{z},\beta) \tag{7-17}$$

所以，词 i 对应的隐变量 z_i 的后验分布如式(7-18)所示。

$$\begin{aligned} p(z_i=k|\boldsymbol{z}_{-i},\boldsymbol{w}) &\propto p(z_i=k,\boldsymbol{z}_{-i},\boldsymbol{w}) \\ &= p(w_i|z_i=k,\boldsymbol{z}_{-i},\boldsymbol{w}_{-i})p(z_i=k|\boldsymbol{z}_{-i},\boldsymbol{w}_{-i}) \\ &= p(w_i|z_i=k,\boldsymbol{z}_{-i},\boldsymbol{w}_{-i})p(z_i=k|\boldsymbol{z}_{-i}) \end{aligned} \tag{7-18}$$

式(7-18)中等号右边的第一项是似然概率，第二项是先验概率。为了简化表达，省略了 α 和 β。先看第一项似然概率，对照图 7-5(a)，可以表示为式(7-19)。

$$\begin{aligned} & p(w_i|z_i=k,\boldsymbol{z}_{-i},\boldsymbol{w}_{-i}) \\ =& \int p(w_i|z_i=k,\phi_k)p(\phi_k|\boldsymbol{z}_{-i},\boldsymbol{w}_{-i})\mathrm{d}\phi_k \\ \propto& \int p(\phi_k|\boldsymbol{z}_{-i},\boldsymbol{w}_{-i})\mathrm{d}\phi_k \end{aligned} \tag{7-19}$$

其中，$p(\phi_k|z_{-i},w_{-i})\propto p(w_{-i}|\phi_k,z_{-i})p(\phi_j)\sim \mathrm{Dir}(\beta+n_{-i,k}^{(w)})$。根据狄利克雷分布的期望，可得式(7-20)：

$$p(w_i|z_i=k,z_{-i},w_{-i})=\frac{n_{-i,k}^{(w_i)}+\beta}{n_{-i,k}^{(\cdot)}+N\beta} \tag{7-20}$$

第一项体现了主题 k 中词汇 w 的权重比例。再看第二项的先验概率，对照图 7-5(a)，其可以表示为式(7-21)。

$$p(z_i=k|z_{-i})=\int p(z_i=k|\theta_d)p(\theta_d|z_{-i})\mathrm{d}\theta_d \tag{7-21}$$

其中，$p(\theta_d|z_{-i})\propto p(z_{-i}|\theta_d)p(\theta_d)\sim \mathrm{Dir}(\alpha+n_{-i,k}^{(d)})$。根据狄利克雷分布的期望，可得式(7-22)：

$$p(z_i=k|z_{-i})=\frac{n_{-i,k}^{(d)}+\alpha}{n_{-i,\cdot}^{(d)}+K\alpha} \tag{7-22}$$

第二项体现了文档中词汇被记为主题 k 的权重比例。

所以，隐变量 z_{di} 的后验分布计算公式如式(7-23)所示。

$$p(z_{di}=k|z_{-di},w,\alpha,\beta)\propto\frac{n_{-i,k}^{(w_i)}+\beta}{n_{-i,k}^{(\cdot)}+N\beta}\cdot\frac{n_{-i,k}^{(d)}+\alpha}{n_{-i,\cdot}^{(d)}+K\alpha} \tag{7-23}$$

其中的 4 个变量的含义如下：

- $n_{-i,k}^{(d)}$是文档 d 属于主题 k 的单词个数；
- $n_{-i,\cdot}^{(d)}$是文档 d 中的单词总数；
- $n_{-i,k}^{(w_i)}$是词 w_i 属于主题 k 的次数；
- $n_{-i,j}^{(\cdot)}$是属于主题 k 的单词总数。

例 7-2：采用 LDA 主题模型实现新闻话题聚类

GibbsLDA++是 C++语言编程实现的基于 Gibbs 采样的 LDA 主题模型，可用于实现新闻话题聚类。定义如下变量：

```
int M; // dataset size (i.e., number of docs)
int V; // vocabulary size
int K; // number of topics
double alpha, beta; // LDA hyperparameters
int ** z; // topic assignments for words, size M × doc.size()
int ** nw; // cwt[i][j]: number of instances of word/term i assigned to topic j, size V ×
K
int ** nd; // na[i][j]: number of words in document i assigned to topic j, size M × K
int * nwsum; // nwsum[j]: total number of words assigned to topic j, size K
int * ndsum; // nasum[i]: total number of words in document i, size M
double ** theta; // theta: document-topic distributions, size M × K
double ** phi; // phi: topic-word distributions, size K × V
```

该模型训练流程如下。

① 随机初始化：对语料中每篇文档中的每个词 w 随机地赋一个 topic 编号 z。

② 重新扫描语料库，对每个词 w，按照 Gibbs 采样公式重新采样它的主题，在语料中进行更新。

③ 重复以上语料库的重新采样过程直到 Gibbs 采样收敛。

④ 统计语料库的主题-词共现频率矩阵，该矩阵就是 LDA 主题模型。

下面是模型的关键代码，在初始化之后，在函数 estimate 中迭代训练，调用 sampling 函数进行采样，如式(7-23)。调用 compute_theta 和 compute_phi 计算隐变量，从隐变量的分布可以看出主题(topic)-文档(doc)的关系、主题(topic)-词(word)的关系，所以模型训练的结果就是把它们保存到文件中。

```
void model::estimate() {
    if (twords > 0) {
    // print out top words per topic
    dataset::read_wordmap(dir + wordmapfile, &id2word);
    }

    printf("Sampling %d iterations!\n", niters);

    int last_iter = liter;
    for (liter = last_iter + 1; liter <= niters + last_iter; liter++) {
    printf("Iteration %d ...\n", liter);

    // for all z_i
    for (int m = 0; m < M; m++) {
    for (int n = 0; n < ptrndata->docs[m]->length; n++) {
    // (z_i = z[m][n])
    // sample from p(z_i|z_-i, w)
    int topic = sampling(m, n);
    z[m][n] = topic;
    }
}

if (savestep > 0) {
        if (liter % savestep == 0) {
        // saving the model
        printf("Saving the model at iteration %d ...\n", liter);
        compute_theta();
        compute_phi();
        save_model(utils::generate_model_name(liter));
        }
    }
    }

    printf("Gibbs sampling completed! \n");
    printf("Saving the final model! \n");
    compute_theta();
```

```
        compute_phi();
        liter--;
        save_model(utils::generate_model_name(-1));
    }

    int model::sampling(int m, int n) {
        // remove z_i from the count variables
        int topic = z[m][n];
        int w = ptrndata->docs[m]->words[n];
        nw[w][topic] -= 1;
        nd[m][topic] -= 1;
        nwsum[topic] -= 1;
        ndsum[m] -= 1;

        double Vbeta = V * beta;
        double Kalpha = K * alpha;
        // do multinomial sampling via cumulative method
        for (int k = 0; k < K; k++) {
        p[k] = (nw[w][k] + beta) / (nwsum[k] + Vbeta) *
               (nd[m][k] + alpha) / (ndsum[m] + Kalpha);
        }
        // cumulate multinomial parameters
        for (int k = 1; k < K; k++) {
        p[k] += p[k - 1];
        }
        // scaled sample because of unnormalized p[]
        double u = ((double)rand() / RAND_MAX) * p[K - 1];

        for (topic = 0; topic < K; topic++) {
        if (p[topic] > u) {
            break;
        }
        }

        // add newly estimated z_i to count variables
        nw[w][topic] += 1;
        nd[m][topic] += 1;
        nwsum[topic] += 1;
        ndsum[m] += 1;

        return topic;
```

```
}

void model::compute_theta() {
    for (int m = 0; m < M; m++) {
    for (int k = 0; k < K; k++) {
        theta[m][k] = (nd[m][k] + alpha) / (ndsum[m] + K * alpha);
    }
    }
}

void model::compute_phi() {
    for (int k = 0; k < K; k++) {
    for (int w = 0; w < V; w++) {
        phi[k][w] = (nw[w][k] + beta) / (nwsum[k] + V * beta);
    }
    }
}
```

根据保存的文件 phi 的计算结果，统计每个主题里概率最大的 10 个词，可以代表一个主题，如图 7-6 所示，主题 1 可以看作与医疗相关，主题 2 可以看作与计算机相关。

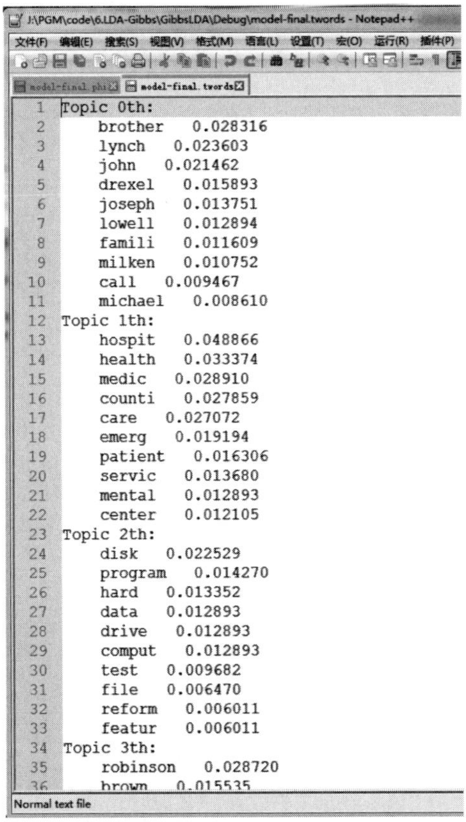

图 7-6 程序运行截图

对于一篇新文档，推断过程是在原来训练好的模型基础上，继续对新文档进行 Gibbs 采样，迭代更新隐变量，最后统计新文档的主题分布，即保存在文件中的 compute_theta 计算结果。

LDA 主题模型的变分推断法要比 Gibbs 采样算法的运行速度快。另外，Python 中的库 gensim 实现了 LSI、LDA 等主题模型，在实践中使用很方便。

第 7 章讲解视频

第 8 章

张量分解模型

张量分解模型课件

8.1 概率矩阵分解

8.1.1 推荐应用分析

在信息过载时代，推荐的应用范围很广。依据应用领域不同，数据集的差别很大，推荐应用的需求和结果评价方法会有很大差异，推荐方法可能完全不同。

按照推荐方法来看，可以分为四大类。

① 基于内容的推荐，如手机报的个性化阅读推荐、维基百科词条的引文推荐等，这类需求可以通过计算文本、图像等内容的相似度来进行推荐。

② 基于评分的推荐，如豆瓣上的书籍/音乐/电影推荐等，这类需求可以通过预测评分来进行推荐。本节主要讲述这方面的模型和算法。

③ 基于图的推荐，如社交网络的好友推荐等，这类需求可以通过图计算方法预测关系网的链接，从而进行推荐。第 9 章讲述这个方面的内容。

④ 混合推荐系统(hybrid recommender system)，在实际应用中为了提高生产效率，很常见就是该类系统，它会根据应用需求综合各种方法达成推荐效果。

在推荐系统中，涉及两类实体，为了叙述方便分别称之为用户(user)和物品(item)。经典的协同过滤(Collaborative Filtering, CF)推荐算法也从两个方面入手进行评分预测。

① 基于用户的协同过滤(user-based CF)是给某用户推荐相似用户所喜好的商品，这里需要根据用户行为、用户标签、用户地理位置信息等，计算用户的相似度，然后根据评分的排序结果进行推荐。

② 基于物品的协同过滤(item-based CF)是给某用户推荐喜好商品的相似商品，这里需要根据物品的类别、属性、时间效应等信息，计算物品的相似度，然后根据评分的排序结果进行推荐。

在这个过程中，要解决的问题是根据用户的属性、物品的属性等信息，给出“相似用户”和/或“相似物品”集合或序列。用户和物品的属性等信息在不同应用场景下可多可少。在实际应用中常常以协同过滤为基础，结合基于内容的推荐，计算评分。

对于大数据应用场景，用户信息非常丰富，数据量大。例如，一些电子商务网站为了快速计算用户的相似度，以提高实时推荐的性能和效率，一般在后台计算“用户画像”并保存，以提高推荐的性能和效率。

无论应用属于哪种，也无论数据集多么复杂，经过处理后的推荐应用场景的数据集大致都会如图 8-1 所示。

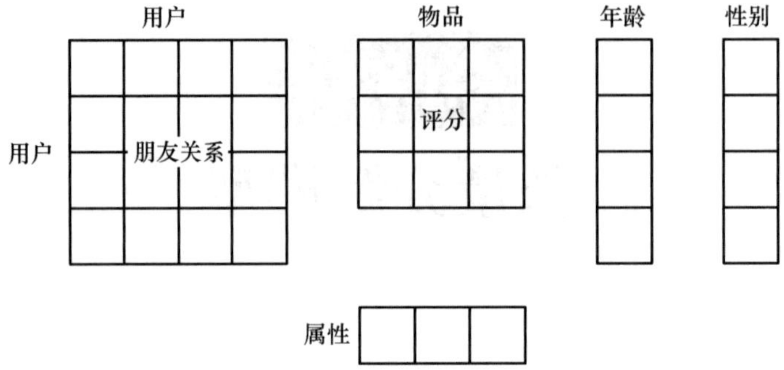

图 8-1 推荐应用场景的数据集

本节主要讲解基于模型的协同过滤推荐，该方法源于 2006 年举办的 Netflex 大赛，数据集仅仅是用户对电影的评分。对数据集进行如下处理和分析。

① 用户对电影的评分矩阵是稀疏矩阵，矩阵中只有个别位置有评分，大量位置并没有评分，称为缺失值，推荐算法正是预测这些缺失值。Netflix 大赛的数据集中有 17 700 部电影、480 189 位用户，用户看过某电影才可能对其进行评分，有 100 480 507 条有评分的条目，稀疏度为 1.18%。稀疏矩阵的存储只保存有评分的条目(entries)。

② 用户对电影评分时会反映不同用户的性格偏好。比如，有些用户对看过的电影评分都比较高，而有的用户就比较挑剔，对看过的电影评分都偏低。在上述情况下，需要求取每个用户对电影评分的平均值，用该用户对各个电影的评分减去这个平均值，对用户数据做中心化处理。类似地，也可以对物品数据做数值中心化处理。

③ 虽然原始数据中用户对电影的评价是 0，1，2，3，4，5，但是按照分类问题来解决的话，体现不出 5>4，所以采用矩阵分解的方法来建模。

8.1.2 矩阵分解

Netflex 大赛获奖团队采用的主要算法是矩阵分解，它的主要思想是：通过将评分矩阵 $\boldsymbol{R}$ 分解，把用户特征映射到一个隐空间，每个用户用向量 $\boldsymbol{u}_i$ 表示用户 i 的属性特征，但 $\boldsymbol{u}_i$ 是一个不可解释的隐向量；把电影也映射到隐空间，电影向量 $\boldsymbol{v}_j$ 表示电影 j 的属性特征。这个问题反过来想就比较容易理解，假设有用户特征矩阵和电影特征矩阵，如果用户特征与电影特征使用相同维度来描述，当用户特征向量和电影特征向量距离近，表示相似度高，$\boldsymbol{u}_i^{\mathrm{T}}\boldsymbol{v}_j$ 的值就比较大，表示用户 i 给电影 j 的评分 $R_{ij}=\boldsymbol{u}_i^{\mathrm{T}}\boldsymbol{v}_j$ 较高；当用户特征向量和电影特征向量距离远，则用户 i 给电影 j 的评分较低。在把评分矩阵分解为两个特征矩阵的基础上，如果需要给用户 i 进行电影推荐，则可以计算与用户向量 $\boldsymbol{u}_i$ 距离比较近的电影向量 $\boldsymbol{v}_j$，预测评分较高表示可以把电影 j 推荐给用户 i。在上面的描述中，向量的距离采用最简单的向量相乘进行计算，当然可以采用其他的向量距离计算方法。

那么，怎么把一个评分矩阵分解成两个特征矩阵呢？

SVD 分解是经典的矩阵分解算法。在 6.2.1 节中，LSA 主题模型就采用 SVD 分解为文档数据集建立主题模型。但是在推荐问题中，原始矩阵带有缺失值，补全这些缺失值是应用的目标，是推荐的依据。所以不能简单地采用“假设缺失值，取平均值”等方法，然后进行矩阵分解。一般方法是把带缺失值的矩阵分解看作优化问题，可以采用 SGD 算法等方法拟合稀疏矩阵中的条目，如式(8-1)所示。

$$\begin{gathered}\min \sum_{i,j} (R_{ij} - \boldsymbol{u}_i^{\mathrm{T}} \boldsymbol{v}_j)^2 \\ \text{s.t. } R_{ij} \in \{\text{观测到的评分项}\}\end{gathered} \tag{8-1}$$

式(8-1)中的优化目标是最小化欧氏距离。当然可以采用其他的优化目标，如最小化 KL 距离。

低秩矩阵分解假设用户对电影的评分能够“意见一致”，所以最小化评分矩阵 $\boldsymbol{R}$ 的秩，如式(8-2)所示。

$$\begin{gathered}\min_{R} \operatorname{rank}(\boldsymbol{R}) \\ \text{s.t. } R_{ij} \in \{\text{观测到的评分项}\}\end{gathered} \tag{8-2}$$

带缺失值的矩阵无法求取秩，求高维矩阵(张量)的秩是 NP 难问题。所以式(8-2)的求解过程转换为最小化矩阵的核范数(迹范数)问题。

在实际应用场景中，式(8-1)中 $\boldsymbol{u}_i$ 和 $\boldsymbol{v}_j$ 的隐特征空间维数一般由人工选取，认为它远小于用户数 N 和物品数 M，所以矩阵分解中抽取用户和物品的潜在特征，相当于做低秩分解。

通过式(8-1)解得的用户矩阵 $\boldsymbol{U}$ 和电影特征矩阵 $\boldsymbol{V}$ 不唯一。任意一个满秩的对角矩阵 $\boldsymbol{D}$，构造 $\boldsymbol{UD}$ 和 $\boldsymbol{VD}^{-1}$，两者相乘都可以得到评分矩阵 $\boldsymbol{R}$。所以，很多应用场景下需要采用概率矩阵分解，赋予矩阵分解以概率意义，具有很好的可解释性。

有些文献讨论非负矩阵分解，也可以有比较好的可解释性。例如，在文本分析中统计词频，使用矩阵分解后会得到负数，所以需要采用非负矩阵分解。Andriy Mnih 等人在文献“Probabilistic matrix factorization”中证明了非负矩阵分解本质上等价于概率矩阵分解。

8.1.3 概率矩阵分解模型

概率矩阵分解的有向图模型如图 8-2 所示。假设用户有自己的特征向量，物品也有各自的特征向量，那么，某用户给某物品评分很高的原因就是这两个向量距离接近，即 $R_{ij} = \boldsymbol{u}_i^{\mathrm{T}} \boldsymbol{v}_j$ 的值比较大。根据已有的评分项对稀疏矩阵进行分解，再把分解后的两个特征矩阵相乘，可以补全稀疏矩阵中的缺失项。缺失项代表了预测评分，可以根据预测评分进行推荐。

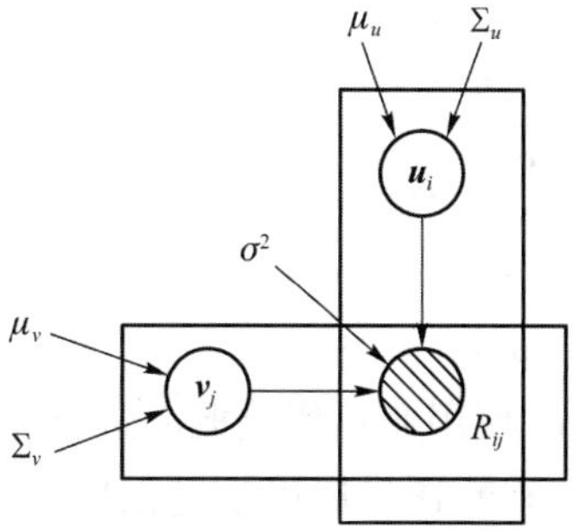

图 8-2 概率矩阵分解的有向图模型

为了体现评分数据 5>4 的情况，假设随机变量 $\boldsymbol{u}_i$、$\boldsymbol{v}_j$ 采用高斯分布作为先验分布，评分为均值。假设所有用户特征向量从同一个高斯分布中采样，如式(8-3)所示。

$$\boldsymbol{u}_i \sim \mathcal{N}(\mu_u, \Sigma_u) \tag{8-3}$$

同理，假设所有物品的特征向量从同一个高斯分布中采样，如式(8-4)所示。

$$\boldsymbol{v}_j \sim \mathcal{N}(\mu_v, \Sigma_v) \tag{8-4}$$

模型的生成过程如式(8-5)所示。

$$p(R_{ij} = r \mid \boldsymbol{u}_i, \boldsymbol{v}_j) = \mathcal{N}(r \mid \boldsymbol{u}_i^{\mathrm{T}} \boldsymbol{v}_j, \sigma^2) \tag{8-5}$$

8.1.4　模型学习和推荐

稀疏矩阵分解一般采用随机梯度下降法求解。

优化目标把最大似然估计看作最小化负对数似然函数，如式(8-6)所示，本质上与式(8-1)一致。

$$\begin{aligned} J(\boldsymbol{U}, \boldsymbol{V}) &= -\log p(\boldsymbol{R} \mid \boldsymbol{U}, \boldsymbol{V}, \boldsymbol{O}) \\ &= -\log \left(\prod_{i=1}^{N} \prod_{j=1}^{M} \left[\mathcal{N}(R_{ij} \mid \boldsymbol{u}_i^{\mathrm{T}} \boldsymbol{v}_j, \sigma^2) \right]^{\mathbb{I}(O_{ij}=1)} \right) \end{aligned} \tag{8-6}$$

其中，$O_{ij}=1$ 表示用户 $\boldsymbol{u}_i$ 对 $\boldsymbol{v}_j$ 有评分，不是缺失项。

对目标函数求梯度，如式(8-7)所示。

$$\frac{\partial J}{\partial \boldsymbol{u}_i} = \frac{\partial}{\partial \boldsymbol{u}_i} \sum_{ij} \mathbb{I}(O_{ij} = 1)(R_{ij} - \boldsymbol{u}_i^{\mathrm{T}} \boldsymbol{v}_j)^2 = -\sum_{j:O_{ij}=1} e_{ij} \boldsymbol{v}_j \tag{8-7}$$

其中 $e_{ij} = R_{ij} - \boldsymbol{u}_i^{\mathrm{T}} \boldsymbol{v}_j$。

于是，按照 SGD 算法迭代更新用户向量，如式(8-8)所示。

$$\boldsymbol{u}_i = \boldsymbol{u}_i + \eta e_{ij} \boldsymbol{v}_j \tag{8-8}$$

从图 8-2 可以看出，$\boldsymbol{v}_j$ 和 $\boldsymbol{u}_i$ 是对称的，可以很容易写出 $\boldsymbol{v}_j$ 的迭代更新公式。

如果令 $\eta = \frac{\boldsymbol{u}_i}{(\boldsymbol{u}_i^{\mathrm{T}} \boldsymbol{v}_j) \boldsymbol{v}_j}$，可以得到 u_i 的乘性迭代更新公式，不再需要考虑设置“步长”这个超参数了，如式(8-9)所示。

$$\begin{aligned} \boldsymbol{u}_i &= \boldsymbol{u}_i - \eta \frac{\partial J}{\partial \boldsymbol{u}_i} \\ &= \boldsymbol{u}_i + \eta (R_{ij} - \boldsymbol{u}_i^{\mathrm{T}} \boldsymbol{v}_j) \boldsymbol{v}_j \\ &= \boldsymbol{u}_i + \eta R_{ij} \boldsymbol{v}_j - \eta (\boldsymbol{u}_i^{\mathrm{T}} \boldsymbol{v}_j) \boldsymbol{v}_j \\ &= \boldsymbol{u}_i + \frac{\boldsymbol{u}_i}{(\boldsymbol{u}_i^{\mathrm{T}} \boldsymbol{v}_j) \boldsymbol{v}_j} R_{ij} \boldsymbol{v}_j - \frac{\boldsymbol{u}_i}{(\boldsymbol{u}_i^{\mathrm{T}} \boldsymbol{v}_j) \boldsymbol{v}_j} (\boldsymbol{u}_i^{\mathrm{T}} \boldsymbol{v}_j) \boldsymbol{v}_j \\ &= \frac{\boldsymbol{u}_i}{(\boldsymbol{u}_i^{\mathrm{T}} \boldsymbol{v}_j) \boldsymbol{v}_j} R_{ij} \boldsymbol{v}_j \\ &= \boldsymbol{u}_i \frac{R_{ij}}{(\boldsymbol{u}_i^{\mathrm{T}} \boldsymbol{v}_j)} \end{aligned} \tag{8-9}$$

在非负矩阵分解中，对 $\boldsymbol{u}_i$ 和 $\boldsymbol{v}_j$ 使用非负值或概率进行初始化，乘性迭代可以保证计算过程中和结果的非负性。需要注意，乘性迭代适用于优化目标中没有考虑对参数正则化的情况。

对于图 8-2，如果假设用户特征、物品特征均服从高斯先验分布：

$$p(\boldsymbol{U},\boldsymbol{V}) = \prod_i \mathcal{N}(\boldsymbol{u}_i \mid \mu_u, \Sigma_u) \prod_j \mathcal{N}(\boldsymbol{v}_j \mid \mu_v, \Sigma_v) \tag{8-10}$$

针对特征向量的正态分布特性，目标函数可以增加正则化惩罚因子，如式(8-11)所示。

$$\begin{aligned} J(\boldsymbol{U},\boldsymbol{V}) &= -\log p(R,\boldsymbol{U},\boldsymbol{V} \mid \boldsymbol{O}) \\ &= \sum_i \sum_j \mathbb{I}(O_{ij}=1)(R_{ij}-\boldsymbol{u}_i^{\mathrm{T}}\boldsymbol{v}_j)^2 + \lambda(\sum_i \|\boldsymbol{u}_i\|^2 + \sum_j \|\boldsymbol{v}_j\|^2) \end{aligned} \tag{8-11}$$

对式(8-11)所示的目标函数求梯度，得到参数的迭代更新如式(8-12)和式(8-13)所示。

$$\boldsymbol{u}_i = \boldsymbol{u}_i + \eta(e_{ij}\boldsymbol{v}_j - \lambda\boldsymbol{u}_i) \tag{8-12}$$

$$\boldsymbol{v}_j = \boldsymbol{v}_j + \eta(e_{ij}\boldsymbol{u}_i - \lambda\boldsymbol{v}_j) \tag{8-13}$$

SGD 算法根据式(8-12)和式(8-13)进行迭代，直到收敛，就可以获得用户特征向量 $\boldsymbol{u}_i$ 和物品特征向量 $\boldsymbol{v}_j$。

接下来计算 $\hat{R}_{ij} = \boldsymbol{u}_i^{\mathrm{T}}\boldsymbol{v}_j$，预测用户 $\boldsymbol{u}_i$ 对物品 $\boldsymbol{v}_j$ 的评分，该值越大表示越应该推荐，可以对该值进行排序推荐。

如果假设特征向量是稀疏的，目标函数可以增加 L1 正则项，如式(8-14)所示。

$$\begin{aligned} J(\boldsymbol{U},\boldsymbol{V}) &= -\log p(\boldsymbol{R},\boldsymbol{U},\boldsymbol{V} \mid \boldsymbol{O}) \\ &= \sum_i \sum_j \mathbb{I}(O_{ij}=1)(R_{ij}-\boldsymbol{u}_i^{\mathrm{T}}\boldsymbol{v}_j)^2 + \lambda(\sum_i \|\boldsymbol{u}_i\|_1 + \sum_j \|\boldsymbol{v}_j\|_1) \end{aligned} \tag{8-14}$$

8.2 张量分解

8.2.1 基本概念

张量(tensor)在这里指 3 阶及以上的矩阵，在实际应用中很常见。比如，用户 $\boldsymbol{u}_i$、“与什么人一起”、“在什么时间段”、对观看的电影 $\boldsymbol{v}_j$ 给出评分，是一个 4 阶张量。

张量分解(tensor decomposition)是矩阵分解的拓展。下面对张量分解涉及的一些概念进行定义。

1. 内积和范数

设有张量 $\boldsymbol{A},\boldsymbol{B} \in \mathbb{R}^{I_1 \times I_2 \times \cdots \times I_N}$，则张量 $\boldsymbol{A}$ 和张量 $\boldsymbol{B}$ 的内积定义为式(8-15)。

$$\langle \boldsymbol{A},\boldsymbol{B} \rangle = \sum_{i_1=1}^{I_1} \sum_{i_2=1}^{I_2} \cdots \sum_{i_N=1}^{I_N} a_{i_1,i_2,\cdots,i_N} \times b_{i_1,i_2,\cdots,i_N} \tag{8-15}$$

根据矩阵性质拓展，张量 $\boldsymbol{A} \in \mathbb{R}^{I_1 \times I_2 \times \cdots \times I_N}$ 的 Frobenius 范数定义为式(8-16)：

$$\|\boldsymbol{A}\|_F = \sqrt{\sum_{i_1=1}^{I_1} \sum_{i_2=1}^{I_2} \cdots \sum_{i_N=1}^{I_N} a_{i_1,i_2,\cdots,i_N}^2} \tag{8-16}$$

2. 外积

设有张量 $\boldsymbol{A} \in \mathbb{R}^{I_1 \times I_2 \times \cdots \times I_N}$，$\boldsymbol{B} \in \mathbb{R}^{J_1 \times J_2 \times \cdots \times J_M}$，则张量 $\boldsymbol{A}$ 和张量 $\boldsymbol{B}$ 的外积定义为式(8-17)。

$$(\boldsymbol{A} \circ \boldsymbol{B})_{i_1,i_2,\cdots,i_N,j_1,j_2,\cdots,j_M} = a_{i_1,i_2,\cdots,i_N} \times b_{j_1,j_2,\cdots,j_M} \tag{8-17}$$

3. 秩一张量

设有张量 $\boldsymbol{A} \in \mathbb{R}^{I_1 \times I_2 \times \cdots \times I_N}$，如果 $\boldsymbol{A}$ 能被写成 N 个向量的外积，则 $\boldsymbol{A}$ 为秩一张量，

如式(8-18)所示。

$$\boldsymbol{A}=\boldsymbol{x}^{(1)}\circ\boldsymbol{x}^{(2)}\circ\cdots\circ\boldsymbol{x}^{(N)} \tag{8-18}$$

其中每一个向量 $\boldsymbol{x}^{(n)}\in\mathbb{R}^{I_n}$，$n=1,2,\cdots,N$。图 8-3 中形象化地表示了一个阶数为 3 的秩一张量。

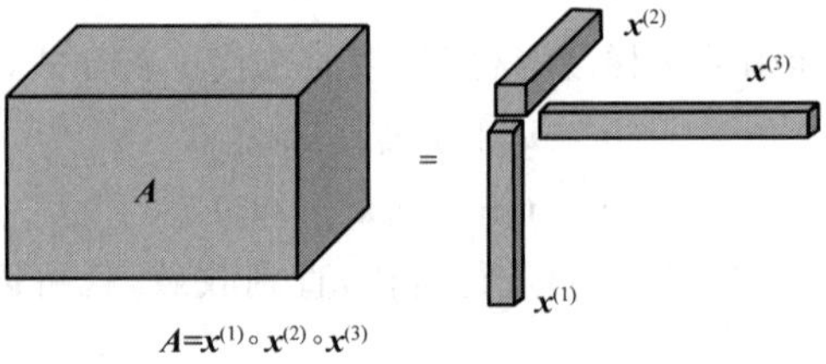

图 8-3　秩一张量示意图

4. *n* 模式积

设有张量 $\boldsymbol{A}\in\mathbb{R}^{I_1\times I_2\times\cdots\times I_N}$，矩阵 $\boldsymbol{U}\in\mathbb{R}^{J\times I_n}$，则张量 $\boldsymbol{A}$ 和矩阵 $\boldsymbol{U}$ 的 n 模式积定义为式(8-19)：

$$(\boldsymbol{A}\times_n\boldsymbol{U})_{i_1,i_2,\cdots,i_{n-1},j,i_{n+1},\cdots,i_N}=\sum_{i_n=1}^{I_n}a_{i_1,i_2,\cdots,i_N}\times u_{ji_n} \tag{8-19}$$

常用的张量分解模型主要有两大类：Tucker 分解和 CP 分解。

Tucker 模型由 Tucker L. R. 提出，也被称为多维奇异值分解（Higher-order SVD，HSVD）或 n-mode SVD。Tucker 分解认为 N 阶张量 $\boldsymbol{A}\in\mathbb{R}^{I_1\times I_2\times\cdots\times I_N}$ 可以由一个低维度的核张量(core tensor)$\boldsymbol{G}\in\mathbb{R}^{J_1\times J_2\times\cdots\times J_N}$，通过与 N 个矩阵进行 n 模式积运算近似得到，用元素的方法表示为式(8-20)。

$$a_{i_1,i_2,\cdots,i_N}\approx\sum_{j_1,j_2,\cdots,j_N}g_{j_1,j_2,\cdots,j_N}x^{(1)}_{i_1j_1}x^{(2)}_{i_2j_2}\cdots x^{(N)}_{i_Nj_N} \tag{8-20}$$

图 8-4 表示了 Tucker 分解的直观图。

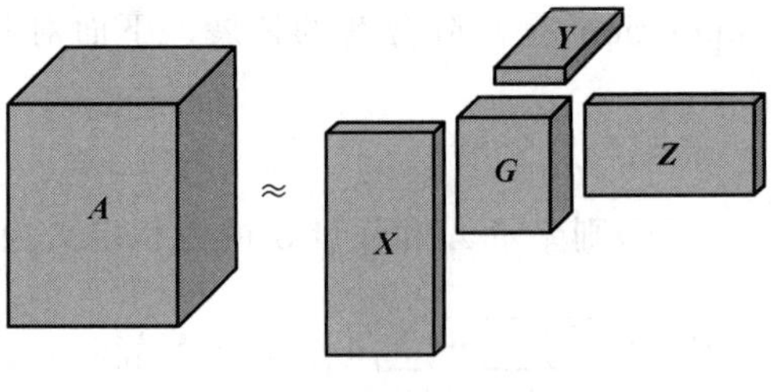

图 8-4　张量 Tucker 分解示意图

以 3 阶张量 $\boldsymbol{A}$ 为例，$\boldsymbol{A}$ 的 Tucker 分解用元素的方式表示为 $a_{ijk}\approx\sum_{l,m,n}g_{lmn}x_{il}y_{jm}z_{kn}$，记作 $\boldsymbol{A}=[\boldsymbol{G};\boldsymbol{X},\boldsymbol{Y},\boldsymbol{Z}]$。

CP 分解是由 Harshman 等人和 Carroll 等人分别单独提出的张量分解的模型，也称为 PARAFAC 分解。

任意一个 N 阶张量 $\boldsymbol{A}\in\mathbb{R}^{I_1\times I_2\times\cdots\times I_N}$，它的秩 $R=\text{rank}(\boldsymbol{A})$ 是最小的秩一张量相加的个数，图 8-5 形象化表示了秩 R 的 N 阶张量的秩一分解，用元素的方式表示为式(8-21)。

$$a_{i_1,i_2,\cdots,i_N} \approx \sum_{r=1}^{R} x_{i_1 r}^{(1)} x_{i_2 r}^{(2)} \cdots x_{i_N r}^{(N)} \tag{8-21}$$

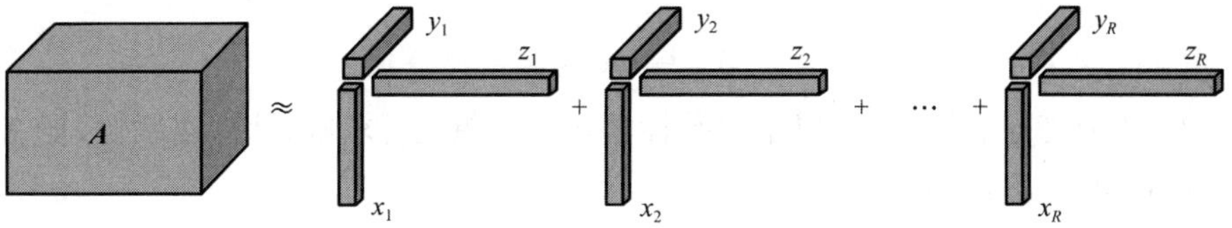

图 8-5 张量的 CP 分解模型示意图

以 3 阶张量为例，可以将张量 $\boldsymbol{A}$ 的 CP 分解用符号表示为 $a_{ijk} \approx \sum_{r=1}^{R} x_{ir} y_{jr} z_{kr}$，记作 $\boldsymbol{A}=[\boldsymbol{X},\boldsymbol{Y},\boldsymbol{Z}]$。

当 Tucker 分解的核张量被设定为对角张量时，Tucker 分解就退化为 CP 分解。所以 CP 分解也可以看作特殊的 Tucker 分解。当 $\boldsymbol{G}=\boldsymbol{I}$ 时，有式(8-22)。

$$\boldsymbol{A}=[\boldsymbol{I};\boldsymbol{X}^{(1)},\boldsymbol{X}^{(2)},\cdots,\boldsymbol{X}^{(N)}] \Leftrightarrow \boldsymbol{A}=[\boldsymbol{X}^{(1)},\boldsymbol{X}^{(2)},\cdots,\boldsymbol{X}^{(N)}] \tag{8-22}$$

CP 分解算法相对简单，下面只讨论 CP 分解。

8.2.2 带缺失值的张量分解

带缺失值的张量分解（或者说张量补全）在很多真实场景下有应用价值。仿照非负矩阵分解和概率矩阵分解，下面来看看非负张量分解（Non-negative Tensor Factorization，NTF）及其概率模型。

为了下文中更好地描述张量分解算法及其优化，仿照张量的内积，给出如下定义：符号 $\langle \boldsymbol{A},[\bullet,\boldsymbol{Y},\boldsymbol{Z}]\rangle$ 表示在 CP 分解中矩阵 $\boldsymbol{X}$ 缺失，用元素的方式表示，如式(8-23)所示。

$$(\bullet)_{il} = \sum_{jk,n} A_{ijk} Y_{jn} Z_{kn} \tag{8-23}$$

仿照概率矩阵分解的有向图模型，假设因子矩阵服从高斯分布，使用最小化欧氏距离作为逼近目标，以 3 阶张量为例，对张量 $\boldsymbol{A} \in \mathbb{R}^{I \times J \times K}$ 可以建立张量低秩分解模型，如图 8-6 所示。

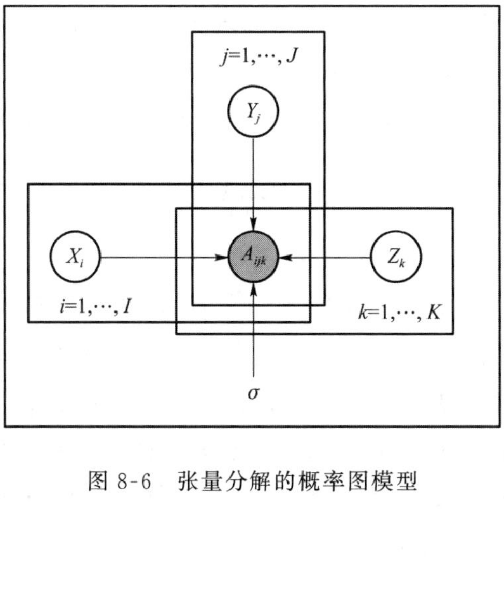

图 8-6 张量分解的概率图模型

3 阶张量最小化欧氏距离的非负 CP 分解(NCP-EU)的优化目标为式(8-24)：

$$\min_{\boldsymbol{X},\boldsymbol{Y},\boldsymbol{Z}}\frac{1}{2}\parallel \boldsymbol{A}-[\boldsymbol{X},\boldsymbol{Y},\boldsymbol{Z}]\parallel^2 \tag{8-24}$$

$$\text{s.t. } A_{ijk}\in\{\text{观测到的评分项}\}$$

式(8-24)没有考虑正则项，可以采用乘性迭代的思想进行求解，计算速度快，把 $\boldsymbol{X},\boldsymbol{Y},\boldsymbol{Z}$ 初始化为非负值，可以保证非负分解。

以式(8-24)为优化目标，求解非负张量分解。其中 $\boldsymbol{A}$ 是待分解的非负张量，观测值在迭代过程中一直不会改变。$\boldsymbol{X}$、$\boldsymbol{Y}$、$\boldsymbol{Z}$ 都是需要求解的因子矩阵，会随着迭代不断更新。定义 $\boldsymbol{B}=[\boldsymbol{X},\boldsymbol{Y},\boldsymbol{Z}]$ 表示由因子矩阵重构的张量，则 $\boldsymbol{X}$、$\boldsymbol{Y}$、$\boldsymbol{Z}$ 的梯度下降更新公式按元素的写法如式(8-25)～(8-27)所示。

$$X_{il}^{(t+1)}\leftarrow X_{il}^{(t)}+\eta_{il}^{(t)}[\langle\boldsymbol{A},[\bullet,\boldsymbol{Y}^{(t)},\boldsymbol{Z}^{(t)}]\rangle-\langle\boldsymbol{B}^{(t)},[\bullet,\boldsymbol{Y}^{(t)},\boldsymbol{Z}^{(t)}]\rangle]_{il} \tag{8-25}$$

$$Y_{jm}^{(t+1)}\leftarrow Y_{jm}^{(t)}+\eta_{jm}^{(t)}[\langle\boldsymbol{A},[\boldsymbol{X}^{(t)},\bullet,\boldsymbol{Z}^{(t)}]\rangle-\langle\boldsymbol{B}^{(t)},[\boldsymbol{X}^{(t)},\bullet,\boldsymbol{Z}^{(t)}]\rangle]_{jm} \tag{8-26}$$

$$Z_{kn}^{(t+1)}\leftarrow Z_{kn}^{(t)}+\eta_{kn}^{(t)}[\langle\boldsymbol{A},[\boldsymbol{X}^{(t)},\boldsymbol{Y}^{(t)},\bullet]\rangle-\langle\boldsymbol{B}^{(t)},[\boldsymbol{X}^{(t)},\boldsymbol{Y}^{(t)},\bullet]\rangle]_{kn} \tag{8-27}$$

对 SGD 算法中的下降比例因子取可变步长，如式(8-28)～(8-30)所示。

$$\eta_{il}^{(t)}=X_{il}^{(t)}\frac{\langle\boldsymbol{A},[\bullet,\boldsymbol{Y}^{(t)},\boldsymbol{Z}^{(t)}]\rangle_{il}}{\langle\boldsymbol{B}^{(t)},[\bullet,\boldsymbol{Y}^{(t)},\boldsymbol{Z}^{(t)}]\rangle_{il}} \tag{8-28}$$

$$\eta_{jm}^{(t)}=Y_{jm}^{(t)}\frac{\langle\boldsymbol{A},[\boldsymbol{X}^{(t)},\bullet,\boldsymbol{Z}^{(t)}]\rangle_{jm}}{\langle\boldsymbol{B}^{(t)},[\boldsymbol{X}^{(t)},\bullet,\boldsymbol{Z}^{(t)}]\rangle_{jm}} \tag{8-29}$$

$$\eta_{kn}^{(t)}=Z_{kn}^{(t)}\frac{\langle\boldsymbol{A},[\boldsymbol{X}^{(t)},\boldsymbol{Y}^{(t)},\bullet]\rangle_{kn}}{\langle\boldsymbol{B}^{(t)},[\boldsymbol{X}^{(t)},\boldsymbol{Y}^{(t)},\bullet]\rangle_{kn}} \tag{8-30}$$

可以得到乘性迭代公式，如式(8-31)～(8-33)所示。

$$\boldsymbol{X}\leftarrow\langle\boldsymbol{A},[\bullet,\boldsymbol{Y},\boldsymbol{Z}]\rangle./\langle[\boldsymbol{X},\boldsymbol{Y},\boldsymbol{Z}],[\bullet,\boldsymbol{Y},\boldsymbol{Z}]\rangle.*\boldsymbol{X} \tag{8-31}$$

$$\boldsymbol{Y}\leftarrow\langle\boldsymbol{A},[\boldsymbol{X},\bullet,\boldsymbol{Z}]\rangle./\langle[\boldsymbol{X},\boldsymbol{Y},\boldsymbol{Z}],[\boldsymbol{X},\bullet,\boldsymbol{Z}]\rangle.*\boldsymbol{Y} \tag{8-32}$$

$$\boldsymbol{Z}\leftarrow\langle\boldsymbol{A},[\boldsymbol{X},\boldsymbol{Y},\bullet]\rangle./\langle[\boldsymbol{X},\boldsymbol{Y},\boldsymbol{Z}],[\boldsymbol{X},\boldsymbol{Y},\bullet]\rangle.*\boldsymbol{Z} \tag{8-33}$$

其中，.* 和./是 Hadamard 积和 Hadamard 商，即对应元素作乘、除计算。

非负张量分解通常有两种目标函数，除前面讲述的最小化欧式距离的方法以外，还有最小化 KL 距离(Kullback-Leibler divergence)的方法。不少文献是以最小化 KL 距离作为优化目标的。3 阶张量最小化 KL 距离的非负 CP 分解(NCP-KL)的优化目标如式(8-34)所示。

$$\min \text{KL}(\boldsymbol{A}\|\boldsymbol{B})=\min\sum_{ijk}\left(A_{ijk}\log\frac{A_{ijk}}{B_{ijk}}-A_{ijk}+B_{ijk}\right) \tag{8-34}$$

$$\text{s.t. } A_{ijk}\in\{\text{观测到的评分项}\}$$

其中，$\boldsymbol{A}\in\mathbb{R}^{I\times J\times K}$，$\boldsymbol{X}\in\mathbb{R}^{I\times L}$，$\boldsymbol{Y}\in\mathbb{R}^{J\times M}$，$\boldsymbol{Z}\in\mathbb{R}^{K\times N}$，且 $L\leqslant I,M\leqslant J,N\leqslant K$，$\boldsymbol{B}=[\boldsymbol{X},\boldsymbol{Y},\boldsymbol{Z}]$。

可以解得 NCP-KL 的非负分解乘性迭代计算公式如式(8-35)～(8-37)所示。

$$\boldsymbol{X}\leftarrow\langle\boldsymbol{A}./[\boldsymbol{X},\boldsymbol{Y},\boldsymbol{Z}],[\bullet,\boldsymbol{Y},\boldsymbol{Z}]\rangle./\langle\boldsymbol{E},[\bullet,\boldsymbol{Y},\boldsymbol{Z}]\rangle.*\boldsymbol{X} \tag{8-35}$$

$$\boldsymbol{Y}\leftarrow\langle\boldsymbol{A}./[\boldsymbol{X},\boldsymbol{Y},\boldsymbol{Z}],[\boldsymbol{X},\bullet,\boldsymbol{Z}]\rangle./\langle\boldsymbol{E},[\boldsymbol{X},\bullet,\boldsymbol{Z}]\rangle.*\boldsymbol{Y} \tag{8-36}$$

$$\boldsymbol{Z}\leftarrow\langle\boldsymbol{A}./[\boldsymbol{X},\boldsymbol{Y},\boldsymbol{Z}],[\boldsymbol{X},\boldsymbol{Y},\bullet]\rangle./\langle\boldsymbol{E},[\boldsymbol{X},\boldsymbol{Y},\bullet]\rangle.*\boldsymbol{Z} \tag{8-37}$$

其中 $\boldsymbol{E}$ 为 3 阶全 1 张量，$E_{ijk}=1,\forall i,j,k$。

8.2.3 稀疏张量分解

1. 应用分析

唐琳瑶的论文《基于张量分解的高维数据建模研究》中，文献推荐基于用户之前的文献引用历史，给用户推荐可能感兴趣的其他文献。原始数据是一个由作者 $\boldsymbol{u}$、关键词 $\boldsymbol{w}$、引文 $\boldsymbol{v}$ 组成的三元组$(\boldsymbol{u},\boldsymbol{w},\boldsymbol{v})$。从原始数据中可以得到：作者 $\boldsymbol{u}_i$ 撰写了一篇关键词为 $\boldsymbol{w}_j$，且引用文献中包含引文 $\boldsymbol{v}_k$ 的论文（表示作者 $\boldsymbol{u}_i$ 阅读过关键词为 $\boldsymbol{w}_j$ 的论文 $\boldsymbol{v}_k$），用 A_{ijk} 表示（作者 $\boldsymbol{u}_i$、关键词 $\boldsymbol{w}_j$、引文 $\boldsymbol{v}_k$）这类情况出现次数，用 $\boldsymbol{u}_i$、$\boldsymbol{w}_j$、$\boldsymbol{v}_k$ 分别表示作者、关键词、引文的隐特征向量。将原始推荐问题转化为张量模型。

给目标用户 $\boldsymbol{u}_i$ 推荐关于目标词语 $\boldsymbol{w}_j$ 的引文可以用 $p(\boldsymbol{v}_k|\boldsymbol{u}_i,\boldsymbol{w}_j)$表示，如式(8-38)所示。

$$p(\boldsymbol{v}_k|\boldsymbol{u}_i,\boldsymbol{w}_j)=\frac{p(\boldsymbol{v}_k,\boldsymbol{u}_i,\boldsymbol{w}_j)}{p(\boldsymbol{u}_i,\boldsymbol{w}_j)}\propto p(\boldsymbol{v}_k,\boldsymbol{u}_i,\boldsymbol{w}_j) \tag{8-38}$$

其中，联合概率 $p(\boldsymbol{v}_k,\boldsymbol{u}_i,\boldsymbol{w}_j)=\sum_{h}p(\boldsymbol{h})p(\boldsymbol{u}_i|\boldsymbol{h})p(\boldsymbol{w}_j|\boldsymbol{h})p(\boldsymbol{v}_k|\boldsymbol{h})$。推荐过程是模型推断，概率图模型如图 8-7 所示，可以认为给用户推荐的每一篇文献都是由用户 $\boldsymbol{u}_i$ 和主题词 $\boldsymbol{w}_j$ 共同决定的，假设有一个隐含主题，最终由隐含主题生成推荐的引文 $\boldsymbol{v}$。最终运用带归一化的 NCP-KL 算法求解。

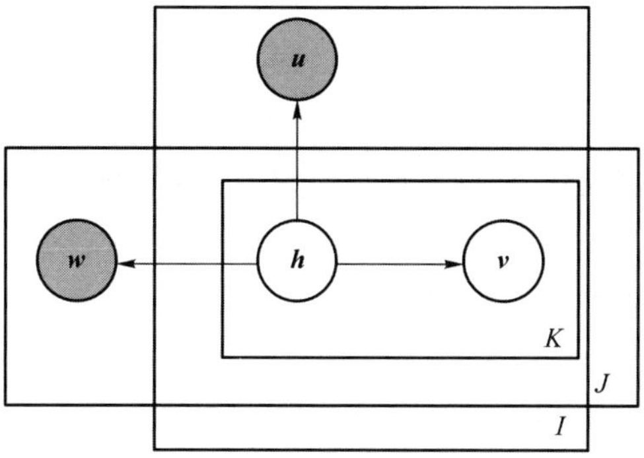

图 8-7　引文推荐时的概率图模型

联合概率 $p(\boldsymbol{v}_k,\boldsymbol{u}_i,\boldsymbol{w}_j)$其实等价于最终由因子矩阵重构的张量对应位置的值，所以也可以对原始数据采用 NCP-EU 算法，补充原始张量中的缺失位置得分来进行推荐。在具体实现时，缺失位置可以用 0 进行初始化，在迭代过程中，可以不断更新。

2. 数据处理

使用 CiteSeer 网站上的引文数据集，实现时可以从 RDF 数据库文件中读取到所需要的训练数据：包含论文的标题、作者、引文信息、发表年份、部分关键词等。作者 $\boldsymbol{u}_i$ 如果在撰写论文 $\boldsymbol{v}_1$ 时，引用了论文 $\boldsymbol{v}_2$，且 $\boldsymbol{w}_j$ 是论文 $\boldsymbol{v}_1$ 的关键词之一，那么定义：$\boldsymbol{v}_2$ 是适合用户 $\boldsymbol{u}_i$ 读的关于关键词 $\boldsymbol{w}_j$ 领域的论文，在原始张量 $\boldsymbol{A}$ 中表示为 $A_{ij2}=1$。实验中依次对从 RDF 数据库文件中提取出来的原始数据进行如下处理。

① 为了使原始张量矩阵相对不那么稀疏，对论文的发表年份进行限制，限制为 1998 年至

2008 年的论文集。

② 由于 CiteSeer 网站 API 的限制，难以获取所有论文的关键词信息。所以对于缺少关键词的论文，本书对其标题进行中文分词，并去除停用词，得到论文中的核心词语，将其作为该论文的关键词。

③ 针对经过第 2 步之后语料集中的关键词数据，去除出现频率十分高的关键词、超低频关键词和乱码字符。

④ 对数据集进行修整，去除关键词小于 2 个的论文、阅读数小于 2 的用户、被阅读数小于 2 的论文。

⑤ 由于第 4 步得到的数据仍然十分稀疏，直接用推荐技术建模会导致用户行为不充分的不合理推荐结果，所以对关键词进一步限制，选取具有实际意义的关键词中出现频率较高的 101 个词语，只针对这 101 个词语进行引文推荐。

最终总的数据集为：共有 68 403 个作者、101 个关键词、62 397 篇引文、638 780 份引用记录，稀疏度为 0.001 48‰。存在关系的元组（用户、关键词、引文）在张量中对应的位置值为 1，否则为 0。实验中用户和关键词组成 pair 对，根据不同的 pair 对（用户、关键词）划分数据集，使用 80%的数据作为训练集，20%的数据作为测试集，同时确保测试集中的（用户、关键词）组合不在训练集中。

这里不考虑推荐的冷启动问题，因为对矩阵和张量分解，需要历史行为数据作为训练数据，没有历史行为的项目，最终预测得到的结果没有意义。因此为了推荐的有效性，去除了不在训练集中出现却在测试集中出现的用户、关键词或论文等条目。

3. 计算和评估

信息检索领域中的许多应用，如网页搜索引擎中的相关度搜索等，常用归一化折损累计增益（normalized Discounted Cumulative Gain，nDCG）来衡量排序模型的好坏。推荐系统中，把推荐结果作为一个有序的列表推荐给用户，是一个典型的排序模型。所以这里采用 nDCG@50 来衡量实验结果。

取隐空间维度为 10，分别运用 NCP_EU 算法、NCP_KL 算法，nDCG@50 的推荐结果如表 8-1 所示。结果主要分为直接推荐和过滤关键词后推荐两种：直接推荐是直接采用原始稀疏张量重构后的值；过滤关键词后推荐要求被推荐的文章中含有该关键词或在训练集中被以该关键词为主题的论文引用过，是在直接推荐的结果中根据关键词信息过滤了部分推荐结果，这样做的目的是尽量降低原始张量的高度稀疏性带来的误差。

文献推荐代码

表 8-1 nDCG@50 的推荐效果

结果分类	NCP-EU	NCP-KL
直接推荐	0.029 2	0.039 5
过滤关键词后推荐	0.094 1	0.142 4

从表 8-1 可以看出，NCP-KL 算法的表现要优于 NCP-EU 算法，因为从数据集的角度来

说，引文推荐更适合多项分布假设，而非高斯分布假设。

采用不同隐空间维度时对 NCP-KL 算法的效果进行比较，分别取隐空间维度为 5、10、20、30、40、50 时的推荐效果，如图 8-8 所示。

在维度为 20 时，就已经取得了几乎最好的结果，将维度陆续提升到 50 时，推荐效果上升不多，却需要花费 2.5 倍的计算复杂度。对于张量分解中使用的不同大小的隐空间维度，需要在效率和计算复杂度之间权衡，在实际应用中，选取一个合适的维度至关重要。

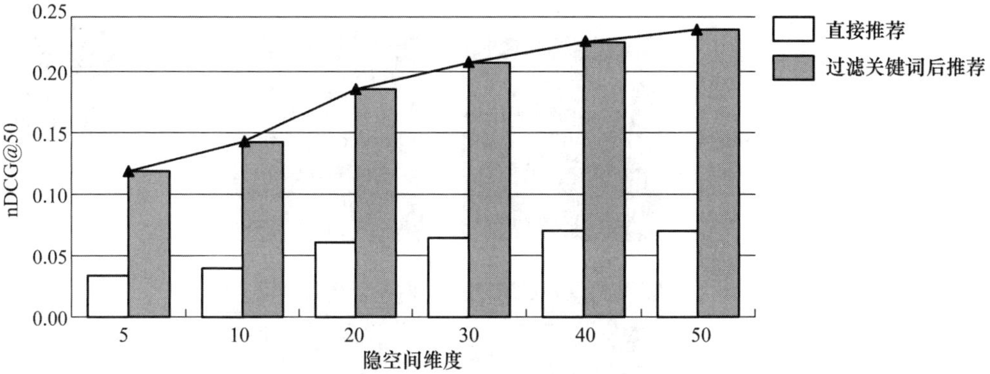

图 8-8　NCP-KL 算法的推荐效果

8.3 张量分解的应用

8.3.1 图像补全

彩色图像用一个 $I \times J \times 3$ 大小的张量表示，就将彩色图像数据转化为了 3 阶张量。彩色图像中的像素值都是非负的，为了避免分解后重构张量中产生负值元素，张量分解应用在彩色图像上应该使用非负张量分解。

将张量分解应用在图像补全时，可以与个性化推荐中的应用一样，将缺失值赋为 0 值，通过张量分解得到因子矩阵，最终重构张量，得到缺失位置的值，实现张量补全。但图像数据与个性化推荐中作者-关键词-引文共现张量不同。个性化推荐中将数据分为训练数据与测试数据，训练数据中包含了总数据集的 80%，除去测试数据中元素所在的位置，其余原始数据中的 0 值从某种意义上说，并不是真正的“缺省值”，而是应该意义上的 0 概率值，所以统一将这些“缺省值”赋值为 0(即初始化为 0)也是合理的。在图像上，对缺省值赋 0 值，并不是一种有效的办法，可以采用随机填充方法、平均值填充方法、一阶插值算法等，再通过张量分解模型中的低阶张量逼近，通过分解后得到的因子矩阵重构原始张量数据。

图 8-9 所示是随机填充原始张量，随机初始化各矩阵分量，采用 NCP-EU 算法，对于连续缺失的图像补全效果。

如图 8-10 所示，是随机填充原始张量，随机初始化各矩阵分量，采用 NCP-EU 算法，对于随机缺失的图像补全效果。

图 8-9 连续缺失图像的补全效果

图像补全代码

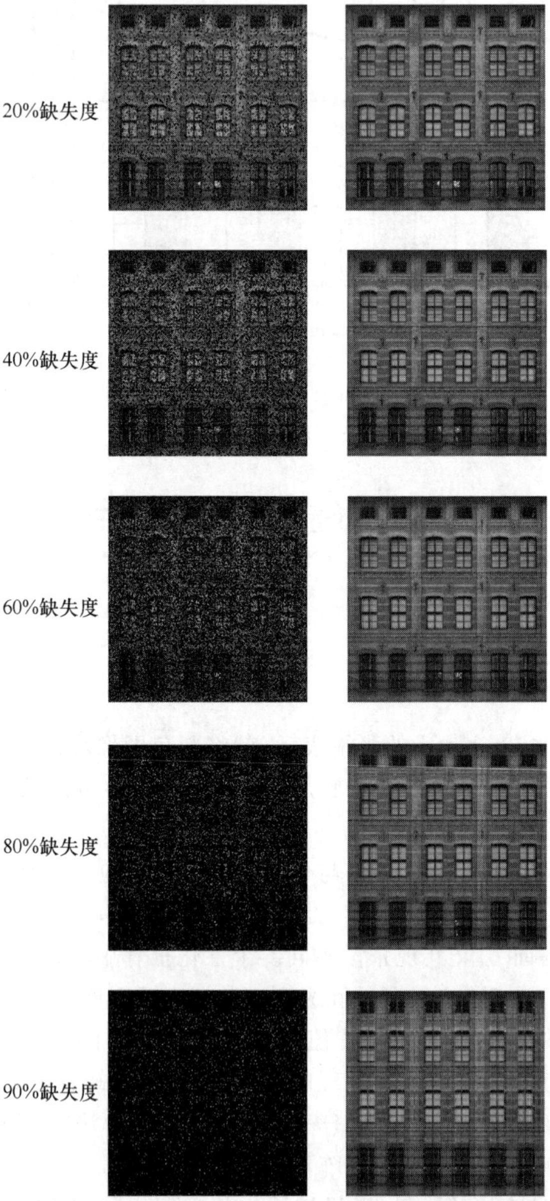

图 8-10 随机缺失下图像在不同缺失度的补全效果对比

8.3.2 视频场景切分

场景分割是基本的视频算法之一，是视频摘要等问题中的重要步骤。场景是视频的重要组成元素，许多个场景连在一起就是一段视频。场景的变换依赖镜头的切换，在拍摄视频的过程中，为了表达完备的视觉效果和达到较好的拍摄效果，需要不断变换镜头，不同镜头下拍摄的背景、环境都会不同，所以一段视频中会有许多场景。视频中，取景于场景改变期间的图像帧，在图像色彩、明暗、对比度等方面通常也会有较明显的变化。如果能够挖掘到正在改变或有改变趋势的图像帧，就能完成场景分割的任务。

视频流数据可转化为 4 维张量数据，即包含 2 个画面长宽的维度——1 个 RGB 的维度和 1 个时间维度，每个时间维度上都是一幅图像。在一段视频流中，视频中图像数据的色彩明暗变化，可以得到大致的场景划分。根据此点，研究视频数据时，可以通过将视频数据转化为张量数据，进行多维的概率张量分解，得到时间维度的概率曲线，最终得到划分的场景。

下面选取一段彩色视频中 140 帧长度的视频帧，每帧的图像大小为 240×288，最终得到 4 阶张量数据 $\boldsymbol{A}\in\mathbb{R}^{140\times240\times288\times3}$。

将 4 阶张量进行秩 3 的 NCP-EU 分解或 NCP-KL 分解，可以得到 4 个维度因子矩阵，4 个因子矩阵各自有其隐含意义，这里需要对时间维度的因子矩阵进行分析。因为采用的是秩为 3 的 4 阶张量分解，所以最终得到的时间维度因子矩阵共有 3 个因子，下文将其称为因子矩阵的 3 个 factor。通过对时间因子矩阵中的 3 个 factor 进行分析，挖掘视频中的时序关系。

设原始张量为 $\boldsymbol{A}\in\mathbb{R}^{P\times I\times J\times K}$，其中 $I=240$，$J=288$，$K=3$，$P=140$。采用 NCP-EU 对原始张量进行如下分解：

$$[\boldsymbol{T},\boldsymbol{X},\boldsymbol{Y},\boldsymbol{Z}]_{pijk}=\sum_{T=1}^{R}t_{pr}x_{ir}y_{jr}z_{kr} \tag{8-39}$$

其中 $\boldsymbol{T}=\mathbb{R}^{140\times3}$。对 $\boldsymbol{T}$ 矩阵进行分析，得到的 $\boldsymbol{T}$ 矩阵中 3 个 factor 随着时间的变化分别如图 8-11(a)所示。

张量分解也可以取秩为 1，这样得到的各个因子矩阵也都只有 1 个 factor 维度，如图 8-11(b)所示。从图中可以看出，秩为 1 时，与之前的秩 3 分解相同：在第 60 帧至第 95 帧之间，曲线有明显的斜率变化。如图 8-12 所示，按每隔 5 帧显示第 60 帧至第 95 帧的图像画面。很明显，在第 60 帧至第 95 帧之间视频图像发生了从暗到明的变化，也就是发生了场景切换。

视频场景切分代码

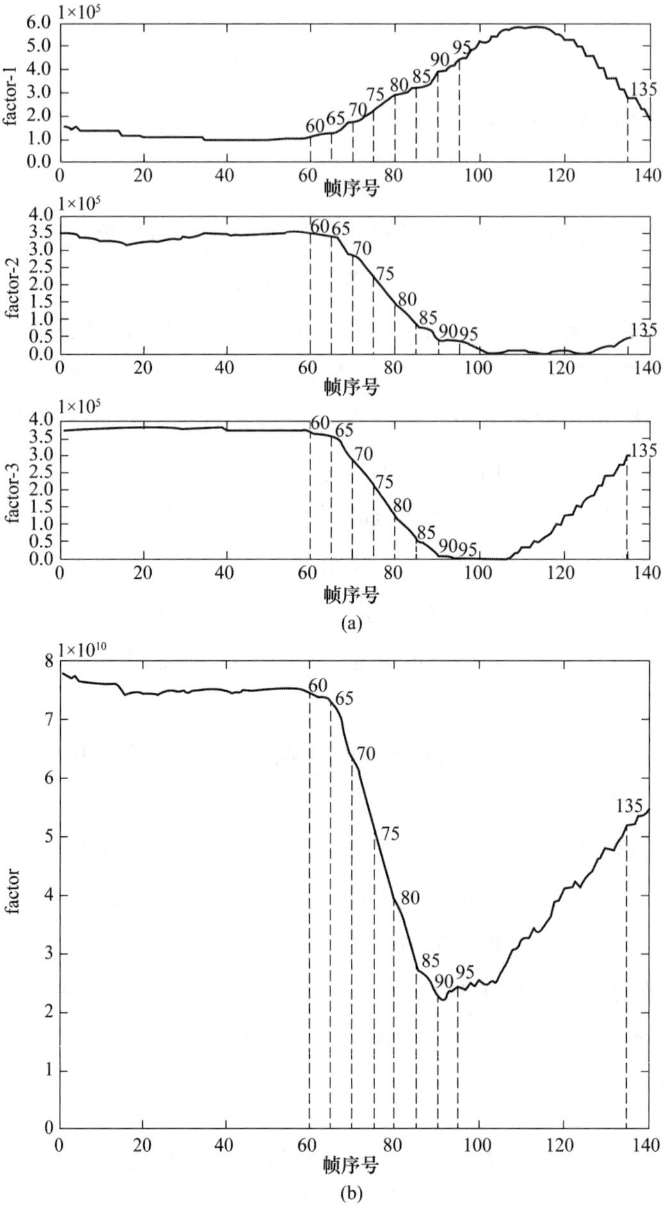

图 8-11 时间轴因子矩阵的变化

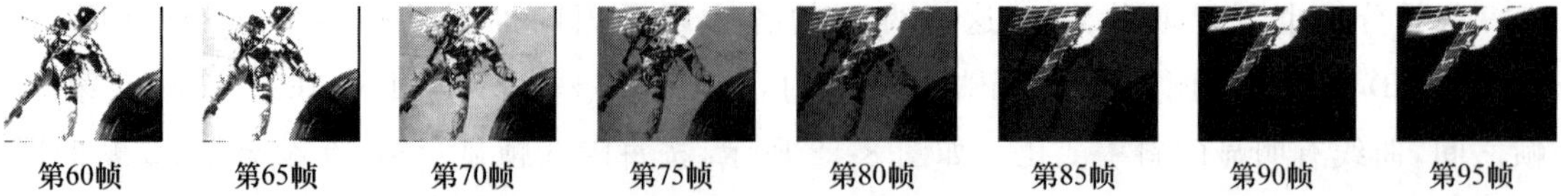

图 8-12 视频第 60 帧至第 95 帧的图像

第 8 章讲解视频

第9章

隐马尔可夫模型

隐马尔可夫模型课件

9.1 中文分词

分词是自然语言处理必须面临的一个重要问题。尤其是在中文里,一句话中没有词的概念,整篇文章只用标点符号进行分割,所以必须考虑把单字组织成词。其实英文也要面临词组切分问题,对于一篇文章,只有正确切分名词词组、动词词组等,才能很好地表达文章的语义。

即使不考虑词性问题,对中文或英文句子进行切分,也是常常必须做的事。比如,在命名实体识别任务中,只有正确识别文章中的人名、地名、组织机构等,才能更好地理解文章所要表达的意思。

如果把英文的单词看作中文的单字,那么分词的目的就是识别出中文的词语或英文的词组,用词组代表一个完整的语义,所以可以把中文和英文统一看待和处理。

中文分词以及命名实体识别都是序列标注问题,标注好各个词/词组的开始位置和结束位置,就可以从文本序列中识别出词/词组。

隐马尔可夫模型(Hidden Markov Model,HMM)适合用于时序数据建模,在语音识别、自然语言处理等领域有着广泛的应用,下面介绍它在中文分词中的应用。

在机器处理自然语言问题时,必然要面对大量语料,如果是区区几篇文章,人工进行阅读理解就好了,完全没必要进行建模学习,当面对大量语料需要处理时才需要机器学习模型,并且语料足够大时,机器学习才能有好的效果。

HMM 可以进行有监督学习,需要使用人工分词好的训练语料进行模型(参数)学习,然后才能使用模型进行大量语料的分词;HMM 也可以进行无监督学习,因为在很多情况下,人工标注数据是一件困难的事情,进行无监督学习不需要训练语料。

9.2 应用建模

在中文分词问题中,我们并不关心每个字的语义,需要关注的是在海量语料中哪些字经常连在一些出现,这些字可能构成词。

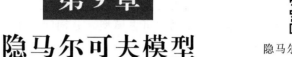

一个词中包含若干个字，必然有一个开始字，其记作 B，表示 Begin。如果一个字是词的结束，则其记作 E，表示 End。如果一次词包含 3 个及以上的字，中间字都用 M 作为标记，表示 Middle。当然也会有一些词仅包含一个字，这些单字作为词组的情况，记作 S，表示 Single。这是语言中所有字可能处于的 4 种状态，称为 BEMS 标注法。

一篇文章是一个文字序列，一个字过渡到下一个字，假设它们之间有什么关系的话，可以采用马尔可夫链来模拟，要想简单点就使用一阶马尔可夫链。我们并不关心每个字的语义，真正关心的是每个字背后所处的状态，上述 4 种状态是隐状态，这些隐状态构成了一阶马尔可夫链，所以该模型称为隐马尔可夫模型。分词问题正是要给每个字标注它所处的状态。模型如图 9-1 所示。

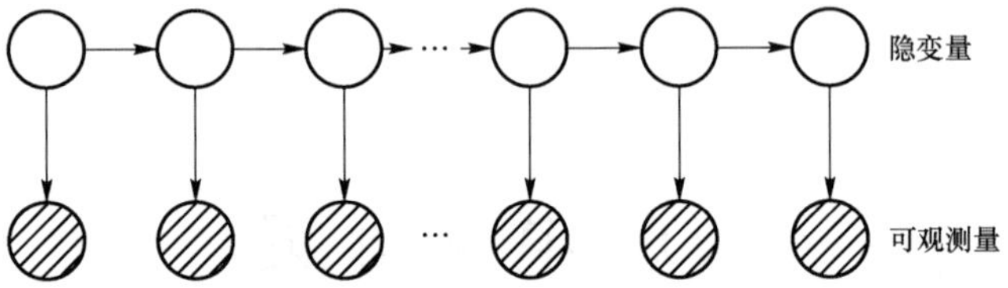

图 9-1 隐马尔可夫模型

隐马尔可夫模型中的变量分为两组：第一组是隐状态变量，通常是不可观测量；第二组是可观测变量，即我们看到的一篇文章由文字序列组成。

设状态变量为$\{y_1, y_2, \cdots, y_T\}$，$y_t \in Y$ 表示第 t 时刻的状态；观测变量为$\{x_1, x_2, \cdots, x_T\}$，$x_t \in X$ 表示第 t 时刻的观测值。在任一时刻，观测变量的取值仅依赖当前时刻的状态变量，与其他状态变量及观测变量取值无关，如图 9-1 中向下的箭头所示；同时，t 时刻状态 y_t 仅依赖$t-1$时刻的状态 y_{t-1}，与其他状态无关，如图 9-1 中向右的箭头所示。由此可得式(9-1)，表示在生成模型中，一篇文章是按照一定的生成概率产生出来的。

$$p(x_1, y_1, \cdots, x_T, y_T) = p(y_1)p(x_1 \mid y_1)\prod_{t=2}^{T} p(y_t \mid y_{t-1})p(x_t \mid y_t) \tag{9-1}$$

假设随机变量 y_t 取离散状态值，有 N 种状态。比如，BEMS 标注法状态集合中的元素个数为$|Y|=4$，可以采用多项分布；随机变量 x_t 也是离散的，有 M 种取值。再比如，新华字典中的汉字也服从多项分布。那么隐马尔可夫模型有以下 3 组参数。

① 状态转移概率：模型在各个状态间转换的概率，矩阵 $\boldsymbol{A}=(a_{ij})_{N\times N}$，其中 $a_{ij}=p(y_{t+1}=s_j \mid y_t=s_i)$，$1\leqslant i,j\leqslant N$，表示在任意时刻 t，若状态为 s_i，则在下一时刻状态为 s_j 的概率；$y_t \in \{s_1, s_2, \cdots, s_N\}$。

② 发射概率：模型根据当前状态获得各个观测值的概率，$\boldsymbol{B}=(b_{jv})_{N\times M}$，其中 $b_{jv}=p(x_t=o_v \mid y_t=s_j)$，$1\leqslant j\leqslant N$，$1\leqslant v\leqslant M$，也记作 $b_j(v)$，表示在任意时刻 t，若状态为 s_j，则观测值 o_v 被获取的概率；$x_t \in \{o_1, o_2, \cdots, o_M\}$。

③ 初始状态概率：模型在初始时刻各状态出现的概率，$\pi=\{\pi_1, \pi_2, \cdots, \pi_N\}$，其中 $\pi_i=p(y_1=s_i)$，$1\leqslant i\leqslant N$，表示模型初始状态为 s_i 的概率。

通过指定状态空间 Y、观测空间 X 和上述 3 组参数，即可确定一个隐马尔可夫模型，通常使用参数 $\theta=\{\boldsymbol{A}, \boldsymbol{B}, \pi\}$来指代。

例 9-1：采用 HMM 和 BEMS 标注法进行中文分词。

在中文分词问题中，x 是文章中的字序列，是可观测量，y 是各个字所处的状态，状态转移如图 9-2 所示。

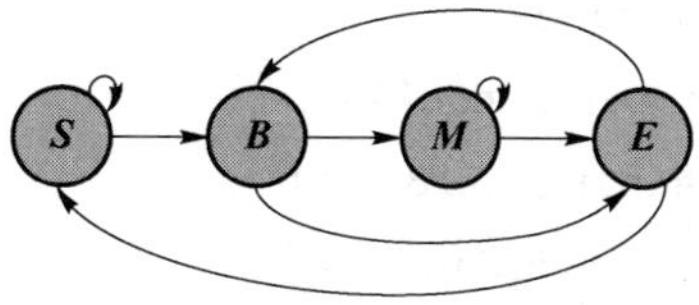

图 9-2 状态转移图

状态转移概率矩阵为

$$A=\begin{pmatrix} a_{11} & a_{12} & 0 & 0 \\ 0 & 0 & a_{23} & a_{24} \\ 0 & 0 & a_{33} & a_{34} \\ a_{41} & a_{42} & 0 & 0 \end{pmatrix}$$

发射矩阵 **B** 是一个条件概率矩阵，表示某状态引起相关现象的概率，假设中文字典有 3 万个字，**B** 是 4×30 000 维的矩阵，即 $N=4, M=30\ 000$。

$\pi=(\pi_1,\pi_2,\pi_3,\pi_4)$表示模型在初始时刻 4 种状态出现的概率。

模型结构确定之后，接下来学习模型参数 θ，就可以得到一个适合于中文分词的 HMM 模型。

9.3 模型学习与推断

9.3.1 模型学习

模型学习的任务是，根据观测序列以及定义好的与其有关的一个隐藏状态集，估计一个最合适的隐马尔可夫模型，也就是确定对已知序列描述的最合适参数 $\theta=\{\boldsymbol{A},\boldsymbol{B},\pi\}$。

1. 有监督学习

假设训练数据包含观测序列和对应的状态序列，那么可以进行有监督学习，利用最大似然估计和大数定理，使用频率表示概率，矩阵 **A** 和 **B** 以及 π 都能够直接被(估计)测量出来。

初始状态概率为 $\hat{\pi}_i=\dfrac{|s_i|}{\sum_i |s_i|}$，其中 $|s_i|$ 表示观测序列对应的状态为 s_i 的频数。

状态转移概率为 $\hat{a}_{ij}=\dfrac{|s_{ij}|}{\sum_{j=1}^{N}|s_{ij}|}$，其中 $|s_{ij}|$ 表示 t 时刻状态为 s_i，$t+1$ 时刻状态为 s_j 的频数。

发射概率为 $\hat{b}_{jv}=\dfrac{|o_{jv}|}{\sum_{v=1}^{M}|o_{jv}|}$，其中 $|o_{jv}|$ 表示状态为 s_j，观测值为 o_v 的频数。

下面的代码根据训练语料进行模型学习，得到 3 个参数。

```
def mle():  # 0B/1M/2E/3S
    pi = [0] * 4
```

```
a = [[0] * 4 for x in range(4)]
b = [[0]* 65536 for x in range(4)]
f = open(".\\pku_training.utf8",'rb+')
data = f.read()[3:].decode('utf-8')
f.close()
tokens = data.split(' ')
# 开始训练
last_q = 2#上一个状态是(2E)
for k,token in enumerate(tokens):#一个字符串是一个词
    token = token.strip()
    n = len(token)#该词包含n个字
    if n <= 0:
        continue
    if n == 1:#单字成词
        pi[3] += 1
        a[last_q][3] += 1   # 上一个词的结束(last_q)到当前状态(3S)
        b[3][ord(token[0])] += 1
        last_q = 3
        continue
    # 初始向量
    pi[0] += 1
    pi[2] += 1
    pi[1] += (n-2)
    # 状态转移矩阵
    a[last_q][0] += 1
    last_q = 2
    if n == 2:
        a[0][2] += 1
    else:
        a[0][1] += 1
        a[1][1] += (n-3)
        a[1][2] += 1
    # 发射矩阵
    b[0][ord(token[0])] += 1
    b[2][ord(token[n-1])] += 1
    for i in range(1, n-1):
        b[1][ord(token[i])] += 1
# 正则化
log_normalize(pi)
for i in range(4):
```

```
        log_normalize(a[i])
        log_normalize(b[i])
    return [pi, a, b]
```

2. 无监督学习

假设训练数据只包含观测序列，而没有对应的状态序列标注，那么只能进行无监督学习，这时的 HMM 事实上是一个包含隐变量的概率模型，如式(9-2)所示。

$$p(\boldsymbol{x}|\theta)=\sum_{y}p(\boldsymbol{x}|\boldsymbol{y},\theta)p(\boldsymbol{y}|\theta) \tag{9-2}$$

模型学习就是求得使对数似然函数最大化的模型参数，如公式(9-3)所示。

$$\hat{\theta}=\arg\max_{\theta}\log p(\boldsymbol{x}|\theta) \tag{9-3}$$

可以使用 EM 算法进行迭代求解。

E 步：

$$Q(\theta,\theta^{(k)})=\mathbb{E}_y[\log p(\boldsymbol{x},\boldsymbol{y}|\theta)\,|\,\boldsymbol{x},\theta^{(k)}] \tag{9-4}$$

M 步：

$$\theta^{(k+1)}=\arg\max Q(\theta,\theta^{(k)}) \tag{9-5}$$

在 E 步中：

$$Q(\theta,\theta^{(k)})=\sum_{y}p(\boldsymbol{y}|\boldsymbol{x},\theta^{(k)})\log p(\boldsymbol{x},\boldsymbol{y}|\theta) \tag{9-6}$$

其中，

$$\begin{aligned}p(\boldsymbol{x},\boldsymbol{y}|\theta)&=p(\boldsymbol{x}|\boldsymbol{y},\theta)p(\boldsymbol{y}|\theta)\\&=\prod_{t=1}^{T}p(x_t|y_t,\theta)\cdot\pi\cdot\prod_{t=2}^{T}p(y_t|y_{t-1},\theta)\end{aligned} \tag{9-7}$$

于是可以得到式(9-8)和式(9-9)：

$$\sum_{t=1}^{T}\sum_{\boldsymbol{y}}p(\boldsymbol{y}|\boldsymbol{x},\theta^{(k)})\log p(x_t|y_t,\theta)=\sum_{t=1}^{T}\sum_{i=1}^{4}p(y_t=i|\boldsymbol{x},\theta^{(k)})\log p(x_t|y_t=i,\theta) \tag{9-8}$$

$$\sum_{t=2}^{T}\sum_{y}p(\boldsymbol{y}|\boldsymbol{x},\theta^{(k)})\log p(y_t|y_{t-1},\theta)=\sum_{t=2}^{T}\sum_{i,j=1}^{4}p(y_t=j,y_{t-1}=i|\boldsymbol{x},\theta^{(k)})\log a_{ij} \tag{9-9}$$

其中，为了书写简便，把状态 s_i 简写为 i，下同。

所以式(9-4)或式(9-6)可以表示为式(9-10)：

$$\begin{aligned}Q(\theta,\theta^{(k)})&=\sum_{t=1}^{T}\sum_{i=1}^{4}\gamma_t(i)\log p(x_t|y_t=i,\theta)+\sum_{i=1}^{4}\gamma_1(i)\log\pi_i+\sum_{t=2}^{T}\sum_{i,j=1}^{4}\xi_t(i,j)\log a_{ij}\\&=\sum_{t=1}^{T}\sum_{i=1}^{4}\gamma_t(i)\sum_{v}\log b_{ir}+\sum_{i=1}^{4}\gamma_1(i)\log\pi_i+\sum_{t=2}^{T}\sum_{i,j=1}^{4}\xi_t(i,j)\log a_{ij}\end{aligned} \tag{9-10}$$

其中，$\gamma_t(i)$ 表示给定模型和观测序列，在时刻 t 处于状态 i 的概率，如式(9-11)所示。

$$\begin{aligned}\gamma_t(i)=p(y_t=i|\boldsymbol{x},\theta^{(k)})&=\frac{p(y_t=i,\boldsymbol{x}|\theta^{(k)})}{p(\boldsymbol{x}|\theta^{(k)})}\\&=\frac{p(x_{t+1},\cdots,x_T|x_1,\cdots,x_t,y_t=i,\theta^{(k)})p(x_1,\cdots,x_t,y_t=i|\theta^{(k)})}{p(\boldsymbol{x}|\theta^{(k)})}\\&=\frac{p(x_{t+1},\cdots,x_T|y_t=i,\theta^{(k)})p(x_1,\cdots,x_t,y_t=i|\theta^{(k)})}{p(\boldsymbol{x}|\theta^{(k)})}\\&=\frac{\beta_t(i)\alpha_t(i)}{\sum_{i=1}^{4}\beta_t(i)\alpha_t(i)}\end{aligned} \tag{9-11}$$

其中，当 $y_t=i$ 确定的时候，$x_1,\cdots,x_t$ 与 $y_{t+1},\cdots,y_T$ 相互独立，于是其与 $x_{t+1},\cdots,x_T$ 也相互独立，关于这一点，从图 9-1 所示的概率图中可以看出来。

$\xi_t(i,j)$ 表示给定模型和观测序列在时刻 $t-1$ 处于状态 i 并且在时刻 t 处于状态 j 的概率。

$$\begin{aligned}\xi_t(i,j) &= p(y_t=j,y_{t-1}=i\,|\,\boldsymbol{x},\theta^{(k)})\\ &= \frac{\alpha_{t-1}(i)a_{ij}b_j(x_t)\beta_t(j)}{\sum\limits_{i,j=1}^{4}\alpha_{t-1}(i)a_{ij}b_j(x_t)\beta_t(j)}\end{aligned} \tag{9-12}$$

$\alpha_t(i)$ 称为前向概率，表示给定模型，在时刻 t 部分观测序列为 $x_1,x_2,\cdots,x_t$ 并且状态为 i 的概率。

$$\begin{aligned}\alpha_t(i) &= p(x_1,\cdots,x_t,y_t=i\,|\,\theta^{(k)})\\ &= \sum_{j=1}^{4}\alpha_{t-1}(j)p(y_t=i,x_t\,|\,y_{t-1}=j,\theta^{(k)})\\ &= \sum_{j=1}^{4}\alpha_{t-1}(j)a_{ji}p(x_t\,|\,y_{t-1}=j,\theta^{(k)})\\ &= \sum_{j=1}^{4}\alpha_{t-1}(j)a_{ji}b_i(x_t)\end{aligned} \tag{9-13}$$

$\beta_t(i)$ 称为后向概率，表示给定模型并且已知在时刻 t 状态为 i 的前提下，部分观测序列为 $x_{t+1},x_{t+2},\cdots,x_T$ 的出现概率。

$$\begin{aligned}\beta_t(i) &= p(x_{t+1},\cdots,x_T\,|\,y_t=i,\theta^{(k)})\\ &= \sum_{j=1}^{4}\beta_{t+1}(i)p(x_{t+1},y_{t+1}=j\,|\,y_t=i,\theta^{(k)})\\ &= \sum_{j=1}^{4}\beta_{t+1}(i)a_{ij}p(x_{t+1}\,|\,y_{t+1}=j,\theta^{(k)})\\ &= \sum_{j=1}^{4}\beta_{t+1}(i)a_{ij}b_j(x_{t+1})\end{aligned} \tag{9-14}$$

对式(9-10)所示的 Q 函数求偏导，并令其等于 0，求解 $\frac{\partial}{\partial\theta}Q(\theta,\theta^{(k)})=0$ 的值，得到 M 步的变量迭代更新公式，如式(9-15)～(9-17)所示。其中需要使用拉格朗日乘子法，限定多项分布的概率和为 1。

$$a_{ij}^{(k+1)} = \frac{\sum\limits_{t=2}^{T}\xi_t(i,j)}{\sum\limits_{t=2}^{T}\gamma_t(i)} \tag{9-15}$$

$$b_{jv}^{(k+1)} = \frac{\sum\limits_{t=1,x_t=o_v}^{T}\gamma_t(j)}{\sum\limits_{t=1}^{T}\gamma_t(j)} \tag{9-16}$$

$$\pi_i = \gamma_1(i) \tag{9-17}$$

该算法称为 Baum-Welch 算法，也称为前向-后向算法(forward-backward algorithm)，它是 EM 算法在 HMM 学习中的具体实现。

9.3.2 应用推断

在许多情况下，我们对于模型中的隐藏状态更感兴趣，而不是模型参数。比如，在中文分词中，如果知道一篇文章中各个字的隐状态，就可以组合得到分词结果。而这些隐状态不能直接观察到，所以需要依据模型进行推断，搜索生成输出序列的隐藏状态序列。

已知观测序列和模型参数，可以使用维特比(Viterbi)算法搜索最可能的隐藏状态序列，实际上是用动态规划求解概率最大的状态路径，这条路径对应着一个状态序列。Viterbi 算法采用递归思想：想要得到从 y_1 到 y_T 的状态转移最优路径，如果能够得到从 y_1 到 y_{T-1} 的状态转移最优路径，再计算出 y_{T-1} 到 y_T 的最佳状态转移即可；想要得到从 y_1 到 y_{T-1} 的状态转移最优路径，同理可以往前递推。

下面是 Viterbi 算法的流程，假设 t 时刻保存了各状态之前的最优路径 $\Psi_t(i)$ 和概率值 $\delta_t(i)$，则可以计算出 $t+1$ 时刻，各状态之前的最优路径 $\Psi_{t+1}(i)$ 和概率值，算法中没有使用递归函数调用，递归调用的时间开销大，所以使用存储空间换时间的办法，每一步需要保存各状态下之前的最优路径，从 y_1 到 y_{T-1} 进行递推实现。

① 初始化：

$$\delta_1(i)=\pi_i b_i(x_1),\quad 1\leqslant i\leqslant 4$$

② 递推：

$$\delta_{t+1}(i)=\max_j[\delta_t(j)a_{ji}]b_i(x_{t+1}),\quad 1\leqslant i,j\leqslant 4,1\leqslant t\leqslant T-1$$

$$\Psi_{t+1}(i)=\arg\max_j[\delta_t(j)a_{ji}]b_i(x_{t+1})$$

③ 停止：

$$\text{Path}^*=\max_i \delta_T(i),\quad 1\leqslant i,j\leqslant 4$$

$$i_T^*=\arg\max_i \delta_T(i)$$

④ 预测：

$$i_t^*=\Psi_{t+1}(i_{t+1}^*),\quad t=T-1,T-2,\cdots,1$$

从 y_1 到 y_T 的最佳标注状态为 $i_1^*,i_2^*,\cdots,i_T^*$。

例 9-2：采用 Baum-Welch 算法实现 HMM 学习，采用 Viterbi 算法进行中文分词。

HMM 中文分词代码

```
def baum_welch(pi, A, B):
    f = open(".\\novel.txt")
    sentence = f.read()[3:].decode('utf-8') # 跳过文件头
    f.close()
    T = len(sentence)   # 观测序列
    alpha = [[0 for i in range(4)] for t in range(T)]
    beta = [[0 for i in range(4)] for t in range(T)]
    gamma = [[0 for i in range(4)] for t in range(T)]
    ksi = [[[0 for j in range(4)] for i in range(4)] for t in range(T - 1)]
    for time in range(100):
        print ("time:", time)
        calc_alpha(pi, A, B, sentence, alpha)
```

```
        calc_beta(pi, A, B, sentence, beta)
        calc_gamma(alpha, beta, gamma)
        calc_ksi(alpha, beta, A, B, sentence, ksi)
        bw(pi, A, B, alpha, beta, gamma, ksi, sentence)

def bw(pi, A, B, alpha, beta, gamma, ksi, o):
    T = len(alpha)
    for i in range(4):
        pi[i] = gamma[0][i]
    s1 = [0 for x in range(T-1)]
    s2 = [0 for x in range(T-1)]
    for i in range(4):
        for j in range(4):
            for t in range(T-1):
                s1[t] = ksi[t][i][j]
                s2[t] = gamma[t][i]
            A[i][j] = log_sum(s1) - log_sum(s2)
    s1 = [0 for x in range(T)]
    s2 = [0 for x in range(T)]
    for i in range(4):
        for k in range(65536):
            if k % 5000 == 0:
                print (i, k)
            valid = 0
            for t in range(T):
                if ord(o[t]) == k:
                    s1[valid] = gamma[t][i]
                    valid += 1
                s2[t] = gamma[t][i]
            if valid == 0:
                B[i][k] = -log_sum(s2)  # 平滑
            else:
                B[i][k] = log_sum(s1[:valid]) - log_sum(s2)
```

给定模型，对新的文章进行分词，采用 Viterbi 算法推断各个字的隐状态。

```
def viterbi(pi, A, B, o):
    T = len(o)  # 观测序列
    delta = [[0 for i in range(4)] for t in range(T)]
    pre = [[0 for i in range(4)] for t in range(T)]  # 前一个状态
    for i in range(4):
        delta[0][i] = pi[i] + B[i][ord(o[0])]
```

```
    for t in range(1, T):
        for i in range(4):
            delta[t][i] = delta[t-1][0] + A[0][i]
            for j in range(1,4):
                vj = delta[t-1][j] + A[j][i]
                if delta[t][i] < vj:
                    delta[t][i] = vj
                    pre[t][i] = j
            delta[t][i] += B[i][ord(o[t])]
    decode = [-1 for t in range(T)]  # 解码:回溯查找最大路径
    q = 0
    for i in range(1, 4):
        if delta[T-1][i] > delta[T-1][q]:
            q = i
    decode[T-1] = q
    for t in range(T-2, -1, -1):
        q = pre[t+1][q]
        decode[t] = q
    return decode
```

下面的程序段把一篇文本切分成词,用“|”分隔,并把分词结果保存到文件。

```
def segment(sentence, decode):
    N = len(sentence)
    i = 0
    fresult = open(".\\result5.txt", "w")
    while i < N:  #B/M/E/S
        if decode[i] == 0 or decode[i] == 1:  # Begin
            j = i+1
            while j < N:
                if decode[j] == 2:
                    break
                j += 1
            print( sentence[i:j+1], "|",)
            fresult.write( sentence[i:j+1])
            fresult.write( "|")
            i = j+1
        elif decode[i] == 3 or decode[i] == 2:    # single
            print( sentence[i:i+1], "|",)
            fresult.write( sentence[i:i+1])
            fresult.write( "|")
            i += 1
```

```
        else:
            print('Error:', i, decode[i])
            fresult.write( 'Error:')
            i += 1
    fresult.close()
```

程序运行的速度比较慢,迭代 5 次后无监督学习的分词结果如图 9-3 所示。对比有监督学习的分词结果(如图 9-4 所示),可以发现有监督学习的性能更好。但是在有些情况下,无法获得训练语料,所以需要无监督学习。

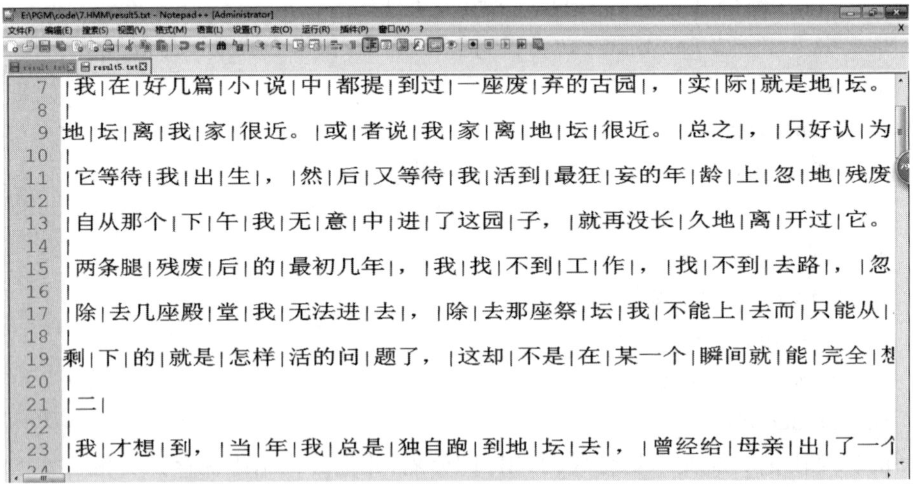

图 9-3 HMM 无监督学习的分词结果

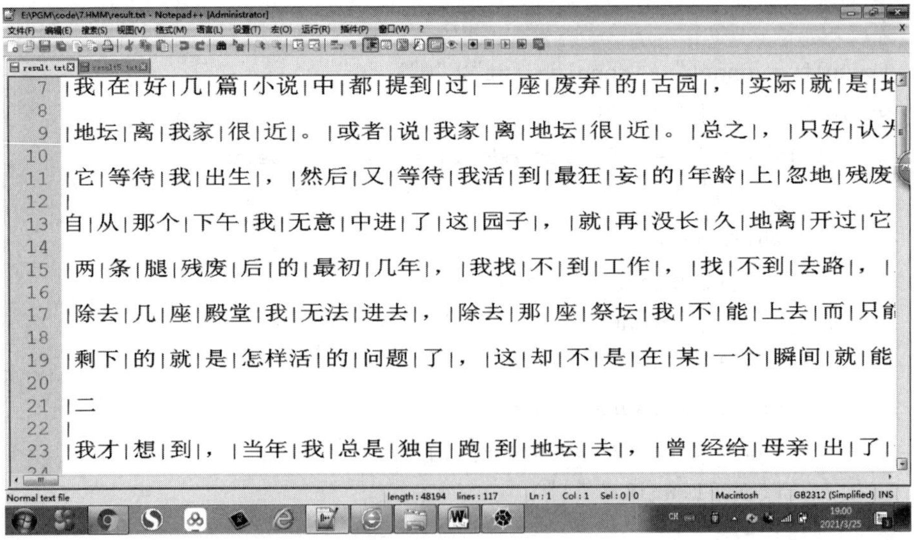

图 9-4 HMM 有监督学习的分词结果

第 9 章讲解视频

第 10 章

条件随机场

条件随机场课件

10.1 基本概念

10.1.1 线性链条件随机场

条件随机场(Conditional Random Field,CRF)适用于序列标注问题,是一种判别式无向图模型。区别于生成式模型的马尔可夫随机场,判别式模型(discriminative model)是直接对条件概率建模,只能用于有监督学习。

CRF 试图对多个变量在给定观测值后的条件概率进行建模。若令 $x=\{x_1,x_2,\cdots,x_T\}$为观测序列,$y=\{y_1,y_2,\cdots,y_T\}$为与之对应的标记序列,则 CRF 的目标是构建条件概率模型 $p(\boldsymbol{y}|\boldsymbol{x})$。CRF 常用于对序列数据建模,这一章仍然使用中文分词为例来学习 CRF,可以与 HMM 做对比分析。

令图 $G=<V,E>$表示节点与标记变量 y 中的元素一一对应的无向图,y_t 表示与节点 t 对应的标记变量,$n(t)$表示节点 t 的邻接节点,若图 G 的每个变量 y_t 都满足马尔可夫性,如式(10-1)所示,则$(\boldsymbol{y},\boldsymbol{x})$可构成一个条件随机场。

$$p(y_t|\boldsymbol{x},y_{V\backslash t})=p(y_t|\boldsymbol{x},y_{n(t)}) \tag{10-1}$$

当 $\boldsymbol{x},\boldsymbol{y}$ 均为线性链表示的随机变量序列时,称为线性链条件随机场。它是最常用的一种条件随机场,如图 10-1 所示。

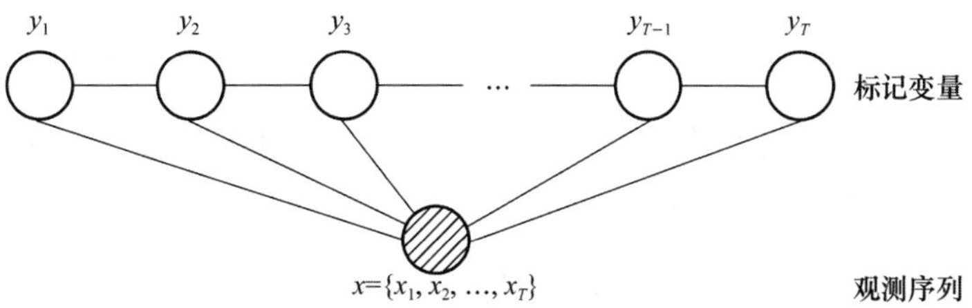

图 10-1 线性链条件随机场

虽然标记 y_t 对应单词 x_t,但是输入 $\boldsymbol{x}$ 是序列,所以常常将 $\boldsymbol{x}$ 作为一个有序的整体来看待。

在判别模型中可观测量 $\boldsymbol{x}$ 是条件，并不考虑节点相互之间的独立性。

条件随机场也使用势函数和图结构上的团来定义条件概率 $p(\boldsymbol{y}|\boldsymbol{x})$，如式(10-2)所示。

$$p(\boldsymbol{y}|\boldsymbol{x})=\frac{1}{Z(\boldsymbol{x})}\prod_{t=2}^{T}\Phi(y_{t-1},y_t,\boldsymbol{x})\prod_{t=1}^{T}\Phi(y_t,\boldsymbol{x}) \tag{10-2}$$

给定观测序列 $\boldsymbol{x}$，图 10-1 所示的线性链条件随机场主要包含两种关于标记变量的团，即单个标记变量$\{y_t\}$和相邻标记变量$\{y_{t-1},y_t\}$。选择指数势函数并引入特征函数，条件概率可以定义为式(10-3)：

$$p(\boldsymbol{y}|\boldsymbol{x})=\frac{1}{Z(\boldsymbol{x})}\mathrm{e}^{\sum_j\sum_{t=2}^{T}\lambda_j f_j(y_{t-1},y_t,\boldsymbol{x},t)+\sum_k\sum_{t=1}^{T}\mu_k s_k(y_t,\boldsymbol{x},t)} \tag{10-3}$$

其中 $f_j(y_{t-1},y_t,\boldsymbol{x},t)$是定义在观测序列的两个相邻标记位置上的转移特征函数，用于刻画相邻标记变量之间的相关关系以及观测序列对它们的影响，$s_k(y_t,\boldsymbol{x},t)$是定义在观测序列的标记位置 t 上的状态特征函数，用于刻画观测序列对标记变量的影响，λ_j、μ_k 是权重参数，$Z(\boldsymbol{x})$是概率归一化因子。通常，特征函数取值为 1 或 0：当满足特征条件时取值为 1，否则为 0。条件随机场完全由特征函数和权重确定。

例 10-1：采用 CRF 模型和 BEMS 标注法进行中文分词

在中文分词问题中，假设训练数据集如表 10-1 所示。

表 10-1 训练数据集示例

X	中国	人民	将	满怀信心	地	开创	新	的	业绩	…
Y	B E	B E	S	B M M E	S	B E	S	S	BE	…

使用 BEMS 标注法时，B 表示一个词的开始，M 表示一个词的中间字，E 表示一个词的结束，S 表示单字。

采用线性链 CRF 把中文分词问题建模为一个序列标注问题：输入观察序列 $\boldsymbol{x}$，输出标记序列为 $\boldsymbol{y}$，$\boldsymbol{y}$ 的取值空间为{'B'，'M'，'E'，'S'}。

特征函数 f_k 对应的权值为 λ_k，它们相当于 HMM 的转移概率矩阵 $\boldsymbol{A}$ 中的一项，特征函数值为 1 时，$a_{ij}=\lambda_k$，特征函数值为 0 时，$a_{ij}=0$。与 HMM 不同的是，CRF 的特征函数 f_k 是针对各个时刻 t 的。f_k 表示在输入 $\boldsymbol{x}$ 的情况下，序列的第 $t-1$ 个位置和第 t 个位置，状态标记从 y_{t-1}转移到 y_t 的特征为 1 或 0。

特征函数 s_k 和对应的权值 μ_k 相当于 HMM 的发射概率矩阵 $\boldsymbol{B}$ 中的一项。与 HMM 不同的是，CRF 的特征函数 s_k 是针对各个时刻 t 的。s_k 表示在输入 $\boldsymbol{x}$ 的情况下，序列的第 t 个位置，状态标记为 y_t 的特征，特征值为 1 或 0。

为了简化表达，可以把两类特征函数统一表示为 $f_k(y_{t-1},y_t,\boldsymbol{x},t)$，定义 $f_k(\boldsymbol{y},\boldsymbol{x})=\sum_{t=1}^{T}f_k(y_{t-1},y_t,\boldsymbol{x},t)$，$k=1,2,\cdots,K$，模型一共有 K 个特征函数，把两类权值 λ_k 和 μ_k 统一表示为 w_k。那么模型可以表示为式(10-4)：

$$p(\boldsymbol{y}|\boldsymbol{x},\boldsymbol{w})=\frac{1}{Z(\boldsymbol{x},\boldsymbol{w})}\mathrm{e}^{\sum_k w_k f_k(\boldsymbol{y},\boldsymbol{x})} \tag{10-4}$$

其中，概率归一化因子 $Z(\boldsymbol{x},\boldsymbol{w})=\sum_{\boldsymbol{y}}\mathrm{e}^{\sum_k w_k f_k(\boldsymbol{y},\boldsymbol{x})}$。

对数似然函数如式(10-5)所示。

$$\mathrm{LL}(\boldsymbol{w}) = \sum_{t=1}^{T}\sum_{k=1}^{K} w_k f_k(y_t, x_t) - \sum_{t=1}^{T}\log Z(x_t, \boldsymbol{w}) \tag{10-5}$$

模型学习就是对对数似然函数求解,得到模型参数。

下面讨论 CRF 模型的矩阵表示。为了方便表达,在标记序列 $\boldsymbol{y}$ 的基础上,引进起点和终点状态标记,用来表示序列的起始和终止。用来标记 y_t 取值的状态个数记作 m,例如,在中文分词中,$S=\{S_1,S_2,S_3,S_4\}$,在这里 $m=|S|=4$,可以令 $y_0=y_{n+1}=S_1$。

对观测序列 x 的每一个位置 $t=1, 2,\cdots,T+1$,定义一个 m 阶矩阵,如式(10-6)所示。其中每个元素如式(10-7)所示。

$$\boldsymbol{M}_t(\boldsymbol{x}) = [M_t(y_{t-1}, y_t|\boldsymbol{x})]_{m\times m} \tag{10-6}$$

$$M_t(y_{t-1}, y_t|\boldsymbol{x}) = \mathrm{e}^{\sum_{k=1}^{K} w_k f_k(y_{t-1}, y_t, \boldsymbol{x}, t)} \tag{10-7}$$

矩阵中每项的值正是特征函数对应的指数势函数的值,可以看作未归一化概率。

这样给定观测序列 x,标记序列 y 的未归一化概率可以通过 $T+1$ 个项的乘积表示,如式(10-8)所示。

$$p(\boldsymbol{y}|\boldsymbol{x},\boldsymbol{w}) = \frac{1}{Z(\boldsymbol{x},\boldsymbol{w})}\prod_{t=1}^{T+1} M_t(y_{t-1}, y_t|\boldsymbol{x}) \tag{10-8}$$

其中,归一化因子 $Z(\boldsymbol{x},\boldsymbol{w})$ 是 $T+1$ 个矩阵的乘积得到的矩阵中的某一个元素,例如,在中文分词中,如果令 $y_0=y_{T+1}=S_1$,则取第一行第一列的元素,如式(10-9)所示。

$$Z(\boldsymbol{x},\boldsymbol{w}) = (\boldsymbol{M}_1(\boldsymbol{x})\boldsymbol{M}_2(\boldsymbol{x})\cdots\boldsymbol{M}_{n+1}(\boldsymbol{x}))_{11} \tag{10-9}$$

归一化因子 $Z(\boldsymbol{x},\boldsymbol{w})$ 是以"开始状态"为起点,以"终止状态"为终点,通过状态的所有路径 $y_1y_2\cdots y_T$ 的未归一化概率之和。

给定条件随机场 $p(\boldsymbol{y}|\boldsymbol{x})$,输入序列 $\boldsymbol{x}$ 和输出序列 $\boldsymbol{y}$,下面采用矩阵表示法计算条件概率 $p(y_t|\boldsymbol{x})$ 和 $p(y_{t-1}, y_t|\boldsymbol{x})$。

对于每个位置 $t=0,1,\cdots,T+1$,定义前向向量 $\alpha_t(\boldsymbol{x})$ 为 m 维列向量,其中每个元素是 y_t 分别取 m 种值的情况,如式(10-10)所示。

$$\alpha_t^{\mathrm{T}}(y_t|\boldsymbol{x}) = \alpha_{t-1}^{\mathrm{T}}(y_{t-1}|\boldsymbol{x})M_t(y_{t-1}, y_t|\boldsymbol{x}),\quad t=1,2,\cdots,T+1 \tag{10-10}$$

并且 $\alpha_0(y_0|\boldsymbol{x}) = \begin{cases}1, & y_0=\text{开始状态},\\ 0, & \text{否则}。\end{cases}$ 例如,在中文分词中,$y_0=S_1$,则 $\alpha_0^{\mathrm{T}}(\boldsymbol{x})=(1,0,0,0)$。

$\alpha_t^{\mathrm{T}}(y_t|\boldsymbol{x})$ 表示在位置 t 的标记是 y_t 并且到位置 t 的前部分标记序列的未归一化概率。式(10-10)又可以表示为式 $\alpha_t^{\mathrm{T}}(\boldsymbol{x})=\alpha_{t-1}^{\mathrm{T}}(\boldsymbol{x})\boldsymbol{M}_t(\boldsymbol{x})$。

定义后向向量 $\beta_t(\boldsymbol{x})$ 为 m 维列向量,其中每个元素是 y_t 分别取 m 种值的情况,如式(10-12)所示。

$$\beta_t(y_t|\boldsymbol{x}) = M_t(y_t, y_{t+1}|\boldsymbol{x})\beta_{t+1}(y_{t+1}|\boldsymbol{x}),\quad t=1,2,\cdots,T \tag{10-11}$$

并且 $\beta_{T+1}(y_{T+1}|\boldsymbol{x}) = \begin{cases}1, & y_{T+1}=\text{终止状态},\\ 0, & \text{否则}。\end{cases}$

上述 $\beta_t(y_t|\boldsymbol{x})$ 表示在位置 t 的标记是 y_t 并且从 $t+1$ 到 T 的后部分标记序列的未归一化概率。

按照前向-后向向量的定义,很容易计算标记序列在位置 t 是标记 y_t 的概率,以及在位置 $t-1$ 与 t 是标记 y_{t-1} 和 y_t 的概率,如式(10-12)和式(10-13)所示。

$$p(y_t|\boldsymbol{x}) = \frac{\alpha_t^{\mathrm{T}}(y_t|\boldsymbol{x})\beta_t(y_t|\boldsymbol{x})}{Z(\boldsymbol{x},\boldsymbol{w})} \tag{10-12}$$

$$p(y_{t-1},y_t|\boldsymbol{x})=\frac{\alpha_{t-1}^{\mathrm{T}}(y_{t-1}|\boldsymbol{x})M_t(y_{t-1},y_t|\boldsymbol{x})\beta_t(y_t|\boldsymbol{x})}{Z(\boldsymbol{x},\boldsymbol{w})} \tag{10-13}$$

其中，$Z(\boldsymbol{x},\boldsymbol{w})=\alpha_T^{\mathrm{T}}(\boldsymbol{x})\cdot\mathbf{1}=\mathbf{1}^{\mathrm{T}}\cdot\beta_1(\boldsymbol{x})$。

10.1.2 复杂CRF结构

标记变量 y 可以是结构型变量。例如，在自然语言处理的句法分析任务中，既要标识每个词的词性，又要标识出句子的句法结构，输出标记具有树形结构，如图 10-2 所示，其中 S 对应句子，NP 对应名词词组，VP 对应动词词组，V 对应动词，N 对应名词，Pron 对应代词。对于这种情况，可以把各个子树，包括父节点和它的子节点（如图 10-2 中的 S、NP、VP 或者 VP、V、NP），看作一种特殊的"团"，作为特征函数的补充。

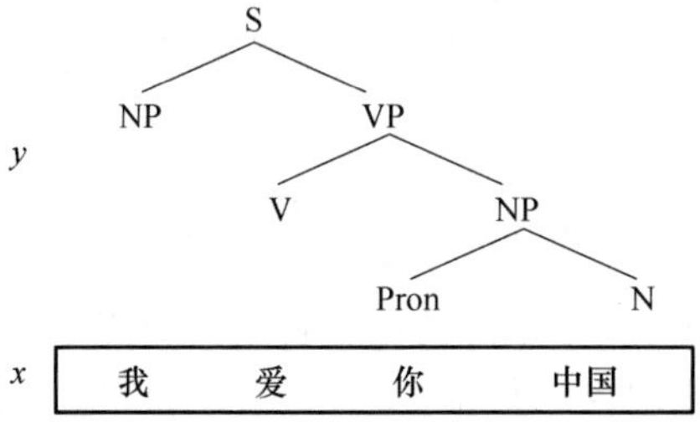

图 10-2 树状结构的 CRF 标注

在实际应用中常使用复杂结构的 CRF 实现多任务同时标注。例如，图 10-3 是同时识别人名、地名的 CRF，对相同的指代进行了连线，B-PER 对应人名开始字，I-PER 对应人名接续字，B-LOC 对应地名开始字，I-LOC 对应地名接续字，OTH 对应其他字，其中的特征函数可以表示为 $f_k(\boldsymbol{y},\boldsymbol{x},i)=f_k(h_i(\boldsymbol{y}),\boldsymbol{x},i)$。线性链 CRF 是凸优化问题，但是这种情况就不再是凸优化问题了。

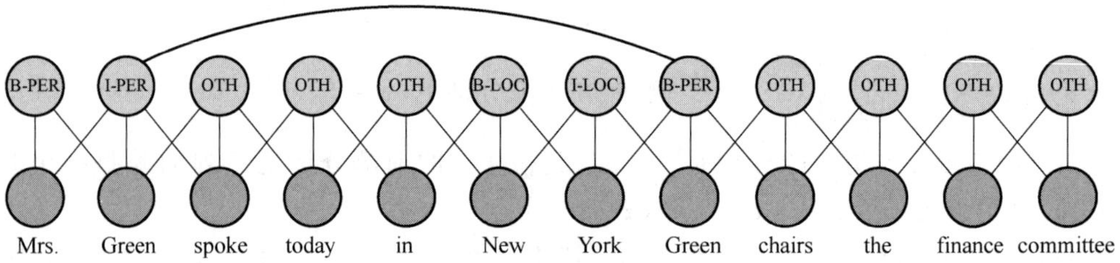

图 10-3 复杂结构的 CRF 示例

10.2 模型学习和推断

下面来看看线性链 CRF 模型的参数学习。

已知训练数据集，则完全数据的对数似然函数如式(10-14)所示。

$$\mathrm{LL}(\boldsymbol{w})=\sum_t\log p(y_t|x_t,\boldsymbol{w})=\sum_t\left[\sum_k w_k f_k(y_t,x_t)-\log Z(\boldsymbol{w},x_t)\right] \tag{10-14}$$

在实际应用中，为了防止过拟合，常常增加正则化因子，假设参数服从高斯先验分布，对数似然函数如式(10-15)所示。

$$\mathrm{LL}(\boldsymbol{w}) = \sum_t \log p(y_t \mid x_t, \boldsymbol{w}) - \frac{1}{2\sigma^2}\|\boldsymbol{w}\|_2^2 \tag{10-15}$$

也可以使用L1范数作为正则化因子，即假设特征是稀疏的，则对数似然函数修改为式(10-16)，其中λ和μ是由式(10-3)中的λ_j、μ_k分别构成的向量。

$$\mathrm{LL}(\lambda,\mu) = \sum_t \log p(y_t \mid x_t, \lambda, \mu) - \eta_1\|\lambda\|_1 - \eta_2\|\mu\|_2^2 \tag{10-16}$$

下面对式(10-15)所示的对数似然函数进行求解。

$$\mathrm{LL}(\boldsymbol{w}) = \sum_t \log p(y_t \mid x_t, \boldsymbol{w}) - \frac{1}{2\sigma^2}\|\boldsymbol{w}\|_2^2 \tag{10-17a}$$

$$= \sum_t \Big[\sum_k w_k f_k(y_t, x_t) - \log Z(\boldsymbol{w},\boldsymbol{x})\Big] - \sum_k \frac{w_k^2}{2\sigma^2} \tag{10-17b}$$

$$= \sum_t \sum_k w_k f_k(y_{t-1}, y_t, \boldsymbol{x}, t) - \sum_t \log\Big(\sum_y \mathrm{e}^{\sum_k w_k f_k(y_{t-1}, y_t, \boldsymbol{x}, t)}\Big) - \sum_k \frac{w_k^2}{2\sigma^2} \tag{10-17c}$$

分别计算式(10-17c)中3项对w_k的导数。式10-17(c)中的第一项求导如式(10-18)所示。

$$\frac{\partial}{\partial w_k}\sum_t \sum_k w_k f_k(y_{t-1}, y_t, \boldsymbol{x}, t) = \sum_t \sum_k f_k(y_{t-1}, y_t, \boldsymbol{x}, t) \tag{10-18}$$

式(10-18)可以从训练语料中直接计数，记作$\widetilde{\mathbb{E}}[f_h]$，本质上是特征函数关于联合概率的期望。式10-17(c)中的第二项求导如式(10-19)所示。

$$\begin{aligned}\frac{\partial}{\partial w_k}\sum_t \log Z(\boldsymbol{w},\boldsymbol{x}) &= \sum_t \frac{1}{Z(\boldsymbol{w},\boldsymbol{x})}\frac{\partial Z(\boldsymbol{w},\boldsymbol{x})}{\partial w_k} \\ &= \sum_t \frac{1}{Z(\boldsymbol{w},\boldsymbol{x})}\sum_y \mathrm{e}^{\sum_k w_k f_k(y_{t-1}, y_t, \boldsymbol{x}, t)} f_k(y_{t-1}, y_t, \boldsymbol{x}, t) \\ &= \sum_t \sum_y \frac{1}{Z(\boldsymbol{w},\boldsymbol{x})}\mathrm{e}^{\sum_k w_k f_k(y_{t-1}, y_t, \boldsymbol{x}, t)} f_k(y_{t-1}, y_t, \boldsymbol{x}, t) \\ &= \sum_t \sum_y p(y \mid \boldsymbol{x}, \boldsymbol{w}) f_k(y_{t-1}, y_t, \boldsymbol{x}, t)\end{aligned} \tag{10-19}$$

式(10-19)记作$\mathbb{E}[f_k]$，本质上是特征函数关于条件概率的期望，如果采用前向-后向算法，如式(10-20)所示。

$$\mathbb{E}[f_k] = \sum_t \sum_{y_{t-1}} \sum_{y_t} f_k(y_{t-1}, y_t, \boldsymbol{x}, t)\frac{\alpha_{t-1}^{\mathrm{T}}(y_{t-1} \mid \boldsymbol{x}) M_t(y_{t-1}, y_t \mid \boldsymbol{x}) \beta_t(y_t \mid \boldsymbol{x})}{Z(\boldsymbol{x},\boldsymbol{w})} \tag{10-20}$$

式10-17(c)中的第三项正则项求导如式(10-21)所示。

$$\frac{\partial}{\partial w_k}\sum_k \frac{w_k^2}{2\sigma^2} = \frac{w_k}{\sigma^2} \tag{10-21}$$

所以，$\dfrac{\partial \mathrm{LL}(\boldsymbol{w})}{\partial w_k} = \widetilde{\mathbb{E}}[f_k] - \mathbb{E}[f_k] - \dfrac{w_k}{\sigma^2}$。

对于大数据，为了加快训练速度，常采用随机梯度下降法，对参数进行迭代更新，如式(10-22)所示。也可以采用拟牛顿法BFGS进行参数优化。

$$w_k = w_k + \alpha\frac{\partial \mathrm{LL}(\boldsymbol{w})}{\partial w_k} \tag{10-22}$$

条件随机场的推断问题是给定条件随机场 $p(\boldsymbol{y}|\boldsymbol{x},\boldsymbol{w})$ 和观测序列 $\boldsymbol{x}$，求条件概率最大的输出序列(标记序列) $\boldsymbol{y}^*$，即对观测序列进行标注。可以采用维特比推断算法实现，算法流程如下。

① 初始化：

$$\delta_1(s)=\sum_k w_k f_k(y_0=S_0,y_1=s,\boldsymbol{x}),\quad s=S_1,S_2,\cdots,S_m$$

② 递推(对 $t=2,3,\cdots,T$)：

$$\delta_t(s)=\max_{1\leqslant j\leqslant m}\left\{\delta_{t-1}(j)+\sum_k w_k f_k(y_{t-1}=S_j,y_t=s,\boldsymbol{x})\right\},\quad s=S_1,S_2,\cdots,S_m$$

$$\Psi_t(s)=\arg\max_{1\leqslant j\leqslant m}\left\{\delta_{t-1}(j)+\sum_k w_k f_k(y_{t-1}=S_j,y_t=s,\boldsymbol{x})\right\},\quad s=S_1,S_2,\cdots,S_m$$

③ 终止：

$$y_T^*=\arg\max_{S_1\leqslant s\leqslant S_m}\delta_T(s)$$

④ 返回路径：

$$y_t^*=\Psi_{t+1}(y_{t+1}^*),\quad t=T-1,T-2,\cdots,1$$

求得最优路径为 $\boldsymbol{y}^*=(y_1^*,y_2^*,\cdots,y_n^*)$。

10.3 应用举例

CRF 中文分词代码

例 10-2：线性链 CRF 在中文分词中的应用

训练语料共有 155 657 个句子，文本长度为 1 693 072 个字，使用了 6 个标签{B,E,M,M1,M2,S}，标注情况如图 10-4 所示。

```
…
一 t B
九 t M1
九 t M2
八 t M
年 t E
新 t B
年 t E
讲 n B
话 n E
（ w S
…
```

图 10-4 训练语料截图

模型学习代码如下：

```
tplist = readTemplate(tpltfile)      # 读取模板文件
texts,seqlens,oys,seqnum,K,obydic,y2label = readData(datafile) # 读取训练数据文件
# 检测特征
uobxs,bobxs,ufnum,bfnum = processFeatures(tplist,texts,seqnum,K)
```

```
#统计训练集中的特征
uon,bon = calObservexOn(tplist,texts,uobxs,bobxs,seqnum)
#计算数据分布
y0 = 0
fss = calFSS(texts,oys,uon,bon,ufnum,bfnum,seqnum,K,y0)
del texts
del oys
#使用 BFGS 进行优化
from scipy import optimize
theta = random_param(ufnum,bfnum)
likeli = lambda x: - likelihood(seqlens,fss,uon,bon,x,seqnum,K,ufnum,bfnum,
regtype,sigma)
likelihood_deriv = lambda x: - gradient_likelihood(x)
theta,fobj,dtemp = optimize.fmin_l_bfgs_b(likeli,theta,
            fprime = likelihood_deriv, disp = 1, factr = 1e12)
print(dtemp)
#保存模型参数
saveModel(bfnum,ufnum,tplist,obydic,uobxs,bobxs,theta,modelfile)
```

检测到的特征有：36 个 Bigram 特征，是标签之间的相互关系；79 374 个 Unigram 特征，是每个字与 6 个标签的关系。除考虑每个字与它的标签的对应关系以外，它的前一个字、后一个字与该标签的对应关系也可以作为特征进行统计。

预测任务就是利用模型给新的语料进行标签标注，测试语料有 17 380 个句子，文本长度为 184 939，为了验证预测标签的正确性，预测语料已经进行了人工标注，可以把预测标签与人工标注标签进行对比，计算正确率。

预测分词结果的代码如下：

```
texts,seqlens,oys,seqnum,t1,obydictmp,y2ltmp = readData('test.data')#读取测试
数据文件
#检测特征
for i in range(len(oys)):
    for j in range(len(oys[i])):
        slabel = y2ltmp[oys[i][j]]
        if slabel in obydic:  # some
            oys[i][j] = obydic[y2ltmp[oys[i][j]]]
        else:
            oys[i][j] = 0
#统计测试集中的特征
uon,bon = calObservexOn(tplist,texts,uobxs,bobxs,seqnum)
#进行标签标注
```

```
maxys = tagging(seqlens,uon,bon,theta,seqnum,K,ufnum,bfnum)
#统计标注的正确率
checkTagging(maxys,oys)
```

进行标签标注的函数如下：

```
def tagging(seqlens,uon,bon,theta,seqnum,K,ufnum,bfnum):
    thetab = theta[0:bfnum]
    thetau = theta[bfnum:]
    #likelihood = numpy.dot(fss,theta)
    maxys = []
    for si in range(seqnum):
        logMlist = logMarray(seqlens[si],uon[si],bon[si], K, thetau,thetab)
        #logalphas = logAlphas(logMlist)
        #logZ = logsumexp(logalphas[-1])
        maxalpha = numpy.zeros((len(logMlist),K))
        my = [] ; maxilist = []
        seqlen = len(logMlist)
        for i in range(seqlen):
            if i == 0:
                maxalpha[i] = logMlist[0][:,0]
                #print maxalpha[0]
            elif i < seqlen :
                at = logMlist[i] + maxalpha[i-1]
                maxalpha[i] = at.max(axis = 1)
                #print maxalpha[i]
                maxilist.append(at.argmax(axis = 1))
        ty = maxalpha[-1].argmax()
        my.append(ty)
        for a in (reversed(maxilist)):
            my.append(a[ty])
            ty = a[ty]
        maxys.append(my[::-1])
    return maxys
```

使用训练好的模型进行预测，对一篇测试用的文章进行标注，正确率为 90.4%。如图 10-5 所示，每行最后一个标注是预测结果，可以看到“将满怀信心地”和“新的”预测分词结果并不好。

```
...
1  t  B  B
9  t  M1 M1
9  t  M2 M2
```

```
8  t  M  M
年 t  E  E
，  w  S  S

中 ns B  B
国 ns E  E
人 n  B  B
民 n  E  E
将 d  S  B
满 l  B  E
怀 l  M1 B
信 l  M  E
心 l  E  B
地 u  S  E
开 v  B  B
创 v  E  E
新 a  S  B
的 u  S  E
业 n  B  B
绩 n  E  E
。 w  S  S
…
```

图 10-5 测试语料截图

10.4 CRF 与 HMM 的关系

条件随机场与隐马尔可夫模型都可以用于解决序列问题。

HMM 是生成式模型，如图 10-6(a)所示，联合概率如式(10-23)所示。

$$p(\boldsymbol{x},\boldsymbol{y}|\boldsymbol{w}) = \prod_t p(y_t|y_{t-1},\boldsymbol{w})p(x_t|y_t,\boldsymbol{w}) \tag{10-23}$$

HMM 必须指定(假设)生成过程中 $p(\boldsymbol{x}|\boldsymbol{y})$的分布，在特定应用场景下，指定条件概率分布时只有假设合理，HMM 的效果才能体现出来。另外，HMM 可以用于无监督学习，虽然性能不如监督学习，但是可以解决一些缺乏标注数据的应用场景。

图 10-6(b)所示为最大熵马尔可夫模型，定义了一个判别式有向图模型，如式(10-24)所示。关于生成式模型和判别式模型的相关知识详见 2.2 节。

$$p(\boldsymbol{y}|\boldsymbol{x},\boldsymbol{w}) = \prod_t p(y_t|y_{t-1},\boldsymbol{x},\boldsymbol{w}) \tag{10-24}$$

但是最大熵马尔可夫模型在实际应用中发现有标注偏差问题。其根本原因是图 10-6(b)中 $y_{t-1}\rightarrow y_t\leftarrow x_t$ 构成 V 字结构，且 y_t是隐变量，所以 x_t 与 y_{t-1}相互独立，也就是说，x_t 无法对 y_{t-1}起到影响作用。HMM 中的 x_t 与 y_{t-1}和 y_{t+1}都不独立，观测序列中位置 t 可以影响它前、后位置的标注，所以 HMM 的性能一定比最大熵马尔可夫模型好。

线性链 CRF 如图 10-6(c)所示，其采用无向图，直接在条件概率上而不是联合概率上建模，如式(10-25)所示。

$$p(\boldsymbol{y}|\boldsymbol{x},\boldsymbol{w})=\frac{1}{Z(\boldsymbol{x},\boldsymbol{w})}\prod_t \Phi(y_{t-1},y_t,\boldsymbol{x},\boldsymbol{w})\Phi(y_t,\boldsymbol{x},\boldsymbol{w}) \tag{10-25}$$

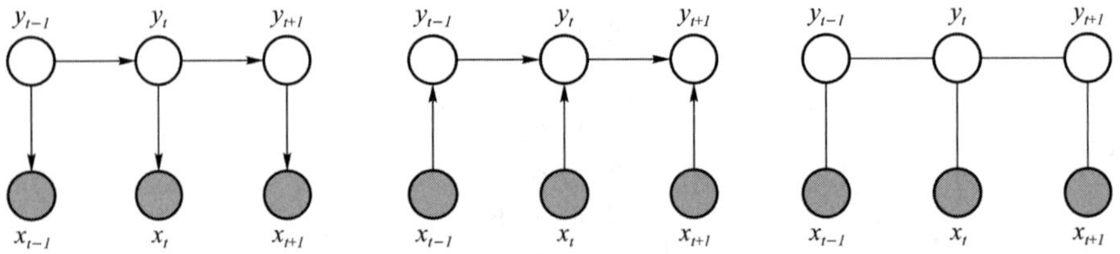

图 10-6 几种序列模型的对比

线性链 CRF 虽然也是判别模型，但是无向图模型很好地解决了最大熵马尔可夫模型的问题，并且可以充分利用观测序列的全局信息。与 HMM 相比，线性链 CRF 需要人工构造特征函数，只有特征函数选择合适，CRF 的效果才能体现出来。还有，线性链 CRF 不可避免具有马尔可夫随机场的通病——训练速度慢。

为了解决人工构造特征函数的问题，在目前的很多应用场景中，先使用深度神经网络进行自动特征抽取，再在神经网络的最后一层使用线性链 CRF 完成特定的序列标注任务，例如，设计 LSTM＋CRF 的神经网络实现序列标注任务。

第 10 章讲解视频

第 11 章
混合图模型

混合图模型课件

11.1 基 本 概 念

混合图(chain graph)是指一个图中既有无向边,又有有向边,但是不能有有向环。混合图模型(graphical chain model)是基于混合图的概率模型,是无向图模型和有向图模型的混合体。贝叶斯网络和马尔可夫随机场都是混合图模型的特例,混合图模型对二者进行了统一。

另外,有一种混合图称为祖先图(ancestral graph),可以包含无向边、有向边、双向边,是对图的进一步扩展,用来刻画随机变量之间的条件独立性,在此不做深入讨论。

11.2 应 用 举 例

例 11-1:二值图像去噪的混合图模型

在例 1-7 中,把二值图像去噪建模为无向图模型,但是这个应用场景更为合理的解释是混合图模型。隐变量 $\boldsymbol{y}$ 表示真实图像像素之间的相互影响,它们之间是无向边。而观测到的噪声图像是真实图像中一些像素受噪声影响发生了变化,从而生成观测量 $\boldsymbol{x}$,它们之间应该是有向边 $\boldsymbol{y}\rightarrow\boldsymbol{x}$。所以,二值图像去噪的混合图模型如图 11-1 所示,其中 y_i 是一个二值变量,表示像素 i 在一个未知的无噪声图像中的状态,x_i 也是一个二值变量,表示在观测到的噪声图像中像素 i 的对应值。随机变量 $\boldsymbol{x}$ 是观测量,$\boldsymbol{y}$ 是隐变量,希望推断出它的值。模型的联合概率如式(11-1)所示。

$$p(\boldsymbol{x},\boldsymbol{y})=p(\boldsymbol{y})p(\boldsymbol{x}\mid\boldsymbol{y}) \tag{11-1}$$

其中:$p(\boldsymbol{y})$用指数势函数表示,如式(11-2)所示;$p(\boldsymbol{x}\mid\boldsymbol{y})$可以假设服从高斯分布或者选择指数族分布中的任一分布。

$$p(\boldsymbol{y})=\frac{1}{Z_0}\mathrm{e}^{-\mathrm{Eng}_0(\boldsymbol{y})} \tag{11-2}$$

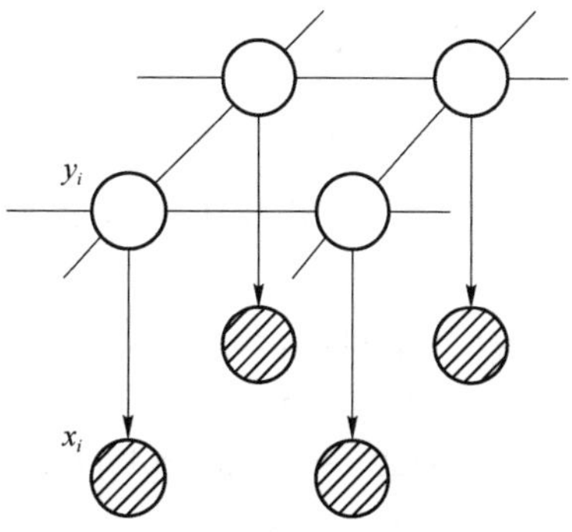

图 11-1　二值图像去噪的混合图模型

其中 $\mathrm{Eng}_0(\boldsymbol{y}) = -\sum_{i=1}^{D}\sum_{j\in nbr_i} W_{ij} y_i y_j$ 。

条件概率分布表示成类似形式，如式(11-3)所示。

$$p(\boldsymbol{x}|\boldsymbol{y}) = \prod_i p(x_i|y_i) = \mathrm{e}^{\sum_i(-L_i(y_i))} \tag{11-3}$$

其中 $L_i(y_i)$ 表示高斯分布的对数函数，如果不考虑方差，可以简化表达为 $L_i(y_i)=(y_i-\mu_i)^2$。所以，模型的后验分布预测如式(11-4)所示。

$$p(\boldsymbol{y}|\boldsymbol{x}) \propto \frac{1}{Z}\mathrm{e}^{-\mathrm{Eng}(\boldsymbol{y})} \tag{11-4}$$

其中 $\mathrm{Eng}(\boldsymbol{y}) = \mathrm{Eng}_0(\boldsymbol{y}) - \sum_i L_i(y_i)$。

对于隐变量 y_i，采用 Gibbs 采样法进行推断，如式(11-5)所示。

$$p(y_t \mid \boldsymbol{y}_{-t},\theta) \propto \prod_{s\in nbr_t} \Psi_{st}(y_s, y_t) \tag{11-5}$$

其中 $\Psi_{st}(y_s,y_t)=\mathrm{e}^{J\cdot y_s\cdot y_t}$，$W_{ij}=J$，$\forall_{i,j}$。

$$\begin{aligned} p(y_t=+1 \mid \boldsymbol{y}_{-t},\theta) &= \frac{\prod_{s\in nbr_t}\Psi_{st}(y_t=+1,y_s)}{\prod_{s\in nbr_t}\Psi_{st}(y_t=+1,y_s)+\prod_{s\in nbr_t}\Psi_{st}(y_t=-1,y_s)} \\ &= \frac{\mathrm{e}^{J\sum_{s\in nbr_t} y_s}}{\mathrm{e}^{J\sum_{s\in nbr_t} y_s}+\mathrm{e}^{-J\sum_{s\in nbr_t} y_s}} \\ &= \frac{\mathrm{e}^{J\eta_t}}{\mathrm{e}^{J\eta_t}+\mathrm{e}^{-J\eta_t}} \\ &= \mathrm{sigm}(2J\eta_t) \end{aligned} \tag{11-6}$$

其中 $\eta_t \triangleq \sum_{s\in nbr_t} y_s$，事实上，$\eta_t = y_t(a_t-d_t)$，$a_t$ 是与节点 t 取值相同的邻居节点个数，d_t 是与 t 取值不同的邻居节点个数。

假设观测值 x 是由高斯分布生成的，$\Psi_t(y_t)=\mathcal{N}(x_t|y_t,\sigma^2)$，则式(11-6)可以改写为式(11-7)。

$$\begin{aligned} p(y_t=+1|\boldsymbol{y}_{-t},\boldsymbol{x},\theta) &= \frac{\mathrm{e}^{J\eta_t}\Psi_t(+1)}{\mathrm{e}^{J\eta_t}\Psi_t(+1)+\mathrm{e}^{-J\eta_t}\Psi_t(-1)} \\ &= \mathrm{sigm}\left(2J\eta_t-\log\frac{\Psi_t(+1)}{\Psi_t(-1)}\right) \end{aligned} \tag{11-7}$$

条件分布与联合分布成正比，所以式(11-7)中把先验分布乘进来，再做归一化。

生成一个概率，如果其在 $p(y_t=+1|\boldsymbol{y}_{-t},\boldsymbol{x},\theta)$ 范围内，则 $y_t=+1$，否则 $y_t=-1$。具体来讲，产生一个[0,1]的随机数 r，如果 $\frac{p(y_t=+1)}{p(y_t=+1)+p(y_t=-1)}>r$，则采样为+1，即 $y_t=+1$，更新所有节点。这样迭代 N 次，然后对 N 个样本取平均，得到每个节点的取值。关键代码如下：

```
def gaussLogprob(mu, sigma, X):
    X = X - mu
    logP = - np.multiply(X,X)/(2 * sigma * sigma) - 0.5 * math.log(2 * 3.14 * sigma * sigma)
    return logP
```

```
def is_valid(i, j, shape):
    """Check if coordinate i, j is valid in shape."""
    return i >= 0 and j >= 0 and i < shape[0] and j < shape[1]

def GibbsIsing(img,M,N):
#    maxIter = 15
    Nsamples = 100
    Nburnin = 0;
    sigma   = 2     #noise level
    J = 1    # coupling strength
    y = img.reshape((M,N))

    localEvidenceP = np.exp(gaussLogprob(1,sigma, img))
    localEvidenceN = np.exp(gaussLogprob(-1,sigma, img))
    localEvidenceP2 = localEvidenceP.reshape(M,N)
    localEvidenceN2 = localEvidenceN.reshape(M,N)

    X = np.array(y)
    avgX = np.zeros_like(X,dtype = float)
    S = Nsamples + Nburnin
    for iter in range(S):
        for pos in np.ndindex(y.shape):
            i = pos[0]
            j = pos[1]
            adjacent = [(0, 1), (0, -1), (1, 0), (-1, 0)]
            neighbors = [X[i + di, j + dj] for di, dj in adjacent
                         if is_valid(i + di, j + dj, X.shape)]
            wi = sum(a for a in neighbors)
            p1 = math.exp(J * wi) * localEvidenceP2[pos]
            p0 = math.exp(-J * wi) * localEvidenceN2[pos]
            prob = p1/(p0 + p1);
            if random.random() < prob:
                X[pos] = +1
            else:
                X[pos] = -1
        if (iter > Nburnin):
            avgX = avgX + X

    avgX = avgX/Nsamples
    return avgX
```

图像去噪代码

```
def denoise_image(image):
    data = sign(image.getdata(), {0: -1, 255: 1})  # convert to {-1, 1}
    y = data.reshape(image.size[::-1])  # convert 1-d array to matrix
    [M, N] = y.shape
    result = GibbsIsing(data,M,N)
    result = np.where(result < 0, 0, 255)
    output_image = Image.fromarray(result).convert('1', dither = Image.NONE)
    return output_image
```

采用 Gibbs 采样法进行二值图像去噪，令参数 $J=1,\sigma=2,N=100$ 的实验结果如图 11-2 所示。

(a) 原图　　(b) 增加10%噪声的图　　(c) 去噪后的图

图 11-2　Gibbs 采样法的二值图像去噪结果

例 11-2：采用变分推断法进行二值图像去噪

基于例 11-1 中二值图像去噪的混合图模型，下面采用平均场变分推断法对二值图像进行去噪。关于变分推断法的原理详见附录 5。

$$q(\boldsymbol{y}) = \prod_i q_i(y_i, \mu_i)$$

其中 μ_i 是节点 i 的期望。

因为 $\log p(\boldsymbol{y} \mid \boldsymbol{x}) = y_i \sum_{j \in nbr_i} w_{ij} y_j + L_i(y_i) + \text{const}$，于是 $q_i(y_i)$ 如式(11-8) 所示。

$$q_i(y_i) \propto \mathrm{e}^{y_i \sum_{j \in nbr_i} w_{ij}\mu_j + L_i(y_i)} \tag{11-8}$$

定义 $m_i = \sum_{j \in nbr_i} w_{ij}\mu_j$，并且 $L_i^+ = L_i(y_i = +1)$，$L_i^- = L_i(y_i = -1)$，则式(11-8) 可以写作式(11-9) 和式(11-10)。

$$q_i(y_i = 1) = \frac{\mathrm{e}^{m_i + L_i^+}}{\mathrm{e}^{m_i + L_i^+} + \mathrm{e}^{-m_i + L_i^-}} = \frac{1}{1 + \mathrm{e}^{-2m_i + L_i^- - L_i^+}} = \mathrm{sigm}(2a_i) \tag{11-9}$$

其中 $a_i \triangleq m_i + 0.5(L_i^+ - L_i^-)$。

$$q_i(y_i = -1) = \mathrm{sigm}(-2a_i) \tag{11-10}$$

$$\begin{aligned}\mu_i &= \mathbb{E}_{q_i}[y_i] = q_i(y_i = +1) \cdot (+1) + q_i(y_i = -1) \cdot (-1) \\ &= \frac{1}{1 + \mathrm{e}^{-2a_i}} - \frac{1}{1 + \mathrm{e}^{2a_i}} \\ &= \tanh a_i\end{aligned} \tag{11-11}$$

按照式(11-11)计算均值，也可以记作式(11-12)或者式(11-13)。

$$\mu_i^t = \tanh\Big(\sum_{j \in nbr_i} w_{ij}\mu_j^{t-1} + 0.5(L_i^+ - L_i^-)\Big) \tag{11-12}$$

$$\mu_i^t = (1-\lambda)\mu_i^{t-1} + \lambda\tanh\Big(\sum_{j\in nbr_i} w_{ij}\mu_j^{t-1} + 0.5(L_i^+ - L_i^-)\Big) \tag{11-13}$$

对式(11-13)进行平滑更新。关键代码如下：

```
def gaussLogprob(mu, sigma, X):
    X = X - mu
    logP = - (X * X)/(2 * sigma * sigma) - 0.5 * math.log(2 * 3.14 * sigma * sigma)
    return logP


def is_valid(i, j, shape):
    """Check if coordinate i, j is valid in shape."""
    return i >= 0 and j >= 0 and i < shape[0] and j < shape[1]


def sigmoid(x):
    y = 1.0 / (1.0 + np.exp( - x))
    return y


def tanh(x):
    y = (1.0 - np.exp( - 2 * x))/ (1.0 + np.exp( - 2 * x))
    return y


def meanfieldIsing(img,M,N):
    maxIter = 2
    sigma = 2      #noise level
    rate = 0.5

    logodds = gaussLogprob(1,sigma, img) - gaussLogprob( - 1,sigma, img)
    logodds2 = logodds.reshape((M,N))
    p1 = sigmoid(logodds)
    mu = 2 * p1 - 1
    mu2 = np.reshape(mu,(M,N))

    for iter in range(maxIter):
        for pos in np.ndindex(mu2.shape):
            i = pos[0]
            j = pos[1]
            adjacent = [(0, 1), (0, -1), (1, 0), ( -1, 0)]
            neighbors = [mu2[i + di, j + dj] for di, dj in adjacent
                      if is_valid(i + di, j + dj, mu2.shape)]
            Sbar = sum(a for a in neighbors)
            mu2[pos] = (1 - rate) * mu2[pos] + rate * tanh(Sbar + 0.5 * logodds2[pos])

    return mu2
```

```
def denoise_image(image):
    data = sign(image.getdata(), {0: -1, 255: 1})  # convert to {-1, 1}
    y = data.reshape(image.size[::-1])  # convert 1-d array to matrix
    [M, N] = y.shape
    result = meanfieldIsing(data,M,N)
    result = np.where(result < 0, 0, 255)
    output_image = Image.fromarray(result).convert('1', dither = Image.NONE)
    return output_image
```

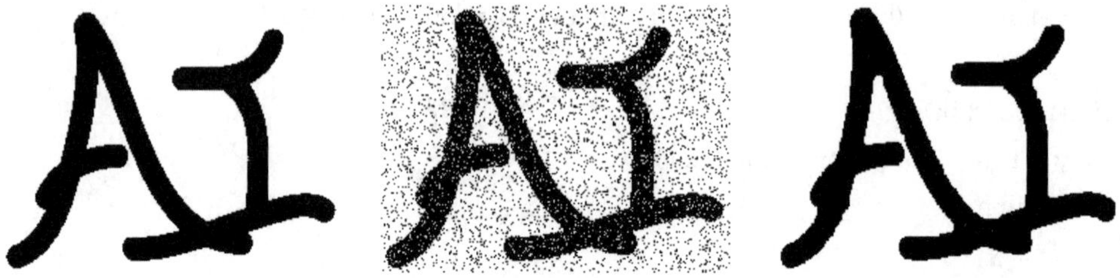

(a) 原图　(b) 增加10%噪声的图　(c) 去噪后的图

图 11-3　平均场推断法的二值图像去噪结果

采用变分推断法进行二值图像去噪的实验结果如图 11-3 所示。将几种基于混合图模型的二值图像去噪算法进行比较,如表 11-1 所示。

表 11-1　基于混合图模型的二值图像去噪实验结果对比

方　法	精　度
ICM(迭代 2 次)	96.25%
ICM 增加偏差项(迭代 2 次)	98.46%
吉布斯采样推断(迭代 2 次)	98.44%
吉布斯采样推断(迭代 10 次)	98.83%
吉布斯采样推断(迭代 100 次)	99.12%
平均场推断(迭代 2 次)	98.87%
平均场推断(迭代 10 次)	99.15%
平均场推断(迭代 100 次)	99.45%

第 11 章讲解视频

第 12 章
因子图模型

因子图模型课件

12.1 基本概念

如果 K 个随机变量 $\boldsymbol{x}=(x_1,x_2,\cdots,x_k)$ 的函数可以分解成多个因子的乘积，即 $\tilde{p}(\boldsymbol{x})=\prod_s f_s(\boldsymbol{x}_s)$，其中每个因子 $f_s(\boldsymbol{x}_s)$ 是 $\boldsymbol{x}$ 的一个子集 $\boldsymbol{x}_s\subseteq\boldsymbol{x}$ 的函数，那么可以对这个函数进行归一化，定义出 $\boldsymbol{x}$ 的联合概率，如式(12-1) 所示。这种表达形式在基于概率图模型的应用中很常见。这个函数也常常被称为“未归一化的概率”。

$$p(\boldsymbol{x})=\frac{1}{Z}\tilde{p}(\boldsymbol{x})=\frac{1}{Z}\prod_s f_s(\boldsymbol{x}_s) \tag{12-1}$$

其中，Z 是归一化因子，$Z=\sum_{\boldsymbol{x}}\prod_s f_s(\boldsymbol{x}_s)$。

对于这种形式的模型，归一化一般是很困难的，所以常使用未归一化概率进行计算。本章采用因子图来表示这类模型，并利用因子图进行模型学习和推断。

因子图(factor graph)就是对函数因式分解的表示图。例如，在有向图模型中，把联合概率分解为先验概率和一些条件概率的乘积，而在无向图模型中，把联合概率分解为一些势函数的乘积，这些都是在做因式分解。一个全局函数能够分解为多个局部函数(因子)的积，把因子和对应的随机变量表示在因子图上，称为因子图模型。

因子图可以把无向图模型或有向图模型表示成一个二部图，如图 12-1 所示，它有两类节点：变量节点和函数(乘积因子)节点，这两类节点的内部没有边直接相连。

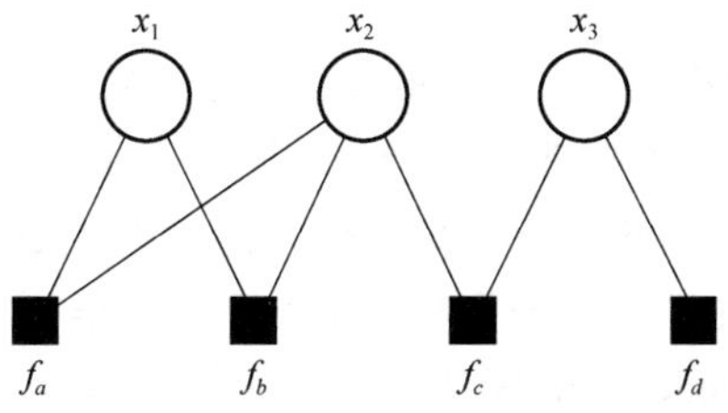

图 12-1　因子图模型

图 12-1 中的 3 个随机变量的联合概率分布按照因子图结构可以表示为式(12-2)：

$$\widetilde{p}(x_1,x_2,x_3)=f_a(x_1,x_2)f_b(x_1,x_2)f_c(x_2,x_3)f_d(x_3) \tag{12-2}$$

因子图模型的图本身是一个无向图，是一个二部图。无论是对于有向图模型还是无向图模型，我们都要表示联合概率分布，按照图结构把变量之间的关系化成多个因子的乘积，所以有向图模型和无向图模型都可以转化成因子图模型。

图 12-2(a)是一个简单的无向图，可把它转换为因子图，如图 12-2(b)或 12-2(c)所示。这可以解决无向图模型中的模糊性。

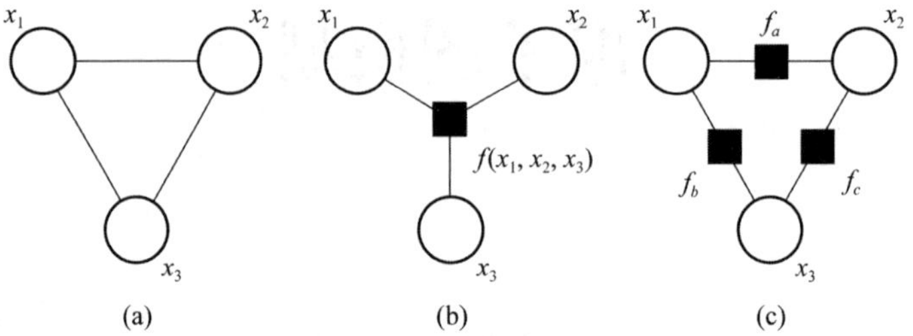

图 12-2 无向图转换为因子图

图 12-3(a)是一个简单的有向图，可把它转换为因子图，如图 12-3(b)所示，其中的因子 f 可以用概率计算，如式(12-3)所示。

$$f(x_1,x_2,x_3)=p(x_1)p(x_2|x_1)p(x_3|x_1,x_2) \tag{12-3}$$

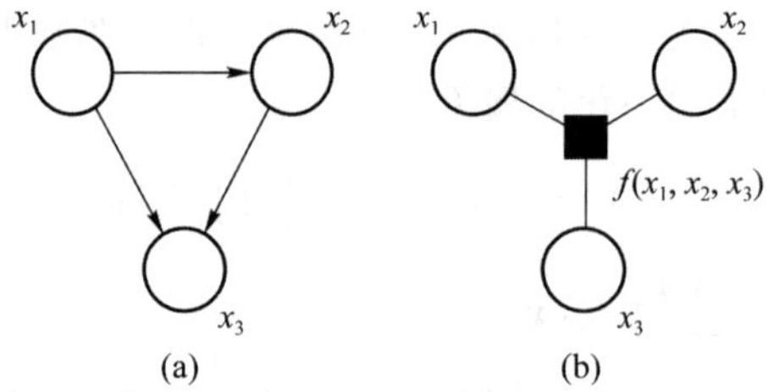

图 12-3 有向图转换为因子图

在概率图模型中，求某个变量的边缘分布是常见的问题。这个问题有很多求解方法，其中之一就是把有向图或无向图模型转换成因子图模型，然后用和-积(sum-product)算法求解。基于因子图模型的和-积算法可以高效地求各个变量的边缘分布。

12.2 和-积算法

和-积算法在求解的过程中，先计算边缘概率，再计算因子值，两步迭代计算直到收敛。所以，把这个迭代计算过程想象成有两种消息：一种是变量(variable)到函数(function)的消息；另一种是函数(function)到变量(variable)的消息，两种消息在反复传递。在求解过程中，"消息"传递的数值可以是未做归一化的概率(函数值)，这是因子图模型的另一个优势，所以和-积算法又被称为 belief propagation 算法。

因子图把联合分布进行了分组，某随机变量节点 x_k 连接到一些函数节点 f_s，称它们为 x_k 的"邻居"节点，记作 Nb(k)；与函数节点 f_s 相关联的随机变量节点记作 Nb(s)。有两种消息会沿着因子图的边进行传递:一种是由变量节点传递给函数节点的消息,记作 $q_{k\to s}$;另一种是由函数节点传递给变量的消息,记作 $r_{s\to k}$。

(1) 初始化

如果因子图是树状图,没有环,令所有的叶子变量节点发送消息:$q_{k\to s}(x_k)=1$;所有的叶子函数节点发送消息 $r_{s\to k}(x_k)=f_s(x_k)$。初始消息如图 12-4 所示。

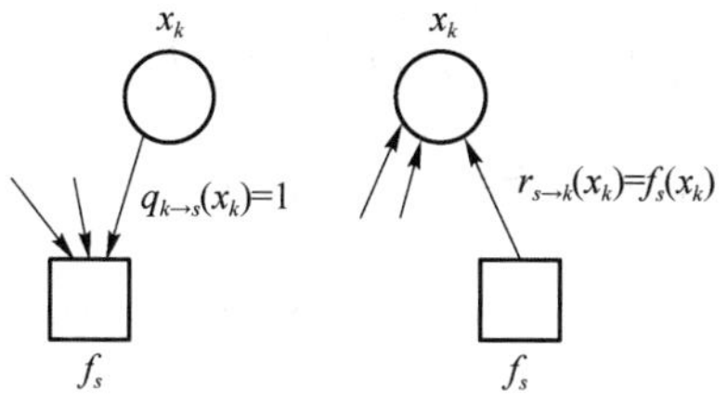

图 12-4 初始消息

如果因子图中存在环,则令所有的变量节点发送消息:$q_{k\to s}(x_k)=1$。对于树状图也可以这样初始化,经过几轮消息传递迭代后,其会与图 12-4 所示的初始化达到一致,只是浪费了一些计算时间。

(2) 从变量到函数的消息

变量节点 x_k 把收到的消息汇总转发,但是要注意,转发给 f_s 的消息不包括刚才从 f_s 收到的。计算方法如式(12-4)所示。

$$q_{k\to s}(x_k)=\prod_{s'\in \mathrm{Nb}(k)\backslash s} r_{s'\to k}(x_k) \tag{12-4}$$

(3) 从函数到变量的消息

函数节点 f_s 把收到的消息汇总,并计算函数,再将其转发给变量节点 x_k,但是要注意,转发给 x_k 的消息,不包括刚才从 x_k 收到的。计算方法如式(12-5)所示。

$$r_{s\to k}(x_k)=\sum_{x_s\backslash k}\Big(f_s(\boldsymbol{x}_s)\prod_{k'\in \mathrm{Nb}(s)\backslash k} q_{k'\to s}(x_{k'})\Big) \tag{12-5}$$

(4) 边缘概率

停止迭代后,变量节点 x_k 把收到的消息进行汇总,得到边缘函数:$Z_k(x_k)=\prod_{s\in \mathrm{Nb}(k)} r_{s\to k}(x_k)$。归一化常数是这些边缘函数之和:$Z=\sum_{x_k} Z_k(x_k)$。变量节点 x_k 的边缘分布如式(12-6)所示。

$$p(x_k)=\frac{Z_k(x_k)}{Z} \tag{12-6}$$

例如,对于图 12-5(a)所示的因子图,$\tilde{p}(\boldsymbol{x})=f_a(x_1,x_2)f_b(x_2,x_3)f_c(x_2,x_4)$。把 x_3 看作根节点,把 x_1,x_4 看作叶子节点,消息传递过程如图 12-5(b)和 12-5(c)所示。

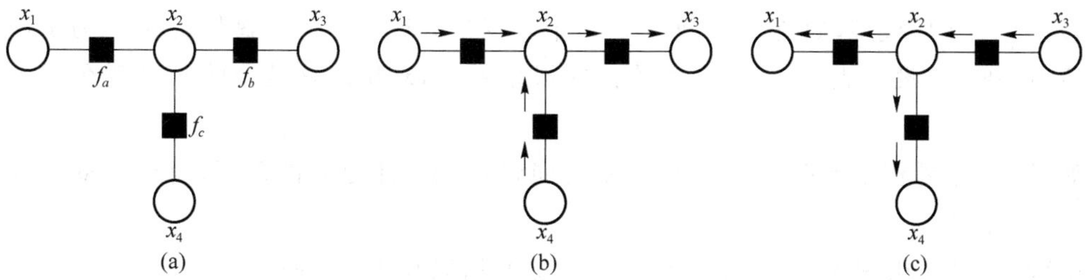

图 12-5 消息传递示例

消息传递过程如式(12-7)和式(12-8)所示。

$$\begin{cases} q_{x_1 \to f_a}(x_1) = 1 \\ r_{f_a \to x_2}(x_2) = \sum_{x_1} f_a(x_1, x_2) \\ q_{x_4 \to f_c}(x_4) = 1 \\ r_{f_c \to x_2}(x_2) = \sum_{x_4} f_c(x_2, x_4) \\ q_{x_2 \to f_b}(x_2) = r_{f_a \to x_2}(x_2) r_{f_c \to x_2}(x_2) \\ r_{f_b \to x_3}(x_3) = \sum_{x_2} f_b(x_2, x_3) q_{x_2 \to f_b}(x_2) \end{cases} \tag{12-7}$$

$$\begin{cases} q_{x_3 \to f_b}(x_3) = 1 \\ r_{f_b \to x_2}(x_2) = \sum_{x_3} f_b(x_2, x_3) \\ q_{x_2 \to f_a}(x_2) = r_{f_b \to x_2}(x_2) r_{f_c \to x_2}(x_2) \\ r_{f_a \to x_1}(x_1) = \sum_{x_2} f_a(x_1, x_2) q_{x_2 \to f_a}(x_2) \\ q_{x_2 \to f_c}(x_2) = r_{f_a \to x_2}(x_2) r_{f_b \to x_2}(x_2) \\ r_{f_c \to x_4}(x_4) = \sum_{x_2} f_c(x_2, x_4) q_{x_2 \to f_c}(x_2) \end{cases} \tag{12-8}$$

迭代步数为图的直径(任意一对节点之间的最大距离)。

如果因子图中的随机变量有可观测量,可以简化计算。

在 HMM 和 CRF 中使用的前向-后向算法是和-积算法的特殊情况。在树状图上的 sum-product 算法可以看作链状图上 forward-backward 算法的扩展版本。

如果因子图上有环,不是树,也可以使用和-积算法,称为 loopy belief propagation,在这种情况下算法有可能不收敛。

12.3　应用举例

例 12-1:LDA 主题模型的因子图

在第 7 章中对 LDA 主题模型进行求解时采用了 Gibbs 采样法,对 LDA 主题模型进行坍缩处理,消去中间变量 θ 与 ϕ,将其所在的变量空间从 $\{\alpha,\beta,\theta,\phi,\boldsymbol{z},\boldsymbol{x}\}$ 简化为 $\{\alpha,\beta,\boldsymbol{z},\boldsymbol{x}\}$。这里将它转化为因子图模型,如图 12-6 所示。每个隐变量 $\boldsymbol{z}$ 对应一个可观测变量 $\boldsymbol{x}$,为了使图表达得清晰一些,并没有表示 $\boldsymbol{x}$,从后面的公式可以看到,$\boldsymbol{x}$ 和 $\boldsymbol{z}$ 总是会同时出现在同一个因子中。

如果把 $z_{w,d}^{k}$ 看作根节点,表示文档 d 中的词语 w 属于主题 k 的概率,消息传递如图 12-7 所示。

函数 θ_d 连接的随机变量为 $\boldsymbol{z}_{\cdot,\cdot,d}=(z_{w,d},\boldsymbol{z}_{-w,d})$,所以有式(12-9):

$$f_{\theta_d}(\boldsymbol{x}_{\cdot,d},\boldsymbol{z}_{\cdot,d},\alpha)=\prod_{k=1}^{K}\frac{\sum_{w=1}^{W}x_{w,d}z_{w,d}^{k}+\alpha}{\sum_{k=1}^{K}\left(\sum_{w=1}^{W}x_{w,d}z_{w,d}^{k}+\alpha\right)} \tag{12-9}$$

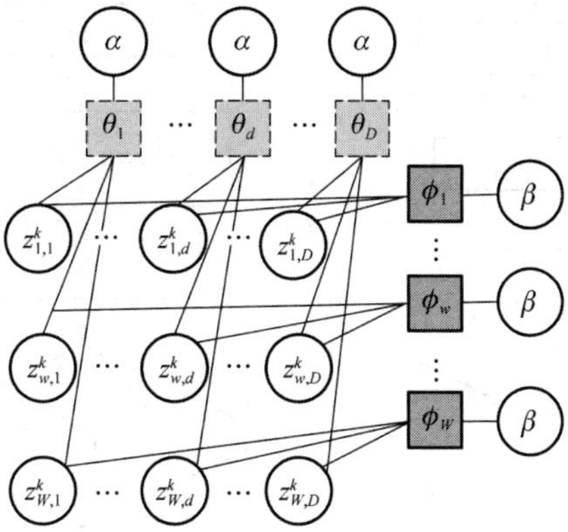

图 12-6 LDA 主题模型的因子图

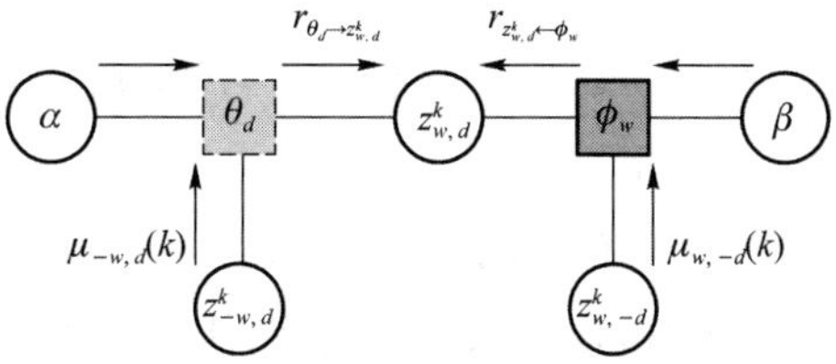

图 12-7 LDA 因子图上的消息传递

发送给根节点的消息如式(12-10)所示。

$$r_{\theta_d\to z_{w,d}^{k}}(k)\propto\frac{\mu_{-w,d}(k)+\alpha}{\sum_{k}\mu_{-w,d}(k)+\alpha} \tag{12-10}$$

函数 ϕ_w 连接的随机变量为 $\boldsymbol{z}_{w,\cdot}=(z_{w,d},\boldsymbol{z}_{w,-d})$，所以有式(12-11)：

$$f_{\phi_w}(\boldsymbol{x}_{w,\cdot},\boldsymbol{z}_{w,\cdot},\beta)=\prod_{k=1}^{K}\frac{\sum_{d=1}^{D}x_{w,d}z_{w,d}^{k}+\beta}{\sum_{w=1}^{W}\left(\sum_{d=1}^{D}x_{w,d}z_{w,d}^{k}+\beta\right)} \tag{12-11}$$

发送给根节点的消息如式(12-12)所示。

$$r_{\phi_w\to z_{w,d}^{k}}(k)\propto\frac{\mu_{w,-d}(k)+\beta}{\sum_{w}\mu_{w,-d}(k)+\beta} \tag{12-12}$$

模型的联合概率分布如式(12-13)所示。

$$p(\boldsymbol{x},\boldsymbol{z}\mid\alpha,\beta)\propto\prod_{d=1}^{D}\prod_{k=1}^{K}\frac{\sum_{w=1}^{W}x_{w,d}z_{w,d}^{k}+\alpha}{\sum_{k=1}^{K}\left(\sum_{w=1}^{W}x_{w,d}z_{w,d}^{k}+\alpha\right)}\times\prod_{w=1}^{W}\prod_{k=1}^{K}\frac{\sum_{d=1}^{D}x_{w,d}z_{w,d}^{k}+\beta}{\sum_{w=1}^{W}\left(\sum_{d=1}^{D}x_{w,d}z_{w,d}^{k}+\beta\right)} \tag{12-13}$$

LDA 因子图模型的学习过程如图 12-8(a)所示，其推断流程如图 12-8(b)所示。

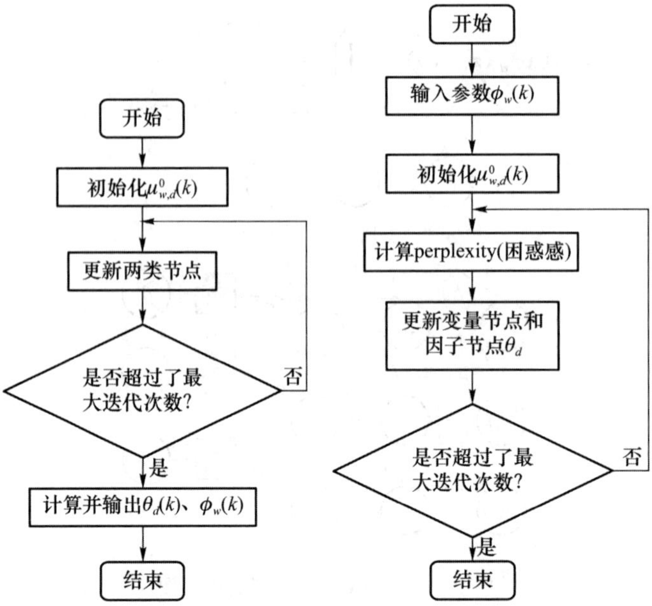

(a) (b)

图 12-8 LDA 因子图模型的学习与推断过程

例 12-2：LDPC 码解码的因子图

在数字通信系统中，由于信道会有误码，信道编码会针对信源序列，按一定规律加入一些校验码元，以实现检错、纠错，接收方收到的信息即使有个别错误，也能识别并还原发送序列。

低密度奇偶校验(low density parity check，LDPC)码是一种线性分组码，校验矩阵 $\boldsymbol{H}$ 是稀疏矩阵。线性码是指信息位和校验位满足一组线性方程组的码，对于码组长度为 N，校验码元个数为 M 的线性分组码，有 M 个校验方程，校验矩阵 $\boldsymbol{H}$ 是 $M\times N$ 维的矩阵。图 12-9 所示是一个校验矩阵示例，每行“1”的个数称为校验矩阵的行重，图中 $k=4$，每列“1”的个数称为列重，图中 $j=3$。正规 LDPC 码的校验矩阵行重、列重都是定值。

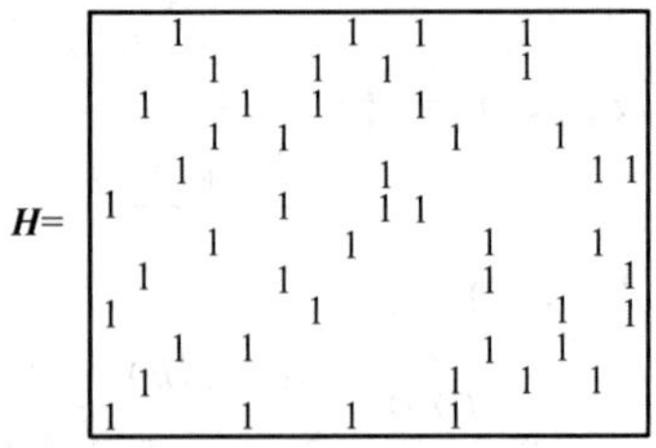

图 12-9 校验矩阵示例

编码时，通过校验矩阵 $\boldsymbol{H}$，得到生成矩阵 $\boldsymbol{G}$，然后对信源序列进行编码，得到待发送的码组 $\boldsymbol{x}$。接收方在收到 $\boldsymbol{y}$ 之后，需要采用一定的算法进行检错和检错，恢复出码组 $\boldsymbol{x}$。

在这里，我们不关心怎样找到一个好的 $\boldsymbol{H}$，也不关心如何进行快速编码。本例中着重关注 LDPC 码的概率解码方法，$\hat{\boldsymbol{x}}=\arg\max\limits_{\boldsymbol{x}} p(\boldsymbol{y}|\boldsymbol{x},\boldsymbol{H})$。

基于因子图实现 LDPC 码解码，码组是变量节点，校验函数是函数节点。例如，图 12-9 对应的因子图如图12-10所示。

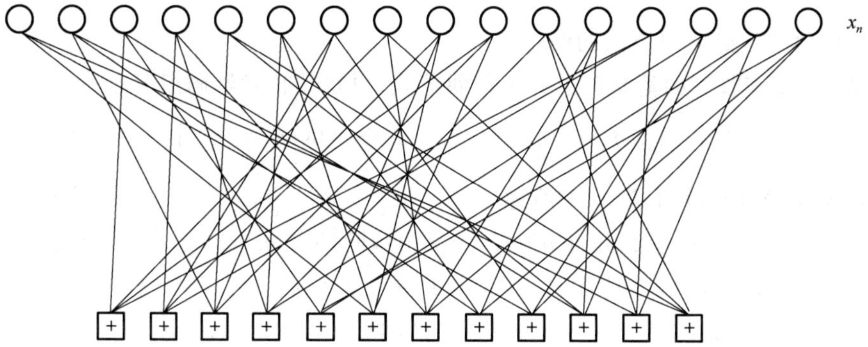

图12-10　图12-9对应的因子图

① 码组的先验分布：$p(\boldsymbol{x})\propto \mathbb{I}([\boldsymbol{Hx}=\boldsymbol{0} \bmod 2)$，其中$\mathbb{I}$为指示函数，展开成因子的乘积为

$$p(\boldsymbol{x})\propto \prod_{m} \mathbb{I}\left(\sum_{n\in \mathrm{Nb}(m)} x_n = 0 \bmod 2\right) \tag{12-14}$$

② 码组的后验分布由先验分布乘以似然分布：

$$\begin{aligned}p(\boldsymbol{x}|\boldsymbol{y})&\propto p(\boldsymbol{x})p(\boldsymbol{y}|\boldsymbol{x})\\&\propto \prod_{m} \mathbb{I}\left(\sum_{n\in \mathrm{Nb}(m)} x_n = 0 \bmod 2\right)\prod_{n} p(y_n \mid x_n)\end{aligned} \tag{12-15}$$

例如，图12-10的因子图对应的后验模型如图12-11所示。

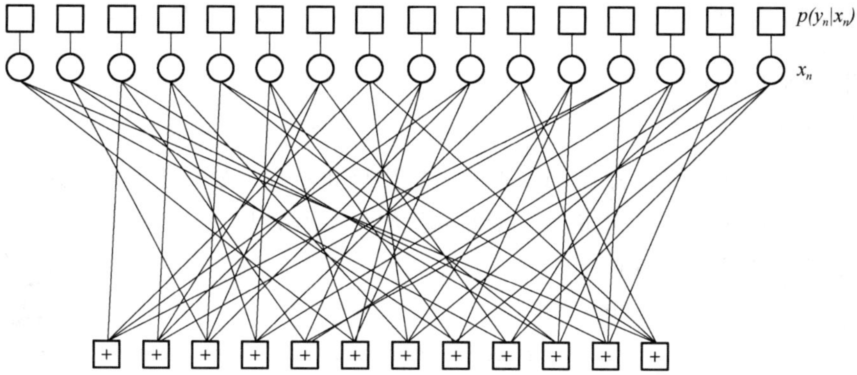

图12-11　LDPC码的后验模型

采用和-积算法进行解码，x_n的"邻居"节点记作$\mathrm{Nb}(n)$，$\mathrm{Nb}(n)\equiv\{m: H_{mn}=1\}$；与校验节点$f_m$相关联的码组节点记作$\mathrm{Nb}(m)$，$\mathrm{Nb}(m)\equiv\{n: H_{mn}=1\}$。有两种消息会沿着因子图的边进行传递：一种是由码组节点传递给校验节点的消息，记作$q_{n\to m}$；另一种由校验节点传递给码组节点的消息，记作$r_{m\to n}$。具体解码步骤如下。

(1) 初始化

根据信道误码率，对$p(y_n|x_n)$进行初始化，然后传递消息给码组节点：

$$r_{n\to n}(x_n)=p(y_n|x_n) \tag{12-16}$$

码组节点再把该消息传递给校验节点：

$$q_{n\to m}(x_n)=p(y_n|x_n) \tag{12-17}$$

例如，二进制对称信道$y_n\in\{0,1\}$，如果$y_n=0$则令$y_n=-1$，然后计算$q_{n\to m}(x_n=1)=$

$\frac{1}{1+e^{-2y_n/\sigma^2}}$，并且 $q_{n\to m}(x_n=0)=1-q_{n\to m}(x_n=1)$。

(2) 从校验节点到码组节点的消息

校验节点 f_m 把收到的消息汇总并进行偶校验，再将其转发给码组节点 x_n。

$$r_{m\to n}(x_n)=\sum_{x_{n'}:n'\in \mathrm{Nb}(m)\backslash n}\left(p(f_m=0\mid x_n,\{x_{n'}:n'\in \mathrm{Nb}(m)\backslash n\})\prod_{n'\in \mathrm{Nb}(m)\backslash n} q_{n'\to m}(x_{n'})\right) \tag{12-18}$$

这一步有个简便计算方法，如下所述。

如果 $\xi=(x_\mu+x_\nu) \bmod 2$，并且 $q_\mu^0\equiv P(x_\mu=0)$，同理有 q_μ^1、q_ν^0、q_ν^1，那么 $P(\xi=1)=q_\mu^1q_\nu^0+q_\mu^0q_\nu^1$，$P(\xi=0)=q_\mu^0q_\nu^0+q_\mu^1q_\nu^1$，于是有 $P(\xi=0)-P(\xi=1)=(q_\mu^0-q_\mu^1)(q_\nu^0-q_\nu^1)$。

定义：$\delta q_{n\to m}\equiv q_{n\to m}(x_n=0)-q_{n\to m}(x_n=1)$，$\delta r_{m\to n}\equiv r_{m\to n}(x_n=0)-r_{m\to n}(x_n=1)$，于是有 $\delta r_{m\to n}=(-1)^{f_m}\prod_{n'\in \mathrm{Nb}(m)\backslash n}\delta q_{n'\to m}$。然后，从 $\delta r_{m\to n}$ 恢复出消息：

$$\begin{cases} r_{m\to n}(x_n=0)=\frac{1}{2}(1+\delta r_{m\to n}) \\ r_{m\to n}(x_n=1)=\frac{1}{2}(1-\delta r_{m\to n}) \end{cases} \tag{12-19}$$

(3) 从码组节点到校验节点的消息

码组节点 x_n 把收到的消息汇总转发。

$$q_{n\to m}(x_n)=p(y_n\mid x_n)\prod_{m'\in \mathrm{Nb}(n)\backslash m} r_{m'\to n}(x_n) \tag{12-20}$$

同时，可以计算伪后验概率：$q_n(x_n)=p(y_n\mid x_n)\prod_{m'\in \mathrm{Nb}(n)} r_{m'\to n}(x_n)$。如果伪后验概率 $q_n(x_n=1)>0.5$，则预测 $\hat{x}_n$ 等于 1。

(4) 停止迭代

在迭代过程中，如果校验满足 $\boldsymbol{H\hat{x}}=\mathbf{0} \bmod 2$，则停止迭代。如果达到最大迭代次数，仍然不能满足校验，也停止迭代，并把最后变量的取值作为解码结果。

和-积算法的关键代码如下：

LDPC码代码

```
def iterateSumProductAlgorithm(self):
    for (j, l) in np.transpose(self.connections): # on every'
connection'
        #Compute o_1 and o_0 for each h_j in A_l
        #(A_l is the set of rows of H that check v_l)

        #o(x,j,l,i) = P(s_j | vl = x, {vt:t <- B(h_j)\l})    x   Prod_t <- B(h_j)\
        l{ q(x,j,l,i) }
        #P(s_j) = the number of'bits active'is EVEN: = 0.5 + 0.5 * Prod_i(1 - 2 * Pi_1)
            #p_i = probability incoming bit is 1 -> q(1,i,j).
            #so P(s_j | vl = x, {vt:t <- B(h_j)\l}) is incoming bytes excluding l
        n_index = self.connections[1,np.logical_and( self.connections[0] == j,
        self.connections[1] != l)]
        prod = np.prod(1 - 2 * self.q_1[j, n_index])
```

```
            self.o_0[j,l] = 0.5 + 0.5 * prod
            self.o_1[j,l] = 1 - self.o_0[j,l]

        for (j, l) in np.transpose(self.connections): #on every'connection'
            #Compute q_1 and q_0 for each h_j in A_l
            #(A_l is the set of rows of H that check v_l)

            #q(x,j,l,i) = alpha * p_x(l) x  Prod_t <- A_l\l{ o(x,j,l,i) }
            #P(s_j) = the number of'bits active' is EVEN: = 0.5 + 0.5 * Prod_i(1 - 2 * Pi_1)
                #p_i = probability incoming bit is 1 -> q(1,i,j).
                #so P(s_j | vl = x, {vt:t <- B(h_j)\l}) is incoming bytes excluding l
            m_index = self.connections[0, np.logical_and( self.connections[1] == l,
            self.connections[0] != j)]

            prod = np.prod(self.o_1[m_index,l])
            self.q_1[j,l] = self.p_1[l] * prod

            prod = np.prod(self.o_0[m_index,l])
            self.q_0[j,l] = (1 - self.p_1[l]) * prod

            K = 1/(self.q_1[j,l] + self.q_0[j,l])
            self.q_1[j,l] = K * self.q_1[j,l]
            self.q_0[j,l] = K * self.q_0[j,l]

        ## Check if Code is solved:
        for l in range(0,self.n):
            m_index = self.connections[0, self.connections[1] == l]

            prod = np.prod(self.o_1[m_index,l])
            self.P_1[l] = self.p_1[l] * prod
            prod = np.prod(self.o_0[m_index,l])
            self.P_0[l] = self.p_0[l] * prod

            K = 1/(self.P_1[l] + self.P_0[l])
            self.P_1[l] = K * self.P_1[l]
            self.P_0[l] = K * self.P_0[l]

        z = (self.P_1 > 0.5) * 1
```

```
    if (np.sum(np.mod(z @ np.transpose(self.H),2)) == 0):
        return True, z
    else:
        return False, z
```

假设每比特信噪比为一1,迭代几次就可以完全正确地解码,如图 12-12 所示。

```
Reloaded modules: LDPC_generator_CCSDS_64, LDPC_decoder
[1 1 1 1 1 1 0 1 1 0 1 0 1 1 1 0 0 1 0 0 0 1 1 0 1 1 1 1 0 1 1 1 1 1 0 0 0 1 0 0 0 0 1
0 0 0 0 0 1 0 1 0 0 0 1 0 1 0 1 1 1 1 0 1]
[1 1 1 1 1 1 0 1 1 0 1 0 1 1 1 0 0 1 0 0 0 1 1 0 1 1 1 1 0 1 1 1 1 1 0 0 0 1 0 0 0 0 1
0 0 0 0 0 1 0 1 0 0 0 1 0 1 0 1 1 1 1 0 1 0 1 1 0 0 1 0 0 1 1 0 0 0 1 1 1 1 0 1 1 1 1
0 0 0 1 1 0 1 1 1 0 1 0 0 0 0 1 1 0 1 1 0 0 1 1 1 0 1 1 0 0 0 0 1 1 1 1 0 1 1 0 1 0]
Amount of Bit Errors (uncoded) : 13
Amount of Bit Errors (SPA) : 11
Amount of Bit Errors (SPA) : 9
Amount of Bit Errors (SPA) : 6
Amount of Bit Errors (SPA) : 7
Amount of Bit Errors (SPA) : 8
Amount of Bit Errors (SPA) : 5
Amount of Bit Errors (SPA) : 3
Amount of Bit Errors (SPA) : 3
Amount of Bit Errors (SPA) : 2
Amount of Bit Errors (SPA) : 0
Iterations:  9  |  Amount of Bit Errors (SPA) : 0
result:
[1 1 1 1 1 1 0 1 1 0 1 0 1 1 1 0 0 1 0 0 0 1 1 0 1 1 1 1 0 1 1 1 1 1 0 0 0 1 0 0 0 0 1
0 0 0 0 0 1 0 1 0 0 0 1 0 1 0 1 1 1 1 0 1 0 1 1 0 0 1 0 0 1 1 0 0 0 1 1 1 1 0 1 1 1 1
0 0 0 1 1 0 1 1 1 0 1 0 0 0 0 1 1 0 1 1 0 0 1 1 1 0 1 1 0 0 0 0 1 1 1 1 0 1 1 0 1 0]
```

图 12-12　LDPC 码解码的效果

第 12 章讲解视频

第 3 部分

深度神经网络应用篇

第 13 章 卷积神经网络

卷积神经网络课件

13.1 卷积运算

卷积神经网络(Convolutional Neural Network, CNN)是深度学习技术中极具代表的网络结构。CNN 基于多层感知机,用于处理二维图像,并且采用多个隐藏层进行深度学习,在图像处理领域取得了很大的成功。CNN 相较于传统的图像处理算法的一个显著优势在于,避免了对图像复杂的前期预处理过程(数据处理、数据分析、人工提取特征等),可以直接输入原始图像。CNN 采用多个隐藏层结构构造深度神经网络,各个隐藏层可以看作不同粒度的特征提取。

图像特征提取可以使用卷积运算,4.5 节介绍过使用卷积进行边缘检测。然而显式的特征提取依赖人工设计的卷积核,在一些应用问题中并非总是可靠的。CNN 采用卷积运算提取图像特征,但是卷积核并不是事先指定的,而是采用人工神经网络模型隐式地从训练数据中学习得到的。

一般形式的卷积(convolution)是对两个实变函数的一种数学运算,如式(13-1)所示。

$$s(t) = \int x(a)w(t-a)\mathrm{d}a = (x * w)(t) \tag{13-1}$$

通常将 x 称为输入,w 称为核函数,输出称为特征映射(feature map)。

离散形式的卷积写作式(13-2)。

$$s(t) = (x * w)(t) = \sum_{a=-\infty}^{+\infty} x(a)w(t-a) \tag{13-2}$$

在机器学习中,输入通常是多维数组,如图像输入是一个 $M \times N$ 的二维矩阵。如果把一张二维的图像 I 作为输入,也需要一个二维的核 K($m \times n$ 维),如式(13-3)所示。

$$S(i,j) = (I * K)(i,j) = \sum_m \sum_n I(m,n)K(i-m)(j-n) \tag{13-3}$$

卷积是可交换的,如式(13-4)所示。

$$S(i,j) = (K * I)(i,j) = \sum_m \sum_n I(i-m,j-n)K(m)(n) \tag{13-4}$$

这样的形式实现起来更简单一些,因为 m 和 n 的取值相对较小。

事实上，许多神经网络函数库实现的是互相关函数(cross-correlation)，如式(13-5)所示，其也称为卷积。在神经网络中的卷积核因为通常是通过学习算法优化得到的多维数组参数，所以就不必180°旋转了。

$$S(i,j)=(K*I)(i,j)=\sum_m\sum_n I(i+m,j+n)K(m)(n) \tag{13-5}$$

图13-1是一个3×3的卷积核进行卷积运算的示例，步长为1。

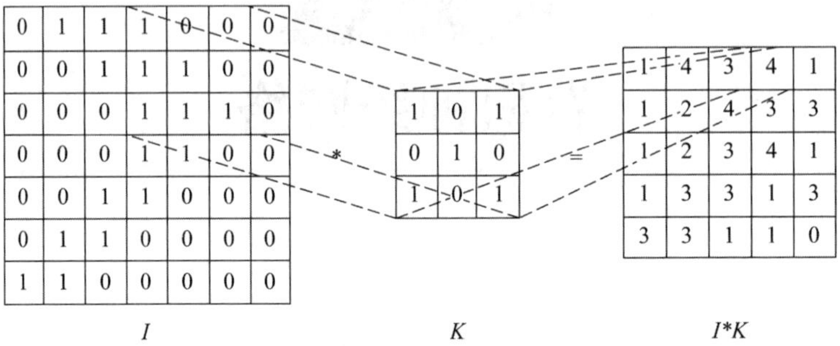

图13-1 卷积运算示例

13.2 卷积神经网络模型

20世纪90年代，Yann LeCun最早提出了卷积神经网络的概念，经过几十年的发展，浮现出很多经典的模型结构，从用于手写数字识别的LeNet-5模型，到深度和性能大幅度提升的GoogleNet模型，再到解决训练难问题的ResNet。这些模型的发展推动了图像处理领域的飞速发展，为如今的图像分类、目标检测、语义分割、人脸识别等技术提供了算法模型基础。

CNN模型主要包括卷积层、池化层以及全连接层。通常来说，卷积层和池化层交替连接，最后高层再加上全连接层。卷积层主要进行卷积操作，通过卷积核在特征矩阵上进行窗口滑动，提取高维度特征并降低噪声。池化层主要进行池化操作，最常见的有最大池化、平均池化等，其主要作用是提取主要特征，忽略次要特征，以减少模型参数。池化层还起到控制网络输出维度的作用，方便与高层的全连接层连接。全连接层一般连接softmax等输出层，输出模型结果。

13.2.1 卷积层

多层前馈神经网络使用矩阵乘法来建立层间的连接关系，其中的参数矩阵描述了每一个输入单元与每一个输出单元之间的连接权重，在这种情况下，模型需要学习的参数很多。图像的空间联系中局部的像素联系比较紧密，而距离较远的像素相关性则较弱。因此每个神经元其实只需对局部区域建立联系，而不需要对全局图像进行感知，这个局部区域叫作感受野。所以，卷积神经网络不同于传统的前馈神经网络，将采用局部连接，以减少参数个数。

例如，一幅图像有1 000×1 000个像素点，作为输入。假设隐藏层仍然有10^6个神经元。进行卷积运算，使用10×10的卷积核，卷积步长为1。如果采用全连接，则有1 000×1 000×

$10^6=10^{12}$个权值参数，如此数目巨大的参数数量使得模型几乎难以训练。采用卷积核的局部连接，隐藏层的每个神经元仅与图像中 10×10 的局部图像相连接，那么此时的权值参数数量为 $10\times10\times10^6=10^8$，将直接减少 4 个数量级。

采用局部连接，参数数量虽然减少很多，但是依然比较多。在局部连接中隐藏层的每一个神经元连接的是一个 10×10 的局部图像，因此有 10×10 个权值参数。如果隐藏层的所有神经元都共享这 10×10 个权值参数，也就是说，隐藏层中 10^6 个神经元的权值参数相同，那么此时不管隐藏层神经元的数目是多少，需要训练的参数就是这 10×10 个权值参数，也就是卷积核(滤波器)的大小，并且，隐藏层也就没有必要设置那么多个神经元了。

局部连接和参数共享使得 CNN 能够通过卷积核抽取图像中像素之间的关系，提取到图像的特征。通过这种方式提取图像的特征，一个卷积核仅提取了图像的一种特征，如果要多提取出一些特征，可以使用多个卷积核，不同的卷积核能够得到图像不同映射下的特征，即特征映射(feature map)。比如，在人脸识别应用中，一个卷积核去检测眉毛，另一个卷积核去检测下巴。如果有 100 个卷积核，最终的权值参数也仅为 $100\times100=10^4$ 个。

在图 13-2 的示例中，最左侧为输入层，接下来有 2 层卷积层，后两层是全连接层。假设输入图像大小为 29×29，卷积核的大小为 5×5，步长为 2，那么得到的特征映射为 13×13，因为 (29－5＋1)/2＝13。如果第 2 个卷积层仍然采用 5×5 的核，步长为 2，那么得到的特征映射为 5×5。每个卷积层可以有多个特征映射。每一个特征映射都是通过一种卷积核计算得到的。

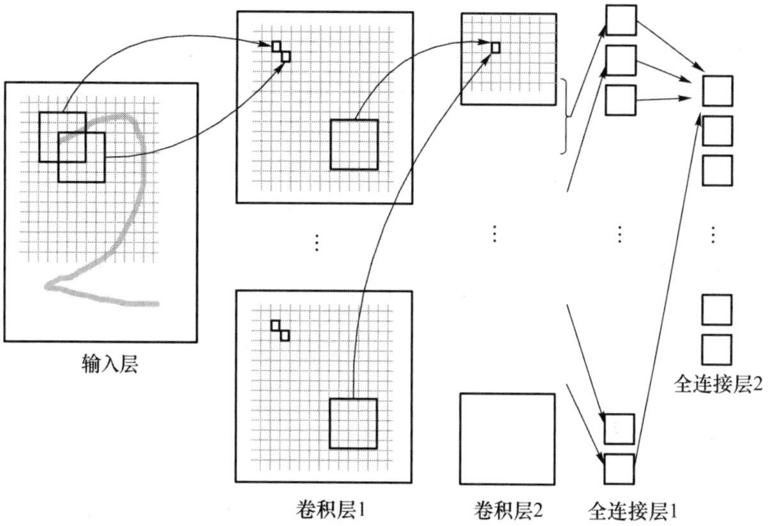

图 13-2 CNN 示例

各个卷积核无须事先人工设计，在每个卷积层只需要指定卷积核的数量，CNN 会采用类似前馈神经网络的误差反向传播算法进行模型训练，从训练数据中学习得到这些连接权重参数，也就得到了卷积核。

不同卷积层可以认为在提取不同粒度的特征。卷积层越多，CNN 的深度越深，特征提取的粒度越丰富，网络的表达能力越强。

13.2.2　池化层

通过卷积层获得了图像的特征之后，理论上可以直接使用这些特征训练模型，但是这样做仍然面临巨大的计算量挑战，而且容易产生过拟合的现象。为了进一步减少网络训练参数，并降低模型的过拟合程度，CNN 常常对卷积层进行池化(pooling)/子采样(subsampling)处理。

池化层可以被看作一种特殊的卷积层。池化的计算方法和卷积类似，但不尽相同。池化过程也是用大小一定的滑动窗口在输入图像上作指定步长的水平向右和垂直向下的滑动。当前常见的池化方式有以下几种。

① 平均池化(mean-pooling)：将池化窗口中的所有值相加取平均，以平均值作为采样值。如图 13-3 所示，池化核大小为 2×2，步长也为 2，对输入二维数据进行平均池化运算，那么输出的二维数据维度将减小一半。

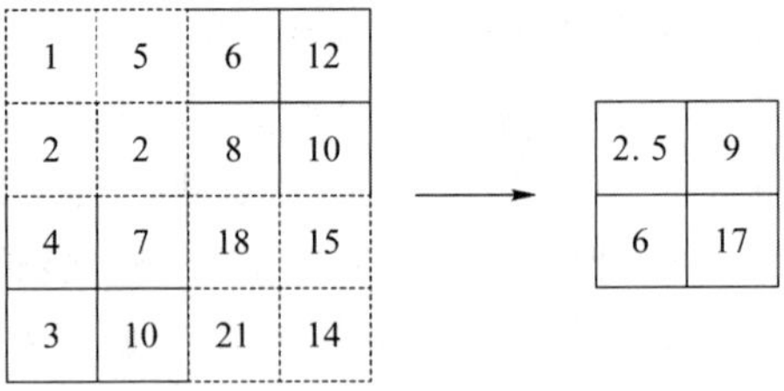

图 13-3　平均池化示例

② 最大池化(max-pooling)：选择池化窗口中的最大值作为采样值。

③ 随机池化(random-pooling)：随机保留池化窗口中的某个值作为采样值。

其实，池化函数可以灵活选取，如加权平均、L2 范数、聚类动态池化等。

对图像来说，池化可以最大限度地保留图片的信息，并且降低了图像的尺寸，同时增大了卷积核的感受野，可以提取到图像的高层特征，减少了神经网络的参数数量，能够有效地预防神经网络模型训练过程中的过拟合现象。

通常来讲，池化操作在特征映射上无重叠地选择局部区域。CNN 能够捕捉图像的平移不变性以及旋转不变性等特征，主要是因为池化层在神经网络中的应用。

13.2.3　全连接层

全连接层的目的是将特征由一个特征空间线性映射到另一个特征空间，当前层的神经元与上一层的神经元一一连接，层内神经元没有连接，就像前馈神经网络。对整个卷积神经网络来说，全连接层起到了“分类器”的作用，将隐藏层的特征空间映射到样本标记空间，如将其传递给 softmax 逻辑回归进行分类。

在图 13-2 的示例中，假设卷积层 2 有 50 个 5×5 的特征映射，全连接层 1 有 100 个神经元，这两层之间的连接权重参数个数为$(5\times5+1)\times50\times100=130\,000$ 。所以全连接层的权重参数比较多。

例 13-1：使用 LeNet 网络进行手写数字识别

图 13-4 所示是 LeNet 网络的结构。MINST 数据集中的手写数字图片是 28 像素×28 像

素的，上下左右各加 2 像素的填充，所以输入层有 32×32 个神经元。

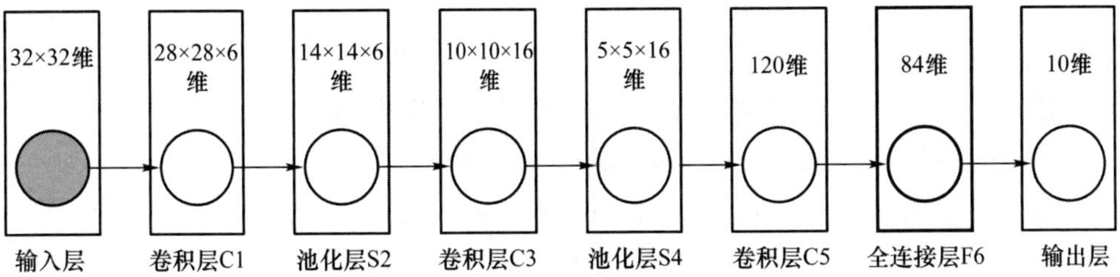

图 13-4 LeNet 网络的结构

C1 层是一个卷积层，使用 6 个特征映射，分别采用 5×5 的卷积核，步长为 1，得到的每个特征映射大小为 28×28〔32－(5－1)＝28〕。每个卷积核的参数个数为 26(5×5＋1＝26)，包括一个偏置参数。在每个特征映射共享参数的情况下，参数总个数为 6×(5×5＋1)＝156。

S2 层是一个池化层，得到 6 个 14×14 的特征映射。对 2×2 池化窗口的输入相加，乘以权重参数 w，再加上偏置参数 b，结果通过 sigmoid 函数计算获得，所以参数个数为 2×6＝12。

C3 层是一个卷积层，使用 16 个卷积核得到 16 个特征映射，卷积核大小 5×5，步长为 1，得到的特征映射大小为 10×10。每个特征映射中的每个神经元与 S2 层中某几层的多个卷积核相连。参数个数为 16×(5×5×n＋1)。

S4 层是一个池化层，其池化函数与 S2 层相同，参数个数是 2×16＝32。

C5 层是一个卷积层，仍然采用 5×5 的卷积核，得到的特征映射为单个神经元，使用 120 个神经元，与 S4 层全连接，所以参数个数为 120×(5×5×16＋1)＝48 120。

F6 层有 84 个神经元，与 C5 层采用全连接，所以参数个数为 84×(120＋1)＝10×164。

输出层采用欧氏径向基函数进行分类。10 个单元 10 个类，每个单元计算 F6 层提供的 84 维向量与参数向量之间的欧氏距离，可以看作高斯分布的对数似然。

卷积神经网络的训练过程与传统 BP 算法一致。

```
import os
import tensorflow as tf
from tensorflow.examples.tutorials.mnist import input_data


mnist = input_data.read_data_sets("D:\\code\\test_mnist_tf",one_hot = True)


keep_prob = tf.placeholder(tf.float32)
sess = tf.InteractiveSession()


#训练数据
x = tf.placeholder("float", shape = [None, 784])
#训练标签数据
y_ = tf.placeholder("float", shape = [None, 10])
#把 x 更改为 4 维张量，第 1 维代表样本数量，第 2 维和第 3 维代表图像长宽，第 4 维代
表图像通道数，1 表示黑白
```

```
x_image = tf.reshape(x, [-1, 28, 28, 1])

#第一层:卷积层
#过滤器大小为5*5,当前层深度为1,过滤器的深度为32
conv1_weights = tf.get_variable("conv1_weights", [5, 5, 1, 32],
initializer = tf.truncated_normal_initializer(stddev = 0.1))
conv1_biases = tf.get_variable("conv1_biases", [32],
initializer = tf.constant_initializer(0.0))
#移动步长为1
conv1 = tf.nn.conv2d(x_image, conv1_weights, strides = [1, 1, 1, 1], padding = 'VALID')
#激活函数Relu去线性化
relu1 = tf.nn.relu(tf.nn.bias_add(conv1, conv1_biases))

#第二层:最大池化层
#池化层过滤器的大小为2*2,移动步长为2
pool1 = tf.nn.max_pool(relu1, ksize = [1, 2, 2, 1], strides = [1, 2, 2, 1], padding = 'VALID')

#第三层:卷积层
conv2_weights = tf.get_variable("conv2_weights", [5, 5, 32, 64],
initializer = tf.truncated_normal_initializer(stddev = 0.1)) #过滤器大小为5*5,当前层深度为32,过滤器的深度为64
conv2_biases = tf.get_variable("conv2_biases", [64],
initializer = tf.constant_initializer(0.0))
conv2 = tf.nn.conv2d(pool1, conv2_weights, strides = [1, 1, 1, 1], padding = 'VALID') #移动步长为1
relu2 = tf.nn.relu( tf.nn.bias_add(conv2, conv2_biases) )

#第四层:最大池化层
#池化层过滤器的大小为2*2,移动步长为2
pool2 = tf.nn.max_pool(relu2, ksize = [1, 2, 2, 1], strides = [1, 2, 2, 1], padding = 'VALID')

#第五层:全连接层
fc1_weights = tf.get_variable("fc1_weights", [4 * 4 * 64, 1024],
initializer = tf.truncated_normal_initializer(stddev = 0.1)) #7 * 7 * 64 = 3136 把前一层的输出变成特征向量
fc1_baises = tf.get_variable("fc1_baises", [1024],
initializer = tf.constant_initializer(0.1))
pool2_vector = tf.reshape(pool2, [-1, 4 * 4 * 64])
```

```
fc1 = tf.nn.relu(tf.matmul(pool2_vector, fc1_weights) + fc1_baises)

# 第六层:全连接层
fc2_weights = tf.get_variable("fc2_weights", [1024, 10],
initializer = tf.truncated_normal_initializer(stddev = 0.1)) # 神经元节点数
1024, 分类节点 10
fc2_biases = tf.get_variable("fc2_biases", [10],
initializer = tf.constant_initializer(0.1))
fc2 = tf.matmul(fc1, fc2_weights) + fc2_biases

# 第七层:输出层
# softmax
y_conv = tf.nn.softmax(tf.nn.dropout(fc2,keep_prob))

# 定义交叉熵损失函数
cross_entropy = tf.reduce_mean(-tf.reduce_sum(y_ * tf.log(y_conv), reduction_
indices = [1]))

# 选择优化器,并让优化器最小化损失函数/收敛, 反向传播
train_step = tf.train.AdamOptimizer(1e-4).minimize(cross_entropy)

# tf.argmax()返回的是某一维度上其数据最大所在的索引值,在这里即代表预测值和真实值
# 判断预测值 y 和真实值 y_ 中最大数的索引是否一致,y 的值为 1 - 10 的概率
correct_prediction = tf.equal(tf.argmax(y_conv,1), tf.argmax(y_,1))

# 用平均值来统计测试准确率
accuracy = tf.reduce_mean(tf.cast(correct_prediction, tf.float32))

# 开始训练
sess.run(tf.global_variables_initializer())
for i in range(10000):
    batch = mnist.train.next_batch(100)
    if i % 100 == 0:
        train_accuracy = accuracy.eval(feed_dict = {x:batch[0], y_: batch[1],
keep_prob: 1.0}) # 评估阶段不使用 Dropout
        print("step %d, training accuracy %g" % (i, train_accuracy))
    train_step.run(feed_dict = {x: batch[0], y_: batch[1], keep_prob: 0.5}) # 训
练阶段使用 50% 的 Dropout

# 在测试数据上测试准确率
```

print("test accuracy %g" % accuracy.eval(feed_dict = {x: mnist.test.images, y_: mnist.test.labels, keep_prob: 1.0}))

LeNet 网络在 MNIST 数据集上的识别结果如图 13-5 所示。

```
step 9100,training accuracy 0.95
step 9200,training accuracy 0.96
step 9300,training accuracy 0.94
step 9400,training accuracy 0.98
step 9500,training accuracy 0.97
step 9600,training accuracy 0.95
step 9700,training accuracy 1
step 9800,training accuracy 0.98
step 9900,training accuracy 1
Test accuracy 0.9703
```

CNN 手写数字识别代码

图 13-5 手写数字识别结果

在例 13-1 中,模型学习阶段的输出层神经元是可观测量,如图 13-4 所示。在模型推断阶段,输出层神经元是不可观测量,是需要推断的应用目标。

可以把 CNN 看作一个具有无限强先验的全连接网络,即人为设定哪些参数概率为 0,而不管数据对这些参数给出了多大的支持。先验要基于对数据的足够了解,与任何其他先验类似,卷积和池化时使用的强先验只有在先验假设合理且正确时才有用,否则会导致欠拟合。

13.3 残差网络

深层卷积神经网络具有强大的特征提取能力,理论上,随着网络深度的加深应该训练得越来越好才对。但实际上,随着网络深度的加深,训练错误会越来越多,网络发生了退化(degradation)的现象:随着网络层数的增多,训练集的损失函数逐渐下降,然后趋于饱和,当再增加网络深度的时候,训练集的损失函数反而会增大。注意这并不是过拟合,因为在过拟合中训练集的损失函数是一直减小的。究其原因,若网络具有很深的简单堆叠结构,网络内部在其中某一层已经达到性能最佳的情况,则剩下的层不应该改变任何特征,应该自动形成恒等映射(identity mapping)。

ResNet(Residual Network)是 2015 年的 ILSVRC 竞赛(ImageNet Large Scale Visual Recognition Challenge)冠军。ResNet 旨在解决网络加深后训练难度增大的问题,提出了采用残差学习的方法。残差模块为 ResNet 较之前 CNN 的一个本质创新,每个残差模块包含两条路径,如图 13-6 右侧所示:一条路径是输入特征的直连通路,把低层的特征传到高层;另一条路径对该特征做两到三次的卷积操作,得到该特征的残差,最后将两条路径上的特征相加,帮助网络实现恒等映射。

残差是指预测值和观测值之间的差距。网络的一层通常可以看作 $y=H(x)$,输入为 x,输出为 $H(x)$,在 CNN 中会直接通过训练学习参数函数 H 的表达。而残差网络的一个残差模块使用多个层来学习输入、输出之间的残差可以表示为 $H(x)=F(x)+x$,也就是 $F(x)=$

$H(x)-x$，在单位映射中，$y=x$ 便是观测值，而 $H(x)$ 是预测值，所以 $F(x)$ 便对应着残差，因此叫作残差网络。当浅层的 x 代表的特征已经足够成熟，在任何对于特征 x 的改变都会让损失变大的情况下，残差 $F(x)$ 会趋向于学习成为 0，x 则从恒等映射的路径继续传递，这样就可以在前向过程中浅层的输出已经足够成熟时，深层网络后面的层能够实现恒等映射。

图 13-6 所示为 ResNet-34 结构，首先通过一个 7×7 卷积层，然后通过一个最大池化层，接下来就是堆叠残差块。使用 64 个特征映射的残差块 3 个、128 个特征映射的残差块 4 个、256 个特征映射的残差块 6 个、512 个特征映射的残差块 3 个。最后，残差块被接至平均池化层降采样，再接至全连接层输出形成特征向量。图 13-6 右侧为残差模块的结构，是残差网络采用的基础形式，有两个卷积层，使用 ReLU 作为激活函数，采用 Batch Normalization(BN)可以防止梯度消失/梯度爆炸问题。在残差结构的驱动下，梯度能够经历一个“捷径”很快地从残差块的输出传至输入，加速了网络的收敛，提高了网络的训练效率。

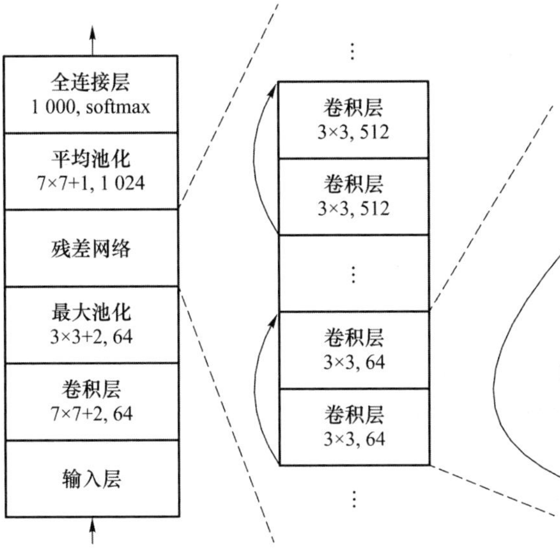

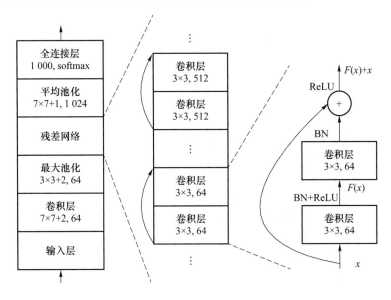

图 13-6　ResNet-34 结构

残差模块使用的跨层连接改变了网络的拓扑结构，因此网络中不同深度的特征可以进行自适应特征融合，而并非单纯地一直逐层提取更深的特征。实验表明这种设计可以在堆叠多层卷积的情况下，使得很深的网络也可以进行训练。这一设计将卷积神经网络的深度从几十层一跃提升到上百层。残差网络常见的深度有 18、34、50、101、152 等，网络越深，则前向传播的速度越慢，但效果也越好，实际使用时可以在速度和精度间做权衡，选择最合适的深度。

由于设计简单，又有非常好的效果，残差网络被广泛应用在计算机视觉任务中，作为主干网络以实现特征提取。残差模块也常被嵌入各种模块中，成为一种经典的设计。

例 13-2：使用 ResNet-34 进行手写数字识别

残差模块设计的代码如下：

```
def conv3x3(in_planes, out_planes, stride = 1):
    """3x3 convolution with padding"""
    return nn.Conv2d(in_planes, out_planes, kernel_size = 3, stride = stride,
                     padding = 1, bias = False)
```

```
class BasicBlock(nn.Module):
    expansion = 1

    def__init__(self, inplanes, planes, stride = 1, downsample = None):
        super(BasicBlock, self).__init__()
        self.conv1 = conv3x3(inplanes, planes, stride)
        self.bn1 = nn.BatchNorm2d(planes)
        self.relu = nn.ReLU(inplace = True)
        self.conv2 = conv3x3(planes, planes)
        self.bn2 = nn.BatchNorm2d(planes)
        self.downsample = downsample
        self.stride = stride

    def forward(self, x):
        residual = x
        out = self.conv1(x)
        out = self.bn1(out)
        out = self.relu(out)
        out = self.conv2(out)
        out = self.bn2(out)
        if self.downsample is not None:
            residual = self.downsample(x)
        out += residual
        out = self.relu(out)
        return out
```

网络设计的代码如下：

```
class ResNet(nn.Module):

    def__init__(self, block, layers, num_classes, grayscale):
        self.inplanes = 64
        if grayscale:
            in_dim = 1
        else:
            in_dim = 3
        super(ResNet, self).__init__()
        self.conv1 = nn.Conv2d(in_dim, 64, kernel_size = 7, stride = 2, padding = 3,
                               bias = False)
        self.bn1 = nn.BatchNorm2d(64)
        self.relu = nn.ReLU(inplace = True)
        self.maxpool = nn.MaxPool2d(kernel_size = 3, stride = 2, padding = 1)
```

```
        self.layer1 = self._make_layer(block, 64, layers[0])
        self.layer2 = self._make_layer(block, 128, layers[1], stride = 2)
        self.layer3 = self._make_layer(block, 256, layers[2], stride = 2)
        self.layer4 = self._make_layer(block, 512, layers[3], stride = 2)
        self.avgpool = nn.AvgPool2d(7, stride = 1)
        self.fc = nn.Linear(512 * block.expansion, num_classes)
        for m in self.modules():
            if isinstance(m, nn.Conv2d):
                n = m.kernel_size[0] * m.kernel_size[1] * m.out_channels
                m.weight.data.normal_(0, (2. / n) ** .5)
            elif isinstance(m, nn.BatchNorm2d):
                m.weight.data.fill_(1)
                m.bias.data.zero_()

    def_make_layer(self, block, planes, blocks, stride = 1):
        downsample = None
        if stride! = 1 or self.inplanes! = planes * block.expansion:
            downsample = nn.Sequential(
                nn.Conv2d(self.inplanes, planes * block.expansion,
                          kernel_size = 1, stride = stride, bias = False),
                nn.BatchNorm2d(planes * block.expansion),
            )
        layers = []
        layers.append(block(self.inplanes, planes, stride, downsample))
        self.inplanes = planes * block.expansion
        for i in range(1, blocks):
            layers.append(block(self.inplanes, planes))
        return nn.Sequential( * layers)

    def forward(self, x):
        x = self.conv1(x)
        x = self.bn1(x)
        x = self.relu(x)
        x = self.maxpool(x)
        x = self.layer1(x)
        x = self.layer2(x)
        x = self.layer3(x)
        x = self.layer4(x)
        # because MNIST is already 1x1 here:
        # disable avg pooling
```

```
        #x = self.avgpool(x)
        x = x.view(x.size(0), -1)
        logits = self.fc(x)
        probas = F.softmax(logits, dim = 1)
        return logits, probas

def resnet34(num_classes):
    """Constructs a ResNet-34 model."""
    model = ResNet(block = BasicBlock,
                   layers = [3, 4, 6, 3],
                   num_classes = NUM_CLASSES,
                   grayscale = GRAYSCALE)
    return model

torch.manual_seed(RANDOM_SEED)
model = resnet34(10)
model.to(DEVICE)
optimizer = torch.optim.Adam(model.parameters(), lr = LEARNING_RATE)
```

迭代 10 次的运行结果如图 13-7 所示。

```
Epoch: 010/010 | Batch 0400/0469 | Cost: 0.0006
Epoch: 010/010 | Batch 0450/0469 | Cost: 0.0123
Epoch: 010/010 | Train: 99.492%
Time elapsed: 432.69 min
Total Training Time: 432.69 min
Test accuracy: 99.03%
Probability 7 100.00%
```

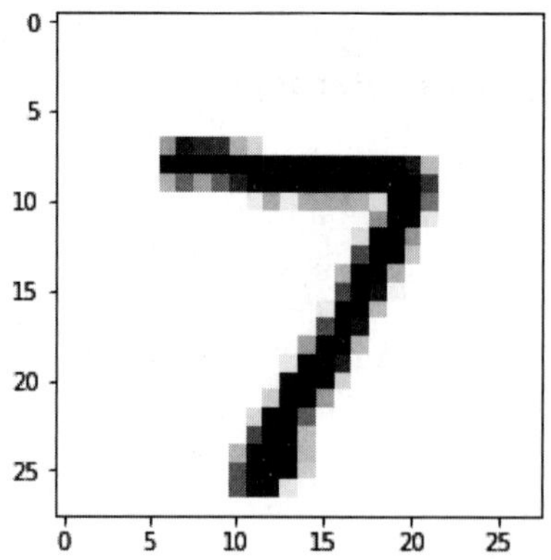

图 13-7　手写数字识别结果

第 13 章讲解视频

第 14 章

玻尔兹曼机网络

玻尔兹曼机网络课件

14.1 玻尔兹曼机简介

玻尔兹曼机(Boltzmann Machine,BM)是一种基于能量的模型,是无向图模型。BM 为网络状态定义一个“能量”,能量最小化时网络达到理想状态,而网络的训练就是在最小化这个能量函数。

标准玻尔兹曼机是一个全连接图,如图 14-1 所示。网络中的神经元是随机变量,分为可见层与隐藏层,可见层用于表示数据的输入与输出,隐藏层则是数据的内在表达。

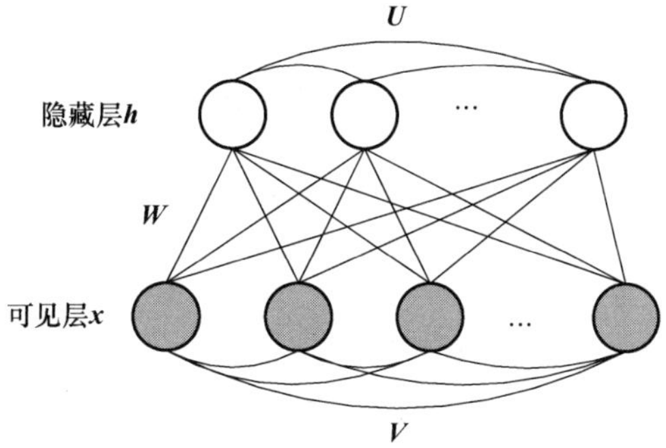

图 14-1　玻尔兹曼机

$\boldsymbol{x}$ 和 $\boldsymbol{h}$ 是 J 维随机向量,使用能量函数定义联合概率分布,如式(14-1)所示。

$$
\begin{aligned}
p(\boldsymbol{x},\boldsymbol{h}) &= \frac{\mathrm{e}^{-\mathrm{Eng}(\boldsymbol{x},\boldsymbol{h})}}{Z} \\
&= \frac{\mathrm{e}^{\boldsymbol{x}^{\mathrm{T}}\boldsymbol{W}\boldsymbol{h}+\boldsymbol{x}^{\mathrm{T}}\boldsymbol{V}\boldsymbol{x}+\boldsymbol{h}^{\mathrm{T}}\boldsymbol{U}\boldsymbol{h}+\boldsymbol{a}^{\mathrm{T}}\boldsymbol{x}+\boldsymbol{b}^{\mathrm{T}}\boldsymbol{h}}}{Z}
\end{aligned}
\tag{14-1}
$$

其中,$\mathrm{Eng}(\boldsymbol{x},\boldsymbol{h})$是能量函数,$\theta=\{\boldsymbol{W},\boldsymbol{V},\boldsymbol{U},\boldsymbol{a},\boldsymbol{b}\}$ 是模型参数,Z〔或者记作 $Z(\theta)$〕是归一化因子,详见 1.3 节。

BM 具有强大的无监督学习能力,能够学习数据中复杂的规则。隐藏层神经元类似多层感知机的隐藏单元,MLP 通过增加隐藏层将逻辑回归转换成函数的万能近似器,可以说,带隐变量的玻尔兹曼机是概率密度函数或离散变量上概率质量函数的万能近似器。

模型学习算法可以采用随机最大似然估计。

下面先来看看马尔可夫随机场通用的随机最大似然估计算法。

马尔可夫随机场的对数似然函数如式(14-2)所示

$$\mathrm{LL}(\theta)=\frac{1}{N}\sum_{n}\log p(\boldsymbol{x}^{n}\mid\theta)=\frac{1}{N}\sum_{n}\left[\sum_{c}\theta_{c}^{\mathrm{T}}f_{c}(\boldsymbol{x}^{n})-\log Z(\theta)\right] \tag{14-2}$$

对数似然函数求导如式(14-3)所示。

$$\frac{\partial}{\partial\theta_{c}}\mathrm{LL}(\theta)=\frac{1}{N}\sum_{n}\left[f_{c}(\boldsymbol{x}^{n})-\frac{\partial}{\partial\theta_{c}}\log Z(\theta)\right] \tag{14-3}$$

式(14-3)中的$\frac{\partial}{\partial\theta_{c}}\log Z(\theta)$是 $\log Z(\theta)$对 θ 的梯度,如式(14-4)所示。

$$\nabla_{\theta}\log Z=\frac{\nabla_{\theta}Z}{Z}=\frac{\nabla_{\theta}\sum_{\boldsymbol{x}}\tilde{p}(\boldsymbol{x})}{Z}=\frac{\sum_{\boldsymbol{x}}\nabla_{\theta}\tilde{p}(\boldsymbol{x})}{Z} \tag{14-4}$$

对于 $p(\boldsymbol{x})>0$ 的模型,可以使用 $e^{\log\tilde{p}(\boldsymbol{x})}$代替 $\tilde{p}(\boldsymbol{x})$,指未归一化概率,对式(14-4)继续推导,如公式(14-5)所示。

$$\begin{aligned}&\frac{\sum_{\boldsymbol{x}}\nabla_{\theta}e^{\log\tilde{p}(\boldsymbol{x})}}{Z}\\&=\frac{\sum_{\boldsymbol{x}}e^{\log\tilde{p}(\boldsymbol{x})}\nabla_{\theta}\log\tilde{p}(\boldsymbol{x})}{Z}\\&=\frac{\sum_{\boldsymbol{x}}\tilde{p}(\boldsymbol{x})\nabla_{\theta}\log\tilde{p}(\boldsymbol{x})}{Z}\\&=\sum_{\boldsymbol{x}}p(\boldsymbol{x})\nabla_{\theta}\log\tilde{p}(\boldsymbol{x})\\&=\mathbb{E}_{\boldsymbol{x}\sim p(\boldsymbol{x})}\nabla_{\theta}\log\tilde{p}(\boldsymbol{x})\end{aligned} \tag{14-5}$$

或者写作:

$$\frac{\partial\log Z(\theta)}{\partial\theta_{c}}=\sum_{\boldsymbol{x}}f_{c}(\boldsymbol{x})p(\boldsymbol{x}\mid\theta)=\mathbb{E}[f_{c}(\boldsymbol{x})\mid\theta]$$

所以,对数似然函数对 θ 的梯度如式(14-6)所示。

$$\nabla_{\theta}\mathrm{LL}(\theta)=\frac{1}{N}\sum_{n}[f_{c}(\boldsymbol{x}^{n})-\mathbb{E}[f_{c}(\boldsymbol{x})]] \tag{14-6}$$

第一项称为正相(positive phase),从数据分布中采样,推导它们的未归一化概率用来降低训练样本的能量;第二项称为负相(negative phase)或对比项(contrastive term),从模型分布中采样,计算这一项需要进行模型推断,可以采用 Gibbs 采样法。按照随机梯度下降法的思路求解,称为随机最大似然估计,算法的伪代码如下所示。

算法 14-1 MRF 的随机最大似然估计算法的伪代码

1. 随机初始化隐参数 $\theta^{(0)}$
2. 第 k 次迭代
3. 采用 Gibbs 采样法,从模型分布中采样 S 个样本,$\boldsymbol{x}^{s}\sim p(\boldsymbol{x}|\theta^{(k)})$,$s=1:S$

4. $\hat{\mathbb{E}}[f(\boldsymbol{x})]=\frac{1}{S}\sum_{s}f(\boldsymbol{x}^{s})$

5. 从训练样本中采样 M 个样本 $\boldsymbol{x}^{m}$，并计算 $g^{m}=f(\boldsymbol{x}^{m})-\hat{\mathbb{E}}[f(\boldsymbol{x})]$

6. $g=\frac{1}{M}\sum_{m}g^{m}$

7. $\theta^{(k+1)}=\theta^{(k)}-\eta g$

在玻尔兹曼机中，模型包含隐变量，则联合概率表示为式(14-7)：

$$p(\boldsymbol{x},\boldsymbol{h}\mid\theta)=\frac{1}{Z(\theta)}\mathrm{e}^{\sum_{c}\theta_{c}^{\mathrm{T}}f_{c}(\boldsymbol{h},\boldsymbol{x})}\tag{14-7}$$

对数似然函数如式(14-8)所示。

$$\mathrm{LL}(\theta)=\frac{1}{N}\sum_{n}\log\Big(\sum_{\boldsymbol{h}}p(\boldsymbol{x}^{n},\boldsymbol{h}\mid\theta)\Big)=\frac{1}{N}\sum_{n}\log\left(\frac{1}{Z(\theta)}\sum_{\boldsymbol{h}}\mathrm{e}^{\sum_{c}\theta_{c}^{\mathrm{T}}f_{c}(\boldsymbol{x}^{n},\boldsymbol{h})}\right)\tag{14-8}$$

其中 $\sum_{h}\mathrm{e}^{\sum_{c}\theta_{c}^{\mathrm{T}}f_{c}(\boldsymbol{x},\boldsymbol{h})}$ 是联合分布在 $\boldsymbol{x}$ 的边缘分布，未归一化时的情形。

对数似然函数的求导如式(14-9)所示。

$$\frac{\partial}{\partial\theta_{c}}\log\Big(\sum_{h}\exp\big(\sum_{c}\theta_{c}^{\mathrm{T}}f_{c}(\boldsymbol{x}^{n},\boldsymbol{h})\big)\Big)=\mathbb{E}[f_{c}(\boldsymbol{h},\boldsymbol{x}^{n})\mid\theta]\tag{14-9}$$

所以，对数似然函数对 θ 的梯度如式(14-10)所示。

$$\frac{\partial}{\partial\theta_{c}}\mathrm{LL}(\theta)=\frac{1}{N}\sum_{n}\{\mathbb{E}[f_{c}(\boldsymbol{h},\boldsymbol{x}^{n})\mid\theta]-\mathbb{E}[f_{c}(\boldsymbol{h},\boldsymbol{x})\mid\theta]\}\tag{14-10}$$

玻尔兹曼机的随机最大似然估计算法的伪代码如下所示。采用该算法，模型学习的时间开销非常大。所以，原始玻尔兹曼机一般使用二值玻尔兹曼机，$\boldsymbol{x}$ 和 $\boldsymbol{h}$ 是二值随机变量。

算法 14-2　BM 的随机最大似然估计算法

1. 随机初始化隐参数 $\theta^{(0)}=\{\boldsymbol{U}^{(0)},\boldsymbol{V}^{(0)},\boldsymbol{W}^{(0)}\}$
2. 第 k 次迭代
3. 采用 Gibbs 采样法，从模型分布中采样 S 个样本，$\boldsymbol{x}^{s}\sim\sum_{h}p(\boldsymbol{x},\boldsymbol{h}\mid\theta^{(k)}),s=1:S$
4. $\hat{\mathbb{E}}[f_{c}(\boldsymbol{h},\boldsymbol{x})]=\frac{1}{S}\sum_{s}f(\boldsymbol{h},\boldsymbol{x}^{s})$
5. 从训练样本中采样 M 个样本 $\boldsymbol{x}^{m}$，并计算 $g^{m}=f_{c}(\boldsymbol{h},\boldsymbol{x}^{m})-\hat{\mathbb{E}}[f_{c}(\boldsymbol{h},\boldsymbol{x})]$
6. $g=\frac{1}{M}\sum_{m}g^{m}$
7. $\theta^{(k+1)}=\theta^{(k)}-\eta g$

14.2 受限玻尔兹曼机

玻尔兹曼机的变体的流行程度早已超过了原始玻尔兹曼机，如受限玻尔兹曼机(Restricted Boltzmann Machine，RBM)(如图 14-2 所示)。RBM 仅保留可见层与隐藏层之间的连接，当给定了可见层的状态时，隐藏层各个单元的激活状态是相互独立的，反之亦然，这样可以用 Gibbs 采样逼近其概率分布。

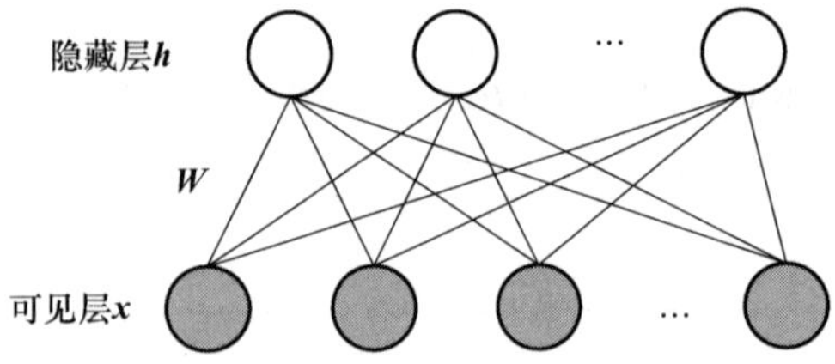

图 14-2 受限玻尔兹曼机

RBM 的能量函数如式(14-11)所示。

$$\mathrm{Eng}(\boldsymbol{x},\boldsymbol{h}\mid\theta)=-\sum_{i=1}^{I}a_ix_i-\sum_{j=1}^{J}b_jh_j-\sum_{i=1}^{I}\sum_{j=1}^{J}x_iW_{ij}h_j \tag{14-11}$$

其中 $\boldsymbol{x}$ 和 $\boldsymbol{h}$ 代表可见层和隐藏层的状态。参数 $\theta=\{W_{ij},a_i,b_j\}$，其中 a_i 表示可见层单元 i 的阈值，b_j 是隐藏层单元 j 的阈值，W_{ij} 是可见层单元 i 和隐藏层单元 j 的连接权重。

基于此能量函数，可以得到 $\boldsymbol{x}$ 和 $\boldsymbol{h}$ 的联合概率分布，如式(14-12)所示。

$$p(\boldsymbol{x},\boldsymbol{h}\mid\theta)=\frac{\mathrm{e}^{-\mathrm{Eng}(\boldsymbol{x},\boldsymbol{h}\mid\theta)}}{Z(\theta)},\quad Z(\theta)=\sum_{\boldsymbol{x},\boldsymbol{h}}\mathrm{e}^{-\mathrm{Eng}(\boldsymbol{x},\boldsymbol{h}\mid\theta)} \tag{14-12}$$

模型的学习可以采用随机最大似然算法，最大化训练集上的对数似然函数来求解最优参数 θ，如式(14-13)所示。

$$\theta^*=\arg\max_{\theta}\mathrm{LL}(\theta)=\arg\max_{\theta}\sum_{n=1}^{N}\log p(\boldsymbol{x}^n\mid\theta) \tag{14-13}$$

其中 n 是训练样本标记，N 为训练样本总数。参数的对数似然函数如式(14-14)所示。

$$\begin{aligned}\mathrm{LL}(\theta)&=\sum_{n=1}^{N}\log p(\boldsymbol{x}^n\mid\theta)=\sum_{n=1}^{N}\log\sum_{h}p(\boldsymbol{x}^n,\boldsymbol{h}\mid\theta)\\&=\sum_{n=1}^{N}\log\frac{\sum_{\boldsymbol{h}}\mathrm{e}^{-\mathrm{Eng}(\boldsymbol{x}^n,\boldsymbol{h}\mid\theta)}}{\sum_{\boldsymbol{x}}\sum_{\boldsymbol{h}}\mathrm{e}^{-\mathrm{Eng}(\boldsymbol{x},\boldsymbol{h}\mid\theta)}}\\&=\sum_{n=1}^{N}\left(\log\sum_{\boldsymbol{h}}\mathrm{e}^{-\mathrm{Eng}(\boldsymbol{x}^n,\boldsymbol{h}\mid\theta)}-\log\sum_{\boldsymbol{x}}\sum_{\boldsymbol{h}}\mathrm{e}^{-\mathrm{Eng}(\boldsymbol{x},\boldsymbol{h}\mid\theta)}\right)\end{aligned} \tag{14-14}$$

对数似然函数求导，如式(14-15)所示。

$$\begin{aligned}\frac{\partial\mathrm{LL}(\theta)}{\partial\theta}&=\sum_{n=1}^{N}\frac{\partial}{\partial\theta}\left(\log\sum_{\boldsymbol{h}}\mathrm{e}^{-\mathrm{Eng}(\boldsymbol{x}^n,\boldsymbol{h}\mid\theta)}-\log\sum_{\boldsymbol{x}}\sum_{\boldsymbol{h}}\mathrm{e}^{-\mathrm{Eng}(\boldsymbol{x},\boldsymbol{h}\mid\theta)}\right)\\&=\sum_{n=1}^{N}\left(\sum_{\boldsymbol{h}}\frac{\mathrm{e}^{-\mathrm{Eng}(\boldsymbol{x}^n,\boldsymbol{h}\mid\theta)}}{\sum_{\boldsymbol{h}}\mathrm{e}^{-\mathrm{Eng}(\boldsymbol{x}^n,\boldsymbol{h}\mid\theta)}}\times\frac{\partial(-\mathrm{Eng}(\boldsymbol{x}^n,\boldsymbol{h}\mid\theta))}{\partial\theta}-\sum_{\boldsymbol{x}}\sum_{\boldsymbol{h}}\frac{\mathrm{e}^{-\mathrm{Eng}(\boldsymbol{x},\boldsymbol{h}\mid\theta)}}{\sum_{\boldsymbol{x}}\sum_{\boldsymbol{h}}\mathrm{e}^{-\mathrm{Eng}(\boldsymbol{x},\boldsymbol{h}\mid\theta)}}\times\frac{\partial(-\mathrm{Eng}(\boldsymbol{x},\boldsymbol{h}\mid\theta))}{\partial\theta}\right)\\&=\sum_{n=1}^{N}\left(\left\langle\frac{\partial(-\mathrm{Eng}(\boldsymbol{x}^n,\boldsymbol{h}\mid\theta))}{\partial\theta}\right\rangle_{p(\boldsymbol{h}\mid\boldsymbol{x}^n,\theta)}-\left\langle\frac{\partial(-\mathrm{Eng}(\boldsymbol{x},\boldsymbol{h}\mid\theta))}{\partial\theta}\right\rangle_{p(\boldsymbol{x},\boldsymbol{h}\mid\theta)}\right)\end{aligned} \tag{14-15}$$

其中 $\langle\cdot\rangle_p$ 表示求关于 p 的分布。式(14-15)最终等号右边第一项的边缘分布 $p(\boldsymbol{h}\mid\boldsymbol{x}^n,\theta)$ 是在训练样本已知的情况下求相对的隐藏层的分布，比较容易计算。从联合概率分布导出边缘分布，如式(14-16)所示。

$$\begin{aligned} p(\boldsymbol{h} \mid \boldsymbol{x}) &= \frac{p(\boldsymbol{h},\boldsymbol{x})}{p(\boldsymbol{x})} \\ &= \frac{1}{P(\boldsymbol{x})}\frac{1}{Z}\mathrm{e}^{\boldsymbol{a}^{\mathrm{T}}\boldsymbol{x}+\boldsymbol{b}^{\mathrm{T}}\boldsymbol{h}+\boldsymbol{x}^{\mathrm{T}}\boldsymbol{W}\boldsymbol{h}} \\ &= \frac{1}{Z'}\mathrm{e}^{\boldsymbol{b}^{\mathrm{T}}\boldsymbol{h}+\boldsymbol{x}^{\mathrm{T}}\boldsymbol{W}\boldsymbol{h}} \\ &= \frac{1}{Z'}\mathrm{e}^{\sum_{j=1}^{J} b_j h_j+\sum_{j=1}^{J}\boldsymbol{x}^{\mathrm{T}}\boldsymbol{W}_{:,j}h_j} \\ &= \frac{1}{Z'}\prod_{j=1}^{m}\mathrm{e}^{b_j h_j+\boldsymbol{x}^{\mathrm{T}}\boldsymbol{W}_{:,j}h_j} \end{aligned} \tag{14-16}$$

式(14-15)最终等号右边第二项是模型的联合分布,可以通过 Gibbs 采样来逼近。RBM 的二部图结构具有特殊的性质,类似式(14-16),也可以推导出 $p(\boldsymbol{x}|\boldsymbol{h})$,然后采用块吉布斯(Block Gibbs)采样法,计算和采样也就相对简单了。

用一个训练样本(或者可见层的任何随机化状态)初始化可见层状态 $\boldsymbol{x}_0$,交替进行采样如式(14-17)所示。

$$\begin{gathered} \boldsymbol{h}_0 \sim p(\boldsymbol{h}|\boldsymbol{x}_0),\quad \boldsymbol{x}_1 \sim p(\boldsymbol{x}|\boldsymbol{h}_0) \\ \boldsymbol{h}_1 \sim p(\boldsymbol{h}|\boldsymbol{x}_1),\quad \boldsymbol{x}_2 \sim p(\boldsymbol{x}|\boldsymbol{h}_1) \\ \cdots\cdots \\ \boldsymbol{x}_{k+1} \sim p(\boldsymbol{x}|\boldsymbol{h}_k) \end{gathered} \tag{14-17}$$

假设 $\boldsymbol{x}$ 和 $\boldsymbol{h}$ 都是二值变量,则后验分布如式(14-18)和式(14-19)所示。

$$p(\boldsymbol{h} \mid \boldsymbol{x},\theta) = \prod_{j=1}^{J} p(h_j \mid \boldsymbol{x},\theta) = \prod_{j}\mathrm{Ber}(h_j \mid \mathrm{sigm}(b_j + \boldsymbol{W}_{:,j}^{\mathrm{T}}\boldsymbol{x})) \tag{14-18}$$

$$p(\boldsymbol{x} \mid \boldsymbol{h},\theta) = \prod_{i=1}^{I} p(x_i \mid \boldsymbol{h},\theta) = \prod_{i}\mathrm{Ber}(x_i \mid \mathrm{sigm}(a_i + \boldsymbol{W}_{i,:}^{\mathrm{T}}\boldsymbol{h})) \tag{14-19}$$

RBM 的随机最大似然估计算法的伪代码如下所示,该算法也称为持久化对比散度(persistent Contrastive Divergence,pCD)算法。

RBM 的随机最大似然算法的伪代码

---

1. 随机初始化隐参数 $\theta^{(0)}=\{\boldsymbol{a}^{(0)},\boldsymbol{b}^{(0)},\boldsymbol{W}^{(0)}\}$
2. 第 k 次迭代
3. 采用 Gibbs 采样法,从模型分布中采样 S 个样本$(\boldsymbol{x}^s,\boldsymbol{h}^s)$,如式(14-17)所示
4. $\hat{\mathbb{E}}[f_c(\boldsymbol{h},\boldsymbol{x})] = \frac{1}{S}\sum_s \boldsymbol{x}^s(\boldsymbol{h}^s)^{\mathrm{T}}$
5. 对于训练集或 mini-batch 中的样本 $\boldsymbol{x}^m$,计算梯度(假设 h 是二值变量):

$$\nabla\boldsymbol{W} = \frac{1}{M}\sum_m(\boldsymbol{x}^m\,\mathrm{sigm}(\boldsymbol{W}\boldsymbol{x}^m+\boldsymbol{b}) - \hat{\mathbb{E}}[f_c(\boldsymbol{h},\boldsymbol{x})])$$

$$\nabla\boldsymbol{a} = \frac{1}{M}\sum_m(\boldsymbol{x}^m - \hat{\mathbb{E}}[f_c(\boldsymbol{h},\boldsymbol{x})])$$

$$\nabla\boldsymbol{b} = \frac{1}{M}\sum_m(\mathrm{sigm}(\boldsymbol{W}\boldsymbol{x}^m+\boldsymbol{b}) - \hat{\mathbb{E}}[f_c(\boldsymbol{h},\boldsymbol{x})])$$

6. $\boldsymbol{W}^{(k+1)} = \boldsymbol{W}^{(k)} - \eta\nabla\boldsymbol{W},\boldsymbol{a}^{(k+1)} = \boldsymbol{a}^{(k)} - \eta\nabla\boldsymbol{a},\boldsymbol{b}^{(k+1)} = \boldsymbol{b}^{(k)} - \eta\nabla\boldsymbol{b}$

下面介绍 k 步对比散度(Contrastive Divergence-k,CD-k)算法进行模型学习。CD-k 算法简化了 Gibbs 采样,CD-k 算法在每一步中使用数据分布中的样本初始化马尔可夫链,当使用训练数据初始化 $\boldsymbol{x}_0$ 时,只需要 k 步 Gibbs 采样即可得到足够好的近似,通常 $k=1$ 就可以有足够好的效果。从数据分布中获得的样本有好有坏。好处是马尔可夫链的磨合速度加快了。但是,如果真实的数据样本与模型分布有偏差,那么负相的计算结果会不准确,模型分布中远离数据分布的峰值不会被使用训练数据初始化的马尔可夫链访问到,CD-k 算法不能抑制这种虚假模态(spurious modes)。CD-k 算法的伪代码如下。

RBM 的 CD-k 算法的伪代码

随机初始化隐参数 $\theta^{(0)}=\{\boldsymbol{a}^{(0)},\boldsymbol{b}^{(0)},\boldsymbol{W}^{(0)}\}$
迭代计算 k 次:
    对于所有训练样本 $\boldsymbol{x}^m$:
        按照式(14-18)计算隐藏层的条件分布 p_h
        从 p_h 中采样 $\boldsymbol{h}$
        按照式(14-19)计算可见层的条件分布 p_x
        从 p_x 中采样 $\boldsymbol{x}'$
        按照式(14-18)计算新的可见层的条件分布 $p_{h'}$
        从 $p_{h'}$ 中采样 $\boldsymbol{h}'$
        计算梯度:$\nabla\boldsymbol{W}=\sum_m \boldsymbol{x}^m p_h-\boldsymbol{x}'p_{h'},\nabla\boldsymbol{a}=\sum_m \boldsymbol{x}^m-\boldsymbol{x}',\nabla\boldsymbol{b}=\sum_m \boldsymbol{h}-\boldsymbol{h}'$
    $\boldsymbol{W}=\boldsymbol{W}-\eta\nabla\boldsymbol{W},\boldsymbol{a}=\boldsymbol{a}-\eta\nabla\boldsymbol{a},\boldsymbol{b}=\boldsymbol{b}-\eta\nabla\boldsymbol{b}$

例 14-1:采用 RBM 进行特征提取,并实现推荐

使用一个简单的模拟用户对电影评分的数据集进行推荐测试。

每个样本对应一个用户对 6 部电影的评分,简化为 0(不推荐)和 1(推荐)。

Rating=[[1, 1, 1, 0, 0, 0], [1, 0, 1, 0, 0, 0], [1, 1, 1, 0, 0, 0], [0, 0, 1, 1, 1, 0], [0, 0, 1, 1, 0, 0], [0, 0, 1, 1, 1, 0]]

RBM 的可见层有 6 个神经元,假设隐藏层有 2 个神经元,其对应两个潜在因子。迭代 500 次训练模型的权重参数。据此预测新用户的电影喜好,进行推荐。

新用户对某 6 部电影的评分为[0, 0, 0, 0.9, 0.7, 0]。可以看出,该新用户对电影 4 和电影 5 的评价很好。使用训练好的模型预测该新用户对某 6 部电影的评价,得分如图 14-3 所示。可以看出,适合把电影 3 推荐给该用户。

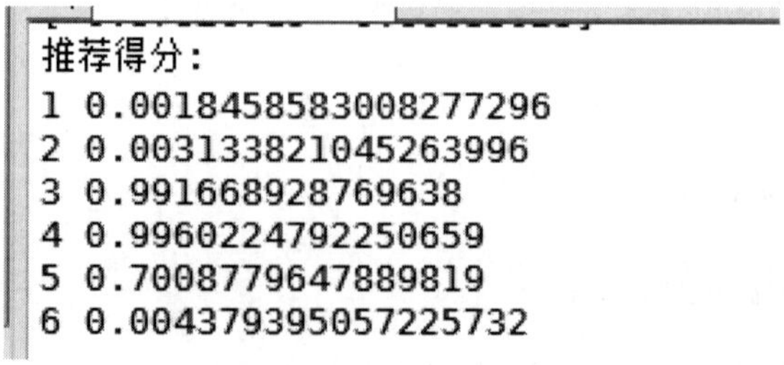

RBM 推荐代码

图 14-3 推荐结果

14.3 深度玻尔兹曼机

深度玻尔兹曼机(Deep Boltzmann Machine, DBM)是多层 RBM 的堆叠,如图 14-4 所示。

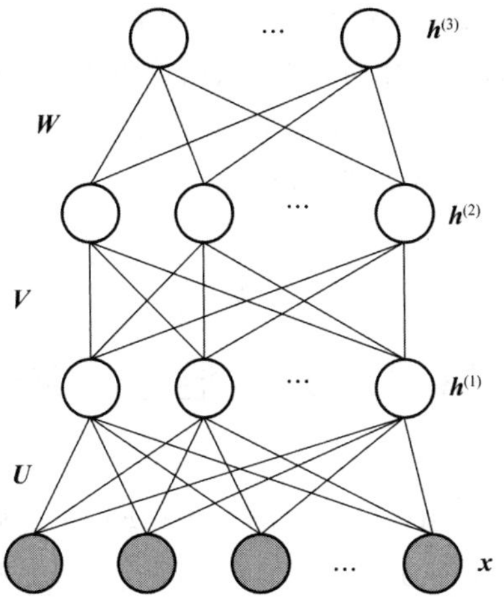

图 14-4 深度玻尔兹曼机(3 个隐藏层)

其联合概率分布可以表示为式(14-20):

$$p(\boldsymbol{h}^{(1)},\boldsymbol{h}^{(2)},\boldsymbol{h}^{(3)},\boldsymbol{x}\mid\theta)=\frac{1}{Z(\theta)}\mathrm{e}^{\sum_{ij}x_i h_j^{(1)}U_{ij}+\sum_{jk}h_j^{(1)}h_k^{(2)}V_{jk}+\sum_{kl}h_k^{(2)}h_l^{(3)}W_{kl}} \tag{14-20}$$

为了简化表示,式(14-20)中省略了偏置参数。与全连接的玻尔兹曼机不同,DBM 具有与 RBM 类似的优点。DBM 的层可以组织成一个二部图结构,其中奇数层在一侧,偶数层在另一侧,如图 14-5 所示。这意味着可以使用 RBM 的求解算法来求解 DBM。

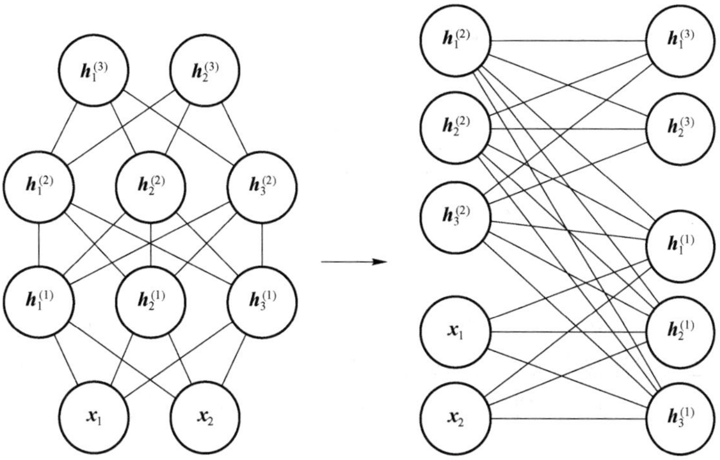

图 14-5 深度玻尔兹曼机的二部图结构(3 个隐藏层)

Gibbs 采样可以将更新分成两个块:一块包含所有偶数层(包括可见层);另一块包含所有奇数层。由于 DBM 的二分连接模式在给定偶数层时关于奇数层的分布是因子的,因此可以作为块同时且独立地采样，反过来也一样。这个二部图不是一对一全连接，Gibbs 采样能在 DBM 中高效采样，这对随机最大似然算法的训练很重要。

遗憾的是，采用随机最大似然训练 DBM 通常导致失败。DBM 的联合训练问题一般借鉴深度信念网络(见 14.4 节)模型的学习方法，采用贪心逐层预训练。把 DBM 的每一层看作单独的 RBM 进行预训练。每个后续 RBM 被训练为对前一个 RBM 后验分布的样本进行建模。在训练了所有的 RBM 之后，把它们组合成 DBM，再用随机最大似然进行训练。需要注意，区别于 DBN 的联合优化，DBM 联合优化时，中间层组成的 RBM 权重参数等于预训练得到的权重除以 2，因为中间层同时具有自底向上和自顶向下的输入。

DBM 模型仅仅是无监督学习的特征表示，在此基础上可以采用分类器作为输出层，用于分类等具体任务。

14.4 深度信念网络

深度信念网络(Deep Belief Network，DBN)是在 RBM 基础上的混合图模型(详见第 10 章)，如图 14-6 所示。事实上，DBN 先于 DBM 被研究，是第一批成功应用深度架构训练的非卷积模型之一。它虽然目前没有那么常用了，但仍为“深度学习的可行性”提供了足够信心，并且引发了许多与有向图模型和无向图模型相关的问题。

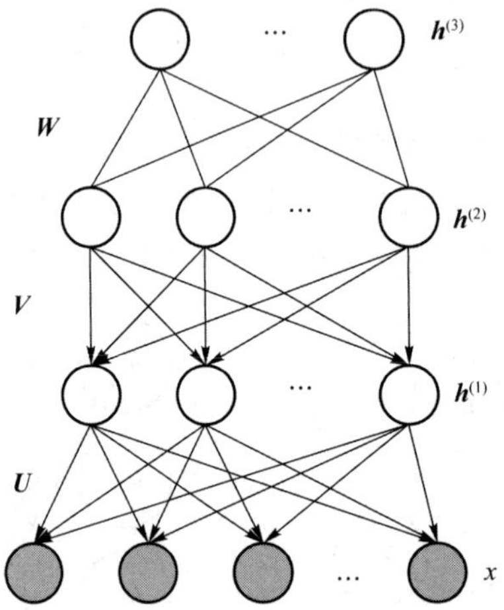

图 14-6 DBN(3 个隐藏层)

Geoffrey Hinton 于 2006 年提出的 DBN，DBN 包含 3 个隐藏层和 1 个可见层。DBN 最上面两个隐藏层之间的连接是无向的，其他层之间的连接是有向的，其是一个生成模型。隐变量是二值的，可见单元可以是二值的(伯努利分布)或实数的(高斯分布)。二值 DBN 的联合概率如式(14-21)的示。

$$p(\boldsymbol{h}^{(1)},\boldsymbol{h}^{(2)},\boldsymbol{h}^{(3)},\boldsymbol{x}\mid\theta)=\prod_i \mathrm{Ber}(x_i\mid \mathrm{sigm}(\boldsymbol{h}^{(1)}\boldsymbol{U}_i))\cdot\prod_j \mathrm{Ber}(h_j^{(1)}\mid \mathrm{sigm}(\boldsymbol{h}^{(2)}\boldsymbol{V}_j))\cdot \frac{1}{Z(\theta)}\mathrm{e}^{\sum_{kl}h_k^{(2)}h_l^{(3)}W_{kl}} \tag{14-21}$$

DBN 模型学习采用贪心逐层预训练 RBM 学习法，如图 14-7 所示。

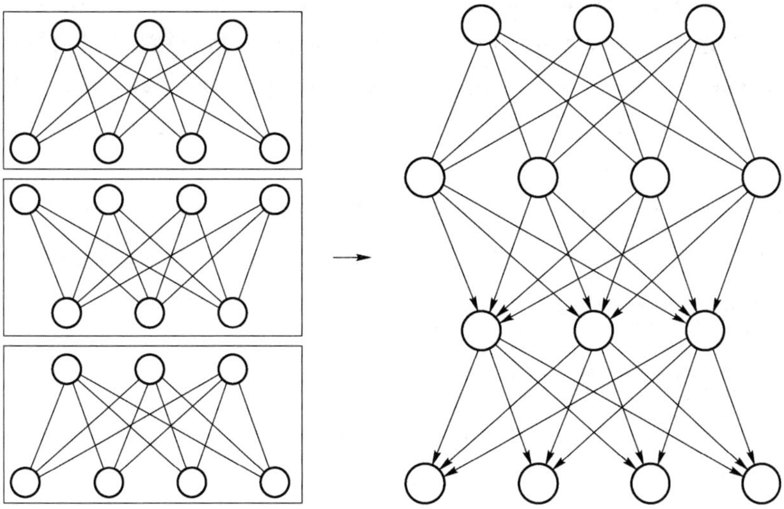

图 14-7 DBN 的逐层预训练

① 把最底下 2 层看作 RBM，采用随机最大似然或者 CD-k 算法进行训练，估计参数 $\boldsymbol{U}$。

② 假设 $\boldsymbol{U}$ 已知，把最底下 2 个隐藏层看作 RBM，输入数据为$\mathbb{E}\left[\boldsymbol{h}^{(1)}|\boldsymbol{x},\boldsymbol{U}\right]$，先验分布为 $p(\boldsymbol{h}^{(1)}|\boldsymbol{V})$，训练参数 $\boldsymbol{V}$。依次训练每 2 个隐藏层所组成的 RBM。

③ 使用预训练得到的参数，联合优化式(14-21)。

例 14-2：基于 DBN 的新闻分类

数据预处理：首先将 10 类新闻路径下的文本保存到文件 10news.csv 中，然后进行分词和去停用词(tokenization & punctuation removal)，把结果保存到 clean_10news.csv。接下来统计词典，把每篇文本表示成词频向量，将其保存到文件 dtm_10news.csv 中。

模型预训练：先读取数据集，然后调用 deepbeliefnet 的 pretrain 逐层进行，并且把模型参数保存到目录 params/dbn_params_test 下。

```
import numpy as np
import pandas as pd
import theano
import theano.tensor as T
from deeplearning import deepbeliefnet

dat_x = np.genfromtxt('data/dtm_10news.csv', dtype = 'float64', delimiter = ',',
skip_header = 1)
dat_y = dat_x[:,0]
dat_x = dat_x[:,1:]
x = theano.shared(dat_x)
y = T.cast(dat_y, dtype = 'int32')

model = deepbeliefnet(architecture = [1680, 500, 500, 128], n_outs = 10)
model.pretrain(input = x, pretraining_epochs = [1000,100,100], output_path =
```

```
'params/dbn_params_test')
```

利用预训练的结果进行模型训练，把数据集按照65%、15%、20%的比例划分成训练集、验证集、测试集，通过调整模型参数实现模型微调(finetune)，运行结果如图14-8所示。

```
model = deepbeliefnet(n_outs = 10, architecture = [1680, 500, 500, 128],
                      opt_epochs = [900,5,10], predefined_weights = 'params/dbn_
                      params_test')
model.train(x = x, y = y, training_epochs = 300, learning_rate = 1/60, batch_size = 120,
        drop_out = [0.2, .3, .4, .5], output_path = 'params/dbn_params_dropout')
```

```
epoch 280, minibatch 53/53, validation error 7.638889 %
epoch 281, minibatch 53/53, validation error 7.638889 %
epoch 282, minibatch 53/53, validation error 7.569444 %
     epoch 282, minibatch 53/53, test error of best model 7.135417 %
Saving model...
...model saved.
epoch 283, minibatch 53/53, validation error 7.500000 %
     epoch 283, minibatch 53/53, test error of best model 7.135417 %
Saving model...
...model saved.
epoch 284, minibatch 53/53, validation error 7.500000 %
epoch 285, minibatch 53/53, validation error 7.500000 %
epoch 286, minibatch 53/53, validation error 7.500000 %
epoch 287, minibatch 53/53, validation error 7.500000 %
epoch 288, minibatch 53/53, validation error 7.500000 %
epoch 289, minibatch 53/53, validation error 7.569444 %
epoch 290, minibatch 53/53, validation error 7.500000 %
epoch 291, minibatch 53/53, validation error 7.430556 %
     epoch 291, minibatch 53/53, test error of best model 7.135417 %
Saving model...
...model saved.
epoch 292, minibatch 53/53, validation error 7.361111 %
     epoch 292, minibatch 53/53, test error of best model 6.979167 %
Saving model...
...model saved.
epoch 293, minibatch 53/53, validation error 7.361111 %
epoch 294, minibatch 53/53, validation error 7.361111 %
epoch 295, minibatch 53/53, validation error 7.222222 %
     epoch 295, minibatch 53/53, test error of best model 6.979167 %
Saving model...
...model saved.
epoch 296, minibatch 53/53, validation error 7.222222 %
epoch 297, minibatch 53/53, validation error 7.222222 %
epoch 298, minibatch 53/53, validation error 7.222222 %
epoch 299, minibatch 53/53, validation error 7.222222 %
epoch 300, minibatch 53/53, validation error 7.222222 %
Optimization complete with best validation score of 7.222222 %, obtained at
iteration 15635, with test performance 6.979167 %
The fine tuning ran for 501.33m
```

图14-8 运行结果

第14章讲解视频

第 15 章

神经概率语言模型

神经概率语言
模型课件

15.1 基于前馈神经网络的语言模型

在传统的词袋模型中，每个词都对应一个高维的独热(one-hot)编码，它忽略了词与词在句子中的关系以及词在句子中的位置信息，导致两个意思相近的词可能在该编码下距离很远，并且独热编码的维度等于词典的词数，当词数量过大时将面临高维的稀疏编码问题。

Yoshua Bengio 采用一个 3 层的前馈神经网络来构建 n-gram 语言模型，关于 n-gram 语言模型的内容详见 4.4 节。假设词典中的每个词可以用一个嵌入式向量来表示，使用这样的词向量(word embedding)作为前馈神经网络的输入，模型学习不仅可以训练神经元的连接权重，还可以优化获得词向量。

词嵌入技术的发展缓解了传统词袋模型的问题。词向量是一种词的分布表示技术，即词的语义体现在一个隐向量的分布中，于是词向量之间的距离可表示词之间的语义相似程度。一个词的词义与它出现位置处上下文的词有关，可以利用大量无标签的文本语料进行无监督学习，得到稠密的词向量表示。

神经网络语言模型(Neural Network Language Model，NNLM)包含输入层、隐藏层和输出层，如图 15-1 所示。

n-gram 语言模型输入的 $w_{t-n+1}, \cdots, w_{t-2}, w_{t-1}$ 就是前 $n-1$ 个词，需要根据这已知的 $n-1$ 个词预测下一个词 w_t。每个词通过查找词向量构成的矩阵 $\boldsymbol{C}$，获得对应的词向量。$\boldsymbol{C}(w_t)$ 表示词 w_t 所对应的词向量，整个模型中使用的是一套唯一的词向量，它保存在矩阵 $\boldsymbol{C}_{|T|\times m}$ 中，其中 $|T|$ 表示词表的大小(语料中的总词数)，m 表示词向量的维度。w_t 到 $\boldsymbol{C}(w_t)$ 的转化就是从矩阵中取出一行。

前馈神经网络的输入层是将 $\boldsymbol{C}(w_{t-n+1}), \cdots, \boldsymbol{C}(w_{t-2}), \boldsymbol{C}(w_{t-1})$ 这 $n-1$ 个向量首尾相接拼起来，形成一个 $(n-1)\times m$ 维的向量，下面记作 $\boldsymbol{x}$。

隐藏层按照前馈神经网络的工作方式，首先计算 $\boldsymbol{W}\boldsymbol{x}+\boldsymbol{d}$，其中 $\boldsymbol{W}$ 是连接权重，$\boldsymbol{d}$ 是偏置项，然后使用 tanh 作为激活函数，$\boldsymbol{h}=\tanh(\boldsymbol{W}\boldsymbol{x}+\boldsymbol{d})$。

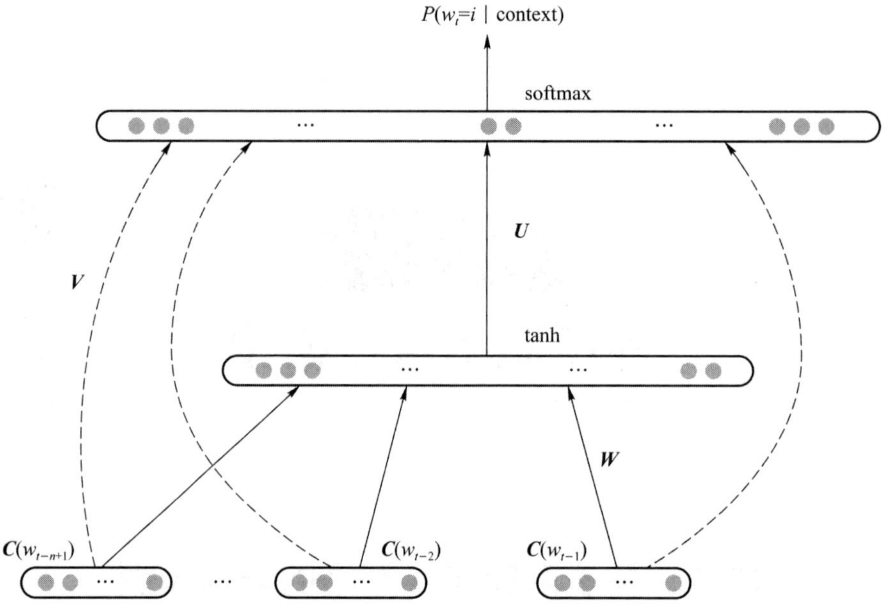

图 15-1 神经网络语言模型

网络的输出层一共有 $|T|$ 个节点,每个节点 y_i 表示下一个词为 i 的未归一化对数概率,如式(15-1)所示。需要注意,输出层神经元同时接收隐藏层和输入层的输出并将其作为输入。最后使用 softmax 激活函数将输出值 $\boldsymbol{y}$ 归一化成概率,如式(15-2)所示。

$$\boldsymbol{y}=\boldsymbol{Uh}+\boldsymbol{Vx}+\boldsymbol{b} \tag{15-1}$$

$$P(w_t=i \mid \text{context})=\frac{\mathrm{e}^{y_i}}{\sum_i \mathrm{e}^{y_i}} \tag{15-2}$$

式(15-1)中,矩阵 $\boldsymbol{U}_{h\times|T|}$ 是隐藏层到输出层的连接权重,矩阵 $\boldsymbol{V}_{\{(n-1)\times m\}\times|T|}$ 是输入层到输出层的直连边权重。直连边就是从输入层直接到输出层的一个线性变换,如果不需要直连边的话,可以将 $\boldsymbol{V}$ 置为 $\boldsymbol{0}$。Bengio 在实验中发现直连边虽然不能提升模型效果,但是可以减少一半的迭代次数。

模型以交叉熵作为优化目标。优化过程不仅要估计模型的权重参数,还要优化输入层 $\boldsymbol{x}$。优化结束之后,同时获得了词向量和语言模型。

NNLM 存在的问题是隐藏层到输出层的维度太高,需要在词典的所有词中通过 softmax 计算每个词出现的概率,计算量太大。在此基础上,谷歌于 2013 年推出一个用于训练词向量的开源工具包 word2vec,对网络的输入和输出做了一些改进,加快了训练速度。word2vec 模型采用连续词袋(Continuous Bag-of-Words,CBOW)模型或 skip-gram 的训练方式来进行词向量的学习,如图 15-2 所示。

CBOW 模型的核心思想是用中心词左、右两侧的词来预测中心词。给定某时刻的中心词 w_t,模型输入为 w_t 左、右窗口长各为 i 内的词对应的词向量 $\boldsymbol{C}(w_{t-i})$,$\boldsymbol{C}(w_{t-i+1})$,…,$\boldsymbol{C}(w_{t+i-1})$,$\boldsymbol{C}(w_{t+i})$,输出为中心词的词向量 $\boldsymbol{C}(w_t)$。从输入层到隐藏层,不考虑上下文词序影响,直接将中心词表示为窗口内词的词向量均值,如式(15-3)所示。

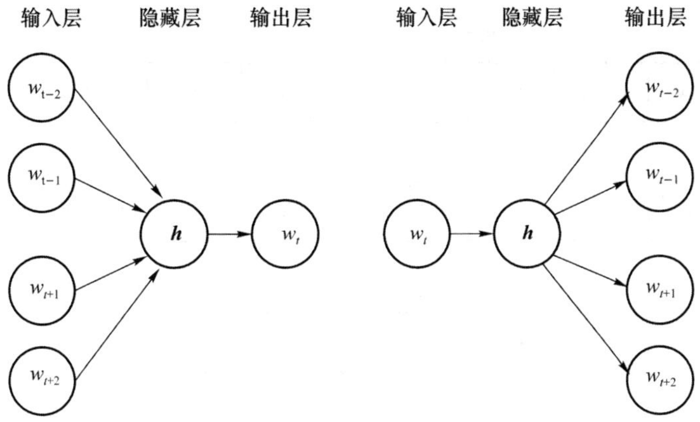

(a) CBOW模型
(b) skip-gram

图 15-2　word2vec 模型

$$\boldsymbol{C}(\bar{w}_t) = \frac{1}{2i}\sum_{j=1}^{i}(\boldsymbol{C}(w_{t-j}) + \boldsymbol{C}(w_{t+j})) \tag{15-3}$$

输出层用 softmax 计算中心词出现的概率。在训练过程中,优化目标是最大化给定上下文词的条件下中心词出现的概率,对数似然函数如式(15-4)所示。

$$\begin{aligned}\mathrm{LL}(D) &= \log p(\boldsymbol{w}) \approx \sum_{t=1}^{l}\log p(w_t \mid w_{t-i}, w_{t-i+1}, \cdots, w_{t+i-1}, w_{t+i}) \\ &= \sum_{t=1}^{l}\log \frac{\mathrm{e}^{\boldsymbol{C}(w_t)\cdot \boldsymbol{C}(\bar{w}_t)}}{\sum_{k=1}^{|T|}\mathrm{e}^{\boldsymbol{C}(w_k)\cdot \boldsymbol{C}(\bar{w}_k)}}\end{aligned} \tag{15-4}$$

skip-gram 的做法则和 CBOW 模型正好相反,它用中心词 w_t 去预测上下文各个词出现的概率,优化目标如式(15-5)所示。

$$\begin{aligned}\mathrm{LL}(D) &= \log p(\boldsymbol{w}) \approx \sum_{t=1}^{l}\sum_{j=1}^{i}(\log p(w_{t-j} \mid w_t) + \log p(w_{t+j} \mid w_t)) \\ &= \sum_{t=1}^{l}\sum_{j=1}^{i}\left(\log \frac{\mathrm{e}^{\boldsymbol{C}(w_{t-j})\cdot \boldsymbol{C}(\bar{w}_t)}}{\sum_{k=1}^{|T|}\mathrm{e}^{\boldsymbol{C}(w_k)\cdot \boldsymbol{C}(\bar{w}_k)}} + \log \frac{\mathrm{e}^{\boldsymbol{C}(w_{t+j})\cdot \boldsymbol{C}(\bar{w}_t)}}{\sum_{k=1}^{|T|}\mathrm{e}^{\boldsymbol{C}(w_k)\cdot \boldsymbol{C}(\bar{w}_k)}}\right)\end{aligned} \tag{15-5}$$

word2vec 模型采用层次 softmax 和负采样(negative sampling)两种优化方法提升训练效率。其中,层次 softmax 可解决输出层维度过高的问题,通过对词进行哈夫曼编码,每个词都对应树中的一条路径,这样可以将多分类问题转换成一系列二分类的连乘,有效降低了计算复杂度;负采样则通过在语料中采样一定数量的中心词作为负例来近似似然函数,同样提高了计算效率。

例 15-1:采用 skip-gram 模型训练前馈神经网络获得词向量

数据集预处理:首先需要对语料进行分词、去停用词,然后按照词典顺序进行序列化。接下来为 skip-gram 模型准备输入数据,如图 15-3 所示。

如图 15-3 所示,采用的窗口为 2,产生的训练样本为正样本。可以通过把每个输入词与此处中的某个随机词组合产生额外的负样本。

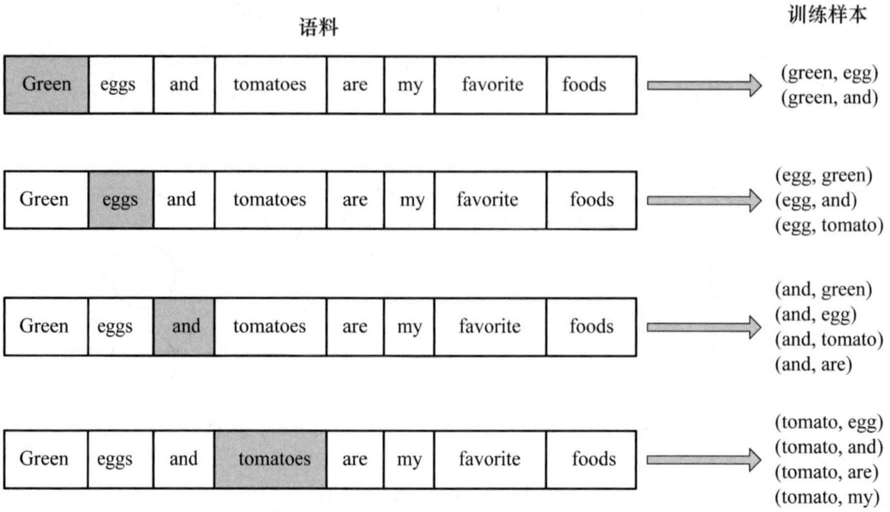

图 15-3 数据集生成

采用下面的代码进行模型训练。

```
#skip-gram model
batch_size = 128   #batch_size 为 batch 大小
embedding_size = 300
skip_window = 2   #skip_window 为单词最远可以联系的距离
num_skips = 4   #num_skips 为对每个单词生成样本数
valid_window = 100
num_sample = 64
learning_rate = 0.01

#定义 skip-gram 网络结构
with tf.device('/cpu:0'):
    #创建嵌入变量(每一行代表一个词嵌入向量(embedding vector))
    embedding = tf.Variable(tf.random.normal([vocabulary_size, embedding_size]))
    #构造 NCE 损失的变量
    nce_weights = tf.Variable(tf.random.normal([vocabulary_size, embedding_size]))
    nce_biases = tf.Variable(tf.zeros([vocabulary_size]))

def get_embedding(x):
    with tf.device('/cpu:0'):
        #对于 x 中的每一个样本查找对应的嵌入向量
        x_embed = tf.nn.embedding_lookup(embedding, x)
        return x_embed

def nce_loss(x_embed, y):
```

```
    with tf.device('/cpu:0'):
        #计算批处理的平均 NCE 损失
        y = tf.cast(y, tf.int64)
        loss = tf.reduce_mean(
            tf.nn.nce_loss(weights = nce_weights,
                           biases = nce_biases,
                           labels = y,
                           inputs = x_embed,
                           num_sampled = num_sample,
                           num_classes = vocabulary_size))
        return loss

def evaluate(x_embed):
    with tf.device('/cpu:0'):
        #计算输入数据嵌入与每个嵌入向量之间的余弦相似度
        x_embed = tf.cast(x_embed, tf.float32)
        x_embed_norm = x_embed / tf.sqrt(tf.reduce_sum(tf.square(x_embed)))
        embedding_norm = embedding / tf.sqrt(tf.reduce_sum(tf.square
                    (embedding), 1, keepdims = True), tf.float32)
        cosine_sim_op = tf.matmul(x_embed_norm, embedding_norm, transpose_b = True)
        return cosine_sim_op

#定义优化器
optimizer = tf.optimizers.SGD(learning_rate)
#优化过程
def run_optimization(x, y):
    with tf.device('/cpu:0'):
        #将计算封装在 GradientTape 中以实现自动微分
        with tf.GradientTape() as g:
            emb = get_embedding(x)
            loss = nce_loss(emb, y)

        # 计算梯度
        gradients = g.gradient(loss, [embedding, nce_weights, nce_biases])

        #按 gradients 更新 W 和 b
        optimizer.apply_gradients(zip(gradients, [embedding, nce_weights, nce_biases]))

#用于验证的单词
valid_word = ['贾宝玉','林黛玉','贾琏','王熙凤','贾母']
```

```
valid_example = [dictionary[li] for li in valid_word]
x_valid = np.array(valid_example)
num_steps = 2000000
avg_loss = 0
#针对给定步骤数进行训练
for step in range(num_steps):
    batch_inputs, batch_labels = generate_batch(batch_size, num_skips, skip_window)
    run_optimization(batch_inputs, batch_labels)
    loss = nce_loss(get_embedding(batch_inputs), batch_labels)
    avg_loss = avg_loss + loss

    if step % 5000 == 0:
        if step > 0:
            avg_loss = avg_loss / 5000
        loss = nce_loss(get_embedding(batch_inputs), batch_labels)
        print("step: %i, loss: %f" % (step, loss))
        # print("平均损失在", num_steps, "中为:", avg_loss)

    #计算验证集合的相似度
    if step % 10000 == 0:
        sim = evaluate(get_embedding(x_valid)).numpy()
        for i in range(len(valid_word)):
            val_word = reverse_dictionary[valid_example[i]]
            top_k = 10
            nearest = (-sim[i, :]).argsort()[1:top_k + 1]
            sim_str = "与" + val_word + "最近的前 10 词是"
            for k in range(top_k):
                close_word = reverse_dictionary[nearest[k]]
                sim_str = "%s %s," % (sim_str, close_word)
            print(sim_str)
```

目前词向量表示已成为自然语言处理中各类任务的基础,稠密词向量能够更好地建模词与词之间的相关性信息,可作为完成各种 NLP 任务的深度神经网络的输入。

15.2 基于 RBM 的语言模型

Andriy Mnih 和 Geoffrey Hinton(M&H)发表的“Three new graphical models for statistical language modelling”采用 RBM 建立统计语言模型,训练词向量。RBM 是无向图模型,在可见层和隐藏层节点之间建立连接,使用指数函数作为势函数。

15.2.1 Factored RBM 语言模型

图 15-4(a)是 Factored RBM 语言模型的概率图,其中 $\boldsymbol{v}$ 是可见层,输入文本;$\boldsymbol{h}$ 是隐藏层,抽取文本语义,表示成隐特征向量。$\boldsymbol{v}_i$ 是一个词的 one-hot 向量,服从多项分布。$\boldsymbol{R}_{m\times|T|}$ 是由词典中所有词的嵌入式向量表示构成的矩阵,$\boldsymbol{v}_i^{\mathrm{T}}\boldsymbol{R}$ 表示一个词的嵌入式词向量,如图 15-4(a)中的中间层。隐藏层 $\boldsymbol{h}$ 是对前 n 个词的语义抽取,用于预测下一个词,如图 15-4(b)是 3-gram 模型,图中的箭头仅仅表达 n-gram 模型的含义。作为无向图模型,使用能量函数表示乘积因子,如式(15-6)所示。

$$\mathrm{Eng}(\boldsymbol{v}_n,\boldsymbol{h}\mid\boldsymbol{v}_{1:n-1})=-\left(\sum_{i=1}^{n}\boldsymbol{v}_i^{\mathrm{T}}\boldsymbol{R}\boldsymbol{W}_i\right)\boldsymbol{h}-\boldsymbol{b}_h^{\mathrm{T}}\boldsymbol{h}-\boldsymbol{b}_r^{\mathrm{T}}\boldsymbol{R}^{\mathrm{T}}\boldsymbol{v}_n-\boldsymbol{b}_v^{\mathrm{T}}\boldsymbol{v}_n \tag{15-6}$$

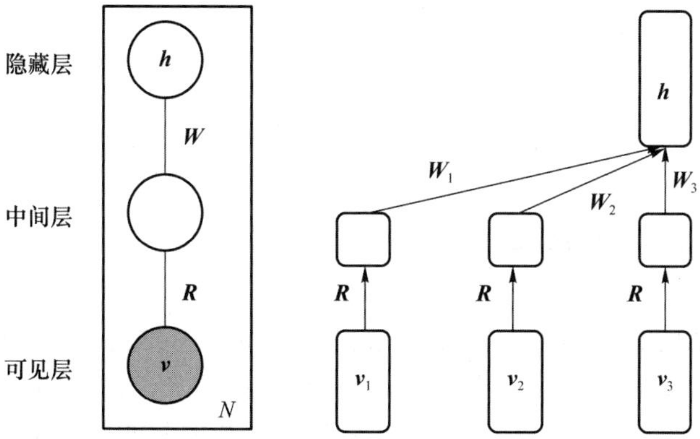

(a) 概率图模型　　(b) 3-gram模型示例

图 15-4　Factored RBM 语言模型

隐藏层 $\boldsymbol{h}$ 表示对文本语义信息的抽取,设隐藏层的维度和词向量的维度是一致的,都是 m 维,则隐藏层能和词向量直接做内积。$\boldsymbol{W}$ 就是一个 $m\times m$ 的矩阵,该矩阵可以理解为第 i 个词经过 W 变换之后,对第 n 个词产生的贡献。$\boldsymbol{b}_h$ 是隐藏单元的偏置,$\boldsymbol{b}_r$ 是中间单元的偏置,$\boldsymbol{b}_v$ 是可见单元的偏置。

按照马尔可夫随机场,在定义能量函数的基础上,场的联合概率如式(15-7)所示。预测下一个词为 $\boldsymbol{v}_n$ 的概率,如式(15-8)所示。

$$p(\boldsymbol{v}_n,\boldsymbol{h}\mid\boldsymbol{v}_{1:n-1})=\frac{1}{Z_c}\mathrm{e}^{-\mathrm{Eng}(\boldsymbol{v}_n,\boldsymbol{h}\mid\boldsymbol{v}_{1:n-1})} \tag{15-7}$$

其中,$Z_c=\sum_{\boldsymbol{v}_n}\sum_{\boldsymbol{h}}\mathrm{e}^{-\mathrm{Eng}(\boldsymbol{v}_n,\boldsymbol{h}\mid\boldsymbol{v}_{1:n-1})}$。

$$p(\boldsymbol{v}_n\mid\boldsymbol{v}_{1:n-1})=\frac{1}{Z_c}\sum_{\boldsymbol{h}}\mathrm{e}^{-\mathrm{Eng}(\boldsymbol{v}_n,\boldsymbol{h}\mid\boldsymbol{v}_{1:n-1})} \tag{15-8}$$

从能量函数可以看出,前几个词的词向量加权和与 $\boldsymbol{h}$ 的内积表示了预测下一个词为 $\boldsymbol{v}_n$ 的未归一化对数概率。内积可以反映两个向量的相似度,内积的大小表示两个向量的夹角大小。所以,使用隐向量 $\boldsymbol{h}$ 和下一个词的词向量的相似度作为对数概率,可以将词向量的作用发挥到了极致。

使用未归一化概率进行模型推断,如式(15-9)所示。

$$p(\boldsymbol{v}_n\mid\boldsymbol{v}_{1:n-1})\propto\mathrm{e}^{\boldsymbol{b}_r^{\mathrm{T}}\boldsymbol{R}^{\mathrm{T}}\boldsymbol{v}_n+\boldsymbol{b}_v^{\mathrm{T}}\boldsymbol{v}_n}\prod_{i}\left(1+\mathrm{e}^{\sum_{j=1}^{i}\boldsymbol{v}_j^{\mathrm{T}}\boldsymbol{R}\boldsymbol{W}_j}\right) \tag{15-9}$$

下面来看看模型学习问题。数据集的对数似然函数如式(15-10)所示。

$$\mathrm{LL}(D)=\sum_{n}\log p(\boldsymbol{v}_n \mid \boldsymbol{v}_{1:n-1}) \tag{15-10}$$

词向量的梯度如式(15-11)所示。

$$\frac{\partial}{\partial \boldsymbol{R}}\log p(\boldsymbol{v}_n \mid \boldsymbol{v}_{1:n-1})=\left\langle\sum_{i=1}^{n}\boldsymbol{v}_i\boldsymbol{h}^{\mathrm{T}}\boldsymbol{W}_i^{\mathrm{T}}+\boldsymbol{v}_n\boldsymbol{b}_r^{\mathrm{T}}\right\rangle_{\mathrm{Data}}-\left\langle\sum_{i=1}^{n}\boldsymbol{v}_i\boldsymbol{h}^{\mathrm{T}}\boldsymbol{W}_i^{\mathrm{T}}+\boldsymbol{v}_n\boldsymbol{b}_r^{\mathrm{T}}\right\rangle_{\mathrm{Model}} \tag{15-11}$$

连接权重的梯度如式(15-12)所示。

$$\frac{\partial}{\partial \boldsymbol{W}_i}\log p(\boldsymbol{v}_n \mid \boldsymbol{v}_{1:n-1})=\langle\boldsymbol{R}^{\mathrm{T}}\boldsymbol{v}_i\boldsymbol{h}^{\mathrm{T}}\rangle_{\mathrm{Data}}-\langle\boldsymbol{R}^{\mathrm{T}}\boldsymbol{v}_i\boldsymbol{h}^{\mathrm{T}}\rangle_{\mathrm{Model}} \tag{15-12}$$

其中,$\langle\cdot\rangle_{\mathrm{Data}}$表示关于分布 $p(\boldsymbol{h}|\boldsymbol{v}_{1:n-1})$ 的期望,$\langle\cdot\rangle_{\mathrm{Model}}$表示关于分布 $p(\boldsymbol{v}_n,\boldsymbol{h}|\boldsymbol{v}_{1:n-1})$ 的期望。

可以采用随机最大似然算法或对比散度算法,详见 14.2 节。其中的 Gibbs 采样过程如式(15-13)和式(15-14)所示。

$$p(\boldsymbol{v}_n \mid \boldsymbol{v}_{1:n-1})\propto \mathrm{e}^{(\boldsymbol{h}^{\mathrm{T}}\boldsymbol{W}_n^{\mathrm{T}}+\boldsymbol{b}_r^{\mathrm{T}})\boldsymbol{R}^{\mathrm{T}}\boldsymbol{v}_n+\boldsymbol{b}_v^{\mathrm{T}}\boldsymbol{v}_n} \tag{15-13}$$

$$p(\boldsymbol{h} \mid \boldsymbol{v}_{1:n-1})\propto \mathrm{e}^{(\sum_{i=1}^{n}\boldsymbol{v}_i^{\mathrm{T}}\boldsymbol{R}\boldsymbol{W}_i+\boldsymbol{b}_h^{\mathrm{T}})\boldsymbol{h}} \tag{15-14}$$

15.2.2 对数-双线性模型

在 Factored RBM 语言模型中,隐变量节点 h 起到了总结前 $n-1$ 个词的语义信息的作用,那么抛开隐藏层,直接用中间层表示前 $n-1$ 个词的语义信息也是可以的。对数-双线性(Log-Bilinear,LBL)模型在 Factored RBM 语言模型的基础上进行了改进,如图 15-5 所示,模型表示更加简洁,$\boldsymbol{C}_i$ 体现 $\boldsymbol{v}_i$ 的特征向量与 $\boldsymbol{v}_n$ 的特征向量的关系,图中的箭头仅仅表达 n-gram 模型的含义。

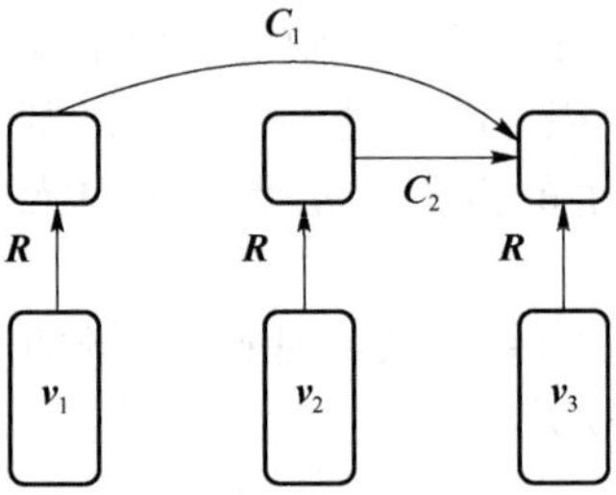

图 15-5 LBL 模型

LBL 模型是无向图模型,用能量函数和势函数来定义随机变量之间的关系。能量函数定义如式(15-15)所示。

$$\mathrm{Eng}(\boldsymbol{v}_n \mid \boldsymbol{v}_{1:n-1})=-\left(\sum_{i=1}^{n-1}\boldsymbol{v}_i^{\mathrm{T}}\boldsymbol{R}\boldsymbol{C}_i\right)\boldsymbol{R}^{\mathrm{T}}\boldsymbol{v}_n-\boldsymbol{b}_r^{\mathrm{T}}\boldsymbol{R}^{\mathrm{T}}\boldsymbol{v}_n-\boldsymbol{b}_v^{\mathrm{T}}\boldsymbol{v}_n \tag{15-15}$$

预测下一个词为 $\boldsymbol{v}_n$ 的概率如式(15-16)所示。

$$p(\boldsymbol{v}_n \mid \boldsymbol{v}_{1:n-1})=\frac{1}{Z_c}\mathrm{e}^{-\mathrm{Eng}(\boldsymbol{v}_n|\boldsymbol{v}_{1:n-1})} \tag{15-16}$$

其中,$Z_c=\sum_{h}\mathrm{e}^{-\mathrm{Eng}(\boldsymbol{v}_n|\boldsymbol{v}_{1:n-1})}$。

词向量的梯度为

$$\frac{\partial}{\partial \boldsymbol{R}}\log p(\boldsymbol{v}_n \mid \boldsymbol{v}_{1:n-1})$$

$$= \left\langle \sum_{i=1}^{n}(\boldsymbol{v}_n\boldsymbol{v}_i^{\mathrm{T}}\boldsymbol{R}\boldsymbol{C}_i + \boldsymbol{v}_i\boldsymbol{v}_n^{\mathrm{T}}\boldsymbol{R}\boldsymbol{C}_i^{\mathrm{T}}) + \boldsymbol{v}_n\boldsymbol{b}_r^{\mathrm{T}} \right\rangle_{\mathrm{Data}} - \left\langle \sum_{i=1}^{n}(\boldsymbol{v}_n\boldsymbol{v}_i^{\mathrm{T}}\boldsymbol{R}\boldsymbol{C}_i + \boldsymbol{v}_i\boldsymbol{v}_n^{\mathrm{T}}\boldsymbol{R}\boldsymbol{C}_i^{\mathrm{T}}) + \boldsymbol{v}_n\boldsymbol{b}_r^{\mathrm{T}} \right\rangle_{\mathrm{Model}} \tag{15-17}$$

连接权重的梯度为

$$\frac{\partial}{\partial \boldsymbol{C}_i}\log p(\boldsymbol{v}_n \mid \boldsymbol{v}_{1:n-1}) = \langle \boldsymbol{R}^{\mathrm{T}}\boldsymbol{v}_i\boldsymbol{v}_n^{\mathrm{T}}\boldsymbol{R} \rangle_{\mathrm{Data}} - \langle \boldsymbol{R}^{\mathrm{T}}\boldsymbol{v}_i\boldsymbol{v}_n^{\mathrm{T}}\boldsymbol{R} \rangle_{\mathrm{Model}} \tag{15-18}$$

从式(15-18)可以看出,形如 xMy 的模型称为 LBL 模型。

M&H 在后续的工作中设计了 Hierarchical Log-Bilinear(HLBL)模型。使用 bootstrapping 方法把网络的最后一层变成一棵平衡二叉树。从随机的树开始,根据分类结果不断调整和迭代,最后得到的是一棵平衡二叉树。二叉树的每个非叶节点用于给预测向量分类,最后到叶节点就可以确定下一个词。并且,同一个词的预测可能处于多个不同的叶节点。这种用多个叶节点表示一个词的方法可以提升下一个词是多义词时候的效果。在算法复杂度方面,LBL 模型需对 $|T|$ 个词一一做比较,最后找出最相似的,HLBL 模型只需要做 $\log 2|T|$ 次判断即可。

15.3 基于 RNN 的语言模型

Tomas Mikolov 发表的"Recurrent neural network based language model"采用循环神经网络做语言模型,网络结构如图 15-6 所示。

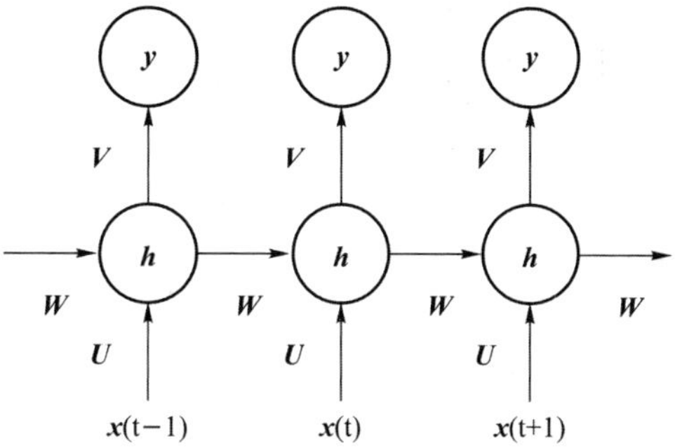

图 15-6 基于 RNN 的语言模型

由于循环神经网络多用在时序序列上,因此输入层、隐藏层和输出层都表示 t 时刻的状态。$\boldsymbol{x}(t)$是句子中第 t 个词的 one-hot 向量。$\boldsymbol{h}(t)$是 t 时刻隐藏层的状态,如式(15-19)所示。

$$\boldsymbol{h}(t) = \mathrm{sigm}(\boldsymbol{U}\boldsymbol{x}(t) + \boldsymbol{W}\boldsymbol{h}(t-1)) \tag{15-19}$$

其中 $\boldsymbol{h}(t-1)$向量是上一个时刻隐藏层的状态。$\boldsymbol{U}\boldsymbol{x}(t)$也就相当于从矩阵 $\boldsymbol{U}$ 中选出了一列,这一列就是该词对应的词向量。

输出层:

$$\boldsymbol{y}(t) = \mathrm{softmax}(\boldsymbol{V}\boldsymbol{h}(t))$$

模型学习采用 BPTT 算法估计权重参数 $\boldsymbol{U}$、$\boldsymbol{V}$、$\boldsymbol{W}$。

输出层误差如式(15-20)所示。

$$\boldsymbol{e}_o(t) = \boldsymbol{x}(t+1) - \boldsymbol{y}(t) \tag{15-20}$$

所以,$\boldsymbol{V}$ 的更新公式为

$$\mathbf{V}(t+1)=\mathbf{V}(t)+\alpha \boldsymbol{h}(t)\boldsymbol{e}_o(t)^{\mathrm{T}}$$

其中 α 是学习率。

隐藏层误差为

$$\boldsymbol{e}_h(t)=d_h(\boldsymbol{e}_o(t)^{\mathrm{T}}\mathbf{V},t)$$

其中 $d_{hj}(x,t)=xh_j(t)(1-h_j(t))$ 。

$\boldsymbol{U}$ 和 $\boldsymbol{W}$ 的更新按时间步展开，图 15-7 所示为展开 τ 步（矩形表示向量），那么隐藏层误差如式(15-21)所示。

$$\boldsymbol{e}_h(t-\tau-1)=d_h(\boldsymbol{e}_o(t-\tau)^{\mathrm{T}}\boldsymbol{W},t-\tau-1) \tag{15-21}$$

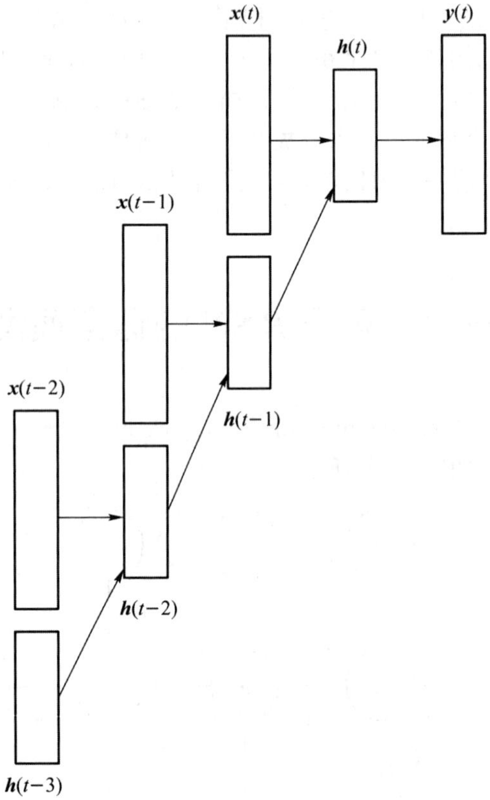

图 15-7 双向 RNN 按时间步展开图

所以，$\boldsymbol{U}$ 和 $\boldsymbol{W}$ 的更新公式分别如式(15-22)和式(15-23)所示。

$$\boldsymbol{U}(t+1)=\boldsymbol{U}(t)+\alpha\sum_{z=0}^{\tau}\boldsymbol{x}(t-z)\boldsymbol{e}_h(t-z)^{\mathrm{T}} \tag{15-22}$$

$$\boldsymbol{W}(t+1)=\boldsymbol{W}(t)+\alpha\sum_{z=0}^{\tau}\boldsymbol{h}(t-z-1)\boldsymbol{e}_h(t-z)^{\mathrm{T}} \tag{15-23}$$

如果只使用 n-gram 语言模型，算法称为截断的 BPTT。

如果使用双向 RNN，隐藏层向量是两个方向的拼接，可以更加充分地利用上下文信息，性能更好。

循环神经网络的最大优势在于，可以真正充分地利用所有上文信息来预测下一个词，而不像前文的工作那样，只能针对 n-gram 开一个 n 个词的窗口，只用前 n 个词来预测下一个词。

对于最后隐藏层到输出层的巨大计算量，Mikolov 使用了一种分组的方法：根据词频将

$|T|$个词分成$\sqrt{|T|}$组，先通过$\sqrt{|T|}$次判断，看一个词属于哪个组，再通过若干次判断，找出其属于组内的哪个元素。最后均摊复杂度约为$O(\sqrt{|T|})$，略差于 M&H 的$O(\log|T|)$，但是其浅层结构在某种程度上可以减少误差传递。

Mikolov 的 RNNLM 也是开源的，可以支持中文，把语料存成 UTF-8 格式后它就可以直接使用了。

例 15-2：使用双向 RNN 进行文本情感分类

在深度神经网络训练条件大幅提升之后，很多 NLP 任务(如文本分类)并不是使用训练好的词向量作为输入，而是在模型中直接集成词向量训练。如果特定领域语料有大量术语，那么需要设计一个端到端的模型。

本例数据集使用 IMDB 电影评论，根据情感的正倾向和负倾向将数据集分为两类。IMDB 数据集对评论的情感倾向标注先使用 1～10 分打分，1～4 分为负倾向，7～10 分为正倾向，所以类别特征显著，并且两个类别的样本数量均衡。这里仅使用了数据集中的评论文本和情感倾向标注，没有使用其他标注信息。

文本情感分类模型如图 15-8 所示。

```
def BRNN(maxlen = 380, max_features = 3800, embed_size = 32):
    model = Sequential()
    model.add(Embedding(max_features, embed_size, input_length = maxlen))
    model.add(Dropout(0.5))
    model.add(Bidirectional(SimpleRNN(16, return_sequences = True), merge_mode = 'concat'))
    model.add(Dropout(0.5))
    model.add(Flatten())
    model.add(Dense(1, activation = 'sigmoid'))
    return model

model = BRNN()
model.summary()
model.compile(loss = "binary_crossentropy", optimizer = "adam", metrics = ['accuracy'])
```

RNN 情感分类代码

```
Layer (type)                 Output Shape              Param #
=================================================================
embedding_1 (Embedding)      (None, 380, 32)           121600
_________________________________________________________________
dropout_1 (Dropout)          (None, 380, 32)           0
_________________________________________________________________
bidirectional_1 (Bidirection (None, 380, 32)           1568
_________________________________________________________________
dropout_2 (Dropout)          (None, 380, 32)           0
_________________________________________________________________
flatten_1 (Flatten)          (None, 12160)             0
_________________________________________________________________
dense_1 (Dense)              (None, 1)                 12161
=================================================================
Total params: 135,329
Trainable params: 135,329
Non-trainable params: 0
```

图 15-8　文本情感分类模型

输入的词为 3 800 维的 one-hot 向量，序列时间长度为 380 步，嵌入层使用 32 维隐向量，隐藏层双向分别使用 16 维向量，全连接层输出为 2 分类。

运行结果如图 15-9 所示。

```
aclImdb_v1.tar.gz is existed
Train on 22500 samples, validate on 2500 samples
Epoch 1/20
22500/22500 [==============================] - 67s 3ms/step - loss: 0.4512 - acc: 0.7769 -
val_loss: 0.2404 - val_acc: 0.9004
Epoch 2/20
22500/22500 [==============================] - 57s 3ms/step - loss: 0.2879 - acc: 0.8793 -
val_loss: 0.2998 - val_acc: 0.8672
Epoch 3/20
22500/22500 [==============================] - 57s 3ms/step - loss: 0.2442 - acc: 0.9004 -
val_loss: 0.3844 - val_acc: 0.8392
Epoch 4/20
22500/22500 [==============================] - 57s 3ms/step - loss: 0.2052 - acc: 0.9195 -
val_loss: 0.4060 - val_acc: 0.8276
Epoch 5/20
22500/22500 [==============================] - 58s 3ms/step - loss: 0.1753 - acc: 0.9312 -
val_loss: 0.3839 - val_acc: 0.8520
Epoch 6/20
22500/22500 [==============================] - 58s 3ms/step - loss: 0.1374 - acc: 0.9460 -
val_loss: 0.4154 - val_acc: 0.8564
25000/25000 [==============================] - 27s 1ms/step
BRNN:test_loss: 0.388786, accuracy: 0.867800
```

图 15-9　文本情感分类结果

第 15 章讲解视频

第 16 章 神经机器翻译模型

神经机器翻译
模型课件

16.1 机器翻译

人类语言之间的翻译即自然语言的翻译，是将一段用语言 A 叙述的文字转化为用另一种语言 B 叙述的同等含义文字，语言 A 被称为源语言(source language)，语言 B 被称为目标语言(target language)。

机器翻译(machine translation)技术是利用计算机自动将源语言转化为目标语言。机器翻译也是人工智能领域的一个分支。

在深度神经网络用于翻译之前，人们一般通过一系列的模块串行(pipeline)工作方式实现机器翻译，已经取得了一些成果并将其广泛应用，这些技术称为统计机器翻译，以数据驱动，把翻译任务建模为统计概率模型，但是特征和参数都是由人工设计的。

假设给定源语言空间 X 和目标语言空间 Y，包含 N 个平行句子对的平行语料库 $D=\{(\boldsymbol{x}^{(n)},\boldsymbol{y}^{(n)})\}_{n=1}^{N}$，其中 $(\boldsymbol{x}^{(n)},\boldsymbol{y}^{(n)})$ 表示平行语料中第 n 对平行语句中的源语言句子和其对应的目标语言句子。统计机器翻译将源语言到目标语言的映射表示为一个条件概率分布，即 $p_\theta(\boldsymbol{y}|\boldsymbol{x})$，其对数形式可以表示为式(16-1)。

$$\log p_\theta(\boldsymbol{y} \mid \boldsymbol{x}) = \sum_i \theta_i f_i(\boldsymbol{y} \mid \boldsymbol{x}) + R(\theta) \tag{16-1}$$

式(16-1)将这个概率分布分解为多个特征函数的线性组合，其中 f、θ、R 分别表示特征函数、特征的权值以及正则项。

统计机器翻译根据特征选择的不同，可以分为基于词、基于短语、基于句法等不同的方式。无论哪种方式，其概率图模型如图 16-1 所示。

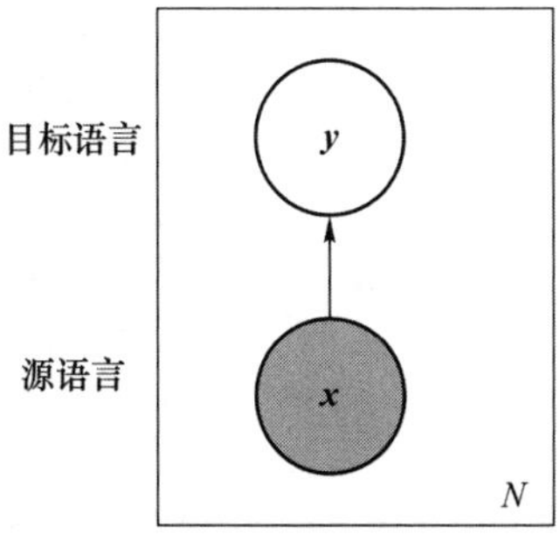

图 16-1 机器翻译的概率图模型

统计机器翻译模型采用最大似然方法对特征权重进行训练，优化目标函数如式(16-2)所示，可调整 θ 的值使得对数似然函数最大化。

$$\mathrm{LL}(\theta) = \sum_{n=1}^{N} \log p_\theta(\boldsymbol{y}^{(n)} \mid \boldsymbol{x}^{(n)}) \tag{16-2}$$

不过统计机器翻译的流程与步骤相对比较复杂，需要进行词对齐、语言模型、调序模型、翻译模型等一系列的操作。统计机器翻译虽然在表达性和鲁棒性上比传统的基于规则的方法有了相当大的提升,但依然存在着特征有限、全局特征难以捕获、线性不可分现象难以简单的用对数线性模型表示等难题,而神经网络的自动特征提取可以解决统计机器翻译中的一些问题。

神经网络最初被很多研究用于改进统计机器翻译的子模块,把翻译任务构成一个混合模型,如用神经网络代替词对齐模型或调序模型。逐渐地一种端到端的神经机器翻译(Neural Machine Translation,NMT)代替了统计机器翻译,完全使用神经网络构建机器翻译系统能够将源语言通过模型直接转化为目标语言,简化了统计机器翻译的流程和模型框架,成为目前主流的机器翻译技术。

16.2 序列-序列模型

目前主流的神经机器翻译模型大多采用编码器-解码器(encoder-decoder)框架,实现输入序列到输出序列的映射。

编码器-解码器框架是一种典型的基于"表示"的模型。编码器的作用是将输入的文字序列通过某种转换变为一种新的"表示"形式,这种"表示"包含了输入序列的所有信息,在机器翻译任务中通常把这个"表示"称为"上下文向量"。之后,解码器把这种"表示"重新转换为输出的文字序列。这其中的一个核心问题是表示学习,即如何定义对输入文字序列的表示形式并自动学习这种表示,同时应用它生成输出序列。一般来说,不同的表示学习方法可以对应不同的机器翻译模型。

图 16-2 是一个应用编码器-解码器结构来解决机器翻译问题的简单示例。给定一个中文句子"我 对 你 感到 满意",编码器会将这句话编码成一个实数向量(0.2,-1,6,5,0.7,-2),这个向量就是源语言句子的"表示"结果。神经机器翻译模型把这个向量等同于输入序列。向量中的数字可以看作"隐特征"值,这样源语言句子就被表示成多个"特征"的联合,而且这些特征可以被自动学习。有了这样的源语言句子的"表示"后,解码器就可以把这个实数向量作为输入,然后逐词生成目标语句子"I am satisfied with you"。在源语言句子的表示形式(隐特征向量维度)确定之后,需要设计相应的编码器和解码器结构。

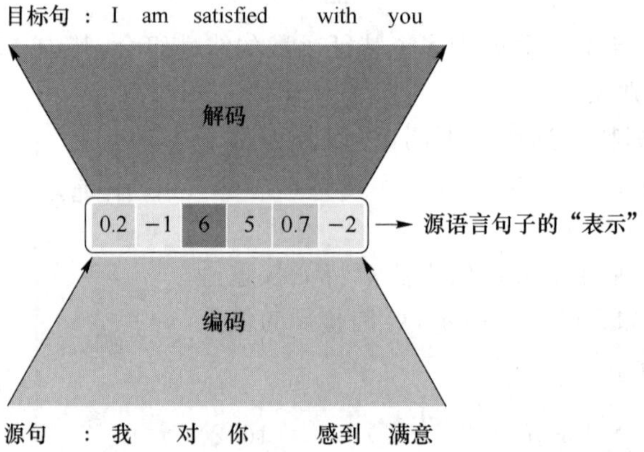

图 16-2 编码器-解码器过程

在大多数情况下，神经机器翻译系统中的编码器由词嵌入层和中间网络层组成。当输入一串单词序列时，词嵌入层会将 one-hot 向量表示成 word-embedding（词嵌入）向量。之后中间层会对词嵌入向量进行更深层的抽象，得到输入单词序列的中间表示。中间层的实现方式有很多，如循环神经网络、卷积神经网络、Transformer 等模型都是常用的结构，实际应用中会比较复杂。解码器的结构基本上和编码器是一致的，只不过多了输出层，用于输出每个目标语位置的单词生成概率。现在，编码器-解码器框架已经成为神经机器翻译系统的标准架构。

可以将源语言句与目标语言句对分别看作两个序列，使用两个 RNN 分别作为编码器和解码器，如图 16-3 所示，左边是编码器，右边是解码器，中间虚线框部分是上下文向量 $\boldsymbol{C}$，体现隐特征表示。编码器利用 RNN 对源语言序列逐词进行编码，在隐藏单元中不断累积记录序列信息。当碰到结尾符〈EOS〉时，改用解码器，依据记录的上下文向量逐词解码成目标语言单词，每生成一个输出词，就将其与上一时刻隐藏状态共同输入解码器，准备下一时刻的输出，直到生成最后的结束符〈EOS〉，便得到了完整的译文。

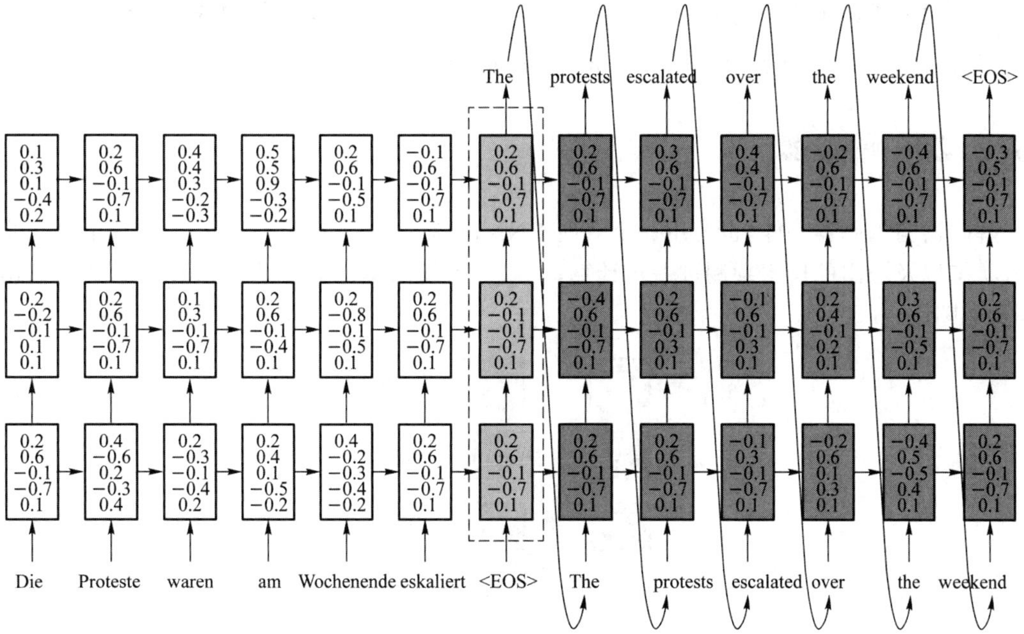

图 16-3　编码器-解码器模型实例

由于神经机器翻译是按照从左向右的方式，根据前几步的翻译结果，生成译文，因此条件概率分布可以分解到每个时刻，如式(16-3)所示。

$$p_\theta(\boldsymbol{y} \mid \boldsymbol{x}) = \sum_{j=1}^{t} p_\theta(y_j \mid \boldsymbol{y}_{<j}, \boldsymbol{x}) \tag{16-3}$$

其中，$\boldsymbol{y}_{<j}$ 表示在目标语言侧第 j 个位置之前已经生成的译文序列。

16.2.1　编码器

编码器的任务是对输入句子进行编码，得到一个中间表示，这个中间表示被称为上下文向量 $\boldsymbol{C}$。如果只从左向右进行编码，那么得到的翻译效果不好，所以编码器一般采用双向 RNN，如图 16-4所示。

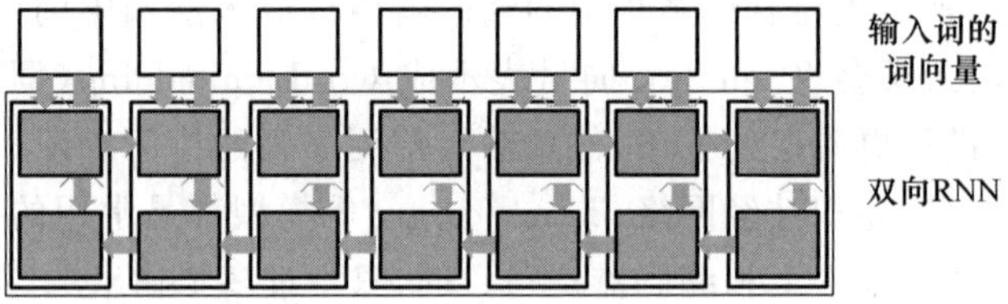

图 16-4 双向 RNN 编码器

双向 RNN 会编码得到两个隐状态$\overrightarrow{\boldsymbol{h}_j}$和$\overleftarrow{\boldsymbol{h}_j}$的映射矩阵，如式(16-4)所示。

$$\begin{cases}\overleftarrow{\boldsymbol{h}_j}=f(\overleftarrow{\boldsymbol{h}_{j+1}},\boldsymbol{x}_j)\\ \overrightarrow{\boldsymbol{h}_j}=f(\overrightarrow{\boldsymbol{h}_{j-1}},\boldsymbol{x}_j)\end{cases} \tag{16-4}$$

在式(16-4)中，泛函数 f 表示 RNN 中的一个单元。这个函数可以是一个典型的前馈神经网络层，如 $f(\boldsymbol{x})=\tanh(\boldsymbol{W}\boldsymbol{x}+\boldsymbol{b})$，或者更复杂的门控循环单元，如长短期记忆网络单元。

可以通过增加预测序列中下一个单词的步骤，来训练整个模型的参数。由于解码器的限制，将编码器生成的两个隐状态拼接成 $\boldsymbol{h}_j=(\overleftarrow{\boldsymbol{h}_j},\overrightarrow{\boldsymbol{h}_j})$形式后再输入解码器。

16.2.2 解码器

解码器与编码器一样，也使用一个双向 RNN，它对输入的上下文向量 $\boldsymbol{C}$、前一个时间步的隐藏状态以及输出的概率预测进一步计算，生成一个新的解码器隐状态以及一个新的输出词预测，如图 16-5 所示。

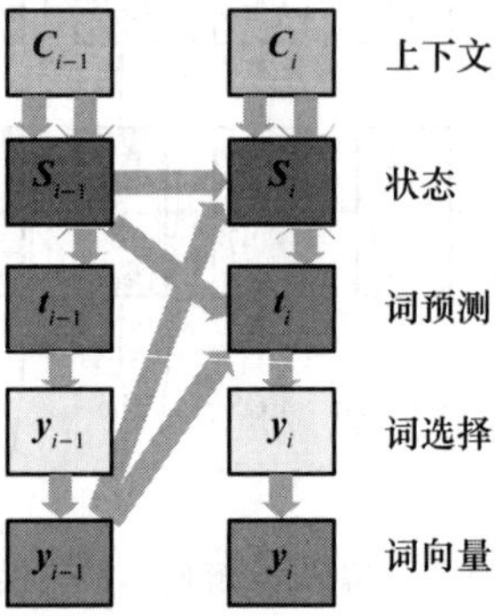

图 16-5 双向 RNN 解码器

图 16-5 中，隐状态 $\boldsymbol{s}_i$ 是根据前一个隐状态 $\boldsymbol{s}_{i-1}$、上一个输出词的词向量 $\boldsymbol{y}_{i-1}$ 以及一个输入的上下文向量得到的，如式(16-5)所示。

$$\boldsymbol{s}_i=f(\boldsymbol{s}_{i-1},\boldsymbol{y}_{i-1},\boldsymbol{C}) \tag{16-5}$$

上下文向量 $\boldsymbol{C}$ 由$\{\boldsymbol{h}_j\}$的一种组合生成，如图 16-3 中的上下文向量 $\boldsymbol{C}$ 直接使用最后一个隐状态 $\boldsymbol{h}$。事实上有各种组合方式，翻译效果最好的还是引入注意力机制的计算方法。

最后，模型将会从隐状态预测输出单词。模型将会给出在整个目标语言侧单词表上的预测概率分布。具体来说，假设有 50 000 个单词，那么预测值将会是一个 50 000 维的向量，向量中每个元素都对应着一个单词的可能概率。

预测词 $\boldsymbol{t}_i$ 是基于解码器的前一个隐藏状态 $\boldsymbol{s}_{i-1}$、前一个输出单词的词向量 $\boldsymbol{y}_{i-1}$ 以及输入

的上下文向量得到的，如式(16-6)所示。

$$t_i = f(\boldsymbol{W}(\boldsymbol{U}\boldsymbol{s}_{i-1} + \boldsymbol{V}\boldsymbol{y}_{i-1} + \boldsymbol{C})) \tag{16-6}$$

16.2.3 模型学习

基于平行语料，在训练过程中，正确的输出单词 $\boldsymbol{y}_i$ 是已知的，因此训练过程会直接使用正确的单词。模型的训练目标是使得正确的输出词预测概率尽可能得大，优化目标如式(16-7)所示。

$$\mathrm{LL}(D) = \sum_{n=1}^{N} \log p_\theta(\boldsymbol{y}^n \mid \boldsymbol{x}^n) = \sum_{n=1}^{N} \log \frac{\mathrm{e}^{t^n \cdot y^n}}{\sum_{k=1}^{|T|} \mathrm{e}^{t^k \cdot y^k}} \tag{16-7}$$

16.2.4 模型推断

神经机器翻译的推断是指：对于一个新的测试句子，利用已经训练好的模型把句子翻译成目标语言句子的过程。具体来说，首先利用编码器生成源语言句子的表示，之后利用解码器预测目标语译文。对于源语言句子 $\boldsymbol{x}$，生成一个使翻译概率 $p(\boldsymbol{y}|\boldsymbol{x})$ 最大的目标语译文 $\hat{\boldsymbol{y}}$，如式(16-8)所示。

$$\begin{aligned}\hat{\boldsymbol{y}} &= \arg\max_{y} p(\boldsymbol{y} \mid \boldsymbol{x}) \\ &= \arg\max_{y} \prod_{j=1}^{n} p(y_j \mid \boldsymbol{y}_{<j}, \boldsymbol{x})\end{aligned} \tag{16-8}$$

在具体实现时，由于当前目标语单词的生成需要依赖前面单词的生成，因此无法同时生成所有的目标语单词。理论上，可以枚举所有的 $\boldsymbol{y}$，之后利用 $p(\boldsymbol{y}|\boldsymbol{x})$ 的定义对每个 $\boldsymbol{y}$ 进行评价，最后找出最好的 $\boldsymbol{y}$。这也被称作全搜索(full search)。但是，枚举所有的译文单词序列显然是不现实的。因此，在具体实现时，并不会访问所有可能的译文单词序列，而是用某种策略进行有效的搜索。常用的做法是自左向右逐词生成。比如，对于每一个目标语位置 j，可以执行

$$\hat{y}_j = \arg\max_{y_j} p(y_j | \hat{\boldsymbol{y}}_{<j}, \boldsymbol{x}) \tag{16-9}$$

其中，$\hat{y}_j$ 表示位置 j 概率最高的单词，$\hat{\boldsymbol{y}}_{<j} = (\hat{y}_1, \cdots, \hat{y}_{j-1})$ 表示已经生成的最优译文单词序列。也就是，把最优的译文看作所有位置上最优单词的组合。显然，这是一种贪婪搜索(greedy search)，因为无法保证 $(\hat{y}_1, \cdots, \hat{y}_n)$ 是全局最优解。一种简化的求解方法是，在每步中引入更多的候选。这里定义 $\hat{y}_{jk}$ 表示在目标语第 j 个位置排名在第 k 位的单词。在每一个位置 j，可以生成 K 个最可能的单词，而不是 1 个，这个过程可以被描述为式(16-10)。

$$\{\hat{y}_{j1}, \cdots, \hat{y}_{jk}\} = \arg\max_{\{\hat{y}_{j1}, \cdots, \hat{y}_{jk}\}} p(y_j | \{\hat{\boldsymbol{y}}_{<j^*}\}, \boldsymbol{x}) \tag{16-10}$$

其中，$\{\hat{y}_{j1}, \cdots, \hat{y}_{jk}\}$ 表示对于位置 j 翻译概率最大的前 k 个单词，$\{\hat{\boldsymbol{y}}_{<j^*}\}$ 表示前 $j-1$ 步 top-K 单词组成的所有历史。$\hat{\boldsymbol{y}}_{<j^*}$ 可以被看作一个集合，里面每一个元素都是一个目标语单词序列，这个序列是前面生成的一系列 top-K 单词的某种组成。$p(y_j | \{\hat{\boldsymbol{y}}_{<j^*}\}, \boldsymbol{x})$ 表示基于 $\{\hat{\boldsymbol{y}}_{<j^*}\}$ 的某一条路径生成 y_j 的概率。这种方法也被称为束搜索(beam search)，意思是搜索时始终考虑一个集束内的候选。

不论是贪婪搜索还是束搜索都是一个自左向右的过程，也就是每个位置的处理需要等前面位置处理完成后才能执行。这是一种典型的自回归模型（auto-regressive model），通常用来描述时序上的随机过程，其中每一个时刻的结果对时序上其他部分的结果有依赖。相应地，也有非自回归模型（non-auto-regressive model），它消除了不同时刻结果之间的直接依赖。

如图 16-6 所示，假设 $K=3$，则束搜索的具体过程为：在预测第一个位置时，可以通过模型得到 y_1 的概率分布，选取概率最大的前 3 个单词作为候选结果（假设分别为"have""has""it"）。在预测第二个位置的单词时，模型针对已经得到的 3 个候选结果（"have""has""it"）计算第二个单词的概率分布。例如，可以再将"have"作为第二步的输入，计算 y_2 的概率分布。此时，译文序列的概率为式(16-11)。

$$\begin{aligned} p(y_2, y_1 \mid \boldsymbol{x}) &= p(y_2, \text{"have"} \mid \boldsymbol{x}) \\ &= p(y_2 \mid \text{"have"}, \boldsymbol{x}) \cdot p(\text{"have"} \mid \boldsymbol{x}) \end{aligned} \tag{16-11}$$

类似地，对"has"和"it"进行同样的操作，分别计算得到 $p(y_2, \text{"have"} \mid \boldsymbol{x})$、$p(y_2, \text{"has"} \mid \boldsymbol{x})$、$p(y_2, \text{"it"} \mid \boldsymbol{x})$，因为 y_2 对应 $|T|$ 种可能，总共可以得到 $3\times|T|$ 种结果。然后从中选取使序列概率 $p(y_2, y_1 \mid \boldsymbol{x})$ 最大的前 3 个 y_2 作为新的输出结果，这样便得到了前两个位置的 top-3 译文。在预测其他位置时也是如此，不断重复此过程直到推断结束。可以看到，K 越大，搜索空间越大，越有可能搜索到质量更高的译文，但同时搜索速度会越慢。束宽度等于 3，意味着每次只考虑 3 个最有可能的结果，贪婪搜索实际上便是集束宽度为 1 的情况。在神经机器翻译系统实现中，一般束宽度设置为 4～8。

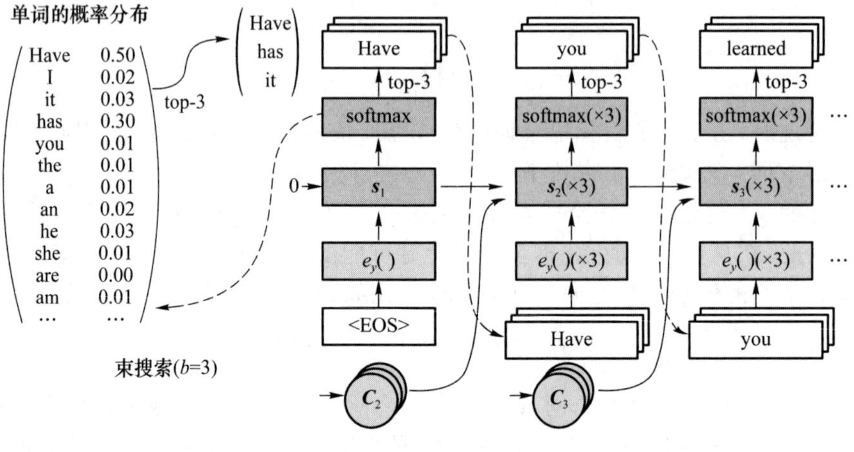

图 16-6 束搜索

例 16-1：使用编解码模型实现简单的翻译

为了便于查看演示效果，本例中用字母模拟单词，用单词代表不同语言的句子，手工编辑一个简单的语料，进行模型训练和应用推理，翻译结果如图 16-7 所示。

```
Epoch: 1000   loss: 0.003470
Epoch: 2000   loss: 0.000946
Epoch: 3000   loss: 0.000405
Epoch: 4000   loss: 0.000203
Epoch: 5000   loss: 0.000110
[2, 2, 2, 2, 2, 1]
girl -> boy
```

图 16-7 基于编解码模型的翻译结果

16.3 注意力机制

编码器-解码器的框架对翻译过程进行了建模，但这种方式有两个明显的缺陷。

① 虽然编码器把一个源语言句子的表示传递给解码器，但是一个维度固定的向量所能包含的信息是有限的，随着源语言序列的增长，将整个句子的信息编码到一个固定维度的向量中可能会造成源语言句子信息的丢失。在翻译较长的句子时，解码端可能无法获取完整的源语言信息，降低翻译性能。

② 当生成某一个目标语单词时，并不是均匀地使用源语言句子中的单词信息。更普遍的情况是，系统会参考与这个目标语单词相对应的源语言单词进行翻译。

注意力机制最早起源于计算机视觉领域，受到人类视觉观察的启发，研究者发现，当人们观察一个事物的时候，往往不是将事物的每个部分都仔细查看，而是将焦点集中在自己感兴趣的或者重要的某一个或某几个部分。深度学习中，对不同部分的注意力可以使用不同权重来表示，用注意力向量衡量该部分与其他部分的关联程度，加权求和作为该部分最终的表示。在机器翻译领域，注意力机制可用于解决上下文向量 $\boldsymbol{C}$ 表达能力有限的问题，在解码器前引入注意力机制，动态生成上下文向量 $\boldsymbol{C}_t$，这样，在注意力模型中，对于每一个目标单词的生成，都会额外引入一个单独的上下文向量参与运算。

16.3.1 基本原理

注意力机制在本质上可以当作一个查询(query)和一个键值对(key-value)的映射，以查询和键计算权重，在值上做加权和，其中键和值是一一对应的。在部分模型中，键和值是一致的，也有部分模型把编码器隐藏层的前一个状态和后一个状态分别作为键和值。

神经机器翻译中的注意力机制并不复杂。对于每个目标语单词 y_j，系统生成一个源语言表示向量 $\boldsymbol{C}_j$ 与之对应，$\boldsymbol{C}_j$ 会包含生成 y_j 所需源语言的信息，或者说 $\boldsymbol{C}_j$ 是一种包含目标语言单词与源语言单词对应关系的源语言表示。相比用一个静态的表示 $\boldsymbol{C}$，注意机制使用的是动态的表示 $\boldsymbol{C}_j$，$\boldsymbol{C}_j$ 也被称作对于目标语位置 j 的上下文向量。

根据这种思想，上下文向量 $\boldsymbol{C}_j$ 被定义为对不同时间步编码器输出的状态序列$\{\boldsymbol{h}_1,\boldsymbol{h}_2,\cdots,\boldsymbol{h}_m\}$进行加权求和，如式(16-12)～(16-14)所示。

$$\boldsymbol{C}_j=\sum_i \alpha_{i,j}\boldsymbol{h}_i \tag{16-12}$$

$$\alpha_{i,j}=\frac{\mathrm{e}^{\beta_{i,j}}}{\sum_{i'}\mathrm{e}^{\beta_{i',j}}} \tag{16-13}$$

$$\beta_{i,j}=a(\boldsymbol{s}_{j-1},\boldsymbol{h}_i) \tag{16-14}$$

其中，$\alpha_{i,j}$是注意力权重(attention weight)，它表示目标语第 j 个位置与源语第 i 个位置之间的相关性大小。这里，将每个时间步编码器的输出 $\boldsymbol{h}_i$ 看作源语言位置 i 的表示结果。进行翻译时，解码端可以根据当前的位置 j，通过控制不同 $\boldsymbol{h}_i$ 的权重得到 $\boldsymbol{C}_j$，使得对目标语位置 j 贡献大的 $\boldsymbol{h}_i$ 对 $\boldsymbol{C}_j$ 的影响增大。也就是说，$\boldsymbol{C}_j$ 实际上就是$\{\boldsymbol{h}_1,\boldsymbol{h}_2,\cdots,\boldsymbol{h}_m\}$的一种组合，只不过不同的 $\boldsymbol{h}_i$ 会根据对目标端的贡献给予不同的权重。图 16-8 展示了上下文向量 $\boldsymbol{C}_j$ 的计算过程。

使用目标语言上一时刻循环单元的输出 $\boldsymbol{s}_{j-1}$ 与源语言第 i 个位置的表示 $\boldsymbol{h}_i$ 之间的相关性，来表示目标语言位置 j 对源语言位置 i 的关注程度，记为 $\beta_{i,j}$，由函数 $a(\cdot)$ 实现。进一步，利用 softmax 函数将相关性系数 $\beta_{i,j}$ 进行指数归一化处理，得到注意力权重 $\alpha_{i,j}$。

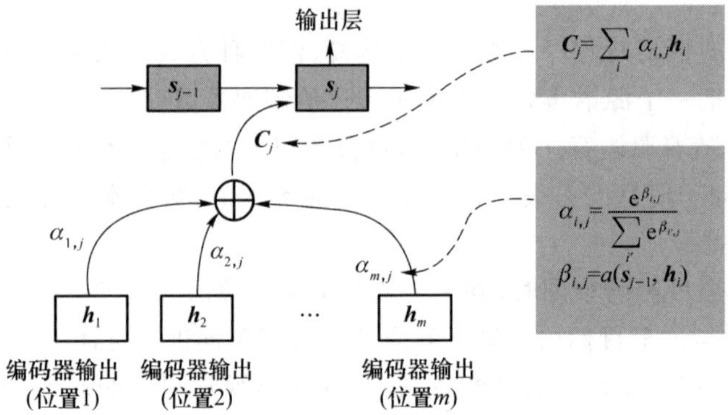

图 16-8 上下文向量 $\boldsymbol{C}_j$ 的计算过程

函数 a(·)可以看作目标语言表示和源语言表示的一种“统一化”，即把源语言表示和目标语言表示映射在同一个语义空间，进而语义相近的内容有更大的相似性。该函数有多种计算方式，常用的有点积(dot-product)、双线性乘积(general)、缩放点积(scaled dot product)、直接合并(concat)和全连接层(additive attention)，表 16-1 列举了其中的 3 种。

表 16-1 常用的几种相关度打分函数

注意力机制	对齐分数计算函数
dot-product	$a(\boldsymbol{s}_j,\boldsymbol{h}_i)=\boldsymbol{h}_i^{\mathrm{T}}\boldsymbol{s}_j$
general	$a(\boldsymbol{s}_j,\boldsymbol{h}_i)=\boldsymbol{h}_i\boldsymbol{W}_a^{\mathrm{T}}\boldsymbol{s}_j$
scaled dot-product	$a(\boldsymbol{s}_j,\boldsymbol{h}_i)=\frac{\boldsymbol{h}_i^{\mathrm{T}}\boldsymbol{s}_j}{\sqrt{n}}$

注意力机制除了在对齐分数计算上有不同的方式，在针对的作用域上也有区别，可大体分为自注意力(self-attention)、全局注意力(global/soft attention)以及局部注意力(local/hard attention)，如表 16-2 所示。

表 16-2 常用的几种注意力机制

注意力机制类型	定义
全局注意力(global/soft attention)	使用整个输入序列进行注意力加权计算
局部注意力(local/hard attention)	围绕当前词位置的窗口计算上下文向量
自注意力(self-attention)	关联同一输入序列的不同位置

$\{\alpha_{i,j}\}$ 可以看作一个矩阵，它的列为目标语言句子长度，行为源语言句子长度，矩阵中的每一项对应一个 $\alpha_{i,j}$。

了解注意力机制后，可以将目标语单词生成概率 $p(y_i|\boldsymbol{y}_{<j},\boldsymbol{x})$ 重新定义。在引入注意力机制后，不同时刻的上下文向量 $\boldsymbol{C}_j$ 替换了传统模型中固定的句子表示 $\boldsymbol{C}$，如式(16-15)所示。

$$p(y_j|\boldsymbol{y}_{<j},\boldsymbol{x})\equiv p(y_j|\boldsymbol{s}_{j-1},y_{j-1},\boldsymbol{C}_j) \tag{16-15}$$

这样，可以在生成每个 y_j 时动态地使用不同的源语言表示 $\boldsymbol{C}_j$，并可以更准确地捕捉源语言和目标语言不同位置之间的相关性。

16.3.2 Transformer 模型

Transformer 模型是一种完全用注意力机制实现的序列-序列模型，没有使用任何 RNN 或 CNN 的结构，由于引入自注意力机制，因此它能够直接获取全局信息，并且能够进行并行计算。

自注意力机制是在计算序列本身的表示时，在句子的不同位置做 attention，先将序列中的每个词与序列中其他词计算相关性，再将其加权求和，得到序列的最终表示，这种方法非常适合用于长本文或篇章的自然语言处理任务。其计算方式跟标准注意力机制类似，只不过它的查询、键值对都来自同一序列。具体地，给定序列 $x=\{\boldsymbol{x}_1,\cdots,\boldsymbol{x}_n\}$，分别对每个向量 $\boldsymbol{x}_i$ 计算其与其他向量的相关性。

Transformer 模型最开始是应用于机器翻译任务，模型提出后很快就在多个自然语言处理任务上取得了优异的表现。与大多数序列-序列模型类似，Transformer 模型也是由编码器和解码器构成的，如图 16-9 所示。

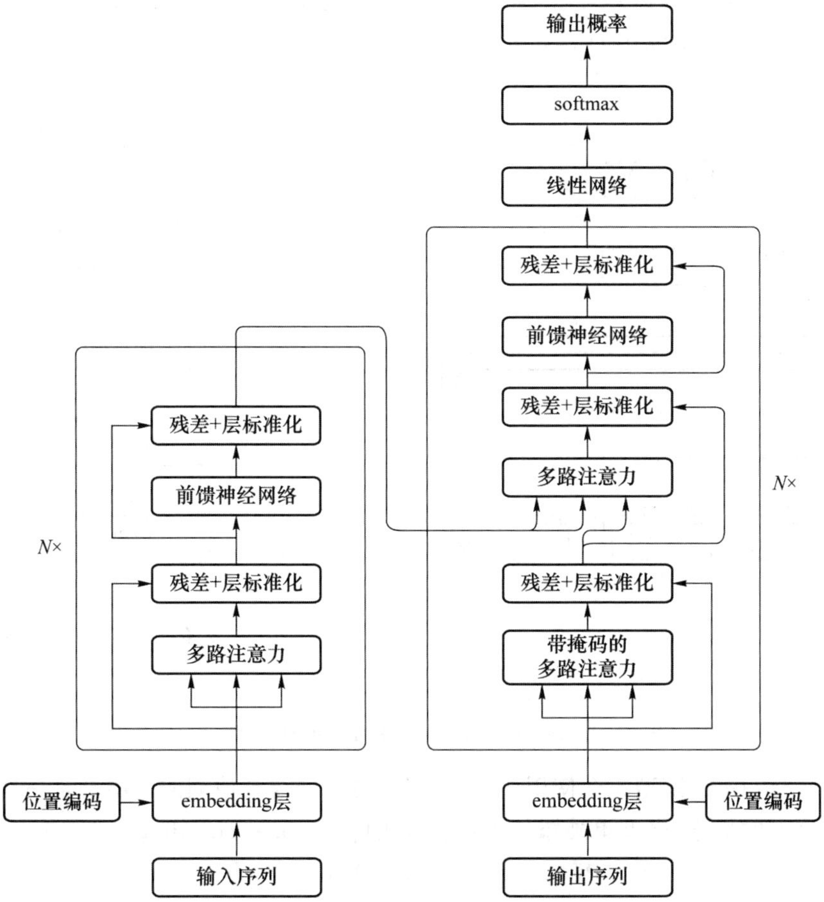

图 16-9 Transformer 模型的结构

编码器和解码器都是由 N 个相同的层堆叠而成。编码器每层都由一个多头注意力(multi-head attention)子层和一个前馈神经网络(feed forward)子层构成,每个子层都叠加了残差连接(residual connection)和层标准化(layer normalization)的计算,使用自注意力机制生成一个输入序列的上下文表示。而解码器相比于编码器的结构,多加了一个带掩码的多头注意力(masked multi-head attention)子层,只保留了前序序列,以保证目标语言端在该时间步之后的信息不会被模型知道。解码器的第二个子层也是一个多头注意力模型的子层,接收到第一子层以自注意力机制生成的目标语言序列表示后,再与输入序列的上下文表示做 attention 的计算,最后叠加残差连接和层标准化。

多头注意力模型是 Transformer 模型中的一个重要结构,如图 16-10(a)所示。在前文介绍过注意力机制〔如图 16-10(b)所示〕,多头注意力模型区别于其他注意力模型的地方在于,首先将查询($\boldsymbol{Q}$)、键($\boldsymbol{K}$)、值($\boldsymbol{V}$)分成多路,使用不同的线性变换将每一路都映射到不同空间,然后在每一路分别用缩放点积注意力,最后将其拼接作为最终输出,使模型融合了在不同子空间学习到的知识。其计算如式(16-16)所示。

$$\text{Attention}(\boldsymbol{Q},\boldsymbol{K},\boldsymbol{V})=\text{softmax}\left(\frac{\boldsymbol{Q}\boldsymbol{K}^{\mathrm{T}}}{\sqrt{d_k}}\right)\boldsymbol{V} \tag{16-16}$$

其中 d_k 是表示 $\boldsymbol{K}$ 的维度,对权值做一个压缩,以保证其不会过大,以至于其处于 softmax 函数梯度很小的区域。在编码器和解码器的第一个子层,$\boldsymbol{Q}$、$\boldsymbol{K}$ 和 $\boldsymbol{V}$ 都来自自身,而在解码器的子层,$\boldsymbol{Q}$ 和 $\boldsymbol{K}$ 都来自编码器输出的上下文向量。

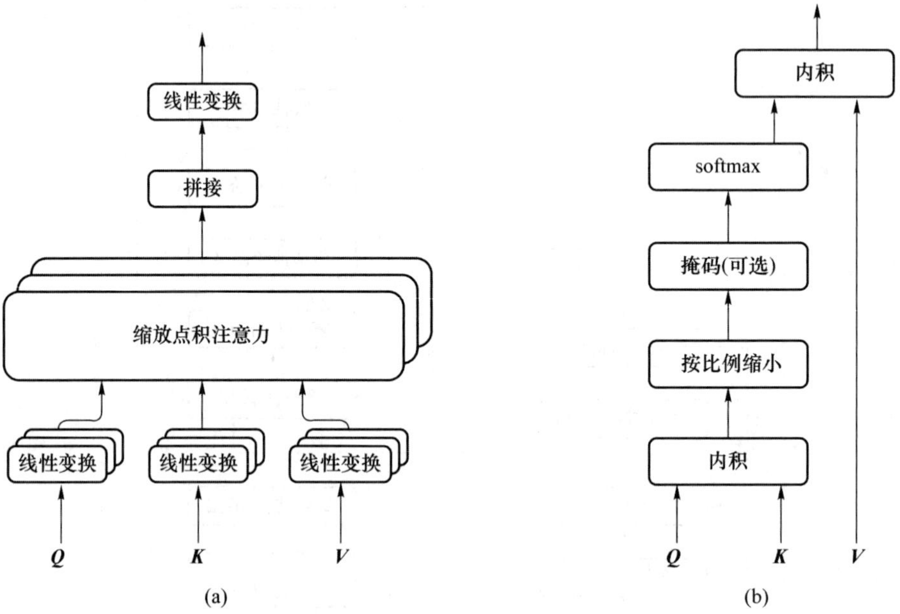

图 16-10 多头注意力模型的结构图

由于 Transformer 模型完全使用注意力机制,每个词与其他词的距离都是一样的,为了获取序列在顺序上的信息,模型单独添加了位置编码(positional encoding),

$$\text{PE}_{(\text{pos},2i)}=\sin(\text{pos}/10\,000^{2i/d_{\text{model}}})$$

$$\text{PE}_{(\text{pos},2i+1)}=\cos(\text{pos}/10\,000^{2i/d_{\text{model}}})$$

其中,pos 表示位置,i 表示维度,也就是说,位置编码的每一维都是一个正弦或余弦函数。使用正弦和余弦函数构建位置编码，可以表示任意位置，并且任意 PEpos+k 都能被 PEpos 的线性函数表示。

例 16-2：使用 Wiki 语料训练 Transformer 模型，预测文本生成

NN 机器翻译代码

数据集使用 wikitext 语料，把训练集中的文本切分成 35 词一段(chunk)，预测下一段，计算生成的文本与语料的交叉熵损失，进行模型训练。

编码器使用两层，embedding 层和前馈神经网络都使用 200 维的神经元，多头注意力使用 2 个头。

```
class TransformerModel(nn.Module):
    def __init__(self, ntoken, ninp, nhead, nhid, nlayers, dropout = 0.5):
        super(TransformerModel, self).__init__()
        from torch.nn import TransformerEncoder, TransformerEncoderLayer
        self.model_type = 'Transformer'
        self.src_mask = None
        self.pos_encoder = PositionalEncoding(ninp, dropout)
        encoder_layers = TransformerEncoderLayer(ninp, nhead, nhid, dropout)
        self.transformer_encoder = TransformerEncoder(encoder_layers, nlayers)
        self.encoder = nn.Embedding(ntoken, ninp)
        self.ninp = ninp
        self.decoder = nn.Linear(ninp, ntoken)
        self.init_weights()

    def _generate_square_subsequent_mask(self, sz):
        mask = (torch.triu(torch.ones(sz, sz)) == 1).transpose(0, 1)
        mask = mask.float().masked_fill(mask == 0, float('-inf')).masked_fill
        (mask == 1, float(0.0))
        return mask

    def init_weights(self):
        initrange = 0.1
        self.encoder.weight.data.uniform_(-initrange, initrange)
        self.decoder.bias.data.zero_()
        self.decoder.weight.data.uniform_(-initrange, initrange)

    def forward(self, src):
        if self.src_mask is None or self.src_mask.size(0) != len(src):
            device = src.device
            mask = self._generate_square_subsequent_mask(len(src)).to(device)
            self.src_mask = mask
        src = self.encoder(src) * math.sqrt(self.ninp)
```

```
            src = self.pos_encoder(src)
            output = self.transformer_encoder(src,self.src_mask)
            output = self.decoder(output)
            return output

class PositionalEncoding(nn.Module):
    def__init__(self, d_model, dropout = 0.1, max_len = 5000):
        super(PositionalEncoding, self).__init__()
        self.dropout = nn.Dropout(p = dropout)
        pe = torch.zeros(max_len, d_model)
        position = torch.arange(0, max_len, dtype = torch.float).unsqueeze(1)
        div_term = torch.exp(torch.arange(0, d_model, 2).float() *
                    (-math.log(10000.0) / d_model))
        pe[:, 0::2] = torch.sin(position * div_term)
        pe[:, 1::2] = torch.cos(position * div_term)
        pe = pe.unsqueeze(0).transpose(0, 1)
        self.register_buffer('pe', pe)

    def forward(self, x):
        x = x + self.pe[:x.size(0), :]
        return self.dropout(x)
```

运行结果如图16-11所示。

```
| epoch   2 |  2800/ 2981 batches | lr 4.75 | ms/batch 150063.82 | loss  5.52 | ppl   249.95
-----------------------------------------------------------------------------------------
| end of epoch   2 | time: 34956.88s | valid loss  5.59 | valid ppl   269.06
-----------------------------------------------------------------------------------------
| epoch   3 |   200/ 2981 batches | lr 4.51 | ms/batch 1092.84 | loss  5.55 | ppl   257.36
| epoch   3 |   400/ 2981 batches | lr 4.51 | ms/batch 1097.04 | loss  5.55 | ppl   256.59
| epoch   3 |   600/ 2981 batches | lr 4.51 | ms/batch 1088.26 | loss  5.37 | ppl   214.95
| epoch   3 |   800/ 2981 batches | lr 4.51 | ms/batch 1090.76 | loss  5.42 | ppl   225.80
| epoch   3 |  1000/ 2981 batches | lr 4.51 | ms/batch 1085.49 | loss  5.38 | ppl   216.44
| epoch   3 |  1200/ 2981 batches | lr 4.51 | ms/batch 1086.20 | loss  5.41 | ppl   224.53
| epoch   3 |  1400/ 2981 batches | lr 4.51 | ms/batch 1089.06 | loss  5.45 | ppl   231.62
| epoch   3 |  1600/ 2981 batches | lr 4.51 | ms/batch 1065.16 | loss  5.48 | ppl   239.60
| epoch   3 |  1800/ 2981 batches | lr 4.51 | ms/batch 1068.59 | loss  5.41 | ppl   223.79
| epoch   3 |  2000/ 2981 batches | lr 4.51 | ms/batch 1069.36 | loss  5.44 | ppl   231.04
| epoch   3 |  2200/ 2981 batches | lr 4.51 | ms/batch 1065.61 | loss  5.33 | ppl   206.14
| epoch   3 |  2400/ 2981 batches | lr 4.51 | ms/batch 1062.21 | loss  5.40 | ppl   221.39
| epoch   3 |  2600/ 2981 batches | lr 4.51 | ms/batch 1062.98 | loss  5.42 | ppl   226.74
| epoch   3 |  2800/ 2981 batches | lr 4.51 | ms/batch 1078.07 | loss  5.35 | ppl   211.54
-----------------------------------------------------------------------------------------
| end of epoch   3 | time: 3333.30s | valid loss  5.54 | valid ppl   255.49
-----------------------------------------------------------------------------------------
=========================================================================================
| End of training | test loss  5.45 | test ppl   232.06
=========================================================================================
```

图16-11 实验结果

第16章讲解视频

第 17 章

编码神经网络

编码神经网络课件

17.1 自编码器

17.1.1 基本原理

可以构造一种神经网络，经过训练后尝试将输入复制到输出。该网络由两部分组成，内部有一个隐藏层，可以理解为先对输入进行编码(encode)，再进行解码(decode)，如图 17-1 所示。

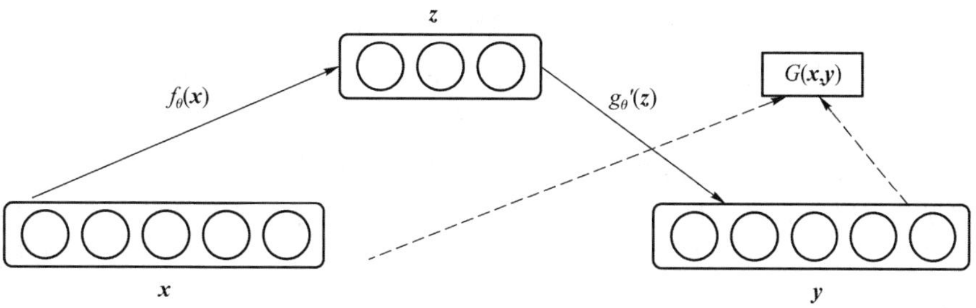

图 17-1 自编码器

原始输入向量 $\boldsymbol{x}$ 经过线性加权变换 $\boldsymbol{a}=\boldsymbol{Wx}+\boldsymbol{b}$、函数 f 映射(如 sigmoid)后得到 $\boldsymbol{z}=f_\theta(\boldsymbol{x})$，其中参数 $\theta=\{\boldsymbol{W},\boldsymbol{b}\}$；再对 $\boldsymbol{z}$ 反向加权、映射，得到 $\boldsymbol{y}=g_{\theta'}(\boldsymbol{z})$。

反复迭代训练两组参数 $\theta=\{\boldsymbol{W},\boldsymbol{b}\}$，$\theta'=\{\boldsymbol{W}',\boldsymbol{b}'\}$，使得误差函数最小化，尽可能保证 $\boldsymbol{y}$ 近似于 $\boldsymbol{x}$，即重构了 $\boldsymbol{x}$。学习过程可以描述为最小化损失函数 $G(\boldsymbol{x},g_{\theta'}(f_\theta(\boldsymbol{x})))$。

将输入复制到输出听起来没什么用，但我们真正关心的并不是解码器的输出，而是在这个训练过程中，如果通过编码再解码，输出能够很好地重构输入，那么就可以说编码是成功的，学到了输入中的关键特征。所以，这个神经网络称为自编码器(Auto Encoder，AE)。

从自编码器获得有用特征的一种方法是，$\boldsymbol{z}$ 的维度比 $\boldsymbol{x}$ 小，称之为欠完备(undercomplete)自编码器。学习欠完备的表示，将强制自编码器捕捉训练数据中最显著的特征。这与 PCA 降维的用途是一样的。当解码器是线性的且损失函数 G 是均方误差时，欠完备自编码器会学习出与 PCA 相同的生成子空间。所以，自编码器可以看作隐变量模型基础上的多隐藏层结构，并且可以进行非线性变换。

如果 $\boldsymbol{z}$ 的维度与 $\boldsymbol{x}$ 的维度相同或大于 $\boldsymbol{x}$ 的维度，则称之为过完备(over-complete)自编码器，此时即使是线性编码器和线性解码器也可以学会将输入复制到输出，但学不到任何有用的数据分布信息。这时，可以给损失函数增加正则化项(或稀疏惩罚项)，该编码器称为正则自编码器(或稀疏自编码器)，它们还是有各自的应用场景的。

如果建模为概率生成模型，即使是过完备的模型，编解码过程也是有用的，因为它们被训练为近似训练数据的概率分布而不是将输入复制到输出。

自编码器可以看作 RBM 的简化衍生物。第 3 章讲解过，最小化损失函数与最大化条件概率是一致的。AE 的直接重构与 RBM 的概率重构近似等价。从马尔可夫链上看，AE 可看作链长为 1 的特殊形式，即一次重构，而 RBM 是多次重构。

17.1.2 降噪自编码器

如果输入数据带有噪声，采用自编码器预测原始的真实数据 $\boldsymbol{x}$，称为降噪自编码器(Denoising Auto Encoder，DAE)，如图 17-2 所示。

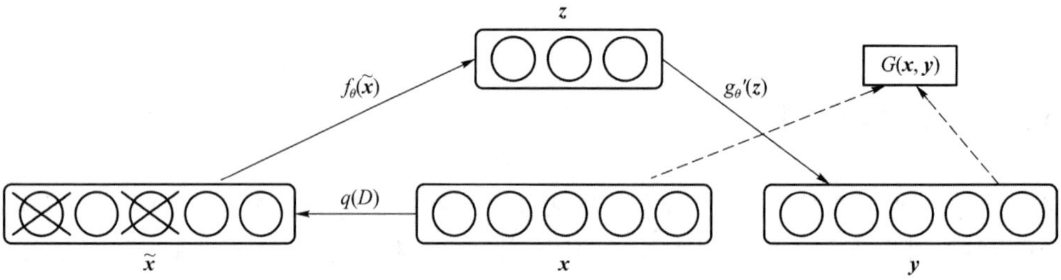

图 17-2　降噪自编码器

在图 17-2 中，$\tilde{\boldsymbol{x}}$ 是原始数据 $\boldsymbol{x}$ 经过 $q(D)$ 产生的损坏样本。训练时，通过与原始数据的对比，破损数据训练出来的模型能够去掉数据中的噪声。

训练过程看似是有监督学习，本质上还是无监督特征提取。

使用破损数据进行训练，在一定程度上降低了训练数据与测试数据的差异，这样训练出来的模型不容易过拟合，鲁棒性好。训练时加入一些噪声，这个技巧类似于深度神经网络学习中的 Mask、dropout 技巧。

17.1.3 堆栈自编码器

Yoshua Bengio 等人仿照用堆叠式(stacked)RBM 构成 DBN、DBM 的方法，提出堆栈自编码器(Stacked Auto Encoder，SAE)，构造深度自编码器，如图 17-3 所示。

该模型学习也仿照 DBN，采用逐层预训练(layer-wise pre-training)方法初始化深度网络的参数，替代传统的随机小值方法。然后利用预训练结果进行全网训练，通过反向传播误差，对模型进行微调(finetune)。

在预训练时，各个编码器的参数 $\boldsymbol{W}$ 只受制于当前层的输入，可以训练完第 i 层编码器，利用优势参数把编码结果传给下一层，再开始训练第 $i+1$ 层，第 $i+1$ 层使用第 i 层训练好的结果作为输入，形成"全部迭代-更新单层"的训练方式。

在进行微调时，各层的参数 $\boldsymbol{W}$ 根据输出层的误差函数进行调整，因而第 i 层参数的梯度

依赖于第 $i+1$ 层的梯度,形成了“一次迭代-更新全网络”的反向传播。

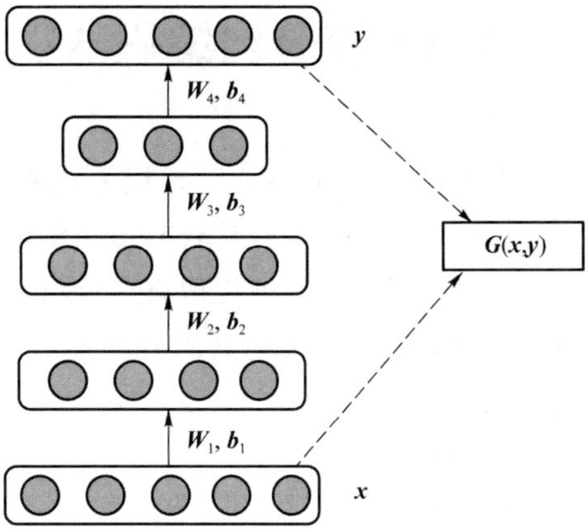

图 17-3　堆栈自编码器

例 17-1:基于 SAE 的新闻分类

数据集使用 10 类新闻文本,数据预处理和模型预训练都与例 14-2 相同。直接使用例 14-2的数据预处理结果和模型预训练参数,进行模型训练。

```
model = autoencoder( architecture = [1680, 500, 500, 128], opt_epochs = [300,5,10], model_src = 'params/dbn_params_test')
model.train(test_input,  batch_size = 200, learning_rate = 1/200, epochs = 6000, \
        output_path = 'params/sae_train_nonoise')
```

运行结果如图 17-4 所示。

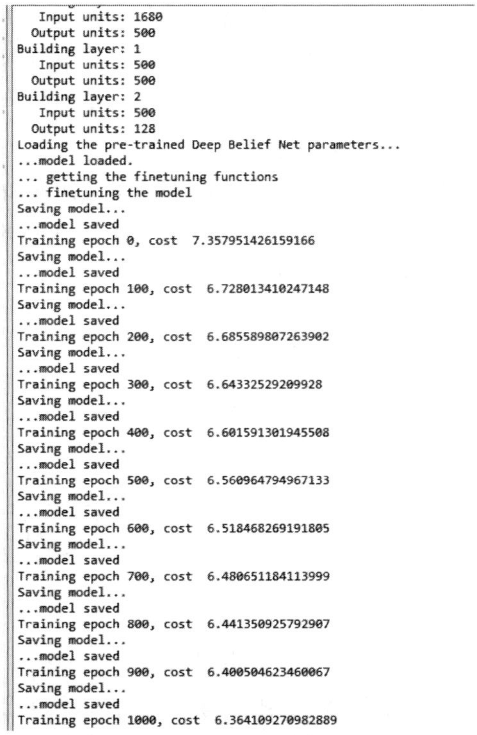

```
   Input units: 1680
  Output units: 500
Building layer: 1
   Input units: 500
  Output units: 500
Building layer: 2
   Input units: 500
  Output units: 128
Loading the pre-trained Deep Belief Net parameters...
...model loaded.
... getting the finetuning functions
... finetuning the model
Saving model...
...model saved
Training epoch 0, cost  7.357951426159166
Saving model...
...model saved
Training epoch 100, cost  6.728013410247148
Saving model...
...model saved
Training epoch 200, cost  6.685589807263902
Saving model...
...model saved
Training epoch 300, cost  6.64332529209928
Saving model...
...model saved
Training epoch 400, cost  6.601591301945508
Saving model...
...model saved
Training epoch 500, cost  6.560964794967133
Saving model...
...model saved
Training epoch 600, cost  6.518468269191805
Saving model...
...model saved
Training epoch 700, cost  6.480651184113999
Saving model...
...model saved
Training epoch 800, cost  6.441350925792907
Saving model...
...model saved
Training epoch 900, cost  6.400504623460067
Saving model...
...model saved
Training epoch 1000, cost  6.364109270982889
```

图 17-4　SAE 实验

17.2 变分自编码器

变分自编码器(Variational Auto Encoder, VAE)建模为概率生成模型。从概率模型的角度来看,VAE 就是隐变量模型基础上的多个隐藏层结构,使用深度神经网络(如 MLP)作为概率编码器和概率解码器。VAE 不仅可以用于特征提取,还可以仿照原始数据生成新的数据。

从隐变量模型的角度来看,假设数据 $\boldsymbol{x}$ 是由未观测到的连续随机变量 z 的某个随机过程生成的。该过程分为两个步骤:

① 从某个先验分布 $p_\theta(\boldsymbol{z})$生成 $\boldsymbol{z}$;

② 从某个条件分布 $p_\theta(\boldsymbol{x}|\boldsymbol{z})$生成 $\boldsymbol{x}$。

其中,先验分布 $p_\theta(\boldsymbol{z})$和似然分布 $p_\theta(\boldsymbol{x}|\boldsymbol{z})$中的参数为 θ。

模型的联合概率为 $p_\theta(\boldsymbol{x},\boldsymbol{z})=p_\theta(\boldsymbol{x}|\boldsymbol{z})p_\theta(\boldsymbol{z})$,模型中参数 θ 和隐变量 $\boldsymbol{z}$ 均是未知的。

生成模型的目的是建模 $p_\theta(\boldsymbol{x})$,这样就可以从分布中进行采样,得到新的样本数据。比如,可以把图像的像素点看作随机变量,这些像素点可能相互依赖,隐变量模型的隐藏层希望能够抽取并建模这些依赖关系。在此基础上,可以生成图像。

在对数据分布一无所知的情况下,通常假设隐变量服从正态分布。VAE 模型假设先验分布 $p_\theta(\boldsymbol{z})$服从标准正态分布。怎么根据数据样本得到后验分布 $p_\theta(\boldsymbol{z}|\boldsymbol{x})$ 呢?假设 $p_\theta(\boldsymbol{z}|\boldsymbol{x})$服从高斯分布 $p_\theta(z|\boldsymbol{x})\sim\mathcal{N}(\boldsymbol{\mu},\boldsymbol{\sigma}^2)$,采用深度神经网络来拟合,通过模型学习得到后验分布的参数 $\boldsymbol{\mu}$、$\boldsymbol{\sigma}^2$。

随机向量 $\boldsymbol{\mu}$、$\boldsymbol{\sigma}^2$ 作为隐向量 z 的分布参数,用来表征数据 $\boldsymbol{x}$ 的特征,作为深度神经网络的一层,通过模型训练学习得到,这是 VAE 模型的特别之处。接下来可以使用 z 的样本,按照生成过程生成数据样本 $\boldsymbol{x}$。VAE 计算生成数据分布与真实数据分布的相似度,这个过程采用变分推断法求解。关于变分推断法详见附录 5。

在 VAE 模型中,编码器使用概率模型学习得到输入数据的分布信息,然后融入一些随机性信息,如引入高斯噪声。这两部分信息融合后,解码器解码生成新的数据,并将其与原始数据进行对比。VAE 的模型结构如图 17-5 所示。

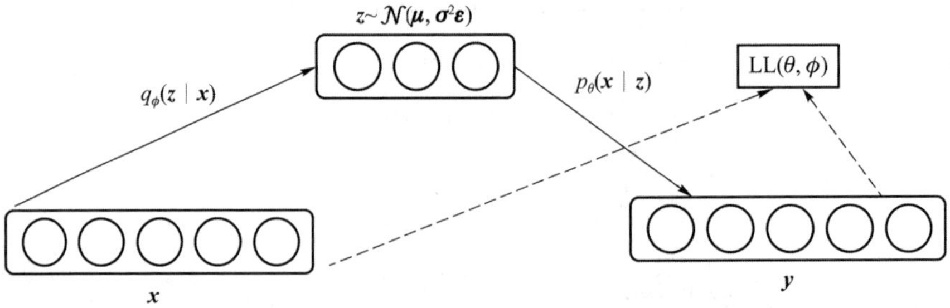

图 17-5 变分自编码器

变分推断法中,使用 $q_\phi(\boldsymbol{z}|\boldsymbol{x})$来近似真实的后验分布 $p_\theta(\boldsymbol{z}|\boldsymbol{x})$,这相当于一个概率编码器。用 KL 散度来衡量 $q_\phi(\boldsymbol{z}|\boldsymbol{x})$与 $p_\theta(\boldsymbol{z}|\boldsymbol{x})$的距离,如式(17-1)所示。

$$\begin{aligned}\mathrm{KL}(q_\phi(\boldsymbol{z}\mid\boldsymbol{x})\parallel p_\theta(\boldsymbol{z}\mid\boldsymbol{x})] &= \int_{q_\phi(\boldsymbol{z}|\boldsymbol{x})} q_\phi(\boldsymbol{z}\mid\boldsymbol{x})\log\frac{q_\phi(\boldsymbol{z}\mid\boldsymbol{x})}{p_\theta(\boldsymbol{z}\mid\boldsymbol{x})}\mathrm{d}\boldsymbol{z}\\ &= \mathbb{E}_{q_\phi(\boldsymbol{z}|\boldsymbol{x})}[\log q_\phi(\boldsymbol{z}\mid\boldsymbol{x}) - \log p_\theta(\boldsymbol{z}\mid\boldsymbol{x})]\\ &= \mathbb{E}_{q_\phi(\boldsymbol{z}|\boldsymbol{x})}\left[\log q_\phi(\boldsymbol{z}\mid\boldsymbol{x}) - \log\frac{p_\theta(\boldsymbol{x},\boldsymbol{z})}{p_\theta(\boldsymbol{x})}\right]\\ &= \mathbb{E}_{q_\phi(\boldsymbol{z}|\boldsymbol{x})}[\log q_\phi(\boldsymbol{z}\mid\boldsymbol{x}) - \log p_\theta(\boldsymbol{x},\boldsymbol{z})] + \log p_\theta(\boldsymbol{x})\end{aligned}\tag{17-1}$$

于是,完全数据的对数概率如式(17-2)所示。

$$\log p_\theta(\boldsymbol{x}) = \mathrm{KL}(q_\phi(\boldsymbol{z}|\boldsymbol{x})\parallel p_\theta(\boldsymbol{z}|\boldsymbol{x})] + \mathbb{E}_{q_\phi(\boldsymbol{z}|\boldsymbol{x})}[-\log q_\phi(\boldsymbol{z}|\boldsymbol{x}) + \log p_\theta(\boldsymbol{x},\boldsymbol{z})]\tag{17-2}$$

定义 $L(q)=\mathbb{E}_{q_\phi(\boldsymbol{z}|\boldsymbol{x})}[-\log q_\phi(\boldsymbol{z}|\boldsymbol{x})+\log p_\theta(\boldsymbol{x},\boldsymbol{z})]$,基于 KL 距离的非负性,$L(q)$ 是 $\log p_\theta(\boldsymbol{x})$ 的变分下界,并且有式(17-3)。

$$L(q)=\mathbb{E}_{q_\phi(\boldsymbol{z}|\boldsymbol{x})}[-\log q_\phi(\boldsymbol{z}|\boldsymbol{x})+\log p_\theta(\boldsymbol{x},\boldsymbol{z})]\tag{17-3a}$$

$$=\mathbb{E}_{q_\phi(\boldsymbol{z}|\boldsymbol{x})}[-\log q_\phi(\boldsymbol{z}|\boldsymbol{x})+\log p_\theta(\boldsymbol{x}|\boldsymbol{z})p_\theta(\boldsymbol{z})]\tag{17-3b}$$

$$=\mathbb{E}_{q_\phi(\boldsymbol{z}|\boldsymbol{x})}[\log p_\theta(\boldsymbol{x}|\boldsymbol{z})]-\mathbb{E}_{q_\phi(\boldsymbol{z}|\boldsymbol{x})}[\log q_\phi(\boldsymbol{z}|\boldsymbol{x})-\log p_\theta(\boldsymbol{z})]\tag{17-3c}$$

$$=\mathbb{E}_{q_\phi(\boldsymbol{z}|\boldsymbol{x})}[\log p_\theta(\boldsymbol{x}|\boldsymbol{z})]-\mathrm{KL}_{q_\phi(\boldsymbol{z}|\boldsymbol{x})}[q_\phi(\boldsymbol{z}|\boldsymbol{x})\parallel p_\theta(\boldsymbol{z})]\tag{17-3d}$$

模型的优化目标是最大化变分下界。式(17-3)中,式(17-3d)的第一项是重构损失,目的是让生成数据和原始数据尽可能相近;第二项 KL 散度是正则项,衡量两个分布的近似程度。先验分布是标准正态分布,正则项就是要让后验分布也接近正态分布。如果没有正则项,模型为了减小重构损失,会不断减小编码器输出的方差,没有了随机性。

隐变量的先验分布服从标准正态分布,假设后验分布为具有对角协方差矩阵的多元高斯分布 $q_\phi(\boldsymbol{z}|\boldsymbol{x})=\mathcal{N}(\boldsymbol{\mu},\boldsymbol{\sigma}^2)$,其中 $\boldsymbol{\mu}$、$\boldsymbol{\sigma}^2$ 是编码 MLP 的输出。那么,目标函数中的 KL 距离可以求取解析式,如式(17-4)所示,其中 $\boldsymbol{x}^i$ 是第 i 个样本数据,z 的维度为 J。

$$\begin{aligned}&-\mathrm{KL}_{q_\phi(\boldsymbol{z}|\boldsymbol{x}^i)}[q_\phi(\boldsymbol{z}\mid\boldsymbol{x}^i)\parallel p_\theta(\boldsymbol{z})]\\ &=-\int_{q_\phi(\boldsymbol{z}|\boldsymbol{x}^i)} q_\phi(\boldsymbol{z}\mid\boldsymbol{x}^i)\log\frac{q_\phi(\boldsymbol{z}\mid\boldsymbol{x}^i)}{p_\theta(\boldsymbol{z})}\mathrm{d}\boldsymbol{z}\\ &=-\int_{q_\phi(\boldsymbol{z}|\boldsymbol{x}^i)} q_\phi(\boldsymbol{z}\mid\boldsymbol{x}^i)\log q_\phi(\boldsymbol{z}\mid\boldsymbol{x}^i)\mathrm{d}\boldsymbol{z}+\int_{q_\phi(\boldsymbol{z}|\boldsymbol{x}^i)} q_\phi(\boldsymbol{z}\mid\boldsymbol{x}^i)\log p_\theta(\boldsymbol{z})\mathrm{d}\boldsymbol{z}\\ &=-\int\mathcal{N}(\boldsymbol{\mu}^i,(\boldsymbol{\sigma}^2)^i)\log\mathcal{N}(\boldsymbol{\mu}^i,(\boldsymbol{\sigma}^2)^i)\mathrm{d}\boldsymbol{z}+\int\mathcal{N}(\boldsymbol{\mu}^i,(\boldsymbol{\sigma}^2)^i)\log\mathcal{N}(\boldsymbol{0},\boldsymbol{I})\mathrm{d}\boldsymbol{z}\\ &=-\left(-\frac{J}{2}\log 2\pi-\frac{1}{2}\sum_{j=1}^{J}(1+\log\sigma_j^2)\right)+\left(-\frac{J}{2}\log 2\pi-\frac{1}{2}\sum_{j=1}^{J}(\mu_j^2+\sigma_j^2)\right)\\ &=\frac{1}{2}\sum_{j=1}^{J}(1+\log\sigma_j^2-\mu_j^2-\sigma_j^2)\end{aligned}\tag{17-4}$$

式(17-3d)中的第一项需要采用蒙特卡洛采样法来近似计算。

对选定的后验分布 $q_\phi(\boldsymbol{z}|\boldsymbol{x})$,引入一个附加辅助噪声变量 $\boldsymbol{\varepsilon}$ 的可微变换 $g_\phi(\boldsymbol{\varepsilon},\boldsymbol{x})$,来再参数化随机变量 $\tilde{\boldsymbol{z}}\sim q_\phi(\boldsymbol{z}|\boldsymbol{x})$: $\tilde{\boldsymbol{z}}=g_\phi(\boldsymbol{\varepsilon},\boldsymbol{x})$,其中 $\boldsymbol{\varepsilon}\sim p(\boldsymbol{\varepsilon})$ 。

这样,用蒙特卡洛法来估计某个函数 $f(\boldsymbol{z})$ 关于分布 $q_\phi(\boldsymbol{z}|\boldsymbol{x})$ 的期望,如式(17-5)所示。

$$\mathbb{E}_{q_\phi(\boldsymbol{z}|\boldsymbol{x})}[f(\boldsymbol{z})]=\mathbb{E}_{p(\boldsymbol{\varepsilon})}[f(g_\phi(\boldsymbol{\varepsilon},\boldsymbol{x}))]\approx\frac{1}{L}\sum_{l=1}^{L}f(g_\phi(\boldsymbol{\varepsilon}^l,\boldsymbol{x})\tag{17-5}$$

其中,$\boldsymbol{\varepsilon}^l\sim p(\boldsymbol{\varepsilon})$,L 为采样次数。

所以,随机梯度变分贝叶斯估计如式(17-6)所示。

$$\mathrm{LL}(\theta,\phi,\boldsymbol{x}^i)=\frac{1}{L}\sum_{l=1}^{L}\log p_\theta(\boldsymbol{x}^i\mid \boldsymbol{z}^{i,l})-\mathrm{KL}_{q_\phi(\boldsymbol{z}\mid\boldsymbol{x}^i)}[q_\phi(\boldsymbol{z}\mid\boldsymbol{x}^i)\parallel p_\theta(\boldsymbol{z})] \tag{17-6}$$

其中 $\boldsymbol{x}^i$ 是数据集中的第 i 个样本，$\boldsymbol{z}^{i,l}=g_\phi(\boldsymbol{\varepsilon}^{i,l},\boldsymbol{x}^i)$，$\boldsymbol{\varepsilon}^l\sim p(\boldsymbol{\varepsilon})$。

给定数据集 $X=\{\boldsymbol{x}^i\}_{i=1}^N$，基于 mini-batch 来构造一个边缘似然变分下界的估计，如式(17-7)所示。

$$\mathrm{LL}^M(\theta,\phi,\boldsymbol{x}^M,\boldsymbol{\varepsilon})=\frac{N}{M}\sum_{i=1}^{M}\mathrm{LL}(\theta,\phi,\boldsymbol{x}^i) \tag{17-7}$$

于是，基于 mini-batch 的自编码器变分贝叶斯(AEVB)算法的伪代码如下。

AEVB 算法的伪代码

1. 初始化参数 θ,ϕ
2. 重复迭代
3. 　　$\boldsymbol{x}^M\leftarrow$从数据集中抽取 M 的数据点
4. 　　$\boldsymbol{\varepsilon}\leftarrow$从噪声分布 $p(\boldsymbol{\varepsilon})$ 中随机采样
5. 　　$g\leftarrow\nabla_{\theta,\phi}\mathrm{LL}^M(\theta,\phi,\boldsymbol{x}^M,\boldsymbol{\varepsilon})$
6. 　　$\theta,\phi\leftarrow$使用梯度 g 更新参数
7. 直到参数收敛

在 VAE 中，神经网络被用作概率编码器和解码器。可以使用具有高斯输出的 MLP 作为编码器，用具有伯努利输出或高斯输出的 MLP 作为解码器。

假设编码器是一个具有对角协方差矩阵的多元高斯：$\log q_\phi(\boldsymbol{z}\mid\boldsymbol{x})=\log\mathcal{N}(\boldsymbol{\mu},\boldsymbol{\sigma}^2)$，其中，$\boldsymbol{\mu}=\boldsymbol{W}_2\boldsymbol{h}+\boldsymbol{b}_2$，$\log\boldsymbol{\sigma}^2=\boldsymbol{W}_3\boldsymbol{h}+\boldsymbol{b}_3$，$\boldsymbol{h}=\tanh(\boldsymbol{W}_1\boldsymbol{h}+\boldsymbol{b}_1)$，$\phi=\{\boldsymbol{W}_1,\boldsymbol{W}_2,\boldsymbol{W}_3,\boldsymbol{b}_1,\boldsymbol{b}_2,\boldsymbol{b}_3\}$是 MLP 的权重和偏置。编码过程如图 17-6(a)所示。

假设解码器 $p_\theta(\boldsymbol{x}\mid\boldsymbol{z})$ 是一个多元伯努利分布：$\log p_\theta(\boldsymbol{x}\mid\boldsymbol{z})=\sum_i(\boldsymbol{x}^i\log\boldsymbol{y}^i+(1-\boldsymbol{x}^i)\log(1-\boldsymbol{y}^i))$，其中，$\boldsymbol{y}^i=\mathrm{sigm}(\boldsymbol{W}_5\tanh(\boldsymbol{W}_4\boldsymbol{z}^i+\boldsymbol{b}_4)+\boldsymbol{b}_5)$，$\theta=\{\boldsymbol{W}_4,\boldsymbol{W}_5,\boldsymbol{b}_4,\boldsymbol{b}_5\}$是 MLP 的权重和偏置。解码过程如图 17-6(b) 所示。

假设解码器 $p_\theta(\boldsymbol{x}|\boldsymbol{z})$是一个具有对角协方差矩阵的多元高斯分布，则解码过程类似于编码过程，$\theta=\{\boldsymbol{W}_4,\boldsymbol{W}_5,\boldsymbol{W}_6,\boldsymbol{b}_4,\boldsymbol{b}_5,\boldsymbol{b}_6\}$是 MLP 的权重和偏置。解码过程如图 17-6(c)所示。

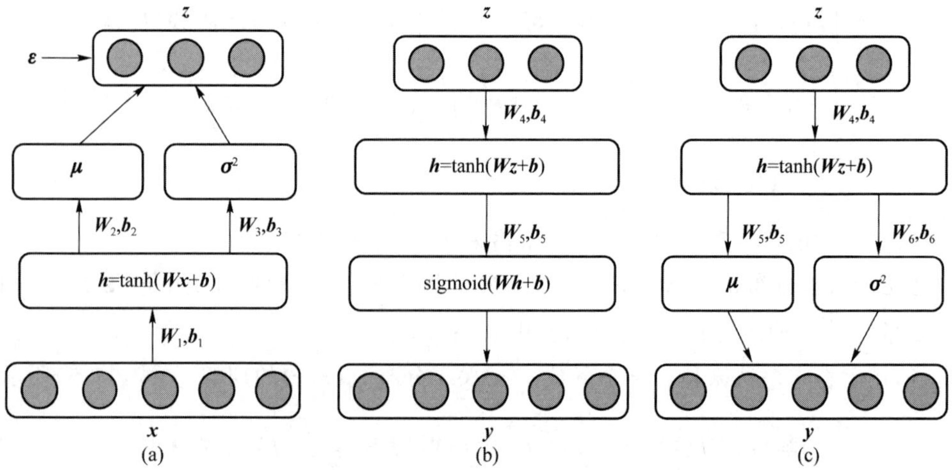

图 17-6　MLP 作为编码器和解码器

下面说说为什么需要再参数化。

尽管后验分布被建模为高斯分布 $q_\phi(\boldsymbol{z}|\boldsymbol{x})=\mathcal{N}(\boldsymbol{\mu},\boldsymbol{\sigma}^2)$，但是 $\boldsymbol{\mu}$、$\boldsymbol{\sigma}^2$ 都是模型中的一层，然后采样得到样本。模型训练时，"采样"这个操作是不可导的，如图 17-7(a)所示。

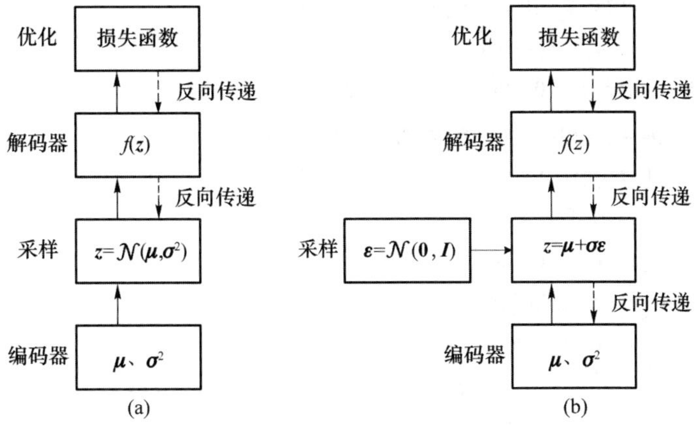

图 17-7　再参数化

但是，后验概率的变换形式如式(17-8)所示，说明 $\frac{\boldsymbol{z}-\boldsymbol{\mu}}{\boldsymbol{\sigma}}=\boldsymbol{\varepsilon}$ 是服从标准正态分布的。需要注意，式(17-8)中要把 d$\boldsymbol{z}$ 考虑进去，因为乘以 d$\boldsymbol{z}$ 才能得到概率，否则只能得到概率密度。

$$\frac{1}{\sqrt{2\pi\sigma^2}}\mathrm{e}^{-\frac{(z-\mu)^2}{2\sigma^2}}\mathrm{d}\boldsymbol{z}=\frac{1}{\sqrt{2\pi}}\mathrm{e}^{-\frac{1}{2}\left(\frac{z-\mu}{\sigma}\right)^2}\mathrm{d}\left(\frac{\boldsymbol{z}-\boldsymbol{\mu}}{\boldsymbol{\sigma}}\right) \tag{17-8}$$

从式(17-8)可以看出来，从 $\mathcal{N}(\boldsymbol{\mu},\boldsymbol{\sigma}^2)$ 中采样一个 z 相当于从 $\mathcal{N}(\boldsymbol{0},\boldsymbol{I})$ 中采样一个 $\boldsymbol{\varepsilon}$，然后计算 $\boldsymbol{z}=\boldsymbol{\mu}+\boldsymbol{\sigma\varepsilon}$。这样一来，"采样"这个操作就不用参与梯度下降了，改为采样的结果参与计算，如式(17-9)所示，模型就可以训练了，如图 17-7(b)所示。

$$\mathbb{E}_{\mathcal{N}(z|\mu,\sigma^2)}[f(\boldsymbol{z})]=\mathbb{E}_{\mathcal{N}(\varepsilon|0,I)}[f(\boldsymbol{\mu}+\boldsymbol{\sigma\varepsilon})]\approx\frac{1}{L}\sum_{l=1}^{L}f(\boldsymbol{\mu}+\boldsymbol{\sigma\varepsilon}^l) \tag{17-9}$$

例 17-2：使用变分自编码器进行手写数字识别，并生成一些数字图片

VAE 手写数字识别代码

```
import tensorflow as tf
import numpy as np
import matplotlib.pyplot as plt
import matplotlib.gridspec as gridspec
import os
from tensorflow.examples.tutorials.mnist import input_data

mnist = input_data.read_data_sets('D:/code/test_mnist_tf', one_hot = True)
mb_size = 64 #minibatch 的大小
z_dim = 100   #隐变量 z 的维度
X_dim = mnist.train.images.shape[1]   #784 #图片平展后的维度
y_dim = mnist.train.labels.shape[1] #10 #0～9 的标签
h_dim = 128 #隐藏层维度
c = 0
```

```
lr = 1e-3

def plot(samples):
    fig = plt.figure(figsize = (4, 4))
    gs = gridspec.GridSpec(4, 4)
    gs.update(wspace = 0.05, hspace = 0.05)
    for i, sample in enumerate(samples):
        ax = plt.subplot(gs[i])
        plt.axis('off')
        ax.set_xticklabels([])
        ax.set_yticklabels([])
        ax.set_aspect('equal')
        plt.imshow(sample.reshape(28, 28), cmap = 'Greys_r')
    return fig

def xavier_init(size):
    in_dim = size[0]
    xavier_stddev = 1. / tf.sqrt(in_dim / 2.)
    return tf.random_normal(shape = size, stddev = xavier_stddev)

# ====================== Q(z|X) ==============================
X = tf.placeholder(tf.float32, shape = [None, X_dim]) # (None,784)
z = tf.placeholder(tf.float32, shape = [None, z_dim]) # (None,100)

Q_W1 = tf.Variable(xavier_init([X_dim, h_dim])) # (784,128)
Q_b1 = tf.Variable(tf.zeros(shape = [h_dim]))   # 128

Q_W2_mu = tf.Variable(xavier_init([h_dim, z_dim])) # (128, 100)
Q_b2_mu = tf.Variable(tf.zeros(shape = [z_dim])) # 100

Q_W2_sigma = tf.Variable(xavier_init([h_dim, z_dim])) # (128,100)
Q_b2_sigma = tf.Variable(tf.zeros(shape = [z_dim]))    # (100)

def Q(X):
    h = tf.nn.relu(tf.matmul(X, Q_W1) + Q_b1) # (None,128)
    z_mu = tf.matmul(h, Q_W2_mu) + Q_b2_mu    # (None,100)
    z_logvar = tf.matmul(h, Q_W2_sigma) + Q_b2_sigma # (None,100)
    return z_mu, z_logvar

def sample_z(mu, log_var):
```

```
    eps = tf.random_normal(shape = tf.shape(mu))
    return mu + tf.exp(log_var / 2) * eps

# ======================= P(X|z) ==============================
P_W1 = tf.Variable(xavier_init([z_dim, h_dim])) #(100,128)
P_b1 = tf.Variable(tf.zeros(shape = [h_dim]))    #128

P_W2 = tf.Variable(xavier_init([h_dim, X_dim])) #(128,784)
P_b2 = tf.Variable(tf.zeros(shape = [X_dim])) #784

def P(z):
    h = tf.nn.relu(tf.matmul(z, P_W1) + P_b1)   #(,128)
    logits = tf.matmul(h, P_W2) + P_b2    #(,784)
    prob = tf.nn.sigmoid(logits)
    return prob, logits

# ======================= TRAINING ============================
z_mu, z_logvar = Q(X)   #真实数据 X 中获取关于得到隐变量 z 的信息
z_sample = sample_z(z_mu, z_logvar)   #从信息采样得到隐变量 z 样本
_, logits = P(z_sample) #拿隐变量 z 样本进行采样得到真实数据的 logits

# Sampling from random z
X_samples, _ = P(z)

# E[log P(X|z)] #重构损失
recon_loss = tf.reduce_sum(tf.nn.sigmoid_cross_entropy_with_logits(logits = 
logits, labels = X), 1)
# D_KL(Q(z|X) || P(z)); calculate in closed form as both dist. are Gaussian
kl_loss = 0.5 * tf.reduce_sum(tf.exp(z_logvar) + z_mu ** 2 - 1. -z_logvar, 1)
# VAE loss
vae_loss = tf.reduce_mean(recon_loss + kl_loss)
solver = tf.train.AdamOptimizer().minimize(vae_loss)
sess = tf.Session()
sess.run(tf.global_variables_initializer())

if not os.path.exists('out/'):
    os.makedirs('out/')
i = 0
for it in range(1000000):
    X_mb, _ = mnist.train.next_batch(mb_size) #标签没用
```

```
                    #同时运行 solver 和 vae_loss 的列表
    _, loss = sess.run([solver, vae_loss], feed_dict = {X: X_mb})

    if it % 1000 == 0:
        print('Iter: {}'.format(it))
        print('Loss: {:.4}'. format(loss))
        samples = sess.run(X_samples, feed_dict = {z: np.random.randn(16, z_dim)})
        fig = plot(samples)
        plt.savefig('out/{}.png'.format(str(i).zfill(3)), bbox_inches = 'tight')
        i += 1
        plt.close(fig)
```

程序运行结果如图 17-8 所示。

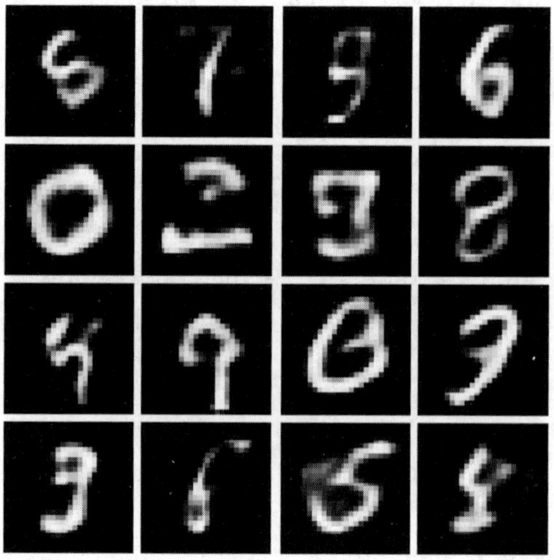

图 17-8 VAE 生成的数字图片

第 17 章讲解视频

第 18 章 图神经网络

图神经网络课件

18.1 基本概念

深度神经网络已经在欧氏空间(Euclidean space)数据〔如图 18-1(a)所示〕中取得了很大的成功,但从非欧氏空间(non-Euclidean space)生成的数据更为多见,如图数据〔如图 18-1(a)所示〕。图(graph)是对一组对象(节点,node)及其关系(边,edge)进行建模的一种非欧氏空间数据结构,可以系统表示社会科学、自然科学、知识图谱等许多研究领域的结构和内容,具有强大的表现力。例如:在电子商务领域,一个基于"图"的学习系统能够利用用户和商品之间的交互实现高度精准的推荐;在化学领域,分子结构被建模为"图",新药研发需要测定其生物活性。在论文引用网络中,论文之间通过引用关系互相连接,需要将它们分成不同的类别。

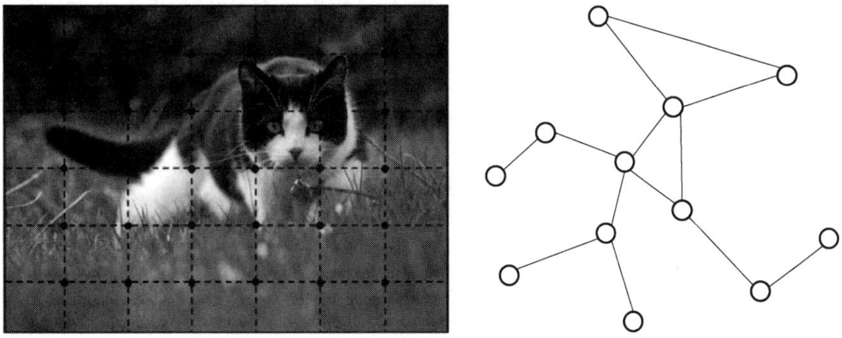

(a) 图像数据　　(b) 图数据

图 18-1　欧氏空间的图像数据和非欧氏空间的图数据

图数据的复杂性对现有机器学习算法提出了重大挑战。首先,因为图结构是不规则的,每个图大小不同、节点无序,一幅图中的每个节点都有不同数目的邻近节点,使得一些在图像中容易实现的重要运算(如卷积运算)无法直接应用于图数据;其次,现有机器学习算法的核心假设是数据样本彼此独立,然而图中的每个数据样本都与周围的其他样本相关,蕴含着包括引用、相邻和相互作用等复杂的依赖关系。但是,由于许多任务都需要处理包含丰富节点信息和关系信息的图数据,所以利用机器学习对其进行分析和研究越来越受到人们的重视。

图神经网络(Graph Neural Network,GNN)希望同时建模图结构和图的信息,基于深度学习建立端到端模型,通过模型训练或者图表示学习的方法,解决好各种图相关的应用和任务。近年来,图神经网络及其变体凭借令人信服的性能和较高的可解释性,已成为一种应用广泛的图分析方法。

图神经网络有两大基本的发展动机。一个动机来自卷积神经网络。CNN凭借局部连接、共享权重和多层的使用,能够提取多尺度的局部空间特征并将其组合成具有高度表达能力的表示,在几乎所有的机器学习领域都取得了突破,开启了深度学习的新时代。随着对图的深入研究,人们发现图是最典型的局部连通结构,共享权值也可以大大降低传统谱图理论的计算量,多层的神经网络结构也是处理图层次结构的关键,因此把CNN推广到图数据成为可能。然而,CNN只能对图像(二维网格)和文本(一维序列)等数据进行操作,这些规则的欧氏空间数据仅仅是图的一些特例。GNN需要定义应用到图上的局部卷积核和池化操作,这阻碍了CNN从传统欧氏空间向非欧氏空间的扩展。另一个动机来自图嵌入(graph embedding),学习如何用低维向量表示节点、边或子图。DeepWalk被认为是第一种基于表示学习(representation learning)的图嵌入方法,借鉴了词向量(word embedding)的思想,在通过随机游走生成的节点序列上应用skip-gram模型来训练节点的表示向量。类似的方法(如Node2Vec、LINE和TADW)已取得了一些成果。然而,这些方法有两个严重的缺点:首先,编码器中的节点之间没有参数共享,这意味着参数的数量随着节点的数量线性增长,这会导致计算效率低下;其次,这种方法缺乏泛化能力,不能处理动态图,难以推广到新图。

基于CNN和图嵌入思想以及一些早期的研究,图神经网络希望同时建模图结构和图上的信息。需要注意:受到图结构描述的节点联系的影响,图数据的样本一般不符合“独立同分布”的假设。GNN采用人工神经网络建模,图结构和图信息作为人工神经网络的输入,是一个强大的端到端人工神经网络模型。区别于其他的神经网络模型,CNN和RNN只能按照特定的顺序对节点的特征进行叠加,GNN忽略节点的输入顺序,通常通过节点邻域状态的加权和来更新节点的隐藏状态,节点的输入顺序改变不会影响GNN的输出。另外,图中的边表示两个节点之间的依赖关系,GNN可以建模边信息在图结构的传播过程,而不是将其用作节点特征的一部分。

18.2 图卷积基础

“Spectral networks and locally connected networks on graphs”是第一篇将CNN泛化到非欧氏空间的论文,被称为第一代图卷积网络(Graph Convolutional Network,GCN)。该论文将GCN分为非谱域(空间域)方法和谱域方法。

非谱域(空间域)方法是非常直观的一种方式,顾名思义就是提取拓扑图上的空间特征,直接在图上定义卷积,进行空间上的邻居操作。

谱域方法即处理图结构的谱域表示,希望借助于图谱的理论来实现拓扑图上的卷积操作。从整个研究的时间进程来看,首先关于图信号处理(Graph Signal Processing,GSP)的研究定义了图上的傅里叶(Fourier)变换;其次通过计算拉普拉斯图的特征分解在Fourier域定义了图上的卷积运算;最后将其与深度学习结合提出了GCN。

18.2.1 图信号处理

给定图 $G=(V,E)$,V 是图中的节点集合,E 是边的集合。假设图中有 N 个节点,图信号表示 N 个节点上的信息,写作 $\boldsymbol{x}=(x_1,x_2,\cdots,x_N)^{\mathrm{T}}$,其中 x_i 是节点 v_i 上的信号强度,如图 18-2 所示。

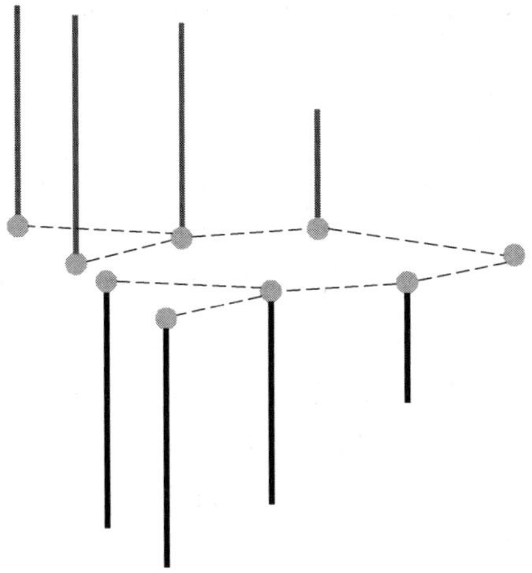

图 18-2 图信号示例

对于基本的图结构,假设邻接矩阵为 $\boldsymbol{A}$,定义拉普拉斯矩阵:$\boldsymbol{L}=\boldsymbol{D}-\boldsymbol{A}$。$\boldsymbol{D}$ 是一个对角矩阵,只有对角线元素有非 0 值,表示节点 v_i 的度。因此拉普拉斯矩阵的元素定义如式(18-1)所示。

$$L_{ij}=\begin{cases}\deg(v_i), & i=j\\ -1, & e_{ij}\in E\\ 0, & 其他\end{cases} \tag{18-1}$$

拉普拉斯矩阵的正则化形式为 $\boldsymbol{L}=\boldsymbol{I}_N-\boldsymbol{D}^{-\frac{1}{2}}\boldsymbol{A}\boldsymbol{D}^{-\frac{1}{2}}$,元素级别的定义如式(18-2)所示。

$$L_{\mathrm{sym}}[i,j]=\begin{cases}1, & i=j\\ \dfrac{-1}{\sqrt{\deg(v_i)}\sqrt{\deg(v_j)}}, & e_{ij}\in E\\ 0, & 其他\end{cases} \tag{18-2}$$

拉普拉斯矩阵的定义来源于拉普拉斯算子。在 4.5 节中讲过使用拉普拉斯算子在图像上进行卷积运算,提取物体的边缘特征。类似地,在图信号处理中,拉普拉斯矩阵用来描述中心节点 v_i 与邻居节点 $\mathrm{Nb}(v_i)$之间的信号差异,如式(18-3)所示。

$$\boldsymbol{L}\boldsymbol{x}=(\boldsymbol{D}-\boldsymbol{A})\boldsymbol{x}=\Big(\cdots,\sum_{v_j\in\mathrm{Nb}(v_i)}(x_i-x_j),\cdots\Big)^{\mathrm{T}} \tag{18-3}$$

定义图信号的一个二次型,如式(18-4)所示,可以看出,拉普拉斯矩阵是一个反映图信号局部平滑度的算子。

$$\mathrm{TV}(\boldsymbol{x})=\boldsymbol{x}^{\mathrm{T}}\boldsymbol{L}\boldsymbol{x}=\sum_{v_i}\sum_{v_j\in\mathrm{Nb}(v_i)}x_i(x_i-x_j)=\sum_{e_{ij}\in E}(x_i-x_j)^2 \tag{18-4}$$

$TV(\boldsymbol{x})$称为图信号的总变差(total variation)，是一个标量，反映了图信号整体的平滑度。

18.2.2　图傅里叶变换

空间域上信号的卷积操作可转变为信号傅里叶变换后谱域上的乘积。

由式(18-1)可以看出，拉普拉斯矩阵是一个实对称矩阵，因此可以进行特征分解，恰好可以用分解后的特征向量把输入信号 $\boldsymbol{x}\in\mathbb{R}^N$ 映射到谱域。特征分解如式(18-5)所示。

$$\boldsymbol{L}=\boldsymbol{U\Lambda U}^{\mathrm{T}}=(\boldsymbol{u}_1 \quad \boldsymbol{u}_2 \quad \cdots \quad \boldsymbol{u}_N)\begin{pmatrix}\lambda_1 & & & \\ & \lambda_2 & & \\ & & \ddots & \\ & & & \lambda_N\end{pmatrix}\begin{pmatrix}\boldsymbol{u}_1\\ \boldsymbol{u}_2\\ \vdots\\ \boldsymbol{u}_N\end{pmatrix} \tag{18-5}$$

其中 $\boldsymbol{U}$ 是一个正交矩阵，由 $\boldsymbol{L}$ 的特征向量组成，每个 $\boldsymbol{u}_i$ 是一个列向量。特征值对角矩阵对特征值进行升序排列，即 $\lambda_1\leqslant\lambda_2\leqslant\cdots\leqslant\lambda_N$。

对于任意图信号 $\boldsymbol{x}$，拉普拉斯矩阵的二次型 $TV(\boldsymbol{x})\geqslant 0$，拉普拉斯矩阵是一个半正定矩阵，其所有的特征值均大于或等于 0。并且 $\boldsymbol{LI}=0$，因此 $\lambda_1=0$。

对于任意一个在图 G 上的信号 $\boldsymbol{x}$，定义图傅里叶变换(Graph Fourier Transform，GFT)如式(18-6)所示。

$$\tilde{x}_k=\sum_{i=1}^{N}U_{ki}x_i=\langle\boldsymbol{u}_k,\boldsymbol{x}\rangle \tag{18-6}$$

称特征向量为傅里叶基，$\tilde{x}_k$ 是 $\boldsymbol{x}$ 在第 k 个傅里叶基上的傅里叶系数。傅里叶系数本质上是图信号在傅里叶基上的投影，衡量了图信号与傅里叶基之间的相似度。

用矩阵形式计算全部傅里叶系数，如式(18-7)所示。

$$\tilde{\boldsymbol{x}}=\boldsymbol{U}^{\mathrm{T}}\boldsymbol{x} \tag{18-7}$$

由于 $\boldsymbol{U}$ 是正交矩阵，在式(18-7)等号左边乘以 $\boldsymbol{U}$，可以定义逆图傅里叶变换(Inverse Graph Fourier Transform，IGFT)，如式(18-8)所示。

$$\boldsymbol{x}=\boldsymbol{U}\tilde{\boldsymbol{x}}=\boldsymbol{UU}^{\mathrm{T}}\boldsymbol{x} \tag{18-8}$$

从线性代数的角度来看，$\boldsymbol{u}_1,\boldsymbol{u}_2,\cdots,\boldsymbol{u}_N$组成了 N 维特征空间中的一组完备正交基。

使用图傅里叶变换，对总变差进行推导，如式(18-9)所示。

$$\begin{aligned}TV(\boldsymbol{x})=\boldsymbol{x}^{\mathrm{T}}\boldsymbol{Lx}&=\boldsymbol{x}^{\mathrm{T}}\boldsymbol{U\Lambda U}^{\mathrm{T}}\boldsymbol{x}\\&=(\boldsymbol{U}\tilde{\boldsymbol{x}})^{\mathrm{T}}\boldsymbol{U\Lambda U}^{\mathrm{T}}(\boldsymbol{U}\tilde{\boldsymbol{x}})\\&=\tilde{\boldsymbol{x}}^{T}\boldsymbol{U}^{\mathrm{T}}\boldsymbol{U\Lambda U}^{\mathrm{T}}\boldsymbol{U}\tilde{\boldsymbol{x}}\\&=\tilde{\boldsymbol{x}}^{\mathrm{T}}\boldsymbol{\Lambda}\tilde{\boldsymbol{x}}\\&=\sum_{k=1}^{N}\lambda_k\tilde{x}_k^2\end{aligned} \tag{18-9}$$

从式(18-9)可以看出，总变差是图的所有特征值的一个加权线性组合，权重是图信号相对应的傅里叶系数的平方。

总变差代表图信号的整体平滑度，那么特征值由小到大排列，对图信号的平滑度作出了一种梯度刻画，因此可以将特征值看作频率。特征值越小，频率越低，对应的傅里叶基就变化得越平缓，相近节点上的信号值趋于一致；特征值越大，频率越高，对应的傅里叶基就变化得越剧烈，相近节点上的信号值则非常不一致。

傅里叶系数可以看作图信号在对应的频率分量上的幅值，反映了图信号在频率分量上的强度。图信号在低频分量上的强度越大，该信号的平滑度越好；相反，图信号在高频分量上的强度越大，该信号的平滑度越低。

把图信号所有的傅里叶系数合在一起称为该信号的频谱(spectrum)。频谱完整地描述了图信号的频域特性。

频域视角是一种全局视角，图信号频谱上的任意一个傅里叶系数都是对图信号的某种低频或高频特征的定量描述，这种定量描述既包含了图信号本身值的大小，也考虑了图的结构信息。

18.2.3 图滤波器

对给定图信号的频谱中各个频率分量的强度进行增强或者衰减的操作，称为图滤波器(graph filter)。假设图滤波器是一个 $N\times N$ 的矩阵 $\boldsymbol{H}$，对 $\boldsymbol{x}$ 进行变换，得到输出图信号 $\boldsymbol{y}$，如式(18-10)所示。

$$\begin{aligned}\boldsymbol{y}=\boldsymbol{H}\boldsymbol{x}&=(\boldsymbol{u}_1\quad \boldsymbol{u}_2\quad \cdots\quad \boldsymbol{u}_N)\begin{pmatrix}h(\lambda_1)\tilde{x}_1\\ h(\lambda_2)\tilde{x}_2\\ \vdots\\ h(\lambda_N)\tilde{x}_N\end{pmatrix}\\ &=\boldsymbol{U}\begin{pmatrix}h(\lambda_1)&&&\\ &h(\lambda_2)&&\\ &&\ddots&\\ &&&h(\lambda_N)\end{pmatrix}\boldsymbol{U}^{\mathrm{T}}\boldsymbol{x}\end{aligned}\tag{18-10}$$

其中，

$$\boldsymbol{H}=\boldsymbol{U}\begin{pmatrix}h(\lambda_1)&&&\\ &h(\lambda_2)&&\\ &&\ddots&\\ &&&h(\lambda_N)\end{pmatrix}\boldsymbol{U}^{T}=\boldsymbol{U}\boldsymbol{\Lambda}_h\boldsymbol{U}^{\mathrm{T}}$$

$\boldsymbol{\Lambda}_h$ 称为图滤波器 $\boldsymbol{H}$ 的频率响应矩阵，$h(\lambda)$ 称为 $\boldsymbol{H}$ 的频率响应函数。不同的频率响应函数可以实现不同的滤波效果。

从算子的角度来讲，$\boldsymbol{H}\boldsymbol{x}$ 描述了一种作用于每个节点一阶子图上的变换操作，其通常称为图位移算子。所以，图滤波器并不一定局限在拉普拉斯矩阵上。

下面用泰勒展开多项式逼近函数去近似任意类型函数曲线的频率响应函数。基于拉普拉斯矩阵多项式的图滤波器如式(18-11)所示。

$$\boldsymbol{H}=h_0\boldsymbol{L}^0+h_1\boldsymbol{L}^1+h_2\boldsymbol{L}^2+\cdots+h_K\boldsymbol{L}^K=\sum_{k=0}^{K}h_k\boldsymbol{L}^k\tag{18-11}$$

其中 K 是图滤波器 $\boldsymbol{H}$ 的阶数。

对于 $\boldsymbol{y}=\boldsymbol{H}\boldsymbol{x}=\sum_{k=0}^{K}h_k\boldsymbol{L}^k\boldsymbol{x}$，如果设定 $\boldsymbol{x}^{(k)}=\boldsymbol{L}^k\boldsymbol{x}=\boldsymbol{L}\boldsymbol{x}^{(k-1)}$，则 $\boldsymbol{y}=\sum_{k=0}^{K}h_k\boldsymbol{x}^{(k)}$。输出图信号变成了 $K+1$ 组图信号的线性加权。由于 $\boldsymbol{L}$ 是一个图位移算子，因此，$\boldsymbol{x}^{(k-1)}$ 到 $\boldsymbol{x}^{(k)}$ 的变换只需要所有节点的一阶邻居参与计算。总的来看，$\boldsymbol{x}^{(k)}$ 的计算只需要所有节点的 k 阶邻居参与。

从频域的角度来看，如式(18-12)所示。

$$\begin{aligned}\boldsymbol{H}&=\sum_{k=0}^{K}h_k\boldsymbol{L}^k=\sum_{k=0}^{K}h_k(\boldsymbol{U}\boldsymbol{\Lambda}\boldsymbol{U}^{\mathrm{T}})^k=\boldsymbol{U}\Big(\sum_{k=0}^{K}h_k\boldsymbol{\Lambda}^k\Big)\boldsymbol{U}^{\mathrm{T}}\\&=\boldsymbol{U}\begin{bmatrix}\sum_{k=0}^{K}h_k\lambda_1^k&&\\&\ddots&\\&&\sum_{k=0}^{K}h_k\lambda_N^k\end{bmatrix}\boldsymbol{U}^{\mathrm{T}}\end{aligned}\tag{18-12}$$

用该滤波器进行滤波，则如式(18-13)所示。

$$\boldsymbol{y}=\boldsymbol{H}\boldsymbol{x}=\boldsymbol{U}\Big(\sum_{k=0}^{K}h_k\boldsymbol{\Lambda}^k\Big)\boldsymbol{U}^{\mathrm{T}}\boldsymbol{x}\tag{18-13}$$

从式(18-13)可以看出，滤波操作分为如下 3 步。

① 通过图傅里叶变换 $\boldsymbol{U}^{\mathrm{T}}\boldsymbol{x}$，将图信号 $\boldsymbol{x}$ 变换到频域空间。

② 通过 $\boldsymbol{\Lambda}_h=\sum_{k=0}^{K}h_k\boldsymbol{\Lambda}^k$ 对频率分量的强度进行调节，得到 $\tilde{\boldsymbol{y}}$。

③ 通过逆图傅里叶变换，即 $\boldsymbol{U}\tilde{\boldsymbol{y}}$ 将 $\tilde{\boldsymbol{y}}$ 反变换成图信号 $\boldsymbol{y}$。

$\boldsymbol{H}$ 的频率响应矩阵为 $\boldsymbol{\Lambda}_h=\sum_{k=0}^{K}h_k\boldsymbol{\Lambda}^k=\mathrm{diag}(\boldsymbol{\Psi}\boldsymbol{h})$，其中 $\boldsymbol{h}$ 是由多项式系数 h_k 构成的向量，

$$\boldsymbol{\Psi}=\begin{pmatrix}1&\lambda_1&\cdots&\lambda_1^K\\1&\lambda_2&\cdots&\lambda_2^K\\\vdots&\vdots&&\vdots\\1&\lambda_N&\cdots&\lambda_N^K\end{pmatrix}$$ 是范德蒙矩阵。

如果已知 $\boldsymbol{\Lambda}_h$，可以反过来求解多项式系数：$\boldsymbol{h}=\boldsymbol{\Psi}^{-1}\mathrm{diag}^{-1}(\boldsymbol{\Lambda}_h)$，其中 diag^{-1} 表示将对角矩阵变成列向量。

18.2.4 图卷积网络

给定两组图 G 上的图信号 $\boldsymbol{x}_1$、$\boldsymbol{x}_2$，图卷积运算定义为式(18-14)。

$$\boldsymbol{x}_1*\boldsymbol{x}_2=\mathrm{IGFT}(\mathrm{GFT}(\boldsymbol{x}_1)\odot\mathrm{GFT}(\boldsymbol{x}_2))\tag{18-14}$$

时域中的卷积运算等价于频域中的乘积运算。

式(18-14)还可以写成图滤波运算，如式(18-15)所示。

$$\begin{aligned}\boldsymbol{x}_1*\boldsymbol{x}_2&=\boldsymbol{U}((\boldsymbol{U}^{\mathrm{T}}\boldsymbol{x}_1)\odot(\boldsymbol{U}^{\mathrm{T}}\boldsymbol{x}_2))=\boldsymbol{U}(\tilde{\boldsymbol{x}}_1\odot(\boldsymbol{U}^{\mathrm{T}}\boldsymbol{x}_2))\\&=\boldsymbol{U}(\mathrm{diag}(\tilde{\boldsymbol{x}}_1)(\boldsymbol{U}^{\mathrm{T}}\boldsymbol{x}_2))\\&=(\boldsymbol{U}\mathrm{diag}(\tilde{\boldsymbol{x}}_1)\boldsymbol{U}^{\mathrm{T}})\boldsymbol{x}_2\\&=\boldsymbol{H}_{\tilde{\boldsymbol{x}}_1}\boldsymbol{x}_2\end{aligned}\tag{18-15}$$

令 $\boldsymbol{H}_{\tilde{x}_1}=\boldsymbol{U}\mathrm{diag}(\tilde{\boldsymbol{x}}_1)\boldsymbol{U}^{\mathrm{T}}$，滤波器 $\boldsymbol{H}_{\tilde{x}_1}$ 的频率响应矩阵为 $\boldsymbol{x}_1$ 的频谱。式(18-15)表示，图卷积等价于图滤波。

借鉴卷积在图像应用中的作用，可以将图卷积运算推广到图数据的应用中。每个节点的信号是一个标量，可以把节点的高维特征作为向量，所以图数据 $\boldsymbol{x}$ 可以扩展为矩阵 $\boldsymbol{X}$。

1. 对频率响应矩阵进行参数化

图滤波算法的核心在于频率响应矩阵，如果对频率响应矩阵进行参数化，就可以使用神经网络进行学习。神经元的定义如式(18-16)所示。

$$\begin{aligned}\boldsymbol{X}'&=\mathrm{sigm}\left(\boldsymbol{U}\begin{pmatrix}\theta_1 & & & \\ & \theta_2 & & \\ & & \ddots & \\ & & & \theta_N\end{pmatrix}\boldsymbol{U}^{\mathrm{T}}\boldsymbol{X}\right)\\&=\mathrm{sigm}(\boldsymbol{U}\mathrm{diag}(\theta)\boldsymbol{U}^{\mathrm{T}}\boldsymbol{X})\\&=\mathrm{sigm}(\Theta\boldsymbol{X})\end{aligned}\tag{18-16}$$

其中，Θ 是需要学习的图滤波器，θ 是需要学习的参数，$\boldsymbol{X}$ 是输入的图信号，$\boldsymbol{X}'$ 是输出的图信号。

但是，第一代 GCN 运算存在参数上的弊端。对于大规模的图数据，每一次前向传播都要计算一个大规模的矩阵乘积，计算的代价较高。并且，参数量 θ 与节点数量同比增长，参数量大。

2. 对多项式系数进行参数化

第二代 GCN 巧妙地将参数设计成了式(18-17)所示的形式。

$$\begin{aligned}\boldsymbol{X}'&=\mathrm{sigm}\Big(\boldsymbol{U}\Big(\sum_{k=0}^{K}\theta_k\boldsymbol{\Lambda}^k\Big)\boldsymbol{U}^{\mathrm{T}}\boldsymbol{X}\Big)\\&=\mathrm{sigm}(\boldsymbol{U}\mathrm{diag}(\boldsymbol{\Psi}\theta)\boldsymbol{U}^{\mathrm{T}}\boldsymbol{X})\end{aligned}\tag{18-17}$$

其中，参数 θ 是多项式系数向量，维度 K 可以自由控制。K 越大，可以拟合的频率响应函数的次数就越高，可以实现复杂的滤波关系。一般设 $K\ll N$，防止模型过拟合。并且，$\boldsymbol{U}\mathrm{diag}(\boldsymbol{\Psi}\theta)\boldsymbol{U}^{\mathrm{T}}=\boldsymbol{U}\Big(\sum_{k=0}^{K}\theta_k\boldsymbol{\Lambda}^k\Big)\boldsymbol{U}^{\mathrm{T}}=\sum_{k=0}^{K}\theta_k\boldsymbol{U}\boldsymbol{\Lambda}^k\boldsymbol{U}^{\mathrm{T}}=\sum_{k=0}^{K}\theta_k\boldsymbol{L}^k$，可以直接用拉普拉斯矩阵 $\boldsymbol{L}$ 进行变换，不需要再对拉普拉斯矩阵做特征分解了。但是，由于还需要计算拉普拉斯矩阵 $\boldsymbol{L}$ 的幂运算，其复杂度依然较高。

3. 设计固定的图滤波器

Chebyshev 多项式图卷积神经网络利用切比雪夫多项式的 K 阶截断来近似逼近卷积核。例如，对式(18-17)进行限制，设 $K=1$，则 $\boldsymbol{X}'=\mathrm{sigm}(\theta_0\boldsymbol{X}+\theta_1\boldsymbol{L}\boldsymbol{X})$，令 $\theta_0=\theta_1=\theta$，则有式(18-18)。

$$\boldsymbol{X}'=\mathrm{sigm}(\theta(\boldsymbol{I}+\boldsymbol{L})\boldsymbol{X})=\mathrm{sigm}(\theta\tilde{\boldsymbol{L}}\boldsymbol{X})\tag{18-18}$$

其中，θ 是个标量，相当于对 $\tilde{\boldsymbol{L}}=\boldsymbol{I}+\boldsymbol{L}$ 的频率响应函数做了一个尺度变换。这种变换在神经网络模型中通常会被归一化操作替代，因此设 $\theta=1$。这样就得到了一个固定的图滤波器。

为了加强网络的拟合能力，可以设计一个参数化的权重矩阵 $\boldsymbol{W}$，对输入信号进行仿射变换，于是有式(18-19)。

$$\boldsymbol{X}'=\mathrm{sigm}(\tilde{\boldsymbol{L}}\boldsymbol{X}\boldsymbol{W})\tag{18-19}$$

对比 CNN 可以发现，式(18-19)适合作为 GCN 网络的卷积层，然后堆叠多层，构造深度神经网络。这种简化单层网络的学习能力通过堆叠多层来建立 K 阶邻居的感受野，降低了模型运算的复杂度。

为了解决深度学习中的梯度消失问题，可以仿照正则拉普拉斯矩阵，对 $\widetilde{\boldsymbol{L}}$ 做归一化处理。$\widetilde{\boldsymbol{L}}_{\mathrm{sym}} = \widetilde{\boldsymbol{D}}^{-\frac{1}{2}}\widetilde{\boldsymbol{A}}\widetilde{\boldsymbol{D}}^{-\frac{1}{2}}$，$\widetilde{\boldsymbol{A}} = \boldsymbol{A} + \boldsymbol{I}$，$\widetilde{\boldsymbol{D}}_{ii} = \sum_j \widetilde{A}_{ij}$，$\widetilde{\boldsymbol{L}}_{\mathrm{sym}}$ 的特征值范围为(−1,1]。

但是，在上述所有谱方法中，学习滤波器依赖于图结构的拉普拉斯矩阵，也就是说，在特定图结构上训练的模型不能直接应用于其他不同结构的图上。

例 18-1： 根据论文引用关系图数据，采用 GCN 对论文进行主题分类

数据集包含 2 708 个节点，这些节点代表论文。论文与其引文建立图中的边连接关系。在每篇论文中抽取 1 433 个关键词，将其作为节点上的高维数据，以独热编码输入。

GCN 的隐藏层采用 16 维，输出层区分 7 类主题。准确率如图 18-3 所示。

```
Epoch 196: Loss 0.1164, TrainAcc 1.0, ValAcc 0.7900
Epoch 197: Loss 0.1162, TrainAcc 1.0, ValAcc 0.7980
Epoch 198: Loss 0.1151, TrainAcc 1.0, ValAcc 0.7920
Epoch 199: Loss 0.1142, TrainAcc 1.0, ValAcc 0.7980
Test accuarcy:  0.8059999942779541
```

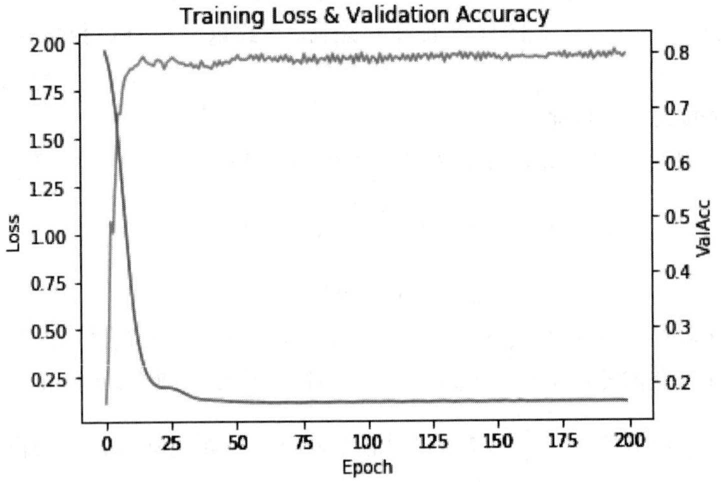

图 18-3 GCN 实现论文主题分类的准确率

18.2.5 GraphSAGE 网络

GraphSAGE(Graph Sample and Aggregate)用可学习的聚合函数从节点的局部邻域中采样，用聚合特征来生成节点的嵌入表示。

在 GCN 中，节点在第 $k+1$ 层的特征只与其邻居节点在第 k 层的特征有关，这种局部性在计算中只需要考虑节点的 k 阶子图即可。但是，k 阶子图的规模随 k 的增大而快速增长，如图 18-6(a)所示。对于中心节点来讲，假设 GCN 模型的层数为 2，那么其第 2 层特征由图中的所有节点参与计算。GraphSAGE 通过采样邻居的策略将 GCN 由全图的训练方式改成以节点为中心的小批量(mini batch)训练方式，控制子图发散时的增长率，如图 18-6(b)所示。

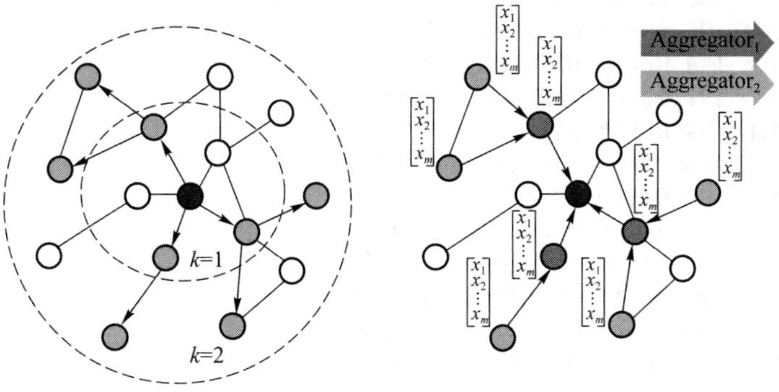

(a) (b)

图 18-4 GraphSAGE 的采样和聚合计算

在采样邻居的基础上，GrapgSAGE 进一步定义了聚合邻居的操作算子进行特征计算。例如，计算节点 v 的特征时，考虑它的邻居节点 u 的特征，平均聚合算子如式(18-20)所示，池化聚合算子如式(18-21)所示。

$$\overset{\text{mean}}{\text{Aggregator}}=\text{sigm}(\boldsymbol{W}\cdot\text{MEAN}(\boldsymbol{h}_u,\forall u\in\text{Nb}(v))) \tag{18-20}$$

$$\overset{\text{pool}}{\text{Aggregator}}=\text{Max}(\text{sigm}(\boldsymbol{W}\boldsymbol{h}_u,\forall u\in\text{Nb}(v))) \tag{18-21}$$

GraphSAGE 的计算过程完全替换了 GCN 的拉普拉斯矩阵，每个节点的特征学习仅与其 k 阶邻居相关，而不需要考虑全图，所以 GraphSAGE 在特定图结构上训练的模型可以直接应用于其他不同结构的图上进行预测。算法的伪代码如下。

GraphSAGE 算法的伪代码

输入：图 $G=(V,E)$；输入特征 $\boldsymbol{x}_v,\forall v\in V$；层数 K；权重矩阵 $\boldsymbol{W}^{(k)},\forall k\in\{1,\cdots,K\}$；非线性函数 sigm；聚合操作 $\text{Agg}^{(k)},\forall k\in\{1,\cdots,K\}$；邻居采样函数 $\text{Nb}^{(k)}:v\to 2^v,\forall k\in\{1,\cdots,K\}$

输出：所有节点的向量表示 $\boldsymbol{z}_v,v\in V$

$\boldsymbol{h}_v^{(0)}\leftarrow\boldsymbol{x}_v,\forall v\in V$

for $k=1,\cdots,K$ *do*

    for $v\in V$ *do*

        $\boldsymbol{h}_{\text{Nb}(v)}^{(k)}\leftarrow\overset{(k)}{\text{Aggregator}}(\{\boldsymbol{h}_u^{(k-1)},\forall u\in\text{Nb}(v)\})$

        $\boldsymbol{h}_v^{(k)}\leftarrow\text{sigm}(\boldsymbol{W}^{(k)}\cdot\text{CONCAT}(\boldsymbol{h}_v^{(k-1)}\cdot\boldsymbol{h}_{\text{Nb}(v)}^{(k)}))$

    $\boldsymbol{h}_v^{(k)}\leftarrow\boldsymbol{h}_v^{(k)}/\|\boldsymbol{h}_v^{(k)}\|_2,\forall v\in V$

$\boldsymbol{z}_v\leftarrow\boldsymbol{h}_v^{(K)},\forall v\in V$

例 18-2：根据论文引用关系图数据，采用 GraphSAGE 对论文进行主题分类

数据集包含 2 708 个节点，这些节点代表论文。论文与其引文建立图中的边连接关系。在每篇论文中抽取 1 433 个关键词，将其作为节点上的高维数据，以独热编码输入。

输入层为 1 433 维，隐藏层采用 128 维，输出层区分 7 类主题，实验结果如图 18-5 所示。

GraphSAGE 对空域 GCN 做了解构，抽样邻居和聚合算子大力提升了算法的实用价值。对比图 18-5 和图 18-4 可以看出，GraphSAGE 与 GCN 的性能差不多。GraphSAGE 的优势在于不固定图结构，且适用于大规模图信息处理。

```
Epoch 199 Batch 010 Loss: 0.0575
Epoch 199 Batch 011 Loss: 0.0498
Epoch 199 Batch 012 Loss: 0.0473
Epoch 199 Batch 013 Loss: 0.0575
Epoch 199 Batch 014 Loss: 0.0430
Epoch 199 Batch 015 Loss: 0.0331
Epoch 199 Batch 016 Loss: 0.0361
Epoch 199 Batch 017 Loss: 0.0296
Epoch 199 Batch 018 Loss: 0.0257
Epoch 199 Batch 019 Loss: 0.1241
Test Accuracy:  0.7830000519752502
```

GCN 文本分类代码

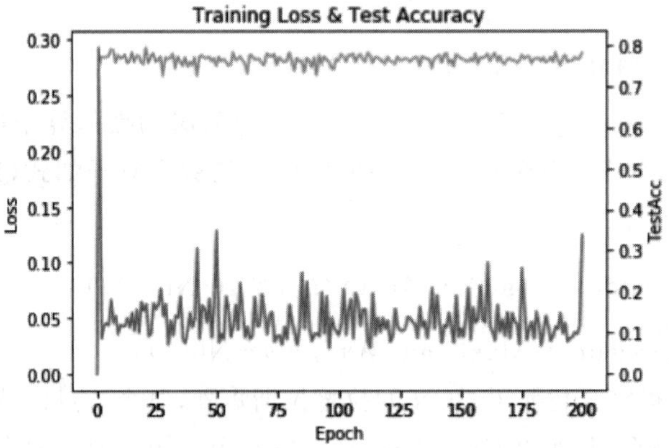

图 18-5 GraphSAGE 实现论文主题分类

18.3 图注意力网络

注意力机制已经成功地应用于许多自然语言处理的任务，如机器翻译、机器阅读等，详见14.3节。图注意力神经网络(Graph Attention Networks, GAT)将注意力机制推广至图神经网络领域，纳入图上信息传播的步骤中，通过关注每个节点的邻居节点，遵循自注意力策略来计算每个节点的隐藏状态，通过对自注意力层的叠加，邻居节点的特征被整合到当前节点的特征中。为邻域中的不同节点指定不同的权重进行运算，不需要在 GCN 中进行求逆等复杂的矩阵运算，所以训练好的 GAT 可以被迁移至一个新的图结构上进行推理。

GAT 定义了单个图注意力(graph attention)层，并通过叠加多层来构造任意图的图注意力网络。以单个图注意力层为例，对于节点对(i,j)，注意力系数的计算采用 softmax，如式(18-22)所示。

$$\alpha_{ij}=\frac{e^{\mathrm{ReLU}(\boldsymbol{a}^{\mathrm{T}}[\boldsymbol{W}\boldsymbol{h}_i \parallel \boldsymbol{W}\boldsymbol{h}_j])}}{\sum_{k\in \mathrm{Nb}(i)} e^{\mathrm{ReLU}(\boldsymbol{a}^{\mathrm{T}}[\boldsymbol{W}\boldsymbol{h}_i \parallel \boldsymbol{W}\boldsymbol{h}_k])}} \tag{18-22}$$

其中：$\mathrm{Nb}(i)$ 表示节点 i 在图中的所有邻居节点的集合；$\boldsymbol{h}_i$ 是输入节点的特征集合，$\boldsymbol{h}=\{\boldsymbol{h}_1, \boldsymbol{h}_2, \cdots, \boldsymbol{h}_N\}$；$N$ 为节点个数；$\boldsymbol{W}$ 是应用于每个节点的共享线性变换的权重矩阵；$\boldsymbol{a}$ 是单层前馈神经网络的权值向量；$[\cdot \parallel \cdot]$表示向量拼接。

每个节点的特征输出 $\boldsymbol{h}_i'$ 如式(18-23)所示。

$$\boldsymbol{h}_i' = \operatorname{sigm}\Big(\sum_{j\in \mathrm{Nb}(i)} \alpha_{ij}\boldsymbol{W}\boldsymbol{h}_j\Big) \tag{18-23}$$

使用 K 个独立的注意力机制来计算隐状态向量,然后将它们的特征串联或计算平均值来得到最终输出的嵌入(embedding)表示,如式(18-24)或式(18-25)所示。

$$\boldsymbol{h}_i' = \Big\Vert_{k=1}^{K} \operatorname{sigm}\Big(\sum_{j\in N(i)} \alpha_{ij}^{k}\boldsymbol{W}^{k}\boldsymbol{h}_j\Big) \tag{18-24}$$

$$\boldsymbol{h}_i' = \operatorname{sigm}\Big(\frac{1}{K}\sum_{k=1}^{K}\sum_{j\in N(i)} \alpha_{ij}^{k}\boldsymbol{W}^{k}\boldsymbol{h}_j\Big) \tag{18-25}$$

通过堆叠上述图注意力层,可使每个节点和其每个邻近节点并行执行注意力机制计算,这样更加高效,并且能够按照规则为邻居节点分配不同的权重,关注作用比较大的节点,忽视作用较小的节点,不受邻居节点数目的影响,可直接应用到新图的推理问题中。

与图卷积神经网络不同,图注意力神经网络可以对同一个节点的相邻节点分配不同的注意权重,进一步增强了模型的表达能力,提高了模型的推理准确率。此外与图卷积神经网络相比,图注意力神经网络不需要依赖图的全局结构以及所有节点的特征,而且注意力机制在所有边和节点上的计算都是可以并行的,计算效率更高。最后,通过分析学到的注意力系数有利于增加模型的可解释性,可在分析注意力机制分配不同的权重时了解模型是从哪些角度着手的。

例 18-3:采用 GAT 实现自然语言推理

自然语言推理任务也称文本蕴涵识别任务,目的是推断两个句子之间的语义逻辑关系。这项任务首先需要理解前提文本和假设文本之间的语义相似性、相悖性,依此来判断它们之间的关系,包括蕴涵、矛盾和中立 3 种关系,或蕴涵和不蕴涵两种关系。该任务关注的问题是能否依据前提文本的语义推断出假设文本,通常可以视为一种关系分类任务。

GAT 自然语言推理代码

针对自然语言推理模型句子信息交互不充分和理解语义不深刻的问题,刘欣瑜的论文《基于图神经网络的自然语言推理任务研究》通过引入同、反义词等词级细粒度外部知识,构造语义图,然后采用图卷积神经网络和图注意力神经网络,解决自然语言推理问题,优化了模型信息交互过程,加深了模型语义理解程度。

以词为节点,应用语义角色和同义词、反义词知识连接句子间的相关词汇,构成句子对的语义图,如图 18-6 所示。

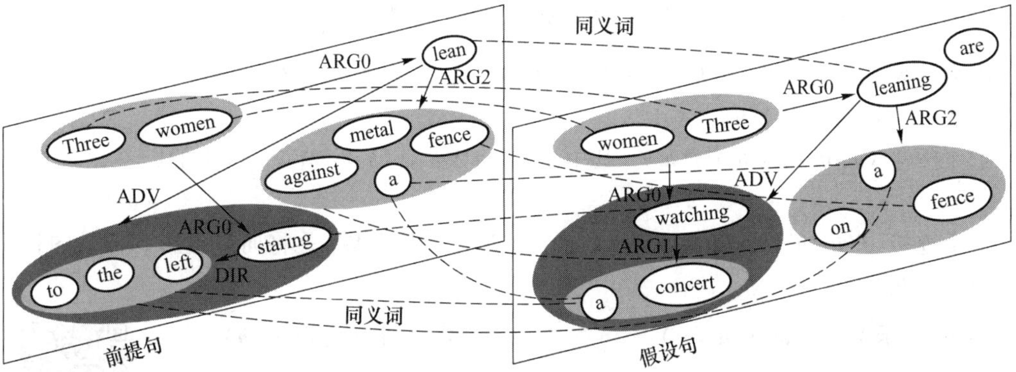

图 18-6 语义图示例

经典的推理模型 ESIM(Enhanced Sequential Inference Model)通过设计句子之间复杂的交互算法,仅依据两个句子提供的有限信息就能进行推理,而且取得了不错的效果。这里以 ESIM 作为基线模型,进一步实现图卷积神经网络和图注意力神经网络。

基于图注意力算法的推理模型,可以避免图卷积神经网络受到图结构灵活变化的影响。该方法与句子对语义图小巧灵活的特征相适应,包含节点-节点级和属性-节点级注意力两部分,结合 BiLSTM 可构成推理模型,在公开数据集 SNLI 和 MultiNLI 上取得了比图卷积神经网络更高的准确率,且其训练速度比基于图卷积的推理模型更快。基于不同图神经网络的推理模型的实验结果对比如表 18-1 所示。

基于图注意力机制的推理模型在 SNLI 数据集上的准确率达到 89.8%,比 ESIM 模型的准确率高 1.8%。实验表明图注意力层比图卷积层更适合于小型语义图,图注意力算法更适合自然语言推理任务,可以使节点更细腻的特征信息跨越句子进行交互。基于图注意力机制的推理模型也在 MultiNLI 的两组数据集 MultiNLI-matched 和 MultiNLI-mismatched 上获得了最高准确率,分别是 77.4%和 76.7%,分别比 ESIM 模型高 0.6%和 0.9%。

表 18-1 基于不同图神经网络的推理模型的实验结果对比

模 型	在 SNLI 数据集上的准确率/%	在 MultiNLI-matched 数据集上的准确率/%	在 MultiNLI-mismatched 数据集上的准确率/%
ESIM 模型	88.0	76.8	75.8
基于图卷积神经网络的推理模型	89.1	77.3	76.4
基于图注意力机制的推理模型	89.8	77.4	76.7

非局部神经网络(Non-Local Neural Network,NLNN)是对注意力机制的一般化总结,GAT 可以看作 NLNN 的一个特例。NLNN 通过 non-local 操作将任意位置的输出响应计算为所有位置特征的加权和。位置可以是图像中的空间坐标,也可以是序列数据中的时间坐标,在图数据中,位置可以直接以节点代替。

通用的 non-local 操作的定义如式(18-26)所示。

$$\boldsymbol{h}_i' = \frac{1}{C(\boldsymbol{h})}\sum_{\forall j} f(\boldsymbol{h}_i, \boldsymbol{h}_j) g(\boldsymbol{h}_j) \tag{18-26}$$

其中,i 是输出位置的索引,j 是枚举的所有可能位置的索引。$f(\boldsymbol{h}_i,\boldsymbol{h}_j)$是 i 和 j 就位置上元素之间的相关度函数,$g(\boldsymbol{h}_j)$表示对输入位置所做的变换函数,$\frac{1}{C(\boldsymbol{h})}$用于归一化。

函数 g 常用线性变换:$g(\boldsymbol{h}_j)=\boldsymbol{W}_g\boldsymbol{h}_j$,其中 $\boldsymbol{W}_g$ 是需要学习的权重参数。

函数 f 可以是如下 3 种。

① 内积:$f(\boldsymbol{h}_i,\boldsymbol{h}_j)=\theta(\boldsymbol{h}_i)^{\mathrm{T}}\phi(\boldsymbol{h}_j)$,其中 $\theta(\boldsymbol{h}_i)=\boldsymbol{W}_\theta\boldsymbol{h}_i$,$\phi(\boldsymbol{h}_j)=\boldsymbol{W}_\phi\boldsymbol{h}_j$,这里的归一化取 $C(\boldsymbol{h})=|\boldsymbol{h}_j|$ 。

②全连接:$f(\boldsymbol{h}_i,\boldsymbol{h}_j)=\mathrm{sigm}(\boldsymbol{W}_f^{\mathrm{T}}[\theta(\boldsymbol{h}_i)^{\mathrm{T}} \parallel \phi(\boldsymbol{h}_j)])$,其中 $\boldsymbol{W}_f$ 是将向量投影到标量的权重参数,$C(\boldsymbol{h})=|\boldsymbol{h}_j|$。

③ 指数函数族:如 $f(\boldsymbol{h}_i,\boldsymbol{h}_j) = \mathrm{e}^{\theta(\boldsymbol{h}_i)^{\mathrm{T}}\phi(\boldsymbol{h}_j)}$,这里的归一化取 $C(\boldsymbol{h}) = \sum_{\forall j} f(\boldsymbol{h}_i,\boldsymbol{h}_j)$,因此 $\boldsymbol{h}_i' = \mathrm{softmax}_j(\theta(\boldsymbol{h}_i)^{\mathrm{T}}\phi(\boldsymbol{h}_j))g(\boldsymbol{h}_j)$。如果 $f(\boldsymbol{h}_i,\boldsymbol{h}_j) = \mathrm{e}^{\boldsymbol{W}_f^{\mathrm{T}}[\theta(\boldsymbol{h}_i)^{\mathrm{T}} \parallel \phi(\boldsymbol{h}_j)]}$,这时模型就是 GAT 模型。

第 18 章讲解视频

第 19 章

自回归模型

自回归模型课件

19.1 基本概念

19.1.1 完全可见贝叶斯网络

自回归(Auto-Regression,AR)模型适用于时间序列分析问题,即使用历史信息来预测下一步的概率分布。

自回归模型的最简单形式是没有潜在随机变量的有向概率模型,没有参数或特征共享的形式,如图 19-1(a)所示。这样的模型图结构是完全图,可以通过概率的链式法则分解观察变量上的联合概率,从而获得形如 $p(x_i|x_{i-1},\cdots,x_1)$ 条件概率的乘积,如图 19-1(b)所示。这样的模型被称为完全可见贝叶斯网络(Fully-Visible Bayes Network,FVBN),并成功地以许多形式使用。

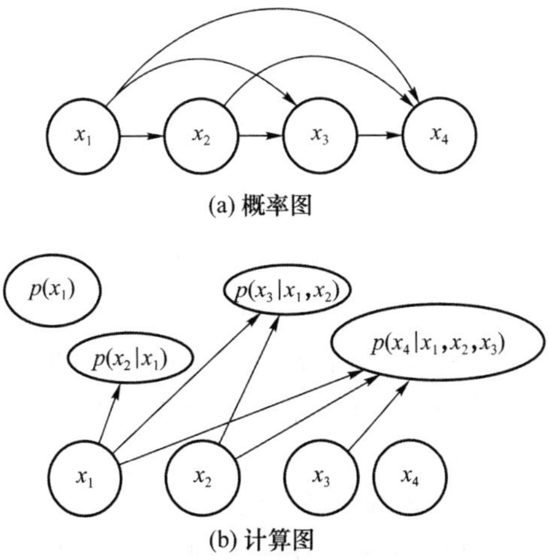

图 19-1 AR 模型的概率图和计算图

FVBN 模型表示为式(19-1)：

$$p(\boldsymbol{x}) = \prod_{i=1}^{N} p(x_i \mid x_{i-1}, \cdots x_1) \tag{19-1}$$

基于 FVBN 的各种模型的不同之处在于，如何定义条件概率。这些模型中的条件概率分布可以由神经网络表示，也可以是极简单的逻辑回归。

在逻辑/线性自回归模型中，在每个条件概率被表示为线性变换的基础上再做函数变换，如式(19-2)所示。

$$p(x_i | x_{i-1}, \cdots x_1) = f(\boldsymbol{\theta}^{\mathrm{T}} \boldsymbol{x}) \tag{19-2}$$

其中向量 $\boldsymbol{x}=(x_{i-1}, \cdots, x_1)$，参数为向量 $\boldsymbol{\theta}$。对于实值数据进行线性回归；对于二值数据进行逻辑回归；对于离散数据进行 softmax 回归。模型学习可以采用训练数据的最大似然估计。当模型有 N 个随机变量时，会有 $O(N^2)$ 个参数。

如果变量是连续的，条件分布采用高斯分布，那么这个模型只是多元高斯分布的另一种表示，只能捕获观测变量之间线性的成对相互作用。

逻辑/线性自回归网络本质上是逻辑回归方法在生成式建模上的推广，具有与线性分类器相同的优缺点。它的优点是可以用凸损失函数训练；缺点是模型本身不提供增加其容量的方法，因此必须使用其他技术来提高容量。

19.1.2 神经自回归网络

神经自回归网络(neural auto-regressive network)具有与逻辑/线性自回归模型相同的从左到右的图模型，但是增加了隐藏层随机变量，如图 19-2 所示。这样的模型可以避免传统表格图模型引起的维数灾难。

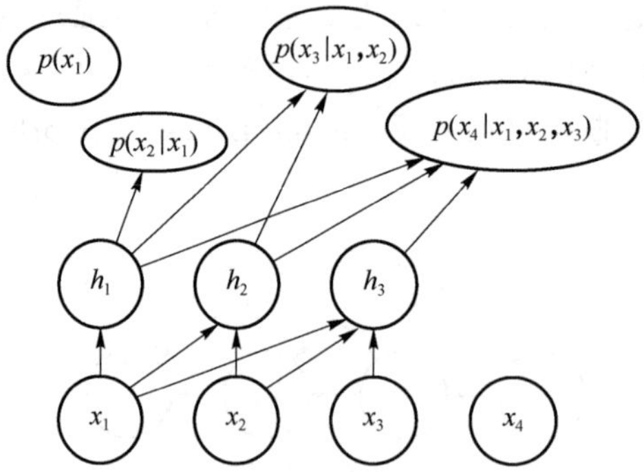

图 19-2 神经自回归网络

神经自回归网络采用了不同于 FVBN 的条件分布参数，可以获得如下两个优点。

① 通过具有$(i-1)\times k$ 个输入和 k 个输出的神经网络(如果变量是离散的并有 k 个值，则使用独热编码)参数化每个条件概率，在不需要指数量级参数的情况下就能估计条件概率，并且仍然能够捕获随机变量之间的高阶依赖性。

② 不需要在预测每个 x_i 时使用不同的神经网络，意味着预测 x_i 所计算的隐藏层特征可以用于预测 $x_{i+k}(k>0)$。隐藏单元被组织成第 i 组中的所有单元仅依赖输入值 $x_1, \cdots, x_i$，并且可以在预测所有后续变量时重用。用于计算这些隐藏单元的参数被联合优化，以改进对序列中所有变量的预测。在 RNN、CNN、多任务和迁移学习等场景中都会使用这样的重用方法。

新的参数化更强大，它可以根据需要随意增加容量，并允许近似任意联合分布。新的参数化还可以引入深度学习中常见的参数共享和特征共享原理来改进泛化能力。

19.1.3 神经自回归密度估计

神经自回归密度估计器(Neural Auto-regressive Density Estimator，NADE)采用了不同组的隐藏单元参数共享的形式。

从第 i 个输入 x_i 到第 j 组隐藏单元的第 k 个元素 $h_{k,j}$ 的权重是组内共享的：$W'_{j,k,i}=W_{k,i}$。所以 NADE 的图模型如图 19-3 所示。注意向量($W_{1,i}, W_{2,i}, \cdots, W_{n,i}$) 记为 $\boldsymbol{W}_{:,i}$。图中使用相同的线型表示复制权重的每个实例。

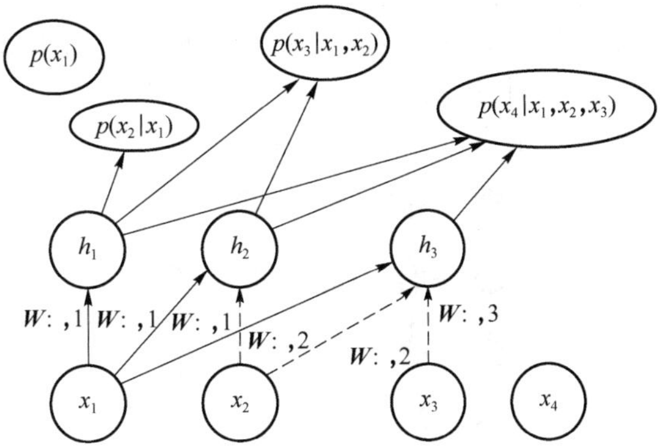

图 19-3 NADE 的图模型

在 NADE 这样的模型中，不关心隐藏层神经元如何“学习”特征，不对这些随机变量做任何假设的概率分布，只需要输入随机变量和输出层神经元(随机变量的条件分布)服从多项分布。

生成模型天然适用于生成任务，如文本生成、图像生成、语音生成等。Yann N. Dauphin 等人的论文“Language modeling with gated convolutional network”按照自回归模型的思路，采用一维门控卷积来建模 n-gram 语言模型。

19.2 图像生成

对于图像生成任务，采用生成模型的优点在于有大量可用的图像数据集进行无监督学习，然而由于图像是高维度且高度结构化的，估计自然图像的分布极具挑战性。

建模自然图像中的分布是无监督学习中的一个典型问题。建立一个解释性强还易解、可扩展的复杂模型并不容易。例如，VAE 致力于通过引入隐变量来增加可解释性，但在推理阶段并不容易求解，这可能会影响模型的性能。

采用自回归模型解决图像生成任务，像素点的联合分布可以分解成条件分布的乘积，这个机制将一个联合建模问题转成序列问题，下一个像素点的预测基于之前所有生成的像素点。

假设图像由 $n\times n$ 个像素组成，则

$$p(\boldsymbol{x}) = \prod_{i=1}^{n^2} p(x_i \mid x_{i-1}, \cdots x_1) \tag{19-3}$$

每个随机变量的条件分布，即每个像素的 3 个颜色通道，分别取 256 个离散值，输出层神经元可以使用 softmax 回归。

19.2.1 PixelRNN

类似于使用 RNN 为语言模型任务生成文本，为了建模像素点和复杂条件之间的高度非线性和长程相关性，必须有一个表达性强的序列模型。Google 的 DeepMind 推出 PixelRNN，展示了一个模型在两个空间维度序列化地预测图像中的像素。

PixelRNN 对原始像素点的离散概率建模，并编码图像整个集的依赖性。模型采用二维 RNN，如图 19-4 所示，从左上角一个一个生成像素，生成顺序为箭头所指顺序，每一个对之前像素的依赖关系都通过 RNN 来建模，并且采用残差连接（resnet connection）来实现。PixelRNN 的缺点是像素按顺序生成，生成速度会很慢。

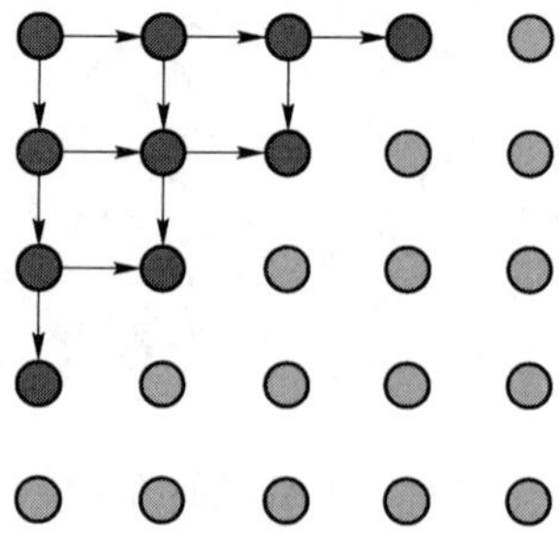

图 19-4　PixelRNN

Aaron van den Oord 等人在论文"Pixel recurrent neural networks"中，采用 2D-RNN 大范围建模自然图像，PixelRNN 由 12 层二维 LSTM 组成，每个 LSTM 单元需要计算二维空间维度的状态。这样的层有两种设计，如图 19-5(a)和 19-5(b)所示。图 19-5(a)是按行计算的行(row)LSTM，采用单向的 LSTM 处理图像时是一行一行地从上到下计算。行 LSTM 是一个三角形的感知野，不能捕捉到所有的前驱像素信息。图 19-5(b)是沿对角线计算的对角线(diagonal)BiLSTM，采用双向 LSTM 来预测每个拐角处的像素。另外，引入残差连接有助于 12 层的 LSTM 深度训练，如图 19-5(c)所示。

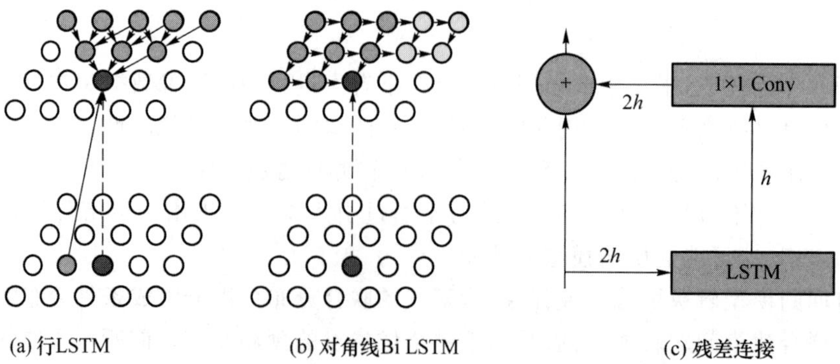

图 19-5　PixelRNN 模型

19.2.2 PixelCNN

Aaron van den Oord 等人在论文“Pixel recurrent neural networks”中还提出了一种架构 PixelCNN，其采用 15 层的全 CNN 网络，可以在层间传输时保持输入的空间分辨率，输出每一个点的条件分布，如图 19-6(a)所示。它同样也引入残差连接，这样有助于深度训练，如图 19-6(b)所示。

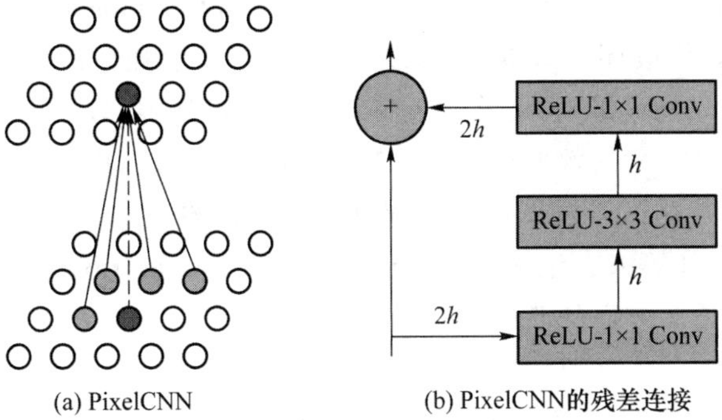

图 19-6　PixelCNN 模型

从图像拐角处生成整个图像，PixelCNN 使用 CNN 来对所有依赖关系建模。PixelCNN 不使用池化层，因为这里的目标不是以缩小尺寸的形式来捕获图像的本质特征，并且也不能承担通过池化而丢失上下文的风险，所有这里不使用池化层。

对指定像素点的附近区域使用 CNN，取待生成像素点周围的像素，把它们传递给 CNN 用来生成下一个像素值，每一个像素位置都有一个神经网络输出，该输出将会是像素的 softmax 损失值，通过最大化训练样本图像的似然来训练模型，在训练的时候取一幅训练图像来执行生成过程，每个像素位置都有正确的标注值，即训练图片在该位置的像素值，该值也是我们希望模型输出的值。如图 19-7(a)所示。

PixelCNN 通过使用掩膜卷积(masked conv)〔如图 19-7(b)所示〕，把 CNN 卷积核的固定依赖范围改造成一个序列模型，即在计算卷积时，在卷积核的基础上叠加一个掩膜。

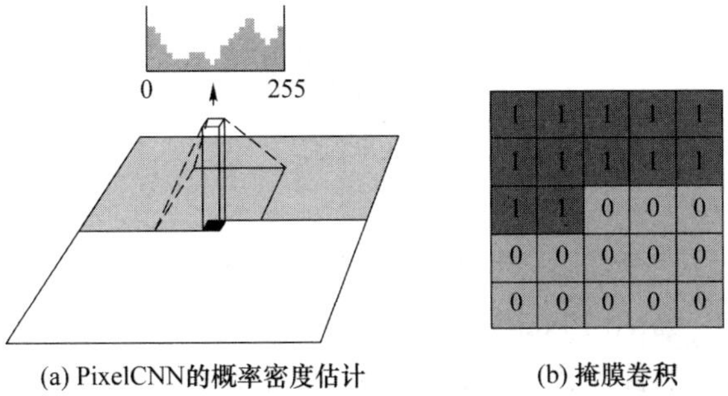

图 19-7　PixelCNN

在 PixelCNN 中，不仅学习先前像素之间的依赖关系，还学习不同通道之间的依赖关系，掩膜将自身的粒度也提高到通道级别。例如，当前像素的红色通道不会从当前像素中学习，只会从先前的像素中学习。但是绿色通道现在可以使用当前红色通道和所有的先前像素。同样，蓝色通道可以从当前像素的绿色和红色通道以及所有的先前像素中学习。

PixelRNN 和 PixelCNN 都抓住了像素点之间内部依赖性的通性而没有引入独立性假设。每个像素内 RGB 的颜色也维持独立性。和之前将像素建模成连续值的方法不同,引入 softmax 层使用多项分布将像素建模成离散值。这种方法使得模型的表达性和训练效果更好。

PixelRNN 和 PixelCNN 能显式地计算似然 $p(\boldsymbol{x})$,是一种可优化的显式密度模型,该方法给出了一个很好的评估度量,可以通过计算数据的似然来度量生成样本。

row LSTM 和 diagonse LSTM 在它们感知野范围内有无限的依赖关系,因为每一个隐藏层神经元代表的像素必须被序列计算,因此造成很多计算消耗。PixelCNN 使用卷积层作为感受野,从而缩短了输入的读取时间,多层 CNN 保存空间分辨率,不做池化,掩膜被用于像素的序列预测,所以 PixelCNN 的效率要高,但是性能略差。另外,PixelCNN 并行化的优点只在训练生成阶段能体现,在测试阶段图像的生成都是序列化的。

Aaron van den Oord 等人在论文"Conditional image generation with pixelCNN decoders"中,对 PixelCNN 进行了 3 方面的改进。

(1) 盲点问题

假设使用 3×3 的滤波器,对输入图像进行掩膜卷积,在预测下一个像素时没有用到所有先前像素的信息,如图 19-8(a)所示,这会严重影响模型的性能。针对盲点问题,论文提出了两个方向上的卷积网络:垂直方向和水平方向。垂直方向的网络可以看到所有需预测像素上方的像素,而水平方向的网络可以看到所有该像素左边的像素(图中对应左边区域),如图 19-8(b)所示。

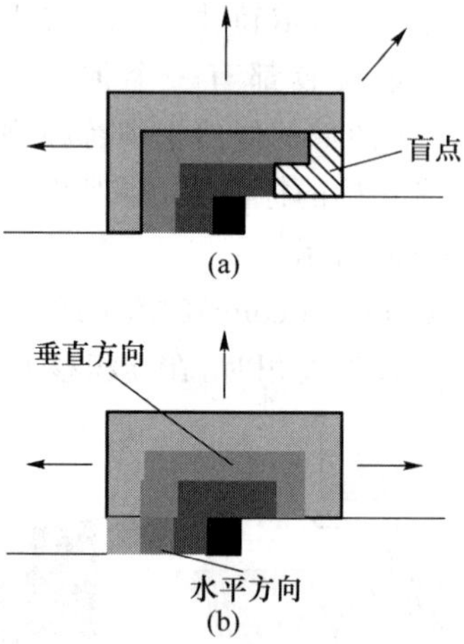

图 19-8 解决盲点问题

(2) 门控 PixelCNN(gated PixelCNN)

作者认为 PixelRNN 的性能比 PixelCNN 好,可能得益于空间 LSTM 每个单元内部的复杂结构,所以论文中借鉴门控机制改进 CNN,把 PixelCNN 中的掩膜卷积 ReLU 激活函数设计成门控激活,如式(19-4)所示,其中 k 表示第 k 层。

$$\boldsymbol{y}=\tanh(\boldsymbol{W}_{k,f} * \boldsymbol{x})\odot \mathrm{sigm}(\boldsymbol{W}_{k,g} * \boldsymbol{x}) \tag{19-4}$$

因此,能够解决盲点问题的门控 PixelCNN 的每一层结构如图 19-9 所示,图中左半部分是垂直卷积网络,右半部分是带残差连接的水平卷积网络。图中矩形框表示卷积操作,p 是特征映射数。

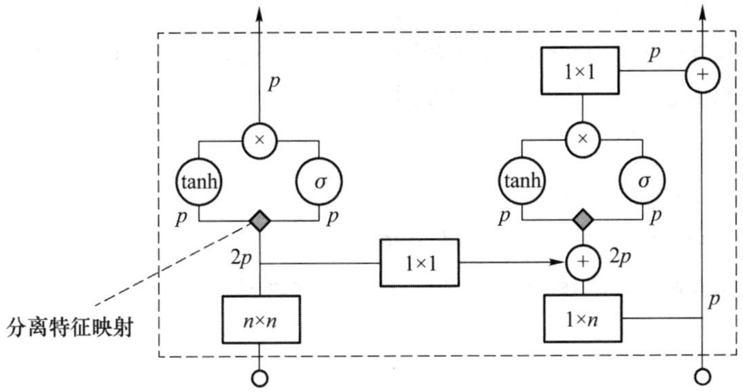

图 19-9 门控 PixelCNN 的一层

(3) 条件 pixelCNN

如果有一些图像的高层特征可以利用(将其表示为隐向量 $\boldsymbol{h}$),那么条件 PixelCNN 可以建模为式(19-5),增加了 $\boldsymbol{h}$ 作为条件。基于条件分布,可以将式(19-4)修改为式(19-6)所示。

$$p(\boldsymbol{x} \mid \boldsymbol{h}) = \prod_{i=1}^{n^2} p(x_i \mid x_1, \cdots, x_{i-1}, \boldsymbol{h}) \tag{19-5}$$

$$\boldsymbol{y} = \tanh(\boldsymbol{W}_{k,f} * \boldsymbol{x} + \boldsymbol{V}_{k,f}^{\mathrm{T}} h) \odot \mathrm{sigm}(\boldsymbol{W}_{k,g} * \boldsymbol{x} + \boldsymbol{V}_{k,g}^{\mathrm{T}} \boldsymbol{h}) \tag{19-6}$$

在实际应用中,$\boldsymbol{h}$ 可以表示图像的类别信息,如类别的独热编码,这样的 $\boldsymbol{h}$ 不涉及具体的像素,如在生成图像时指定人体姿态、在生成人脸时指定年龄等。所以 $\boldsymbol{h}$ 作为单独的条件进行建模更合适。当然 $\boldsymbol{h}$ 也可以跟像素位置有关,还可以是多模态信息的某种特征表示。这时 $\boldsymbol{h}$ 是额外的附加信息,所以也可以建模为单独的条件。

例 19-1: 用 PixelCNN 生成手写数字识别

用 PixelCNN 生成手写数字识别的代码如下:

自回归模型代码

```
import numpy as np
import torch
import torch.nn.functional as F
from torch import nn, optim, backends
from torch.utils import data
from torchvision import datasets, transforms, utils
backends.cudnn.benchmark = True

CUDA = torch.cuda.is_available()

class MaskedConv2d(nn.Conv2d):
    def __init__(self, mask_type, *args, **kwargs):
        super(MaskedConv2d, self).__init__(*args, **kwargs)
        assert mask_type in ('A', 'B')
        self.register_buffer('mask', self.weight.data.clone())
        _, _, kH, kW = self.weight.size()
```

```
        self.mask.fill_(1)
        self.mask[:, :, kH // 2, kW // 2 + (mask_type == 'B'):] = 0
        self.mask[:, :, kH // 2 + 1:] = 0

    def forward(self, x):
        self.weight.data *= self.mask
        return super(MaskedConv2d, self).forward(x)

fm = 64
net = nn.Sequential(
    MaskedConv2d('A', 1, fm, 7, 1, 3, bias = False),
    nn.BatchNorm2d(fm),
    nn.ReLU(True),
    MaskedConv2d('B', fm, fm, 7, 1, 3, bias = False),
    nn.BatchNorm2d(fm),
    nn.ReLU(True),
    MaskedConv2d('B', fm, fm, 7, 1, 3, bias = False),
    nn.BatchNorm2d(fm),
    nn.ReLU(True),
    MaskedConv2d('B', fm, fm, 7, 1, 3, bias = False),
    nn.BatchNorm2d(fm),
    nn.ReLU(True),
    MaskedConv2d('B', fm, fm, 7, 1, 3, bias = False),
    nn.BatchNorm2d(fm),
    nn.ReLU(True),
    MaskedConv2d('B', fm, fm, 7, 1, 3, bias = False),
    nn.BatchNorm2d(fm),
    nn.ReLU(True),
    MaskedConv2d('B', fm, fm, 7, 1, 3, bias = False),
    nn.BatchNorm2d(fm),
    nn.ReLU(True),
    MaskedConv2d('B', fm, fm, 7, 1, 3, bias = False),
    nn.BatchNorm2d(fm),
    nn.ReLU(True),
    nn.Conv2d(fm, 256, 1))

device = 'cpu'
if CUDA:
```

```
    net.cuda()
    device = 'cuda'

train_data = data.DataLoader(
    datasets.MNIST(
        'data', train = True, download = True, transform = transforms.ToTensor()),
    batch_size = 64, shuffle = True) # , num_workers = 1)
test_data = data.DataLoader(
    datasets.MNIST(
        'data', train = False, download = True, transform = transforms.ToTensor()),
    batch_size = 64, shuffle = False) # , num_workers = 1)
sample = torch.Tensor(144, 1, 28, 28).to(device = device)
optimizer = optim.Adam(net.parameters())
for epoch in range(25):
    err_tr = []
    net.train()
    for i, (input, _) in enumerate(train_data):
        input = input.to(device = device)
        target = (input.data[:, 0] * 255).long()
        loss = F.cross_entropy(net(input), target)
        print(loss.item())
        err_tr.append(loss.item())
        optimizer.zero_grad()
        loss.backward()
        optimizer.step()
        if i % 5:
            # DO validation
            print('epoch = {}-loss = {:.7f}'.format(epoch, np.mean(err_tr)))
            sample.fill_(0)
            net.eval()
            with torch.no_grad():
                for i in range(28):
                    for j in range(28):
                        # TODO: put TQDM
                        out = net(sample)
                        # probability assignment for values in the range [0, 255]
                        probs = F.softmax(out[:, :, i, j], dim = 1)
                        sample[:,:,i,j] = torch.multinomial(probs,1).float() / 255.
            utils.save_image(sample, 'sample_{:02d}.png'.format(epoch), nrow =
            12, padding = 0)
```

在训练集上迭代 20 次的实验效果如图 19-10 所示。

图 19-10 PixelCNN 生成新样本

19.3 音频生成

Aaron van den Oord 等人的论文“Wavenet: a generative model for raw audio”提出的 Wavenet 模型基于一维 PixelCNN，可以用于音频生成建模。在语音合成的声学模型建模中，Wavenet 模型可以直接学习到采样值序列的映射，因此具有很好的合成效果。

Wavenet 模型可以根据一个序列的前 $t-1$ 个点预测第 t 个点的结果，因此可以用来预测语音中的采样点数值。基本公式如式(19-7)所示。

$$p(\boldsymbol{x}) = \prod_{t=1}^{T} p(x_t \mid x_{t-1}, \cdots, x_1) \tag{19-7}$$

在 PixelCNN 的相关论文中已经证明，即使输出是连续值，也可以使用 softmax 层作为输出层，大概是因为分类任务没有对波形的概率分布做任何假设，把采样值的预测作为分类任务进行预测，性能更好。

对于音频，由于 16 位的采样点就有 65 536 种采样值，可以使用 μ 律对采样值进行转换，如式(19-8)所示。

$$f(x_t) = \mathrm{sign}(x_t)\frac{\ln(1+\mu|x_t|)}{\ln(1+\mu)} \tag{19-8}$$

转换后，65 536 个采样值会转换成 256 个值，论文中的实验证明，该转换方法没有对原始音频造成明显损失。

1. “因果”卷积

Wavenet 使用“因果”卷积(casual convolutions)来代替像 RNN 那样的时序模型，如图 19-11 所示。“因果”的含义主要强调的是时间轴上的顺序关系，并没有太多的“因果”关系。

Wavenet 模型的主要成分是卷积网络，每个卷积层都对前一层进行卷积，卷积核越大，层数越多，时域上的感知能力越强，感知范围越大。在生成过程中，每生成一个点就把该点放到输入层最后一个点继续迭代生成即可。

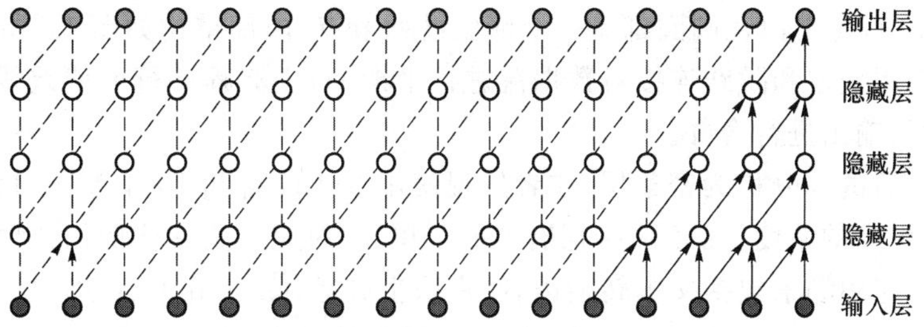

图 19-11　因果卷积

2. 膨胀卷积

由于语音的采样率高，时域上对感知范围要求大，在“因果”卷积的基础上进行膨胀卷积(dilated convolutions)，膨胀卷积也称为空洞卷积(atrous convolutions)，如图 19-12 所示。根据膨胀因子(dilation)的大小选择连接的节点。比如，dilation=1 的时候，第二层只会使用第 $t, t-2, t-4, \cdots$这些点，如图 19-12 的第二层。

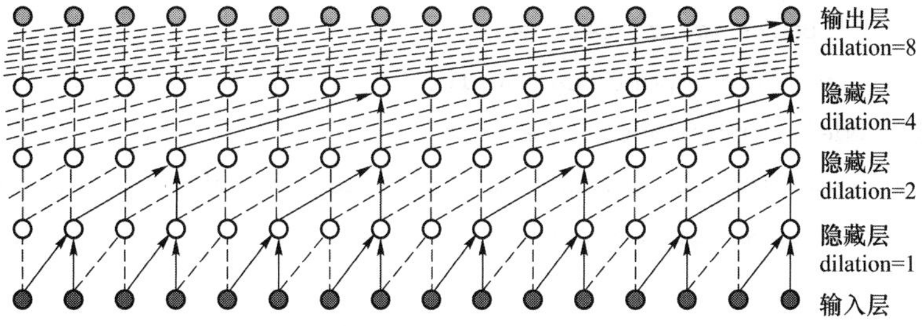

图 19-12　膨胀卷积

3. 门控激活

在 Wavenet 中，神经元同样使用门控激活，激活函数如式(19-9)所示。

$$z=\tanh(W_{f,k} * x)\odot\sigma(W_{g,k} * x) \tag{19-9}$$

其中，$*$ 是卷积，$\odot$ 是元素相乘。在 Wavenet 中，可以认为 tanh 代表音频的波形，而 sigmoid 代表信号的振幅。

4. 整体架构

Wavenet 的完整架构建立在膨胀卷积网络和卷积后门控激活的基础上，如图 19-13 所示。

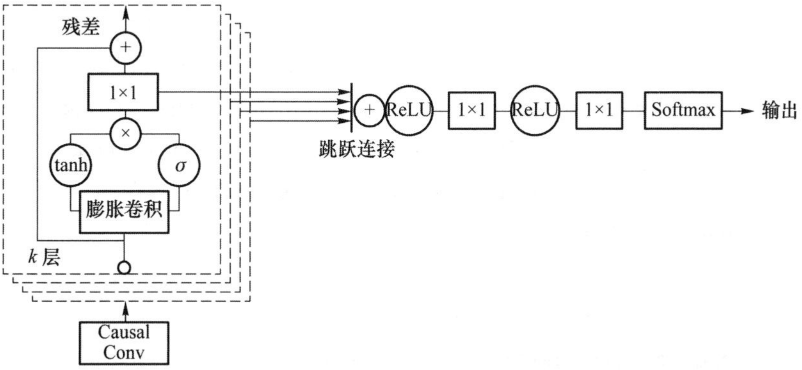

图 19-13　Wavenet 模型

Wavenet 的输入层使用因果卷积，然后把数据流传递到膨胀卷积节点。

在图 19-12 中，每个白色圆圈都是一个膨胀卷积节点，内部结构如图 19-13 中的虚线框所示。Wavenet 使用残差和跳跃连接对数据流进行平滑，与主流程并行的残差线程通过加法运算与 1×1 卷积的输出进行合并。

跳跃连接之后的部分称为密集层，作者发现使用 ReLU 链和 1×1 卷积，代替常规的全连接层，能够实现更高的精度。softmax 层有 256 个单元，对应 8 位 μ 律量化音频频率的展开。

Wavenet 的应用场景包括文本转换语音、音乐生成等，Github 上有各种版本的实现代码，例 19-2 是一个基于 Keras 的简单音乐生成示例，便于对照代码理解原理。

例 19-2：用 Wavenet 生成音乐

用 Wavenet 生成音乐的代码如下：

```
import os
import sys
import time
import numpy as np
from keras.callbacks import Callback
from scipy.io.wavfile import read, write
from keras.models import Model, Sequential
from keras.layers import Convolution1D, AtrousConvolution1D, Flatten, Dense, \
    Input, Lambda, merge, Activation

def wavenetBlock(n_atrous_filters, atrous_filter_size, atrous_rate):
    def f(input_):
        residual = input_
        tanh_out = AtrousConvolution1D(n_atrous_filters, atrous_filter_size,
                                       atrous_rate = atrous_rate,
                                       border_mode = 'same',
                                       activation = 'tanh')(input_)
        sigmoid_out = AtrousConvolution1D(n_atrous_filters, atrous_filter_size,
                                          atrous_rate = atrous_rate,
                                          border_mode = 'same',
                                          activation = 'sigmoid')(input_)
        merged = keras.layers.Multiply()([tanh_out, sigmoid_out])
        skip_out = Convolution1D(1, 1, activation = 'relu', border_mode = 'same')(merged)
        out = keras.layers.Add()([skip_out, residual])
        return out, skip_out
    return f

def get_basic_generative_model(input_size):
    input_ = Input(shape = (input_size, 1))
    A, B = wavenetBlock(64, 2, 2)(input_)
```

```
    skip_connections = [B]
    for i in range(20):
        A, B = wavenetBlock(64, 2, 2 ** ((i + 2) % 9))(A)
        skip_connections.append(B)
    net = keras.layers.Add()(skip_connections)
    net = Activation('relu')(net)
    net = Convolution1D(1, 1, activation = 'relu')(net)
    net = Convolution1D(1, 1)(net)
    net = Flatten()(net)
    net = Dense(input_size, activation = 'softmax')(net)
    model = Model(input = input_, output = net)
    model.compile(loss = 'categorical_crossentropy', optimizer = 'sgd',
                  metrics = ['accuracy'])
    model.summary()
    return model

def get_audio(filename):
    sr, audio = read(filename)
    audio = audio.astype(float)
    audio = audio-audio.min()
    audio = audio / (audio.max()-audio.min())
    audio = (audio-0.5) * 2
    return sr, audio

def frame_generator(sr, audio, frame_size, frame_shift, minibatch_size = 20):
    audio_len = len(audio)
    X = []
    y = []
    while 1:
        for i in range(0, audio_len-frame_size-1, frame_shift):
            frame = audio[i:i + frame_size]
            if len(frame)< frame_size:
                break
            if i + frame_size >= audio_len:
                break
            temp = audio[i + frame_size]
            target_val = int((np.sign(temp) * (np.log(1 + 256 * abs(temp)) / (
                np.log(1 + 256))) + 1)/2.0 * 255)
            X.append(frame.reshape(frame_size, 1))
            y.append((np.eye(256)[target_val]))
```

```
            if len(X) == minibatch_size:
                yield np.array(X), np.array(y)
                X = []
                y = []

def get_audio_from_model(model, sr, duration, seed_audio):
    print 'Generating audio...'
    new_audio = np.zeros((sr * duration))
    curr_sample_idx = 0
    while curr_sample_idx < new_audio.shape[0]:
        distribution = np.array(model.predict(seed_audio.reshape(1,
                                                              frame_size, 1)
                                              ), dtype = float).reshape(256)
        distribution /= distribution.sum().astype(float)
        predicted_val = np.random.choice(range(256), p = distribution)
        ampl_val_8 = ((((predicted_val) / 255.0)-0.5) * 2.0)
        ampl_val_16 = (np.sign(ampl_val_8) * (1/256.0) * ((1 + 256.0) ** abs(
            ampl_val_8)-1)) * 2 ** 15
        new_audio[curr_sample_idx] = ampl_val_16
        seed_audio[:-1] = seed_audio[1:]
        seed_audio[-1] = ampl_val_16
        pc_str = str(round(100 * curr_sample_idx/float(new_audio.shape[0]), 2))
        sys.stdout.write('Percent complete: ' + pc_str + '\r')
        sys.stdout.flush()
        curr_sample_idx += 1
    print 'Audio generated.'
    return new_audio.astype(np.int16)

class SaveAudioCallback(Callback):
    def __init__(self, ckpt_freq, sr,seed_audio):
        super(SaveAudioCallback, self).__init__()
        self.ckpt_freq = ckpt_freq
        self.sr = sr
        self.seed_audio = seed_audio

    def on_epoch_end(self, epoch, logs = {}):
        if (epoch + 1) % self.ckpt_freq == 0:
            ts = str(int(time.time()))
            filepath = os.path.join('output/', 'ckpt_' + ts + '.wav')
            audio = get_audio_from_model(self.model, self.sr, 0.5, self.seed_audio)
```

```
            write(filepath, self.sr, audio)

    if __name__ == '__main__':
        n_epochs = 2000
        frame_size = 2048
        frame_shift = 128
        sr_training, training_audio = get_audio('train.wav')
        # training_audio = training_audio[:sr_training * 1200]
        sr_valid, valid_audio = get_audio('validate.wav')
        # valid_audio = valid_audio[:sr_valid * 60]
        assert sr_training == sr_valid, "Training, validation samplerate mismatch"
        n_training_examples = int((len(training_audio)-frame_size-1) / float(
            frame_shift))
        n_validation_examples = int((len(valid_audio)-frame_size-1) / float(
            frame_shift))
        model = get_basic_generative_model(frame_size)
        print 'Total training examples:', n_training_examples
        print 'Total validation examples:', n_validation_examples
        audio_context = valid_audio[:frame_size]
        save_audio_clbk = SaveAudioCallback(100, sr_training, audio_context)
        validation_data_gen = frame_generator(sr_valid, valid_audio, frame_size,
frame_shift)
        training_data_gen = frame_generator(sr_training, training_audio, frame_
size, frame_shift)
        model.fit_generator(training_data_gen, samples_per_epoch = 3000, nb_epoch =
n_epochs, validation_data = validation_data_gen,nb_val_samples = 500, verbose = 1,
callbacks = [save_audio_clbk])
        print 'Saving model...'
        str_timestamp = str(int(time.time()))
        model.save('models/model_' + str_timestamp + '_' + str(n_epochs) + '.h5')
        print 'Generating audio...'
        new_audio = get_audio_from_model(model, sr_training, 2, audio_context)
        outfilepath = 'output/generated_' + str_timestamp + '.wav'
        print 'Writing generated audio to:', outfilepath
        write(outfilepath, sr_training, new_audio)
        print '\nDone!'
```

对比条件 PixelCNN,条件 Wavenet 也可以通过加入隐向量进行生成的控制,如加入类别信息后生成的语音可以区分说话人。

第 19 章讲解视频

附录1

常用的概率分布

1. 伯努利(Bernoulli)分布

伯努利分布是关于布尔随机变量 $x\in\{0,1\}$ 的概率分布,其参数 $\mu\in[0,1]$,$P(x=1)=\mu$。

$$p(x|\mu)=\mathrm{Ber}(x|\mu)=\mu^x\ (1-\mu)^{1-x}$$

2. 二项(binomial)分布

二项分布用来描述进行 N 次伯努利试验,其中 m 次是 $x=1$ 的概率。

$$p(m|N,\mu)=\mathrm{Bin}(m|N,\mu)=\binom{N}{m}\mu^m\ (1-\mu)^{N-m}$$

当 $N=1$ 时,二项分布退化为伯努利分布。

3. 多项(multinomial)分布

多项分布是二项分布的扩展,假设 $\boldsymbol{x}\in\{1,\cdots,K\}$,多项分布用来描述在 N 次独立实验中 $x=k$ 出现 m_k 次($k=1,\cdots,K$) 且 $\sum_{k=1}^{K}m_k=N$ 的概率。

$$p(m_1,m_2,\cdots,m_K\mid N,\boldsymbol{\mu})=\mathrm{Mult}(m_1,m_2,\cdots,m_K\mid N,\boldsymbol{\mu})=\binom{N}{m_1,m_2,\cdots,m_K}\prod_{k=1}^{K}{\mu_k}^{m_k}$$

4. 泊松(poisson)分布

随机变量 $x\in\{0,1,2,\cdots\}$服从泊松分布,参数 λ 表示事件发生速率,那么在一个时间段内,事件发生 x 次的概率为

$$p(x|\lambda)=\mathrm{Poi}(x|\lambda)=\mathrm{e}^{-\lambda}\frac{\lambda^x}{x!}$$

5. 均匀(uniform)分布

连续随机变量 x 服从均匀分布,$x\in[a,b]$,$b>a$,其概率密度函数为

$$p(x|a,b)=\mathcal{U}(x|a,b)=\frac{1}{b-a}$$

6. 正态(normal)分布

正态分布也称为高斯(Gaussian)分布。

随机变量 $x\in(-\infty,+\infty)$,其参数均值为 $\mu\in(-\infty,+\infty)$,方差为 $\sigma^2>0$,则高斯分布的概率密度函数(Probability Density Function,PDF)为

$$p(x|\mu,\sigma^2)=N(x|\mu,\sigma^2)=\frac{1}{\sqrt{2\pi\sigma^2}}\mathrm{e}^{-\frac{(x-\mu)^2}{2\sigma^2}}$$

K 维多元高斯分布 $\boldsymbol{x}$ 的，均值是 K 维向量，方差是 $K\times K$ 维协方差矩阵。

$$\mathcal{N}(\boldsymbol{x}|\boldsymbol{\mu},\boldsymbol{\Sigma})=\frac{1}{(2\pi)^{\frac{K}{2}}|\boldsymbol{\Sigma}|^{\frac{1}{2}}}\mathrm{e}^{-\frac{1}{2}(\boldsymbol{x}-\boldsymbol{\mu})^{\mathrm{T}}}\boldsymbol{\Sigma}^{-1}(\boldsymbol{x}-\boldsymbol{\mu})$$

7. 单边指数分布

单边指数分布（如附图 1-1 所示）的概率密度函数为

$$p(x|\lambda)=\mathrm{Exp}(x|\lambda)=\lambda\mathrm{e}^{-\lambda x}$$

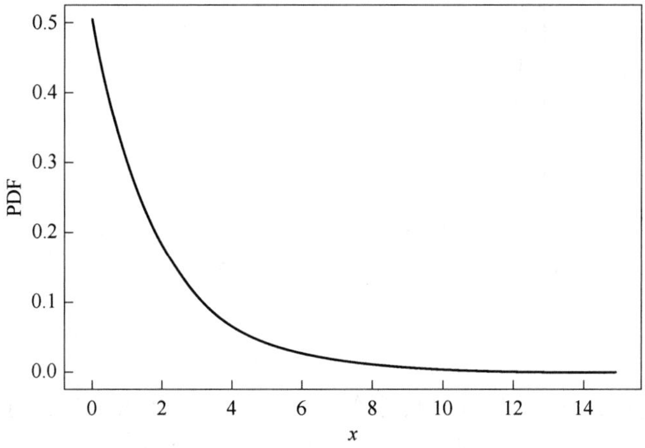

附图 1-1　单边指数分布

8. 拉普拉斯(Laplace)分布(双边指数分布)

Laplace 分布（如附图 1-2 所示）的概率密度函数为

$$\mathrm{Lap}(x|\mu,b)=\frac{1}{2b}\mathrm{e}^{-\frac{|x-\mu|}{b}}$$

其中，μ 是位置参数，表示均值的位置，b 是下降速度。

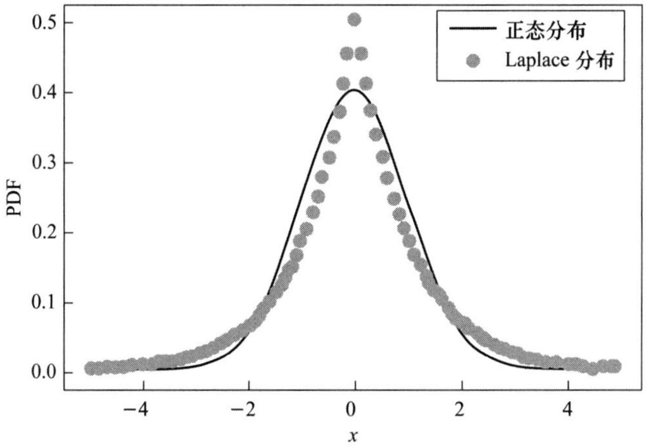

附图 1-2　Laplace 分布

9. 伽马(gamma)分布

伽马分布是指数分布的叠加：

$$\mathrm{Ga}(x|a,b)=\frac{1}{\Gamma(a)}x^{a-1}b^{a}\mathrm{e}^{-bx}$$

其中：伽马函数 $\Gamma(a)=\int_0^{\infty} u^{a-1}\mathrm{e}^{-u}\,\mathrm{d}u$；$a>0$ 是形状参数，表示事件发生的次数；$b>0$ 是比例因子，表示下降速率。附图 1-3 中 $a=1$ 的情况即指数分布。

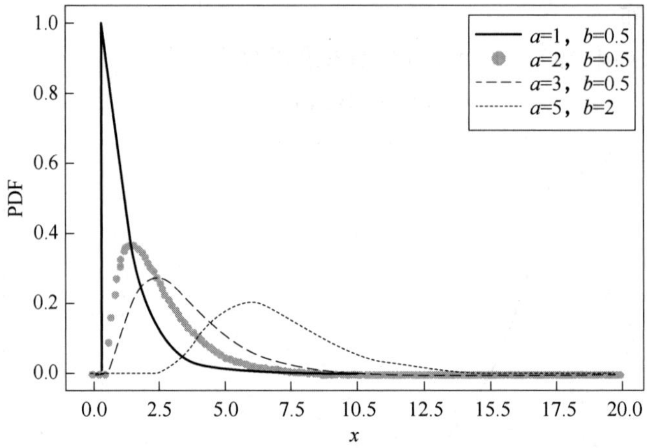

附图 1-3　伽马分布

高斯分布、单边指数分布、双边指数分布、伽马分布等，都属于指数分布家族，另外，还有 Chi 分布、student-t 分布、sigmoid 分布等，在这里不再一一列举。

附录 2

共轭分布

1. 二项分布与贝塔(Beta)分布

附图 2-1

假设“乾隆通宝”钱币(如附图 2-1 所示)正面朝上的概率为 0.62,$P(x=1)=0.62$,即参数 $\theta=0.62$ 。

在某次实验中,共抛 56 次,正面出现 19 次的概率为 $C_{56}^{19}0.62^{19}(1-0.62)^{56-19}$,这是二项分布,记作 $\mathrm{Bin}(N_1|N,\theta)$,其中 $N_1=19,N=56,\theta=0.62$。

为什么说 $\theta=0.62$? 因为在某一次实验中,共抛 1 000 次,正面出现 620 次。这是频率主义学派的思想。

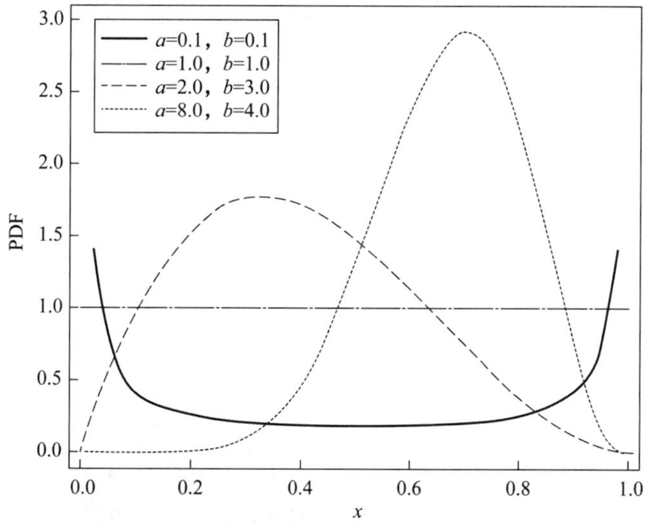

附图 2-2 Beta 分布

但是,如果在第二次实验中,共抛 500 次,正面出现 300 次,那么认为 $\theta=0.6$?

如果在第三次实验中,共抛 700 次,正面出现 400 次,那么认为 $\theta=0.583$?

……

贝叶斯学派认为 θ 并非确定的值,而是服从一个先验分布。比如,可以假设它服从高斯分布。但是假设它服从高斯分布并不好,可以假设它服从 Beta(贝塔)分布,如附图 2-2 所示。

$$\mathrm{Beta}(x|a,b)=\frac{1}{B(a,b)}x^{a-1}(1-x)^{b-1}$$

其中，Beta 函数 $B(a,b)=\dfrac{\Gamma(a)\Gamma(b)}{\Gamma(a+b)}$ 。

先验分布服从 Beta 分布：

$$p(\theta)\propto\theta^{a-1}(1-\theta)^{b-1}$$

似然分布服从 Bin 分布：

$$p(\mathcal{D}|\theta)\propto\theta^{N_1}(1-\theta)^{N-N_1}$$

则后验分布：

$$p(\theta|\mathcal{D})\propto\theta^{a-1}(1-\theta)^{b-1}\theta^{N_1}(1-\theta)^{N-N_1}=\theta^{N_1+a-1}(1-\theta)^{N-N_1+b-1}$$

可以看出，后验分布仍然是 Beta 分布。

后验分布与先验分布是同一种分布，称 Beta 分布是二项分布的共轭分布。

参数的后验估计为

$$\hat{\theta}_{MAP}=\frac{N_1+a-1}{N+a+b-2}$$

如果先验是均匀分布，则附图 2-2 中 $a=b=1.0$，则参数的后验估计退化为最大似然估计 $\hat{\theta}_{\mathrm{MLE}}=\dfrac{N_1}{N}$。所以超参数 a、b 又称为伪计数。

在实际应用中，常常采用共轭分布作为先验分布，后验估计很容易计算。

2. 多项分布与狄利克雷(Dirichlet)分布

类似于 Beta 分布与二项分布的关系，狄利克雷分布是多项分布的共轭分布。

狄利克雷分布：

$$\mathrm{Dir}(x\mid\alpha)=\frac{1}{B(\alpha)}\prod_{k=1}^{K}x_k^{\alpha_k-1}\,\mathbb{I}(x\in S_k)$$

其中 $B(\alpha)=\dfrac{\prod_{k=1}^{K}\Gamma(\alpha_k)}{\Gamma(\alpha_0)}$，并且 $\alpha_0=\sum_{k=1}^{K}\alpha_k$，附图 2-3(a)所示为 $K=3$ 的情况。$\alpha=(2,2,2)$时如附图 2-3(b)所示；$\alpha=(20,2,2)$时如附图 2-3(c)所示，$\alpha=(0.1,0.1,0.1)$ 时如附图 2-3(d)所示。

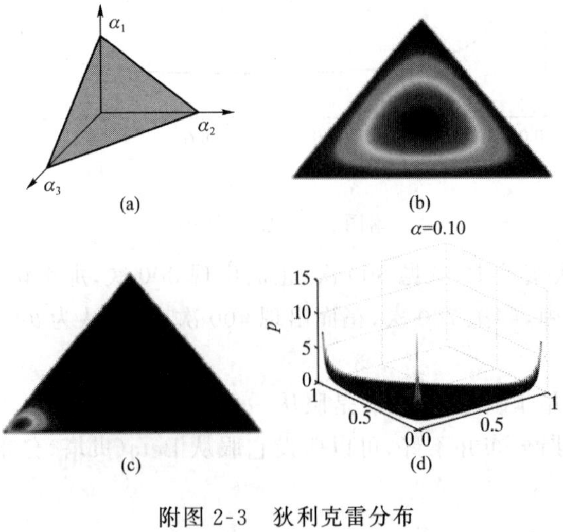

附图 2-3 狄利克雷分布

先验分布服从 Dir 分布：

$$\mathrm{Dir}(\theta \mid \alpha) = \frac{1}{B(\alpha)} \prod_{k=1}^{K} \theta_k^{\alpha_k - 1} \mathbb{I}(\theta \in S_k)$$

似然分布服从多项分布：

$$p(\mathcal{D} \mid \theta) = \prod_{k=1}^{K} \theta_k^{N_k}$$

则后验分布：

$$p(\theta \mid \mathcal{D}) \propto p(\mathcal{D} \mid \theta) p(\theta) \propto \prod_{k=1}^{K} \theta_k^{N_k} \theta_k^{\alpha_k - 1} = \prod_{k=1}^{K} \theta_k^{N_k + \alpha_k - 1}$$

后验分布仍然是 Dir 分布：$\mathrm{Dir}(\theta | \alpha_1 + N_1, \cdots, \alpha_k + N_k)$

最大化后验分布的对数似然函数的优化目标为

$$\mathrm{LL}(\theta, \alpha) = \sum_k N_k \log \theta_k + \sum_k (\alpha_k - 1) \log \theta_k + \lambda(1 - \sum_k \theta_k)$$

其中上式等号右边第 3 项是采用拉格朗日因子法，限定“概率之和为 1”。$N'_k \equiv N_k + \alpha_k - 1$，对参数求导并令其等于 0：

$$\begin{cases} \dfrac{\partial}{\partial \lambda} \mathrm{LL} = (1 - \sum_k \theta_k) = 0 \\ \dfrac{\partial}{\partial \theta_k} \mathrm{LL} = \dfrac{N'_k}{\theta_k} - \lambda = 0 \end{cases}$$

解得 $N'_k = \lambda \theta_k, \sum_k N'_k = \lambda \sum_k \theta_k$。

$$N + \sum_k \alpha_k - K = \lambda$$

$$\hat{\theta}_k = \frac{N'_k}{\lambda} = \frac{N_k + \alpha_k - 1}{N + \sum_k \alpha_k - K}$$

3. 伽马分布与泊松分布

假设数据集有 N 个独立同分布的样本，$p(x^n \mid \lambda) = \mathrm{Poi}(x^n \mid \lambda) = \dfrac{\lambda^{x^n} \mathrm{e}^{-\lambda}}{x^n !}, n = 1, 2, \cdots, N$，则似然函数为 $L(x^1, \cdots, x^N \mid \lambda) = \prod_{n=1}^{N} \dfrac{\lambda^{x^n} \mathrm{e}^{-\lambda}}{x^n !} = \dfrac{\lambda^{\sum_n x^n} \mathrm{e}^{-\lambda N}}{\prod_n x^n !}$。

如果参数 λ 的先验分布服从伽马分布：

$$\mathrm{Ga}(\lambda | a, b) = \frac{b^a}{\Gamma(a)} \lambda^{a-1} \mathrm{e}^{-b\lambda}$$

那么参数 λ 的后验分布为

$$p(\lambda \mid \boldsymbol{x}, a, b) \propto \mathrm{Ga}(\lambda \mid a, b) L(\boldsymbol{x} \mid \lambda) \propto \lambda^{a + \sum_i x^i - 1} \mathrm{e}^{-(b+N)\lambda}$$

后验分布服从伽马分布：$\mathrm{Ga}\left(\lambda \mid a + \sum_{n=1}^{N} x^n, b + N\right)$。所以伽马分布是泊松分布的共轭先验分布。

附录3
矩阵变换基础

1. 基本性质

矩阵转置：

$$(\boldsymbol{ABC})^{\mathrm{T}}=\boldsymbol{C}^{\mathrm{T}}\boldsymbol{B}^{\mathrm{T}}\boldsymbol{A}^{\mathrm{T}}$$

矩阵求逆：

$$(\boldsymbol{ABC})^{-1}=\boldsymbol{C}^{-1}\boldsymbol{B}^{-1}\boldsymbol{A}^{-1}$$

$$(\boldsymbol{A}^{\mathrm{T}})^{-1}=(\boldsymbol{A}^{-1})^{\mathrm{T}}$$

$$(\boldsymbol{I}+\boldsymbol{AB})^{-1}\boldsymbol{A}=\boldsymbol{A}(\boldsymbol{I}+\boldsymbol{BA})^{-1}$$

对于一个方阵 $\boldsymbol{A}$，有 $\boldsymbol{A}^{\mathrm{T}}=\boldsymbol{A}^{-1}$，则 A 为正交矩阵(orthogonal matrix)，等价于 $\boldsymbol{A}^{\mathrm{T}}\boldsymbol{A}=\boldsymbol{AA}^{\mathrm{T}}=\boldsymbol{I}_n$。

对于一个对称矩阵 $\boldsymbol{A}$，如果对所有的非零向量 $\boldsymbol{x}$ 都满足 $\boldsymbol{x}^{\mathrm{T}}\boldsymbol{Ax}>0$，则 $\boldsymbol{A}$ 为正定矩阵(positive-definite matrix)；如果 $\mathrm{x}^{\mathrm{T}}\boldsymbol{Ax}\geqslant 0$，则 $\boldsymbol{A}$ 为半正定矩阵(positive-semidefinite matrix)。

2. 迹与行列式

对于一个方阵 $\boldsymbol{A}$，它的迹 $\mathrm{Tr}(\boldsymbol{A})$ 是主对角线元素之和。

$$\mathrm{Tr}(\boldsymbol{AB})=\mathrm{Tr}(\boldsymbol{BA})$$

$$\mathrm{Tr}(\boldsymbol{A}+\boldsymbol{B})=\mathrm{Tr}(\boldsymbol{A})+\mathrm{Tr}(\boldsymbol{B})$$

迹的循环不变性：$\mathrm{Tr}(\boldsymbol{ABC})=\mathrm{Tr}(\boldsymbol{CAB})=\mathrm{Tr}(\boldsymbol{BCA})$。

行列式性质：

$$|\boldsymbol{AB}|=|\boldsymbol{A}||\boldsymbol{B}|$$

$$|\boldsymbol{A}^{-1}|=\frac{1}{|\boldsymbol{A}|}$$

3. 求导

$$\frac{\partial}{\partial \boldsymbol{x}}(\boldsymbol{x}^{\mathrm{T}}\boldsymbol{a})=\frac{\partial}{\partial \boldsymbol{x}}(\boldsymbol{a}^{\mathrm{T}}\boldsymbol{x})=\boldsymbol{a}$$

$$\frac{\partial}{\partial \boldsymbol{x}}(\boldsymbol{AB})=\frac{\partial \boldsymbol{A}}{\partial \boldsymbol{x}}\boldsymbol{B}+\boldsymbol{A}\frac{\partial \boldsymbol{B}}{\partial \boldsymbol{x}}$$

$$\frac{\partial}{\partial \boldsymbol{x}}(\boldsymbol{A}^{-1})=-\boldsymbol{A}^{-1}\frac{\partial \boldsymbol{A}}{\partial \boldsymbol{x}}\boldsymbol{A}^{-1}$$

$$\frac{\partial}{\partial \boldsymbol{x}}\ln|\boldsymbol{A}|=\mathrm{Tr}\left(\boldsymbol{A}^{-1}\frac{\partial \boldsymbol{A}}{\partial \boldsymbol{x}}\right)$$

$$\frac{\partial}{\partial \boldsymbol{A}}\mathrm{Tr}(\boldsymbol{AB})=\boldsymbol{B}^{\mathrm{T}}$$

$$\frac{\partial}{\partial \boldsymbol{A}}\mathrm{Tr}(\boldsymbol{A}^{\mathrm{T}}\boldsymbol{B})=\boldsymbol{B}$$

$$\frac{\partial}{\partial \boldsymbol{A}}\mathrm{Tr}(\boldsymbol{A})=\boldsymbol{I}$$

$$\frac{\partial}{\partial \boldsymbol{A}}\mathrm{Tr}(\boldsymbol{A}\boldsymbol{B}\boldsymbol{A}^{\mathrm{T}})=\boldsymbol{A}(\boldsymbol{B}+\boldsymbol{B}^{\mathrm{T}})$$

$$\frac{\partial}{\partial \boldsymbol{A}}\ln|\boldsymbol{A}|=(\boldsymbol{A}^{-1})^{\mathrm{T}}$$

$$\frac{\partial \mathrm{Tr}(\boldsymbol{A}\boldsymbol{X}^{-1}\boldsymbol{B})}{\partial \boldsymbol{X}}=-(\boldsymbol{X}^{-1}\boldsymbol{B}\boldsymbol{A}\boldsymbol{X}^{-1})^{\mathrm{T}}$$

4. 特征向量

对于 $M\times M$ 维矩阵 $\boldsymbol{A}$，有 $\boldsymbol{A}\boldsymbol{u}_i=\lambda_i\boldsymbol{u}_i, i=1,\cdots,M$，则 $\boldsymbol{u}_i$ 是 A 的一个特征向量，λ_i 是相应的特征值。$\boldsymbol{A}$ 的秩是非零特征值的个数。

对称矩阵的特征值是实数，特征向量可以选择正交向量。

特征分解：$\boldsymbol{A}=\boldsymbol{U}\boldsymbol{\Lambda}\boldsymbol{U}^{-1}$，其中矩阵 $\boldsymbol{U}$ 的每一列是特征向量 $\boldsymbol{u}_i$，$\boldsymbol{\Lambda}$ 是特征值构成的对角阵。当 $\boldsymbol{U}$ 是正交矩阵时，$\boldsymbol{A}=\boldsymbol{U}\boldsymbol{\Lambda}\boldsymbol{U}^{\mathrm{T}}$。通常按降序排列 $\boldsymbol{\Lambda}$ 的元素，当所有特征值都是唯一的，则特征分解唯一。

所有特征值都是正数的矩阵称为正定(positive definite)矩阵；所有特征值都是非负数的矩阵称为半正定(positive semidefinite)矩阵。

5. 奇异值分解

矩阵是奇异的，当且仅当含有零特征值。

对于 $N\times D$ 维矩阵 $\boldsymbol{X}$，它的奇异值分解(Singular Value Decomposition，SVD)是

$$\underbrace{\boldsymbol{X}}_{N\times D}=\underbrace{\boldsymbol{U}}_{N\times N}\ \underbrace{\boldsymbol{S}}_{N\times D}\ \underbrace{\boldsymbol{V}^{\mathrm{T}}}_{D\times D}$$

其中，$\boldsymbol{U}$ 是一个列向量正交矩阵 $\boldsymbol{U}^{\mathrm{T}}\boldsymbol{U}=\boldsymbol{I}_N$，$\boldsymbol{V}$ 的列向量和行向量都是正交的 $\boldsymbol{V}^{\mathrm{T}}\boldsymbol{V}=\boldsymbol{V}\boldsymbol{V}^{\mathrm{T}}=\boldsymbol{I}_D$，$\boldsymbol{S}$ 是一个对角阵，主对角线上是奇异值 $\sigma_i\geqslant 0$，共有 $r=\min(N,D)$ 个值，其余值为 0。

左奇异向量 $\boldsymbol{U}$ 是 $\boldsymbol{X}$ 的协方差矩阵的特征向量：$\boldsymbol{U}=\mathrm{evec}(\boldsymbol{X}\boldsymbol{X}^{\mathrm{T}})$，并且 $\boldsymbol{V}=\mathrm{evec}(\boldsymbol{X}^{\mathrm{T}}\boldsymbol{X})$，$\boldsymbol{S}^2=\mathrm{evel}(\boldsymbol{X}\boldsymbol{X}^{\mathrm{T}})=\mathrm{evel}(\boldsymbol{X}^{\mathrm{T}}\boldsymbol{X})$。

附录 4

采样推断法

1. 蒙特卡洛方法

蒙特卡洛方法是一种利用随机数的近似计算技术，常用来解决下述的两个问题。

① 生成一些符合某概率分布 $p(\boldsymbol{x})$的样本$\{\boldsymbol{x}^s\}_{s=1}^S$。其中 $\boldsymbol{x}$ 常常是向量，表示高维空间的数据，一共生成 R 个样本。目标概率密度函数 $p(\boldsymbol{x})$可能来源于物理统计，也可能是数据建模时提出的条件概率分布。

② 对于随机变量 $\boldsymbol{x}$ 的任何函数 $f(\boldsymbol{x})$，它的期望可以采用蒙特卡洛近似计算：

$$\mathbb{E}[f(\boldsymbol{x})]=\int f(\boldsymbol{x})p(\boldsymbol{x})\mathrm{d}\boldsymbol{x}\approx\frac{1}{S}\sum_{s=1}^{S}f(\boldsymbol{x}^s)$$

即用 $\boldsymbol{x}$ 的样本计算 $f(\boldsymbol{x})$的期望。最简单的近似计算可以用来计算 $p(\boldsymbol{x})$的均值，$f(\boldsymbol{x})=\boldsymbol{x}$。

在贝叶斯推断中，如果后验分布很复杂，没有解析解，可以采用蒙特卡洛方法来近似计算感兴趣的变量的期望。首先依据后验分布生成一些样本 $\boldsymbol{x}^s\sim p(\boldsymbol{x}|\mathcal{D})$，然后使用这些样本可以计算后验边缘分布 $p(x_1|\mathcal{D})$的期望，可以进行后验预测 $p(y|\mathcal{D})$，计算任意形式变量的期望，如 $p(x_1-x_2|\mathcal{D})$。

那么，如何按照某种概率分布获得采样值呢？接下来着重关注第 1 个问题。

简单地产生[0,1]之间的随机数，就是从均匀分布中采样。

从高斯分布中采样时，可以采用 Box-Muller 变换：如果随机变量 U_1、U_2独立，且 U_1、U_2服从均匀分布 Uniform[0,1]，则

$$Z_0=\sqrt{-2\ln U_1}\cos(2\pi U_2)$$

$$Z_1=\sqrt{-2\ln U_1}\sin(2\pi U_2)$$

Z_0，Z_1 独立且服从标准正态分布。

设 $F(X)$为一种分布的分布函数，rand[0,1]为产生[0,1]间均匀分布随机数的发生函数，$G(X)$为 $F(X)$的反函数，则 $Y=G(\text{rand}[0,1])$得到的随机数符合分布 $F(X)$。但是在很多情况下，反函数并不好求取。

很多实际问题中，$p(\boldsymbol{x})$是很难直接采样的，尤其是从高维分布中采样，因此需要借助于一些手段来进行采样。

2. 拒接采样(rejection sampling)

既然 $p(\boldsymbol{x})$太复杂无法直接采样，那么可以设定一个可采样的分布 $q(\boldsymbol{x})$，如高斯分布，然

后按照一定的方法拒绝某些样本，达到近似 $p(\boldsymbol{x})$ 分布的目的，其中 $q(\boldsymbol{x})$ 称为建议分布(proposal distribution)。

具体操作如下：设定一个方便采样的函数 $q(\boldsymbol{x})$（如高斯分布）以及一个常量 c，使得 $p(\boldsymbol{x})$ 总在 $cq(\boldsymbol{x})$ 的下方，如附图 4-1(a)所示。然后进行采样。

① x 轴方向：从 $q(\boldsymbol{x})$ 分布采样得到 x_1。

② y 轴方向：从均匀分布 $(0, cq(x_1))$ 中采样得到 u。

③ 如果 μ 刚好落到两个分布的中间区域，如附图 4-1(b)所示，$u>p(x_1)$，则拒绝；否则接受这次抽样。

④ 重复以上过程，获得多个样本。

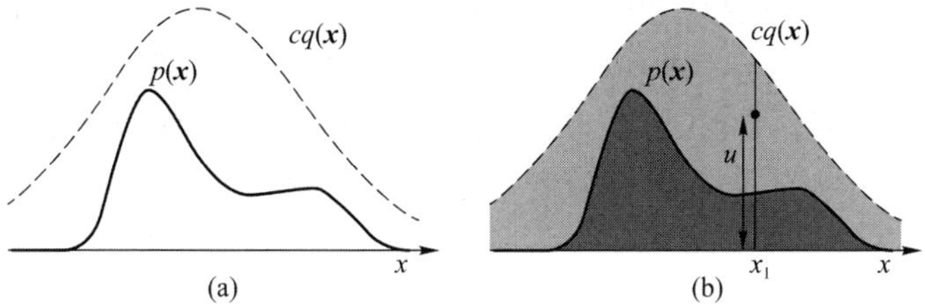

附图 4-1　拒绝采样

从后验分布 $p(\theta|\mathcal{D})=p(\mathcal{D}|\theta)p(\theta)/p(\mathcal{D})$ 中采样，假设忽略常数项 $p(\mathcal{D})$，建议分布取先验分布 $q(\theta)=p(\theta)$，$c=p(\mathcal{D}|\hat{\theta})$，其中 $\hat{\theta}=\arg\max\ p(\mathcal{D}|\theta)$ 是最大似然估计，那么 $u<p(\mathcal{D}|\theta)p(\theta)$ 时接受采样样本，接受率为 $\frac{p(\mathcal{D}|\theta)p(\theta)}{cq(\theta)}=\frac{p(\mathcal{D}|\theta)}{p(\mathcal{D}|\hat{\theta})}$。从公式可以看出，从先验分布中采样，如果先验分布和后验分布差别很大，接受率会很低。

在高维的情况下，拒绝采样会出现两个问题：第一是合适的 $q(\boldsymbol{x})$ 分布比较难以找到；第二是很难确定一个合理的 c 值。这两个问题会导致拒绝率很高，无用计算增加。

3. 加重采样(importance sampling)

加重采样也是借助了容易抽样的建议分布 $q(\boldsymbol{x})$ 来解决问题，但是针对的是蒙特卡洛方法的第 2 个问题。比如，蒙特卡洛近似可以这样计算：

$$\mathbb{E}[f(\boldsymbol{x})]=\int f(\boldsymbol{x})p(\boldsymbol{x})\mathrm{d}\boldsymbol{x}=\int f(\boldsymbol{x})\frac{p(\boldsymbol{x})}{q(\boldsymbol{x})}q(\boldsymbol{x})\mathrm{d}\boldsymbol{x}\approx\frac{1}{S}\sum_{s=1}^{S}\frac{p(\boldsymbol{x}^s)}{q(\boldsymbol{x}^s)}f(\boldsymbol{x}^s)$$

其中，$\frac{p(\boldsymbol{x})}{q(\boldsymbol{x})}$ 可以看作权重(importance weight)。$q(\boldsymbol{x})$ 与 $p(\boldsymbol{x})$ 接近时，样本的权重比较大。

要确定一个什么样的分布 $q(\boldsymbol{x})$ 才会让采样的效果比较好呢？直观的感觉是，样本的方差越小，期望收敛速率越快。比如，如果一次采样是 0，一次采样是 1 000，则两次采样的平均值是 500，这样采样效果很差，如果一次采样是 499，一次采样是 501，两次采样的平均值是 500，此时的数据可信度还比较高。在上式中，$p(\boldsymbol{x})$ 和 $f(\boldsymbol{x})$ 是确定的，需要确定的是 $q(\boldsymbol{x})$，目标是 $\frac{p(\boldsymbol{x})f(\boldsymbol{x})}{q(\boldsymbol{x})}$ 的方差越小越好，所以 $|p(\boldsymbol{x})f(\boldsymbol{x})|$ 大的地方，建议分布 $q(\boldsymbol{x})$ 也应该大。所以 $q(\boldsymbol{x})$ 的最优估计为

$$q^*(\boldsymbol{x})=\frac{|p(\boldsymbol{x})f(\boldsymbol{x})|}{Z}$$

其中 Z 表示归一化因子，使得 $q^*(\boldsymbol{x})$ 之和或者积分为 1。但是遗憾的是，在高维空间里找到一

个这样合适的 $q(\boldsymbol{x})$ 非常困难，因为高维分布中联合分布的动态域非常大。

4. Metropolis Hastings 算法

下面来看看马尔可夫链蒙特卡洛(Markov Chain Monte Carlo，MCMC)采样法。

拒绝采样和加重采样只有当建议分布 $q(\boldsymbol{x})$ 与 $p(\boldsymbol{x})$ 接近时，才能有效地工作。但是在高维情况下，这样的建议分布很难寻找。

Metropolis Hastings(MH)算法使用仅依赖当前状态 $\boldsymbol{x}^{(t)}$ 的分布作为建议分布 $q(\boldsymbol{x}'|\boldsymbol{x}^{(t)})$。可以使用一个简单的分布，如以 $\boldsymbol{x}^{(t)}$ 为均值的多元高斯分布，新的状态 $\boldsymbol{x}'$ 从这个建议分布中采样。这与马尔可夫链(简称马氏链)的状态转移概率和平稳分布有关。关于一阶马氏链请参见例 1-4 和例 2-2。

马氏链定理：非周期马氏链收敛到平稳分布的条件是任何两个状态是连通的。马氏链收敛到平稳分布时，$\pi(\boldsymbol{x})=\pi(\boldsymbol{x})\boldsymbol{A}$，其中 π 是马氏链的平稳分布，$\boldsymbol{A}$ 是马氏链的状态转移概率矩阵。从下面的公式可以看出，马氏链能否收敛到平稳分布，$\boldsymbol{A}$ 是关键因素。

如果在马氏链上做状态转移，从初始概率分布 π_0 出发，在第 t 步的时候达到平稳分布，则每一步的样本如下：

$$\begin{aligned}
&\boldsymbol{x}^{(0)}\sim\pi_0(\boldsymbol{x})\\
&\boldsymbol{x}^{(1)}\sim\pi_1(\boldsymbol{x})=\pi_0(\boldsymbol{x})\boldsymbol{A}\\
&\cdots\cdots\\
&\boldsymbol{x}^{(t)}\sim\pi(\boldsymbol{x})=\pi_0(\boldsymbol{x})\boldsymbol{A}^t\\
&\boldsymbol{x}^{(t+1)}\sim\pi(\boldsymbol{x})\\
&\cdots\cdots
\end{aligned}$$

于是，样本 $\boldsymbol{x}^{(t)},\boldsymbol{x}^{(t+1)},\cdots$ 都将是同分布〔平稳分布 $\pi(\boldsymbol{x})$〕的样本，当然它们并不独立。

对于概率分布 $p(\boldsymbol{x})$，我们希望生成它的样本，一个可行的办法就是：如果我们能构造一个转移矩阵为 $\boldsymbol{A}$ 的马氏链，使得该马氏链的平稳分布恰好是 $p(\boldsymbol{x})$，当马氏链在第 t 步收敛之后，得到的转移序列 $\boldsymbol{x}^{(t)},\boldsymbol{x}^{(t+1)},\cdots$ 就是 $p(\boldsymbol{x})$ 的样本。如果想要独立的样本，那么需要隔几个取一个。

细致平稳条件(detailed balance condition)定理：如果非周期马氏链的状态转移概率矩阵 $\boldsymbol{A}$ 和分布 $\pi(\boldsymbol{x})$ 满足 $\pi(\boldsymbol{x}^i)A_{ij}=\pi(\boldsymbol{x}^j)A_{ji}$，对所有的状态 i、j 都成立，则 $\pi(\boldsymbol{x})$ 是马氏链的平稳分布。其中 A_{ij} 是矩阵 $\boldsymbol{A}$ 的元素，表示随机向量 $\boldsymbol{x}$ 从状态 i 转移到状态 j 的概率，即 $A(\boldsymbol{x}^j|\boldsymbol{x}^i)$。

显然，在通常情况下，$\pi(\boldsymbol{x}^i)A(\boldsymbol{x}^j|\boldsymbol{x}^i)\neq\pi(\boldsymbol{x}^j)A(\boldsymbol{x}^i|\boldsymbol{x}^j)$，也就是细致平稳条件不成立，所以 $\pi(\boldsymbol{x})$ 不是这个马氏链的平稳分布。

为了构造一个平稳分布，我们引入一个转移概率参数 $\alpha(\boldsymbol{x}^j|\boldsymbol{x}^i)$，使得

$$\pi(\boldsymbol{x}^i)A(\boldsymbol{x}^j|\boldsymbol{x}^i)\alpha(\boldsymbol{x}^j|\boldsymbol{x}^i)=\pi(\boldsymbol{x}^j)A(\boldsymbol{x}^i|\boldsymbol{x}^j)\alpha(\boldsymbol{x}^i|\boldsymbol{x}^j)$$

为了使等式成立，按照对称性，可以取 $\alpha(\boldsymbol{x}^j|\boldsymbol{x}^i)=\pi(\boldsymbol{x}^j)A(\boldsymbol{x}^i|\boldsymbol{x}^j)$。

公式可以修改为

$$\pi(\boldsymbol{x}^i)A(\boldsymbol{x}^j|\boldsymbol{x}^i)\frac{\alpha(\boldsymbol{x}^j|\boldsymbol{x}^i)}{\alpha(\boldsymbol{x}^i|\boldsymbol{x}^j)}=\pi(\boldsymbol{x}^j)A(\boldsymbol{x}^i|\boldsymbol{x}^j)$$

定义

$$a\equiv\frac{\alpha(\boldsymbol{x}^j|\boldsymbol{x}^i)}{\alpha(\boldsymbol{x}^i|\boldsymbol{x}^j)}=\frac{\pi(\boldsymbol{x}^j)A(\boldsymbol{x}^i|\boldsymbol{x}^j)}{\pi(\boldsymbol{x}^i)A(\boldsymbol{x}^j|\boldsymbol{x}^i)}$$

如果 $a\geqslant1$，则接受新状态 j；否则，以概率 a 接受新状态 j。

MH 算法的伪代码

1. 初始化马氏链的初始状态 $\boldsymbol{x}^{(0)}$
2. 对 $t=0,1,2,\cdots$ repeat
3. 第 t 时刻马氏链状态为 $\boldsymbol{x}^{(t)}$
4. 采样 $\boldsymbol{x}'\sim q(\boldsymbol{x}|\boldsymbol{x}^{(t)})$
5. 从均匀分布采样 $u\sim\mathcal{U}[0,1]$
6. 如果 $u<a=\min\left\{\frac{p(\boldsymbol{x}')q(\boldsymbol{x}^{(t)}|\boldsymbol{x}')}{p(\boldsymbol{x}^{(t)})q(\boldsymbol{x}'|\boldsymbol{x}^{(t)})},1\right\}$ 则接受状态转移 $\boldsymbol{x}^{(t+1)}=\boldsymbol{x}'$；否则不接受转移，$\boldsymbol{x}^{(t+1)}=\boldsymbol{x}^{(t)}$
7. until 达到停止条件

输出：样本序列

MH 算法是一种马尔可夫链蒙特卡洛方法。运行马尔可夫链直到它达到平稳分布的过程，称为马尔可夫链的磨合(burning-in)过程。达到平稳分布后的样本并不独立，一般每隔 n 个样本返回一个可用样本。

MH 算法与拒绝采样的区别是：在拒绝采样中，一个样本被拒绝了就会被丢弃，对样本序列没有影响；在 MH 算法中，虽然状态的转移被拒绝了，但是仍然会生成原状态的样本。

5. Gibbs 采样算法

Gibbs 采样针对高维联合概率分布，希望接受率为 1。

Gibbs 采样的基本思想是轮流采样每个随机变量在其他随机变量条件下的分布。

举一个例子：事件 E={吃饭、学习、打球}，时间 T={上午、下午、晚上}，天气 W={晴朗、刮风、下雨}，现在要一个样本，这个样本可以是“打球+下午+晴朗”。问题是我们不知道这 3 个随机变量的联合分布 $p(E,T,W)$，但是知道条件分布 $p(E|T,W)$、$p(T|E,W)$、$p(W|T,E)$，于是可以按如下步骤做。

① 随机初始化一个状态组合，如“学习+晚上+刮风”。

② 依条件概率改变其中的一个变量，例如，假设知道“晚上+刮风”，让事件产生一个新的状态，把“学习”修改为“吃饭”。

③ 依条件概率修改下一个变量，例如，根据“吃饭+刮风”，把“晚上”变成“上午”。类似地，根据“吃饭+上午”，把“刮风”变成“刮风”(当然可以变成相同的变量)。

④ 得到一个序列(每个单元包含 3 个变量)，即一个马尔可夫链的状态序列。跳过初始的一定数量的单元(如磨合阶段有 100 个)，然后隔一定的数量取一个单元(如隔 20 个取 1 个)。这样采样到的单元是逼近联合分布的。

上面的例子可以这样描述：给定样本 $\boldsymbol{x}^s$，假设只有 3 维向量，那么可以这样产生新样本 $\boldsymbol{x}^{s+1}=(x_1^{s+1},x_2^{s+1},x_3^{s+1})$：

① $x_1^{s+1}\sim p(x_1|x_2^s,x_3^s)$；

② $x_2^{s+1}\sim p(x_2|x_1^{s+1},x_3^s)$；

③ $x_3^{s+1}\sim p(x_3|x_1^{s+1},x_2^{s+1})$。

类似地，可以推广到高维空间。Gibbs 采样算法的伪代码如下所示，需要注意以下几点。

① 如果当前状态为$(x_1,x_2,\cdots,x_J)$，马氏链的转移过程，只能沿着坐标轴做转移。沿着 x_j 这个坐标轴做转移时，转移概率由条件概率 $p(x_j|x_1,\cdots,x_{j-1},x_{j+1},\cdots,x_J)$定义。

② 对于无法沿着单个坐标轴进行的跳转，转移概率都设置为 0。

③ 利用概率图模型上的马尔可夫毯，可以简化条件概率 $p(x_j|x_1,\cdots,x_{j-1},x_{j+1},\cdots,x_J)$

的计算，常常记作 $p(x_j|\boldsymbol{x}_{-j})$。

Gibbs 采样算法的伪代码

---

1. 初始化马氏链的初始状态
2. repeat
3.   for all i do
4. $x_i^{t+1} \sim p(x_i|\boldsymbol{x}_{-i}^{t})$
5. until 达到停止条件

输出：样本序列

Gibbs 采样是 MH 算法的特殊情况，它等价于限定 MH 算法的采样序列遵循 $q(\boldsymbol{x}'|\boldsymbol{x})=p(x_i'|\boldsymbol{x}_{-i})$ 。在这样的情况下，接受率如下：

$$a=\frac{p(\boldsymbol{x}')q(\boldsymbol{x}|\boldsymbol{x}')}{p(\boldsymbol{x})q(\boldsymbol{x}'|\boldsymbol{x})}=\frac{p(x_i'|\boldsymbol{x}_{-i}')p(\boldsymbol{x}_{-i}')p(x_i|\boldsymbol{x}_{-i}')}{p(x_i|\boldsymbol{x}_{-i})p(\boldsymbol{x}_{-i})p(x_i'|\boldsymbol{x}_{-i})}$$

$$=\frac{p(x_i'|\boldsymbol{x}_{-i})p(\boldsymbol{x}_{-i})p(x_i|\boldsymbol{x}_{-i})}{p(x_i|\boldsymbol{x}_{-i})p(\boldsymbol{x}_{-i})p(x_i'|\boldsymbol{x}_{-i})}=1$$

其中，$\boldsymbol{x}_{-i}'=\boldsymbol{x}_{-i}$，即在新状态下仅对 x_i 采样，而 $\boldsymbol{x}_{-i}$ 保持不变。

Gibbs 采样的接受率为 1，但是收敛速度并不快，因为它每次只更新一个坐标轴。

为此，对标准 Gibbs 采样进行改进的算法有如下两种。

① 块 Gibbs 采样(block Gibbs sampling)。仍然以 3 维向量为例：

$$x_1^{s+1}\sim p(x_1|x_2^s,x_3^s)$$

$$x_2^{s+1},x_3^{s+1}\sim p(x_2,x_3|x_1^{s+1})$$

块 Gibbs 采样在第 14 章受限玻尔兹曼机中有应用。

② 塌缩 Gibbs 采样(collopsed Gibbs sampling)。仍然以 3 维向量为例：

$$x_1^{s+1}\sim p(x_1|x_3^s)$$

$$x_3^{s+1}\sim p(x_3|x_1^{s+1})$$

变量 x_2 在采样过程中被塌缩掉了。塌缩 Gibbs 采样在第 7 章主题模型中有应用。

附录 5

变分推断算法

对于复杂的概率分布，在推断时很难有解析解，需要采用近似求解方法。除了基于随机数计算的采样推断法外，变分推断(variational inference)法也是一种常用的近似推断技术，被广泛用于机器学习建模和神经网络的各种应用场景中。

假设概率模型中包含可观测量 $\boldsymbol{x}$、隐变量和参数(贝叶斯估计把它们也看作随机变量)$\boldsymbol{h}$，根据联合分布 $p(\boldsymbol{x},\boldsymbol{h})$，推断 $p(\boldsymbol{h}|\boldsymbol{x})$，但是真实的后验分布常常不可解。例如，在马尔可夫随机场中，

$$p(\boldsymbol{h} \mid \theta,\boldsymbol{x}) = \frac{\mathrm{e}^{-\mathrm{Eng}(\boldsymbol{h},\boldsymbol{x}|\theta)}}{\sum_{\boldsymbol{h}} \mathrm{e}^{-\mathrm{Eng}(\boldsymbol{h},\boldsymbol{x}|\theta)}}$$

需要根据观测数据 $\boldsymbol{x}$ 推断隐变量 $\boldsymbol{h}$ 的分布，例 1-7 虽然给定参数值，但也只能使用 ICM 算法近似推断，上式的分母就很难求解。

变分推断法采用 $q(\boldsymbol{h})$来近似 $p(\boldsymbol{h}|\boldsymbol{x})$。怎么寻求一个函数的最佳近似函数呢？

函数是一个从输入到输出的映射，$y=f(\boldsymbol{x})$。函数 f 的函数被称为泛函(functional)，可以简单理解为一簇函数。正如对函数求导、求极值一样，我们可以对一个泛函求导，从而寻求最佳函数 $f^*(x)$。泛函导数(functional derivative)也被称为变分导数(variational derivative)。

$$\frac{\delta}{\delta f(x)}\int g(f(x),x)\mathrm{d}x = \frac{\partial}{\partial y}g(f(x),x)$$

或者

$$\frac{\partial}{\partial \theta_i}\sum_j g(\theta j,j) = \frac{\partial}{\partial \theta_i}g(\theta_i,i)$$

这也就是变分推断法名称的由来。

从优化问题的角度来看，变分推断法的本质就是从函数簇中找到最佳函数 q 来近似概率分布函数 p。

如果这里的优化目标是寻找与 $p(\boldsymbol{h}|\boldsymbol{x})$近似的 $q(\boldsymbol{h})$，那么就不必计算泛函导数了，直接最小化它们的 KL 距离。

$$\mathrm{KL}(q \parallel p^*) = \sum_{\boldsymbol{h}} q(\boldsymbol{h})\ln\frac{q(\boldsymbol{h})}{p(\boldsymbol{h} \mid \boldsymbol{x})}$$

但是，当后验分布不可解时，这个公式也难以计算，所以，我们的优化目标修改为寻找与 $p(\boldsymbol{h},\boldsymbol{x})$近似的 $q(\boldsymbol{h})$。先使用联合分布来计算，然后归一化即可。

$$\begin{aligned}\mathrm{KL}(q \parallel p) &= \sum_{\boldsymbol{h}} q(\boldsymbol{h}) \ln \frac{q(\boldsymbol{h})}{p(\boldsymbol{x},\boldsymbol{h})} \\ &= \sum_{\boldsymbol{h}} q(\boldsymbol{h}) \ln \frac{q(\boldsymbol{h})}{p(\boldsymbol{x})p(\boldsymbol{h} \mid \boldsymbol{x})} \\ &= \sum_{\boldsymbol{h}} q(\boldsymbol{h}) \ln \frac{q(\boldsymbol{h})}{p(\boldsymbol{h} \mid \boldsymbol{x})} - \mathrm{const}\end{aligned}$$

为了简化书写，KL 距离公式中把 $p(\boldsymbol{h}|\boldsymbol{x})$记作 p^*，$q(\boldsymbol{h})$记作 q，$p(\boldsymbol{x},\boldsymbol{h})$记作 p。

这个优化目标可以有各种写法和解释。

(1) 变分自由能

$$\begin{aligned}\mathrm{KL}(q \parallel p) &= \sum_{h} q(\boldsymbol{h}) \ln q(\boldsymbol{h}) + \sum_{z} - q(\boldsymbol{h}) \ln p(\boldsymbol{x},\boldsymbol{h}) \\ &= - H(q) + \mathbb{E}_q[- \ln p(\boldsymbol{x},\boldsymbol{h})]\end{aligned}$$

其中，$-H(q)$为 q 的熵，$\mathbb{E}[-\ln p(\boldsymbol{x},\boldsymbol{h})]$是联合分布的负对数函数对 q 的期望。在马尔可夫随机场中，未归一化的联合概率为 $\mathrm{e}^{-\mathrm{Eng}(\boldsymbol{x},\boldsymbol{h}|\theta)}$，所以$\mathbb{E}_q[-\ln p(\boldsymbol{x},\boldsymbol{h})]$是场的能量对 q 的期望。于是优化目标被称为变分自由能。

(2) 正则化

$$\begin{aligned}\mathrm{KL}(q \parallel p) &= \sum_{\boldsymbol{h}} q(\boldsymbol{h}) \ln \frac{q(\boldsymbol{h})}{p(\boldsymbol{h})p(\boldsymbol{x} \mid \boldsymbol{h})} \\ &= \mathbb{E}_q[\ln q(\boldsymbol{h}) - \ln p(\boldsymbol{h})p(\boldsymbol{x} \mid \boldsymbol{h})] \\ &= \mathbb{E}_q[\ln q(\boldsymbol{h}) - \ln p(\boldsymbol{h}) - \ln p(\boldsymbol{x} \mid \boldsymbol{h})] \\ &= \mathbb{E}_q[- \ln p(\boldsymbol{x} \mid \boldsymbol{h})] + \mathrm{KL}(q(\boldsymbol{h}) \parallel p(\boldsymbol{h}))\end{aligned}$$

其中，$\mathbb{E}_q[-\ln p(\boldsymbol{x}|\boldsymbol{h})]$为负对数似然函数对 q 的期望，$\mathrm{KL}(q(\boldsymbol{h}) \parallel p(\boldsymbol{h})$度量 q 与先验分布的 KL 距离，作为正则化惩罚因子。

(3) 优化下界

在 $p(\boldsymbol{x})=\dfrac{p(\boldsymbol{x},\boldsymbol{h})}{p(\boldsymbol{h}|\boldsymbol{x})}$ 的对数表达式中，引入 $q(\boldsymbol{h})$来近似 $p(\boldsymbol{h}|\boldsymbol{x})$。

$$\begin{aligned}\ln p(\boldsymbol{x}) &= \sum_{\boldsymbol{h}} q(\boldsymbol{h}) \ln p(\boldsymbol{x}) = \sum_{\boldsymbol{h}} q(\boldsymbol{h}) \ln \frac{p(\boldsymbol{x},\boldsymbol{h})}{p(\boldsymbol{h} \mid \boldsymbol{x})} \\ &= \sum_{\boldsymbol{h}} q(\boldsymbol{h}) \ln \frac{p(\boldsymbol{x},\boldsymbol{h})}{q(\boldsymbol{h})} - \sum_{\boldsymbol{h}} \left(q(\boldsymbol{h}) \ln \frac{p(\boldsymbol{h} \mid \boldsymbol{x})}{q(\boldsymbol{h})} \right) \\ &= L(q) + \mathrm{KL}(q \parallel p^*)\end{aligned}$$

其中$\mathrm{KL}(q \parallel p^*) = -\sum_{\boldsymbol{h}} \left(q(\boldsymbol{h}) \ln \dfrac{p(\boldsymbol{h} \mid \boldsymbol{x})}{q(\boldsymbol{h})} \right)$，显然当$q(\boldsymbol{h}) = p(\boldsymbol{h} \mid \boldsymbol{x})$时，KL距离为0。基于KL距离的非负性，$L(q) = \sum_{\boldsymbol{h}} q(\boldsymbol{h}) \ln \dfrac{p(\boldsymbol{x},\boldsymbol{h})}{q(\boldsymbol{h})}$ 是 $\ln p(\boldsymbol{x})$ 的下界。当后验分布不可解时，可以先使用联合分布来计算，最大化下界 $L(q)$ 以达到最大化观测数据的对数概率效果。

平均场(mean field)方法限定 $q(\boldsymbol{h})$可因式分解，是变分自由能的一种特殊形式。下面介绍平均场方法。

假设 $q(\boldsymbol{h})$ 的因式分解形式为 $q(\boldsymbol{h}) = \prod_{i=1}^{I} q_i(h_i)$，为了简化书写，以下把 $q_i(h_i)$ 记作 q_i，那么下界可分解为

$$
\begin{aligned}
L(q) &= \sum_{\boldsymbol{h}} \prod_{i} q_i \left\{ \ln p(\boldsymbol{x},\boldsymbol{h}) - \sum_{k} \ln q_k \right\} \\
&= \sum_{h_j} \sum_{\boldsymbol{h}_{-j}} q_j \prod_{i \neq j} q_i \left\{ \ln p(\boldsymbol{x},\boldsymbol{h}) - \sum_{k} \ln q_k \right\} \\
&= \sum_{h_j} q_j \sum_{\boldsymbol{h}_{-j}} \prod_{i \neq j} q_i \ln p(\boldsymbol{x},\boldsymbol{h}) - \sum_{h_j} q_j \sum_{\boldsymbol{h}_{-j}} \prod_{i \neq j} q_i \left\{ \sum_{k \neq j} \ln q_k + \ln q_j \right\} \\
&= \sum_{h_j} q_j \ln f_j(\boldsymbol{x},h_j) - \sum_{h_j} q_j \ln q_j + \text{const}
\end{aligned}
$$

其中,$\ln f_j(\boldsymbol{x},h_j) \triangleq \sum_{\boldsymbol{h}_{-j}} \prod_{i \neq j} q_i \ln p(\boldsymbol{x},\boldsymbol{h}) = \mathbb{E}_{-q_j}[\ln p(\boldsymbol{x},\boldsymbol{h})]$。

对比变分自由能的公式,保持$\{q_{i\neq j}\}$不变,最大化 $L(q)$,等价于最小化 $q_j(h_j)$与 $f_j(x,h_j)$的 KL 距离,而当 $q_j(h_j)=f_j(\boldsymbol{x},h_j)$时,KL 距离最小,所以

$$
\hat{q}_j = \frac{1}{Z_j} e^{\mathbb{E}_{-q_j}[\ln p(\boldsymbol{x},\boldsymbol{h})])}
$$

或者

$$
\hat{q}_j = \frac{e^{\mathbb{E}_{-q_j}[\ln p(\boldsymbol{x},\boldsymbol{h})]}}{\sum_{h_j} e^{\mathbb{E}_{-q_j}[\ln p(\boldsymbol{x},\boldsymbol{h})]}}
$$

例如,在马尔可夫随机场中,$p(\boldsymbol{x},\boldsymbol{h}|\theta)=\frac{1}{Z(\theta)}e^{-\mathrm{Eng}(\boldsymbol{x},\boldsymbol{h}|\theta)}$,采用 $q(\boldsymbol{x})$来近似 $p(\boldsymbol{x},\boldsymbol{h}|\theta)$:

$$
\begin{aligned}
\mathrm{KL}(q \parallel p) &= \mathbb{E}_q[-\ln p(\boldsymbol{x},\boldsymbol{h}|\theta)] - H(q) \\
&= \mathbb{E}_q\left[-\ln \frac{e^{-\mathrm{Eng}(\boldsymbol{x},\boldsymbol{h}|\theta)}}{Z(\theta)}\right] - H(q) \\
&= \mathbb{E}_q[-\ln e^{-\mathrm{Eng}(\boldsymbol{x},\boldsymbol{h}|\theta)} + \ln Z(\theta)] - H(q) \\
&= \mathbb{E}_q[\mathrm{Eng}(\boldsymbol{x},\boldsymbol{h}|\theta)] + E_q[\ln Z(\theta)] - H(q)
\end{aligned}
$$

采用平均场方法:

$$
\hat{q}_j = \frac{e^{\mathbb{E}_{-q_j}[\mathrm{Eng}(\boldsymbol{x},\boldsymbol{h}|\theta)]}}{\sum_{h_j} e^{\mathbb{E}_{-q_j}[\mathrm{Eng}(\boldsymbol{x},\boldsymbol{h}|\theta)]}}
$$

参考文献

[1] Koller D，Friedman N. 概率图模型：原理与技术[M]. 王飞跃，韩素青，译. 北京：清华大学出版社，2015.

[2] Bolstad W M，Curran J M. 贝叶斯统计导论[M]. 陈曦，译. 北京：清华大学出版社，2021.

[3] Hogg R V，Tanis E A，Zimmerman D L. 概率论与统计推断[M]. 10 版. 北京：机械工业出版社，2021.

[4] 李航. 统计学习方法[M]. 2 版. 北京：清华大学出版社，2019.

[5] 周志华. 机器学习[M]. 北京：清华大学出版社，2016.

[6] Bishop C M，Nasrabadi N M. Pattern recognition and machine learning[M]. New York：Springer，2006.

[7] MacKay D J C. Information theory，inference and learning algorithms[M]. [S. l.]：Cambridge University Press，2003.

[8] Deisenroth M P，Faisal A A，Ong C S. Mathematics for machine learning[M]. [S. l.]：Cambridge University Press，2020.

[9] Goodfellow I，Bengio Y，Courville A. Deep learning[M]. [S. l.]：MIT Press，2016.

[10] Murphy K P. Machine learning：a probabilistic perspective[M]. [S. l.]：MIT Press，2012.

[11] Gulli A，Pal S. Keras 深度学习实战[M]. 李昉，于立国，译. 北京：人民邮电出版社，2020.

[12] Thomas S，Passi S. PyTorch 深度学习实战[M]. 马恩驰，译. 北京：机械工业出版社，2020.

[13] 郭军，徐蔚然. 人工智能导论[M]. 北京：北京邮电大学出版社，2021.

[14] 刘瑞芳，孙勇. 人工智能程序设计实践[M]. 北京：北京邮电大学出版社，2022.

[15] Bellot D. 概率图模型：基于 R 语言[M]. 魏博，译. 北京：人民邮电出版社，2018.

[16] Rashid T. Python 神经网络编程[M]. 林赐，译. 北京：人民邮电出版社，2018.

[17] 纪强. 概率图模型及计算机视觉应用[M]. 郭涛，译. 北京：机械工业出版社，2021.

[18] Aggarwal C C. 神经网络与深度学习[M]. 石川，杨成，译. 北京：机械工业出版社，2021.

[19] Cohon S. 自然语言处理中的贝叶斯分析[M]. 杨伟，袁科定，译. 北京：机械工业出版社，2021.

[20] 王章阳，傅云. 黄煦涛. 深度学习-基于稀疏和低秩模型[M]. 黄智凝，译. 北京：机械

工业出版社，2021.
[21] Davidson-Pilon C. 贝叶斯方法-概率编程与贝叶斯推断[M]. 辛愿，钟黎，欧阳婷，译. 北京:人民邮电出版社，2017.
[22] 章毓晋. 图像处理[M]. 北京：清华大学出版社，2012.
[23] 章毓晋. 图像分析[M]. 北京：清华大学出版社，2012.
[24] 章毓晋. 图像理解[M]. 北京：清华大学出版社，2012.
[25] Kutz J N. 数据驱动建模及科学计算——复杂系统和大数据处理方法[M]. 吕丽刚，王立华，黄红坡，译. 北京：电子工业出版社，2015.
[26] EMC Education Services. 数据科学与大数据分析[M]. 曹逾，刘文苗，李枫林，译. 北京：人民邮电出版社，2016.
[27] 朝乐门. 数据科学[M]. 北京：清华大学出版社，2016.
[28] 刘知远，崔安颀. 大数据智能[M]. 北京：电子工业出版社，2016.